MATLAB 开发实例系列图书

金融数量分析
——基于 MATLAB 编程(第 3 版)

郑志勇(Ariszheng)　编著

北京航空航天大学出版社

内容简介

本书中的案例来源于作者的实际工作。充分体现"案例的实用性、程序的可模仿性",案例程序中附有详细的注释。例如,投资组合管理、KMV模型计算、期权定价模型与数值方法、风险价值VaR的计算等案例程序,读者可以直接使用或根据需要在源代码基础上进行修改、完善。

本书共23章。前两章分别对金融市场的基本概况与MATLAB的基础知识进行概述;接下来为20个金融分析的案例(含完整、稳健的程序),包括MATLAB数据交互、现金流分析、随机模拟、投资组合管理、KMV模型计算、期权定价模型与数值方法、固定收益工具分析及久期与凸度计算、风险价值VaR计算、期货或股票的技术分析图绘制等;最后一章汇集实用的MATLAB金融编程技巧。

本书主要适用于高校理工科、经济金融学科及数量分析方面的研究生,以及经济金融相关方面的研究人员和从业人员等。

图书在版编目(CIP)数据

金融数量分析:基于MATLAB编程 / 郑志勇编著. -- 3版. -- 北京 :北京航空航天大学出版社,2014.7
ISBN 978-7-5124-1428-0

Ⅰ. ①金… Ⅱ. ①郑… Ⅲ. ①算法语言—应用—金融学—数量经济学—Matlab软件 Ⅳ. ①F830.49 ②TP312

中国版本图书馆CIP数据核字(2014)第125392号

金融数量分析——基于MATLAB编程(第3版)
郑志勇(Ariszheng) 编著
责任编辑 张少扬 孟 博 纪宁宁
*
北京航空航天大学出版社出版发行
北京市海淀区学院路37号(邮编100191) http://www.buaapress.com.cn
发行部电话:(010)82317024 传真:(010)82328026
读者信箱:goodtextbook@126.com 邮购电话:(010)82316936
北京兴华昌盛印刷有限公司印装 各地书店经销
*
开本:787×1 092 1/16 印张:28.5 字数:730千字
2014年7月第3版 2017年1月第4次印刷 印数:10 001~13 000册
ISBN 978-7-5124-1428-0 定价:58.00元

若本书有倒页、脱页、缺页等印装质量问题,请与本社发行部联系调换。联系电话(010)82317024

谨以此书献给我的妻子与刚刚出生的儿子,如果没有他们或许本书更新的内容会更多一些,但正是因为他们,我体会到幸福的意义。

序　为什么要编程

时光飞逝，从2009年本书的第1版上市、2013年第2版上市、2014年第3版上市到现在，这六年多的时间里，国内金融市场变革迅速、金融产品日新月异，不变的只有大家对MATLAB的热爱以及对作者的支持。本书内容也紧跟时代的发展，在第3版中，主要增加了期权定价模型与数值计算方法、股票挂钩结构分析及风险价值VaR计算、鲨鱼鳍期权(Shark Option)、期望收益测算、免费数据源FData Interface介绍等内容。

或许你是因为听说MATLAB的功能强大并能解决你所遇到的问题才开始学习MATLAB的，作者也不例外。如果有一个更好的、更能说服自己的理由，你或许能够更主动积极地学习MATLAB，并将MATLAB用于金融数值计算，同时提高自己对金融的理解。所以第3版序言的主题是"为什么要编程"。

1. 巨大的数据量

"大数据"时代，在金融方面我们需要处理的数据量越来越大。A股股票数量早已超过两千，证券投资基金的数量也已经过千，最近中证指数公司、深证信息公司、中信标普等指数编制机构发布的各类指数也已近千。开盘价、收盘价、ROE、ROA、夏普比率、波动率……各种指标不计其数。

2. 复杂的模型

随着投资标的品种(股指期货指数、个股期权、分级基金等)的增加，我们所需掌握的定价模型越来越复杂，例如期权定期、Beta对冲、浮动利息债券等。复杂的定价模型需要强大的数值计算平台来支持。

3. 避免主观臆断

人类大脑思维具有局限性并且逻辑有时具有跳跃性，常常凭借直观感觉判读事物。例如几年前大家常见的一个量化案例：某策略赚3%止赢即获利平仓，亏损1%平仓止损，每一组止赢与止损交易可以获利2%，如果这个策略进行高频交易，将获利丰富啊！然而，我们的思维忽略了一点，即赚3%与赔1%的概率并非一致，如果进一步思考，则会发现，我们忽略了交易成本。

再举一个我常常使用的例子：两个[0,1]上的均匀分布的和是什么分布？三个[0,1]上的均匀分布的和又是什么分布？n个呢？有的读者会直接回答还是均匀分布，有的读者深思一下回答是正态分布。这两个答案是否正确，如何验证？我们可以通过编程的方式进行数值试验，对两个结论进行验证。如果做数值试验，那就需要编程实现。

4. 实现自动化办公

这点是我着重与大家分享的。大多数人日常工作可能面临很多重复劳动与繁琐计算。例如：某个报表，每日(周、月)都要更新，更新逻辑很明确：增加内容、市场数据统计、附加某些计算等。或许，你每天工作中Excel或Word的重复工作就占据了大量的时间。如果有一种方法可以将你从中解脱出来,那么你就可以有更多的时间进行创造性的工作或享受生活了。

所谓重复劳动,大多都是规则明确化的重复操作,规模包括脑力与体力两个方面。计算机发展的过程,就是机器代替人类执行重复计算或劳动的过程。自从有了计算机,大家的劳动相比之前高效许多。同时,我们仍在计算机上进行某些重复劳动或繁琐计算,这又是为什么呢?软件、硬件作为商品都是普遍适用的,基于利润或稳定性方面的考虑不会针对某件事或某人设定,所以面对自己工作的问题,就需要自己或请人来解决。由于某些业务的复杂性(非技术上的),只有自己最明白其中的逻辑,所以自己编程解决是一条非常有效的路径,例如,金融市场数据的每日更新,若能通过 MATLAB 程序实现,那么就可以将自己从重复劳动中解脱出来。

实现自动化办公需要自己编程。你或许会问:不会编程咋办?必须说明的是,有些人适合编程,有些人不适合编程,适合不适合只有尝试后才知道。还有一条途径是请别人帮你解决问题,如果你觉得贵,那么就只有自己继续重复劳动。假设:工作 30 年,每天有 50%的时间在重复劳动,你的 15 年时间就在重复中度过了。是否尝试一下由你自己决定!首先声明,重复并非不好,或许大多数工作的性质就是重复,每个人生活态度不一样,作者本人厌恶重复,有时为了生活也不得不重复,但在重复工作的过程中作者总是思考如何自动化。你希望试图去改变一下吗?

5. 量化交易“赚钱”

量化交易者的楷模为数学家西蒙斯,他的“华尔街赚钱机器”——文艺复兴科技公司,依靠公司旗舰产品大奖章基金(Medallion Fund)20 年的超群表现赢得了无数赞誉。据福布斯杂志的统计,截至 2012 年 9 月,西蒙斯的身价高达 110 亿美元,在福布斯全球富豪榜上位居第 82 位。数据显示,自 1988 年成立直至 2010 年西蒙斯退休,大奖章基金年均回报率高达 35%,不仅远远跑赢大市,还较索罗斯和巴菲特的操盘成绩高十余个百分点,这使得西蒙斯在人才济济的华尔街笑傲群雄。他被投资界称为“量化投资之王”。

西蒙斯成功的秘诀主要有三:一是针对不同市场设计数量化的投资管理模型;二是以计算机运算为主导,排除人为因素干扰;三是在全球各种市场上进行短线交易。

如果没有仔细阅读前面四点,直接看到“量化交易‘赚钱’”,那么作者提醒读者阅读前面四点(尤其是“避免主观臆断”与“实现自动化办公”),以“量化交易‘赚钱’”或许需要天赋与运气,但“避免主观臆断”与“实现自动化办公”则只需你用些时间学习一下 MATLAB 编程。

作　者

2015 年 1 月 15 日 于北京

第3版前言

1. 写作背景

金融数量分析是充满变革与创新的世界，从20世纪50年代的马可维兹模型，到70年代的B-S期权定价公式，再到90年代抵押贷款债券(CDO)和信用违约互换(CDS)的定价模型等，这些模型在当时无不是创新的产物。在金融数量分析的学习与研究中，往往会遇到没有现成求解工具的模型，需要我们利用基本数学原理或者数值计算软件根据实际的需要进行金融数量模型的建立、模型的求解、模型的验证等。在这个过程中，不仅需要数学原理，而且可能需要更多的数值处理技巧。或许只有在数学原理与数值技术有效结合的前提下，才能更有效地求解金融数学模型。

无论是过去的长期资本管理公司(Long-Term Capital Management)，还是现在的文艺复兴科技有限公司(Renaissance Institutional Equities Fund)，都是数量技术力量的体现。虽然CDS和CDO引发的金融危机印证了金融数量分析方法面临技术更新，但其以数学与计算机相结合的基础不会改变。近几年，国内金融机构已经将金融数量化作为发展战略之一，金融数量分析在中国正处于起飞阶段。

金融数量分析需要数值计算工具，MATLAB强大的数值计算功能与丰富的工具箱为金融数量分析提供了有效“武器”。目前，MATLAB在世界各大金融机构得到了广泛应用，例如使用MATLAB的金融机构有世界货币基金组织、联邦储备委员会、摩根斯坦利、高盛等。

2. 编写宗旨及特点

目前，市场上很多MATLAB图书基本都是按教科书的模式编写的，且书中的案例相对简单，本书中的案例来源于作者的实际工作。案例的结构为“背景＋理论＋案例分析＋代码”。

背景：案例产生的环境、背景概述有助于读者加深对案例本质的理解。案例背景的相关数据都来源于现实的金融市场。

理论：解决案例所涉及的理论知识与数值算法。MATLAB作为解决问题的工具毕竟不是全能的，需要了解工具内在的理论与逻辑，才能更有效地使用工具。

案例分析：使用数学理论(统计、优化、数值等)对案例进行分析，找出解决问题的技术路线，帮助读者从解决问题的角度进行思考。

代码：MATLAB程序是根据案例分析得到的算法或思路进行编写的。编程中将涉及编程的技巧与方法，在代码中作者给出了详细的注释，便于读者理解与使用代码解决实际问题。

3. 内容简介

本书中的案例来源于作者的实际工作，且案例程序中附有详细的注释，充分体现了“案例的实用性、程序的可模仿性”。例如，投资组合管理、KMV模型计算、期权定价模型与数值方法、风险价值VaR的计算等案例程序，读者可以直接使用或根据需要在源代码基础上进行修改、完善。

本书共23章，前两章分别对金融市场的基本概况与MATLAB的基础知识进行概述；接下来为20个金融分析的案例(含完整、稳健的程序)，包括MATLAB数据交互、现金流分析、投资组合管理、随机模拟、期权定价模型与数值方法、固定收益工具分析及久期与凸度计算、风险管理及 KMV 模型计算、期货或股票的技术分析图绘制等;最后一章,汇集实用的 MATLAB 金融编程技巧。

4. 面向读者

本书由金融产品研究人员编写,书中程序实例是源于作者的金融数量分析工作。对于高校理工科、经济金融学科及数量分析方面的研究生,以及经济金融相关方面的研究人员和从业人员等,本书都具有很强的可读性、可操作性与实用性。

5. 致　谢

本书是作者近些年使用 MATLAB 编程的汇总与提炼。本书得到了作者的领导、同事、朋友的帮助,同时有热心的读者为本书提供非常好的修改建议,借本书出版之际,向他们表示真诚的感谢。

同时感谢北京航空航天大学出版社长期一贯的支持和合作,以及各位编辑们的辛勤工作。我还要特别感谢我的妻子,编写此书的时间占用了本应该陪她逛街或旅游的时间,感谢她对我的工作与事业的支持!

6. 其　他

书中所有程序的源代码可在北京航空航天大学出版社(http://www.buaapress.com.cn/)"下载专区"免费下载。同时,北京航空航天大学出版社联合 MATLAB 中文论坛(http://www.iLovematlab.cn/)为本书设立了在线交流版块(地址:http://ilovematlab.cn/academia/books/? dir=8),您在阅读本书的过程中有任何疑问,都可以在该版块向作者提问!

由于作者水平有限,书中不当之处,敬请读者批评指正。本书网络支持:www.ariszheng.com,作者邮箱:ariszheng@gmail.com,编辑邮箱 shpchen 2004@163.com。

作　者

2014 年 4 月于北京

目　　录

第 1 章
金融市场与金融产品

金融市场是金融工具或金融产品交易的场所(交易方式包括场内交易、场外市场、零售市场等),参加交易的投资者包括金融机构、企业与个人。金融机构包括商业银行、证券公司、基金公司与保险公司等,交易的金融工具包括银行存款、债券、股票、期货等。如果用形象的比喻,金融机构、个人构成了金融市场的骨骼与肌肤,金融工具、金融产品就是金融市场的血液。金融市场的血液无时无刻不在流动,经济繁荣的时候"血液"高速流动,经济衰退的时候"血液"流速降低。本书主要以金融产品作为分析研究对象。优质的金融产品可以为个人或机构提供优质的回报,同时可为金融市场提供充足的动力。图 1.1 所示为笔者按自身理解所作的金融市场框架图,由于商品市场规模越来越大,所以将其单列出来,若有不足请谅解并告知笔者。

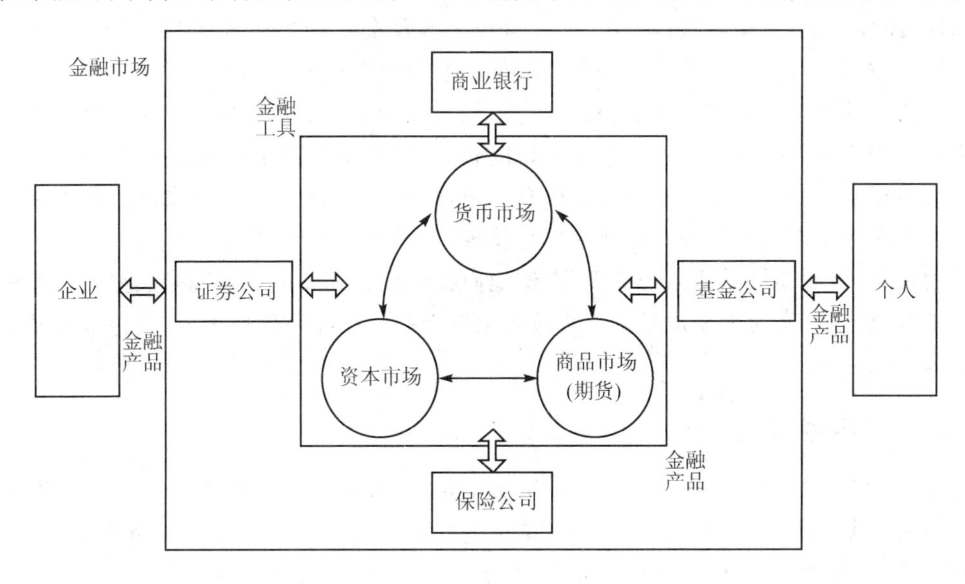

图 1.1　金融市场框架

1.1　金融市场

金融市场是指资金供应者和资金需求者双方通过信用工具进行交易而融通资金的市场,广而言之,是实现货币借贷和资金融通、办理各种票据和有价证券交易活动的市场。

金融市场又称为资金市场,包括货币市场和资本市场,是资金融通的市场。所谓资金融通,是指在经济运行过程中,资金供求双方运用各种金融工具调节资金盈余的活动,是所有金融交易活动的总称。在金融市场上交易的"商品"是各种金融工具,如股票、债券、储蓄存单等。资金融通简称为融资,一般分为直接融资和间接融资两种。直接融资是资金供求双方直接进行资金融通的活动,也就是资金需求者直接通过金融市场向社会上有资金盈余的机构和个人筹资。与此对应,间接融资则是指通过银行所进行的资金融通活动,也就是资金需求者采取向银行等金融中介机构申请贷款的方式筹资。金融市场对经济活动的各个方面都有着直接深刻的影响,如个人财富、企业的经营、经济运行的效率,都受金融市场活动的影响。

金融市场的构成十分复杂,它是由许多不同的市场组成的一个庞大体系。但是,一般根据金融市场上交易工具的期限,把金融市场分为货币市场和资本市场两大类。货币市场是融通短期资金的市场,资本市场是融通长期资金的市场。货币市场和资本市场又可以进一步分为若干不同的子市场。

1.1.1 货币市场

货币市场是短期资金市场,是指融资期限在一年以下的金融市场,是金融市场的重要组成部分。由于该市场所容纳的金融工具,主要是政府、银行及工商企业发行的短期信用工具,具有期限短、流动性强和风险小的特点,在货币供应量层次划分上被置于现金货币和存款货币之后,称为"准货币",所以将该市场称为货币市场。

一个有效率的货币市场应该是一个具有广度、深度和弹性的市场,其市场容量大,信息流动迅速,交易成本低,交易活跃且持续,能吸引众多的投资者和投机者参与。货币市场由同业拆借市场、票据贴现市场、可转让大额定期存单市场和短期证券市场四个子市场构成。

货币市场的产生和发展的初始动力是为了保持资金的流动性,借助于各种短期资金融通工具将资金需求者和资金供应者联系起来,既满足了资金需求者的短期资金需要,又为资金有余者的暂时闲置资金提供了获取盈利的机会。但这只是货币市场的表面功用,若将货币市场置于金融市场以至市场经济的大环境中即可发现,货币市场的功能远不止此。货币市场既从微观上为银行、企业提供灵活的管理手段,使他们在对资金的安全性、流动性、盈利性相统一的管理上更方便灵活,又为中央银行实施货币政策以调控宏观经济提供手段,为保证金融市场的发展发挥了巨大作用。

1.1.2 资本市场

资本市场亦称"长期金融市场"、"长期资金市场"。期限在1年以上的各种资金借贷和证券交易场所。资本市场上的交易对象是1年以上的长期证券。因为在长期金融活动中,涉及资金期限长、风险大,具有长期较稳定收入,类似于资本投入,故称为资本市场。

与货币市场相比,资本市场特点主要有:

① 融资期限长。至少1年,也可以长达几十年,甚至无到期日,例如:股票无到期日。

② 流动性相对较差。在资本市场上筹集到的资金多用于解决中长期融资需求,故流动性和变现性都相对较弱。

③ 风险大而收益较高。由于融资期限较长,发生重大变故的可能性也大,市场价格容易波动,投资者需承受较大风险。同时,作为对风险的报酬,其收益也较高。在资本市场上,资金供应者主要是储蓄银行、保险公司、信托投资公司及各种基金和个人投资者;而资金需求方主要是企业、社会团体、政府机构等。其交易对象主要是中长期信用工具,如股票、债券等。资本市场主要包括中长期信贷市场与证券市场。

1.1.3 商品市场

这里的商品主要是指大宗商品，是可进入流通领域，但非零售环节，具有商品属性用于工农业生产与消费使用的大批量买卖的物质商品。在金融投资市场，大宗商品指同质化、可交易、被广泛作为工业基础原材料的商品，如原油、有色金属、农产品、铁矿石、煤炭等，包括 3 个类别，即能源商品、基础原材料和农副产品。大宗商品市场同样是资本活跃的市场，主要由套期保值者、投机交易者构成，产品市场同时也是对冲基金活动的主要场所。

商品市场的特点如下：

① 价格波动大。只有当商品的价格波动较大时，有意回避价格风险的交易者才需要利用远期价格先把价格确定下来。比如，有些商品实行的是垄断价格或计划价格，价格基本不变，商品经营者就没有必要利用期货交易，来回避价格风险或锁定成本。

② 供需量大。期货市场功能的发挥是以商品供需双方广泛参加交易为前提的，只有现货供需量大的商品才能在大范围进行充分竞争，形成权威价格。

③ 易于分级和标准化。期货合约事先规定了交割商品的质量标准，因此，期货品种必须是质量稳定的商品；否则，就难以进行标准化。

④ 易于储存、运输。商品期货一般都是远期交割的商品，这就要求这些商品易于储存、不易变质、便于运输，保证期货实物交割的顺利进行。

点睛：从形式上看，每个市场都是独立的，但是它们之间的相互联系非常密切，以货币市场与资本市场为例，图 1.2 所示为 2007 年银行间 14 日债券回购利率趋势图。2007 年 9 月下旬，中国神华 A 股发行募集规模约 666 亿元，2007 年 10 月下旬，中国石油、中国神华 A 股发行募集规模约 668 亿元，在同时期回购利率达到了历史较高水平，年化利率为 14%左右。

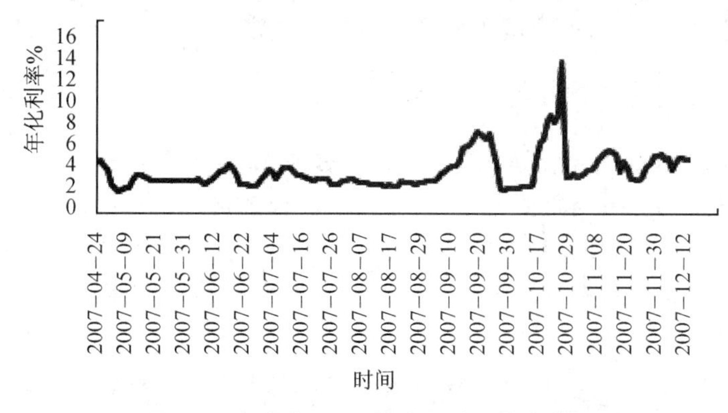

图 1.2　银行间 14 日债券回购利率走势图

注：当时中国 A 股市的申购方法为

$$中签率=发行股票额度/总申购金额$$

对于投资者而言，申购资金越大则中签股票数量越多。机构投资者可以通过债券回购的方式从其他金融机构拆入资金，用以提高其新购申购的中签数量。

1.2 金融机构

金融机构主要指专门从事各种金融业务活动的组织，它是金融市场活动的重要参与者和中介,它通过提供各种金融产品和金融服务来满足经济发展各部门的融资需求。以是否吸收存款为标准,可将金融机构划分为存款性金融机构与非存款性金融机构;以活动领域为标准,则有在直接融资领域活动的金融机构和在间接融资领域活动的金融机构。

1.2.1 存款性金融机构

存款性金融机构指经国家批准,以吸收存款为其主要资金来源的金融机构,主要包括商业银行、储蓄机构、信用合作社等。作为金融市场运行的主导力量,存款性金融机构既活跃于短期金融市场,如同业拆借市场、贴现市场、抵押市场、外汇市场,也活跃于股票、债券等长期金融市场。

1. 商业银行

商业银行是吸收公众存款、发放贷款、办理结算等业务的金融机构,其在金融市场主要发挥了供应资金、筹集资金、提供金融工具及金融市场交易媒介的作用。

2. 储蓄机构

储蓄机构是专门吸收储蓄存款为资金来源的金融机构,其经营方针和经营方法不同于商业银行,它的资金运用中有相当大的部分是用于投资,同时它的贷款对象主要是其存款用户,而不是像商业银行那样面向全社会贷款,因而也有人将储蓄机构归入非银行金融机构。在金融市场上,储蓄机构与商业银行一样,既是资金的供应者,也是资金的需求者。

3. 信用合作社

信用合作社是由某些具有共同利益的个人集资联合组成的以互助、自助为主要宗旨的会员组织,规模一般不大,资金来源于会员交纳的股金和吸收的存款,资金运用则是对会员提供各种贷款、同业拆借或从事证券投资。近年来,随着金融竞争与金融创新的发展,信用合作社业务范围也在不断拓宽,在金融市场上发挥的作用也越来越大。

1.2.2 非存款性金融机构

非存款性金融机构的资金来源主要是通过发行股票、债券等有价证券或契约性的方式筹集。作为金融市场上的另一类重要参与者,非存款性金融机构在社会资金流动过程中从最终借款人那里买进初级证券,并为最终贷款人持有资产而发行间接债券,以多样化方式降低投资风险。非存款性金融机构包括保险公司、养老基金、投资银行、共同基金等。

1. 保险公司

保险公司是依法设立的、专门从事保险业务的经营组织,一般在经济比较发达的国家发展较快。根据业务不同,保险公司可以分为人寿保险公司和财产保险公司,人寿保险公司靠出售人寿保险保单和人身意外伤害保单来收取保险费;财产保险公司则通过为企业及居民提供财产等意外损失保险来收取保险费。可见,保险公司的主要资金均来源于按一定标准收取的保险费。由于人寿保险公司的保险金一般要求在契约规定的事件发生或到约定的期限才支付,保险期限较长,保险费的缴纳类似于储蓄,因此,人寿保险公司的资金运用以追求高收益为目标,主要投资于资本市场上那些风险大、收益高的有价证券;而财产保险公司因要支付随时可能发生的天灾人祸,保险期限相对较短,且要纳税,所以财产保险公司在资金的运用上比较注重资金的流动性。

一般在货币市场上购入不同类型的、收益相对稳定的有价证券,以追求收入最大化。目前，非存款性金融机构成为金融市场上最重要的机构投资者和交易主体。

2. 养老基金

养老基金是一种类似于人寿保险公司的非存款性金融机构。其资金来源主要有两条途径：一是来源于社会公众为退休后的生活所准备的储蓄金，通常由劳资双方各缴纳一部分。而作为社会保障制度的一个非常重要的组成部分，养老金的缴纳一般由政府立法加以规定，因此，这部分资金来源是有保障的。二是基金运用的收益，养老基金通过发行基金股份或受益凭证，募集社会上的养老保险资金，委托专业基金管理机构用于产业投资、证券投资或其他项目的投资，以实现保值增值的目的。可见，养老基金是金融市场上的主要资金供应者之一。

3. 投资银行

投资银行是专门从事各种有价证券经营及相关业务的非银行性金融机构，在不同的国家有不同的称呼，一般在美国称为投资银行或投资公司，在英国称为商人银行，在日本和我国则称为证券公司。投资银行的业务主要有证券承销业务、证券自营业务、证券经纪业务和咨询服务业务等。在一级金融市场上，投资银行依照协议或合同为证券发行人承销有价证券业务。在二级金融市场上，投资银行一方面为了谋取利润，从事自营买卖业务，但必须对收益、风险及流动性作通盘考虑，从中做出最佳选择；另一方面，作为客户的代理人，或受客户的委托，代理买卖有价证券并收取一定佣金的业务是投资银行最重要的日常业务之一。投资银行代理客户买卖证券通常有两条途径：一是通过证券交易所进行交易；二是通过投资银行自身的柜台完成交易。投资银行还利用自身信息及专业优势，充当客户的投资顾问，向客户提供各种证券交易的情况、市场信息，以及其他有关资料等方面的服务，帮助客户确定具体的投资策略。可见，在经济快速发展的今天，投资银行已成为金融市场上最重要的机构投资者，促进资金的流动和市场的发展。

4. 共同基金

共同基金是指基金公司依法设立，以发行股份方式募集资金，投资者将资产委托给基金管理公司管理运作。按共同基金的组织形式，可以分为公司型与契约型基金，国内的共同基金为契约型基金。契约型基金又称为信托型基金或单位信托基金，是由基金经理人（即基金管理公司）与代表受益人权益的信托人（托管人）之间订立信托契约而发行受益单位，由经理人依照信托契约从事信托资产管理，由托管人作为基金资产的名义持有人负责保管基金资产。它将受益权证券化，通过发行受益单位，使投资者作为基金受益人，分享基金经营成果。

1.2.3　家庭或个人

在世界范围内，基于收入的多元化和分散特点，家庭或个人历来都是金融市场上重要的资金供给者，或者说是金融工具的主要认购者与投资者。

由于对各种金融资产选择的偏好不同，家庭或个人的活动领域也极其广泛，遍及金融市场。对于那些将获得高额利息和红利收入作为投资目的的家庭或个人来说，可以在资本市场选择收益高、风险大的金融资产；而对于那些追求安全性为主的家庭或个人来说，则可以在货币市场上选择流动性强、收益相对低的金融资产。同时，家庭或个人由于受到自身资金等条件的限制，所以在某些金融市场上的投资也会受到诸多限制，但可以通过各种手段对已持有的金融工具进行转让，从市场上获得资金收益。

总之，金融市场交易者分别以投资者与筹资者的身份进入市场，其数量多少决定金融市场的规模大小,一般来说,交易者踊跃参与的市场肯定要比交易者寥寥无几的市场繁荣得多;而金融市场细微的变化也会引起大量交易对手介入,从而保持金融市场的繁荣。因此,金融市场的参与者对金融市场具有决定意义。

1.3 基础金融工具

1.3.1 原生金融工具

原生金融工具,是指在商品经济发展的基础上产生并直接为商品的生产与流通服务的金融工具,主要有商业票据、债券和股票、基金等。

① 股票:一种有价证券,它是股份有限公司公开发行的、用以证明投资者的股东身份和权益、并据以获得股息和红利的凭证。

② 债券:债务人向债权人出具的、在一定时期支付利息和到期归还本金的债权债务凭证,上面载明债券发行机构、面额、期限、利率等事项。

③ 基金:又称投资基金,是指通过发行基金凭证(包括基金股份和受益凭证),将众多投资者分散的资金集中起来,由专业的投资机构分散投资于股票、债券或其他金融资产,并将投资收益分配给基金持有者的投资制度。

1.3.2 衍生金融工具

衍生金融工具,是指在原生金融工具基础上派生出来的各种金融合约及其组合形式的总称,主要包括期货、期权、互换及其组合等。

① 期货合约:一种为进行期货交易而制定的标准化合同或协议。除了交易价格由交易双方在交易场所内公开竞价确定外,合约的其他要素包括标的物的种类、数量、交割日期、交割地点等,都是标准化的。

② 股票价格指数期货:简称股指期货,是以股票价格指数作为交易标的物的一种金融期货。股指期货是为满足投资者规避股市的系统性风险和转移个别股票价格波动风险而设计的金融工具。

③ 金融互换:交易双方在约定的有效期内相互交换一系列现金流的合约。例如:汇率互换、利率互换等。

点睛:衍生金融工具交易本质上是一个零和博弈,是对未来预期不同的投资者之间的博弈。

1.3.3 金融工具的基本特征

金融工具的种类繁多,不同的工具具有不同的特点,但总的来看,都具有以下四方面的共同特征:

1. 期限性

所谓期限性,一般是指金融工具都有规定的偿还期限,即债务人从借债到全部归还本息之前所经历的时间,如1年期的公司债券,其偿还期就是1年。对当事人来说,更具现实意义的是实际的偿还期限,即从持有金融工具之日起到该金融工具到期所经历的时间,当事人据此可

以衡量自己的实际收益率。金融工具的偿还期有两种极端情况,即零期和无限期。零期是活期存单;无限期是股票或永久性债券,具有无限长的到期日。

2. 流动性

所谓流动性,是指金融工具在必要时能迅速转化为现金而不致遭受损失的能力。一般来说,金融工具的流动性与安全性成正比,与收益成反比。如国库券等一些金融工具就很容易变成货币,流动性与安全性都较强,而股票、公司债券等金融工具,流动性与安全性则相对较弱,但收益较高。决定金融工具流动性的另一个重要因素是发行者的资信程度,一般发行人资信越高,其发行的金融工具流动性越强。

3. 风险性

风险性是指购买金融工具的本金和预定收益遭受损失的可能性大小。由于未来结果的不确定性,所以任何一种金融工具的投资和交易都存在风险,如市场风险、信用风险、流动性风险等。归纳来看,风险主要来自于两方面:一是债务人不履行约定未按时支付利息和偿还本金的信用风险;二是因市场上一些基础金融变量,如利率、汇率、通货膨胀等方面的变动而使金融工具价格可能下降带来的市场风险。相比之下,市场风险更难预测。

一般来说,风险性与偿还期成正比,与流动性成反比,即偿还期越长,流动性越差,则风险越大;同时,风险与债务人的信用等级也成反比。

4. 收益性

收益性是指持有金融工具能够带来一定的收益。金融工具的收益有两种:一种为固定收益,直接表现为持有金融工具所获得的收入,如债券的票面或存单上载明的利息率;另一种是即期收益,即按市场价格出售金融工具时所获得的买卖差价收益。收益的大小取决于收益率,收益率是持有期收益与本金的比例。对收益率大小的比较还要结合当时的银行存款利率、通货膨胀率以及其他金融工具收益率来分析,这样更科学。

1.4　金融产品

本书的主要内容是介绍金融数量分析。金融数量分析的主要分析对象之一为金融产品。本节将对金融产品进行简要概述。所谓金融产品是指根据不同投资群体或客户的需要,基础金融工具根据某种结构或规则的组合,如图 1.3 所示。

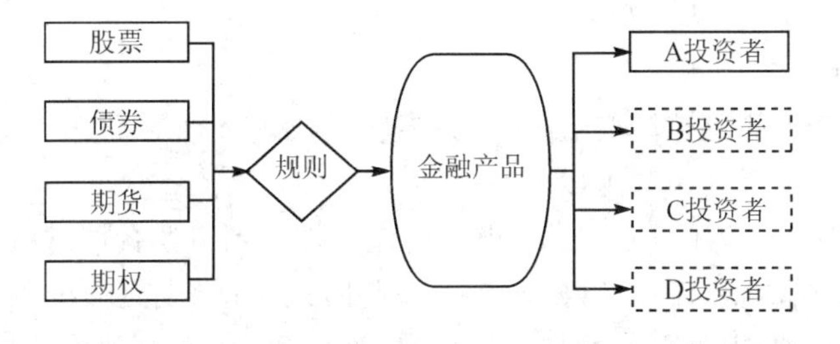

图 1.3　金融产品结构图

金融产品根据其构建的规则分为:保本产品、股票挂钩产品、期货投资基金、杠杆化指数基金、优先与次级结构性产品等。

点睛: 同一金融产品可能会分成许多等级,购买不同等级投资所承受的分析与收益是不同的。例如,CDO 的发行系以不同信用质量区分各系列证券。基本上,分为高级(senior)、夹层(mezzanine)和低级(junior)三个系列;另外尚有一个不公开发行的系列,多为发行者自行买回,相当于用此部分的信用支撑其他系列的信用,具有权益性质,故又称为权益性证券(equity tranche)。当有损失发生时,由低级系列首先吸收,然后依次由低级、夹层(通常信评为 B 水平)和高级系列(通常信评为 A 水平)承担。

1.5 金融产品风险

1. 市场风险

市场风险是指投资品种的价格受经济因素、政治因素、投资心理和交易制度等各种因素影响而出现波动,导致收益水平变化,产生风险。市场风险主要包括:

① 政策风险:货币政策、财政政策、产业政策等国家宏观经济政策的变化对资本市场产生一定的影响,导致市场价格波动,影响金融产品的收益而产生风险。

② 经济周期风险:经济运行具有周期性的特点,受其影响,金融产品的收益水平也会随之发生变化,从而产生风险。

③ 利率风险:由于利率变动而导致的资产价格和资产利息的损益。利率波动会直接影响企业的融资成本和利润水平,导致证券市场的价格和收益率的变动,使金融产品收益水平随之发生变化,从而产生风险。

④ 上市公司经营风险:上市公司的经营状况受多种因素影响,如市场、技术、竞争、管理、财务等都会导致公司赢利状况发生变化。如金融产品所投资的上市公司经营不善,与其相关的证券价格可能下跌,或者能够用于分配的利润减少,从而使金融产品投资收益下降。

⑤ 购买力风险:金融产品的利润将主要通过现金形式来分配,而现金可能因为通货膨胀的影响而导致购买力下降,从而使金融产品的实际收益下降。

⑥ 再投资风险:固定收益品种获得的本息收入或者回购到期的资金,可能由于市场利率的下降面临资金再投资的收益率低于原来收益率,从而对金融产品产生再投资风险。

2. 管理风险

在金融产品运作过程中,管理人的知识、经验、技能等,会影响其对信息的占有和对经济形势、金融市场价格走势的判断(如管理人判断有误、获取信息不全、或对投资工具使用不当等),影响金融产品的收益水平,从而产生风险。

3. 流动性风险

金融产品的资产不能迅速转变成现金,或者转变成现金会对资产价格造成重大不利影响的风险。流动性风险按照其来源可以分为两类:

① 市场整体流动性相对不足。证券市场的流动性受到市场行情、投资群体等诸多因素的影响,在某些时期成交活跃,流动性好;而在另一些时期,可能成交稀少,流动性差。在市场流动性相对不足时,交易变现有可能增加变现成本,对金融产品造成不利影响。

② 证券市场中流动性不均匀,存在个股和个券流动性风险。由于流动性存在差异,即使在市场流动性比较好的情况下,一些个股和个券的流动性可能仍然比较差,从而使得金融产品在进行个股和个券操作时,可能难以按计划买入/卖出相应的数量,或买入/卖出行为对个股和个券价格产生比较大的影响,增加个股和个券的建仓成本或变现成本。

4. 信用风险

信用风险是指发行人是否能够实现发行时的承诺，按时足额还本付息的风险，或者交易对手未能按时履约的风险。信用风险包括以下两类：

① 交易品种的信用风险。投资于公司债券、可转换债券等固定收益类产品，存在着发行人不能按时足额还本付息的风险。此外，当发行人信用评级降低时，金融产品所投资的债券可能面临价格下跌风险。

② 交易对手的信用风险。交易对手未能履行合约，或在交易期间未如约支付已借出证券产生的所有股息、利息和分红，而使金融产品面临的信用风险。

5. 操作风险

① 技术或系统风险。在金融产品的日常交易中，可能因为技术系统的故障或者差错而影响交易的正常进行或者导致委托人的利益受到影响。这种技术风险可能来自管理人、托管人、证券交易所、证券登记结算机构等。

② 流程风险。管理人、托管人、证券交易所、证券登记结算机构等在业务操作过程中，因操作失误或操作规程不完善而引起的风险。

③ 外部事件风险。战争、自然灾害等不可抗力因素的出现，将会严重影响证券市场的运行，可能导致委托资产的损失，从而带来风险。

④ 法律风险。公司被提起诉讼或业务活动违反法律或行政法规，可能承担行政责任或者赔偿责任，有可能导致委托资产损失的风险。

6. 合规性风险

合规性风险指计划管理或运作过程中，可能出现违反国家法律、法规的规定，或者计划投资违反法规及合同有关规定的风险。

7. 其他风险

金融产品的风险还包括因业务竞争压力可能产生的风险，或者管理人、托管人因丧失业务资格、停业、解散、撤销、破产，可能导致委托资产的损失，从而带来风险。

第 2 章 MATLAB 基础知识概述

2.1 MATLAB 的发展历程和影响

MATLAB 名字由 MATrix 和 LABoratory 两词的前三个字母组合而成。20 世纪 70 年代后期，时任美国新墨西哥大学计算机科学系主任的 Cleve Moler 教授出于减轻学生编程负担的动机，为学生设计了一组调用 LINPACK 和 EISPACK 库程序“通俗易用”的接口，即用 FORTRAN 编写的“萌芽状态”的 MATLAB。经几年的校际流传，在 Little 的推动下，由 Little、Moler、Steve Bangert 合作，于 1984 年成立了 MathWorks 公司，并把 MATLAB 正式推向市场。从此 MATLAB 的内核采用 C 语言编写，而且除原有的数值计算能力外，还新增了数据图视功能。MATLAB 以商品形式出现后的短短几年，就以其良好的开放性和运行的可靠性，使原先控制领域里的封闭式软件包纷纷淘汰，而改在 MATLAB 平台上重建。进入 20 世纪 90 年代，MATLAB 已成为国际控制界公认的标准计算软件。到 90 年代初，在国际上三十几个数学类科技应用软件中，MATLAB 已在数值计算方面独占鳌头，而 Mathematica 和 Maple 则分居符号计算软件的前两名。Mathcad 因其提供计算、图形、文字处理的统一环境而深受中学生欢迎。

MathWorks 公司于 1993 年推出了基于 Windows 平台的 MATLAB 4.0。4.x 版在继承和发展其原有的数值计算和图形可视能力的同时，出现了以下几个重要变化：

① 推出了 SIMULINK，一个交互式操作的动态系统建模、仿真、分析集成环境。

② 推出了符号计算工具包。一个以 Maple 为“引擎”的 Symbolic Math Toolbox 1.0。此举结束了国际上数值计算、符号计算孰优孰劣的长期争论，促成了两种计算的互补发展新时代。

③ 构造了 Notebook，MathWorks 公司瞄准应用范围最广的 Word，运用 DDE 和 OLE，实现了 MATLAB 与 Word 的无缝连接，从而为专业科技工作者创造了融科学计算、图形可视、文字处理于一体的高水准环境。

从 1997 年春的 5.0 版起，后历经 5.1、5.2、5.3、6.0、6.1 等多个版本的不断改进，MATLAB“面向对象”的特点愈加突出，数据类型愈加丰富，操作界面愈加友善。2002 年初夏所推 6.5 版的最大特点是采用了 JIT 加速器，从而使 MATLAB 朝运算速度与 C 程序相比肩的方向前进了一大步。从 2006 年开始，MathWorks 公司每年更新两次版本，现在已经有了 MATLAB 2006a、MATLAB 2006b、MATLAB 2007a、MATLAB 2007b ～ MATLAB 2012b 等。

本章不再对具体的 MATLAB 基本语法进行介绍，以下将对 MATLAB 的常用知识点进行提示性介绍。其中的所有程序都经过了 MATLAB 2011a 的测试计算。

2.2　基本操作

2.2.1　操作界面

通常情况下,MATLAB 的窗体结构(如图 2.1 所示)主要由 4 部分组成:

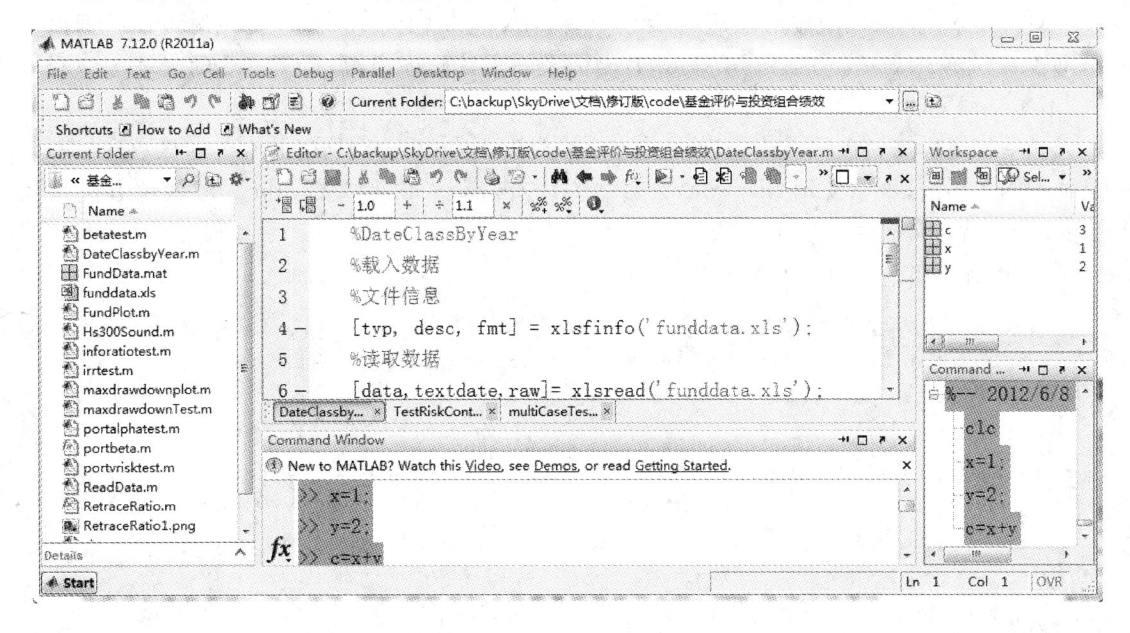

图 2.1　MATLAB 界面

➢ Command Window:命令行窗口。其主要功能为数值计算、函数参数设定、函数调用及其结果输出,类似于演算本的功能。

```
>> x = 1;
>> y = 2;
>> c = x + y

c =

     3
```

➢ Command History:历史命令窗口。其主要功能为显示 Command Window 曾输入的历史命令。记录了历史工作,如果想重复计算,无须重复敲入命令,在 Command History 中找到并进行复制、粘贴即可。

```
% -- 2012/6/8 12:35 -- %
clc
x = 1;
y = 2;
c = x + y
```

➢ Current Directory：当前工作目录。其主要功能为显示当前工作目录下的文件。未添加到搜索路径中的函数必须放置到当前工作目录下才能被其他函数调用。

➢ Workspace：工作空间。其主要功能为显示与计算相关的变量名称及其数值。可以在工作空间看到计算中间变量与结果的数值。

2.2.2 Help 帮助

MATLAB 语法与函数众多,必须熟练掌握 MATLAB Help 以便在使用时可以根据需要查询 MATLAB 帮助文档。在 MATLAB 函数及本书的程序中,每行"%"后的表述为注释说明,不参与程序运行。

如果知道所需函数的名称(例如,rand 功能为生成服从[0,1]均匀分布的随机数),但不知具体的函数语法,可以使用 help+函数名的方法查看函数说明文档。help 的使用方法是在 Command Window 输入"help 函数名"。

例如:输入 help rand,结果输出为

```
RAND   Uniformly distributed pseudo-random numbers.
    R = RAND(N) returns an N-by-N matrix containing pseudo-random values
    drawn from a uniform distribution on the unit interval.  RAND(M,N)
    or RAND([M,N]) returns an M-by-N matrix.  RAND(M,N,P,...) or
    RAND([M,N,P,...]) returns an M-by-N-by-P-by-... array.  RAND with
    no arguments returns a scalar.  RAND(SIZE(A)) returns an array the
    same size as A.
    ...  ...  ...
    For a full description of the Mersenne Twister algorithm, see
    http://www.math.sci.hiroshima-u.ac.jp/~m-mat/MT/emt.html.
```

点睛: 在 Help 文档中可看到以下内容:

① 相关的函数功能;

② 函数的使用方法,输入参数与输出函数;

③ 函数的使用示例,以举例方法演示函数的使用;

④ 函数使用的算法说明,比如算法来源于哪篇论文等。

如果对于某类问题,不知道如何运用 MATLAB 计算求解,有两种方法:购买相关书籍资料或者直接查看 MATLAB 相关 Toolbox 说明。在比较新的 MATLAB 版本(例如 MATLAB2011a 及以后的版本)中,读者在 Help 中输入问题的关键字(例如 Optimization),可以搜索到与关键字相关的 MATLAB 函数。

图 2.2 所示是关于 Financial Toolbox 的介绍。

左栏中 Financial Toolbox 的功能如下:

① 投资组合分析;

② 投资组合绩效分析;

③ 含有缺失数据回归;

……

如果在左栏中选中 Investment Performance Metrics,则在右栏中对 Investment Performance 功能进行列举:

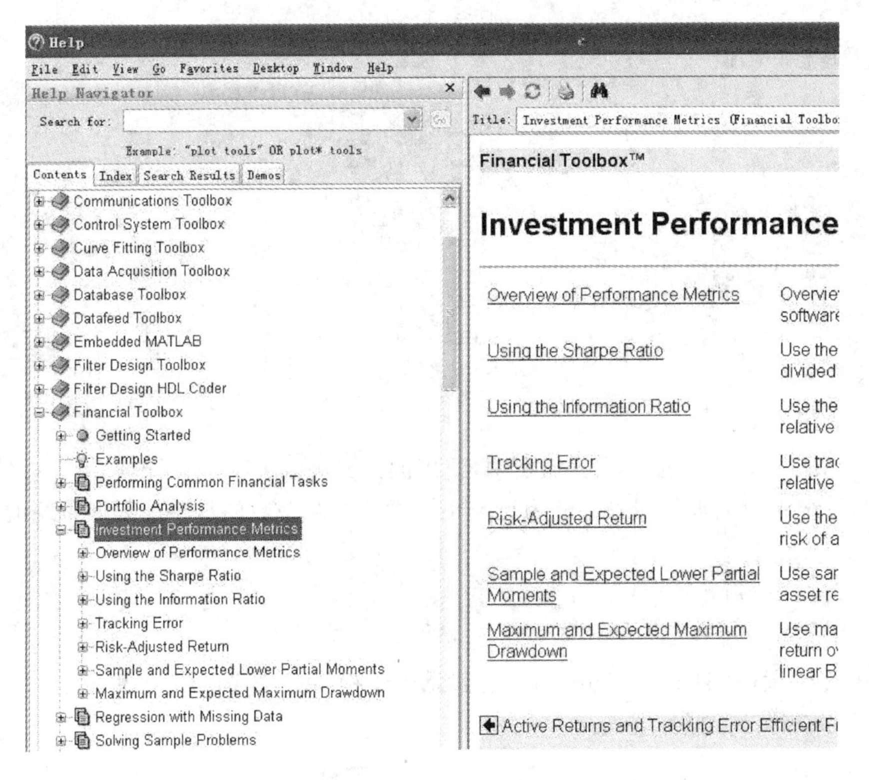

图 2.2　MATLAB Help 文档

① 投资组合夏普比率；

② 投资组合信息比率；

③ 投资组合跟踪误差；

④ 风险调整后的收益；

……

点睛：若熟练使用 MATLAB Help 查询，将大大提高您的 MATLAB 使用效率与编程速度！

2.2.3　系统变量

MATLAB 常用的永久变量：

➤ ans：计算结果的默认变量名。

```
>> 10
% 未指定变量的数值储存在 ans 变量中
ans =
    10
>> ans + 1
% ans 变量计算，11 将代替 10 存储在 ans 中
ans =
    11
```

➤ i、j：基本虚数单位。

```
>> i
%复数概念中的虚数
ans =
        0 + 1.0000i
>> j
%j与i类似
ans =
        0 + 1.0000i
>> i^2
%虚数单位的平方为-1
ans =
    -1
```

➤ eps:系统的浮点精度。在计算机中,使用的是二进制方法进行计算,由于存储或字节限制,系统中两个数的间隔并非为无穷小。系统中两个数的最小间隔即系统的浮点精度。

```
>> eps
%系统中两个数的最小间隔
2.2204e-016  (系统计算的精度)
```

➤ Inf:无限大(例如 1/0)。出现 Inf 一般是由于程序算法或逻辑问题,迭代计算中误差无限扩大或导致除 0。

```
>> Inf
ans =
   Inf
>> ans/10000
ans =
   Inf
```

➤ nan 或 NaN:非数值。

```
>> NaN
%not a number
%NaN在初始化数组或画图时常用
ans =
   NaN
```

➤ pi:圆周率。

```
%输出格式 short 小数点后 4 位有效数字
>> format short
>> pi
ans =
    3.1416
%输出格式 long 小数点后 15 位有效数字
>> format long
>> pi
ans =
   3.141592653589793
```

➤ realmax：系统所能表示的最大数值。

```
>> realmax
1.7977e+308
```

➤ realmin：系统所能表示的最小数值。

```
>> realmin
    2.2251e-308
```

➤ nargin：函数的输入参数个数。

```
%函数，返回函数输入参数个数
function f = test(a,b,c,d)
f = nargin;
%测试：
>> f = test(1,1,2,2)
f =
     4
>> f = test()
f =
     0
```

➤ nargout：函数的输出参数个数。Nargout 使用方法与 Nargin 类似。

➤ MATLAB 的所有运算都定义在复数域上。对于方根问题运算只返回处于第一象限的解。

```
>> a = 10;
>> sqrt(-a)
% -10 的根有两个 3.162i 与 -3.162i
%对于方根问题运算只返回处于第一象限的解
ans =
                  0 + 3.162277660168380i
>> b = 0 - 3.162277660168380i
b =
                  0 - 3.162277660168380i
>> b^2
ans =
-10.000000000000004
```

➤ MATLAB 分别用左斜杠“/”和右斜杠“\”来表示“左除”和“右除”运算。对于标量运算而言，这两者的作用没有区别；但对于矩阵运算来说，二者将产生不同的结果。具体可以参看《高等代数》中关于矩阵运算的概念。

```
%数值的左除与右除
>> a = 100;
>> b = 10;
%正常的“左除”
```

```
>> a/b
ans =
    10
%“右除”
>> a\b
ans =
   0.100000000000000
```

对于向量 $AB=C$,推导出 $B=A\backslash C$, 但 $B=C/A$ 是错误的。

```
%A 为一个 3*3 的随机矩阵
%rand 函数生成服从[0,1]均匀分布的随机矩阵
>> A = rand(3)
A =

    0.9649    0.9572    0.1419
    0.1576    0.4854    0.4218
    0.9706    0.8003    0.9157
%B 为一个 3*3 的随机矩阵
>> B = rand(3)

B =

    0.7922    0.0357    0.6787
    0.9595    0.8491    0.7577
    0.6557    0.9340    0.7431
%C = AB,矩阵乘法
>> C = A*B

C =

    1.7758    0.9797    1.4856
    0.8671    0.8117    0.7882
    2.1373    1.5695    1.9457
%计算 BB = A\C 与 BBB = C/A
>> BB = A\C

BB =

    0.7922    0.0357    0.6787
    0.9595    0.8491    0.7577
    0.6557    0.9340    0.7431
>> BBB = C/A
BBB =

   -0.2043   -1.2702    2.2390
    0.1168    0.2190    0.7418
   -0.0866   -0.5029    2.3698
%结果发现 BB = A\C 与 B 相等
```

2.3　多项式运算

2.3.1　多项式表达方式

多项式 $p(x)=x^3-3x+5$ 可以表示为向量 $\boldsymbol{p}$=[1 0 −3 5]，向量 $\boldsymbol{p}$ 的长度(元素个数)减 1 决定其表示多项式的次数，向量 $\boldsymbol{p}$ 中的元素从右向左依次为常数项、一次项系数、……n 次项系数，向量 $\boldsymbol{p}$ 表示三次项系数为 1，二次项系数为 0，一次项系数为 −3，常数项为 5 。求 $x=5$ 时的值，使用 polyval 函数计算。

```
>> p=[1 0 -3 5]
p=
     1     0    -3     5
>> x=5
x=
     5
%调用 polyval 函数
>> polyval(p,x)
ans =
   115
%计算多个多项式值
>> x=[1,2,3,4,5]
x=
     1     2     3     4     5
%计算 x 中每个元素对应多项式的值
>> polyval(p,x)
ans =
     3     7    23    57   115
```

2.3.2　多项式求解

函数 roots 求多项式的根 roots(p)，理论上 n 次多项式具有 n 个解在复数域上。

```
%多项式向量
p=[1 0 -3 5];
%调用 roots 函数
r=roots(p)
>> r =
   -2.2790                %(多项式的三个根)
   1.1395 + 0.9463i
   1.1395 - 0.9463i
```

点睛：数学理论表示，n 次方程有 n 个根，n 个根中可能会有重复，即重根。

```
%有时会产生虚根,这时用 real 抽取实部即可
real(r);
>> ans =
```

```
   -2.2790
    1.1395
    1.1395
```

2.3.3 多项式乘法(卷积)

在泛函分析中,卷积(convolution)是通过两个函数 f 和 g 生成第三个函数的一种数学算子,表示函数 f 与经过翻转和平移与 g 的重叠部分的累积。如果将参加卷积的一个函数看作区间的指示函数,卷积还可以被看作是"滑动平均"的推广。MATLAB 提供了 conv(a,b)函数执行多项式乘法(两个数组的卷积)。

```
%多项式A
a=[1 2 3 4];
%多项式B
b=[1 4 9 16];
c=conv(a,b)
>> c =
     1     6    20    50    75    84    64
```

即:多项式 x^3+2x^2+3x+4 乘以 $x^3+4x^2+9x+16$,结果为 $x^6+6x^5+20x^4+50x^3+75x^2+84x+64$。

2.4 多项式的曲线拟合

2.4.1 函数拟合

多项式的曲线拟合:

```
%自变量向量
x=[1 2 3 4 5];
%应变量向量
y=[5.6 40 150 250 498.9];
```

p=polyfit(x,y,n) 将数据以 n 次多项式为模型进行拟合,当 n 取 1 时,即为最小二乘法(线性回归方程)。

```
x=[1 2 3 4 5];
y=[5.6 40 150 250 498.9];
p=polyfit(x,y,1)
>> p =
%(第一个数值为一次项系数a,另一个为常数项b)
  119.6600 -170.0800
```

分析拟合结果:

```
%在1到5上生成间隔为0.1的向量
x2=1:0.1:5;
x2 =
```

```
  Columns 1 through 6
    1.0000    1.1000    1.2000    1.3000    1.4000    1.5000
    ⋮
  Columns 37 through 41
    4.6000    4.7000    4.8000    4.9000    5.0000
 % 计算多项式的值 (polyvalm 计算矩阵多项式)
y2 = polyval(p,x2); % 计算多项式的值 (polyvalm 计算矩阵多项式)
 % plot 画函数曲线
plot(x,y,'*',x2,y2);
```

线性回归方程拟合效果如图 2.3 所示。

三次函数拟合示例：

```
x = [1 2 3 4 5];
y = [5.6 40 150 250 498.9];
% n = 3 表示使用三次多项式进行拟合
% 三次拟合方程为 a * x^3 + bx^2 + cx + d
p = polyfit(x,y,3)
>> p =
    6.1083   -25.0464   84.2452   -63.2000
```

分析拟合结果：

```
x2 = 1:0.1:5;
y2 = polyval(p,x2);
plot(x,y,'*',x2,y2);
```

三次函数拟合效果如图 2.4 所示。

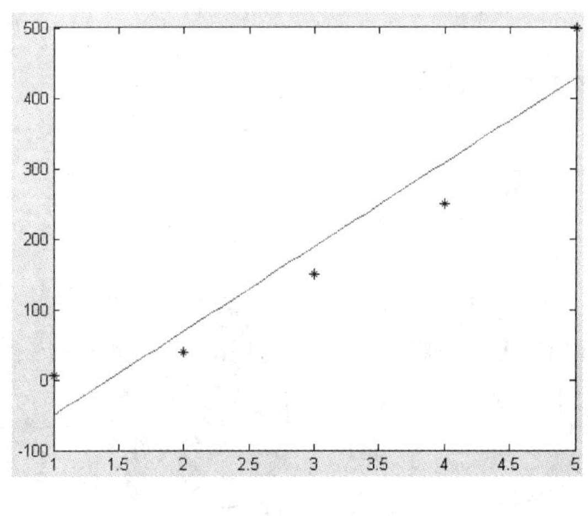

图 2.3 线性回归拟合效果图

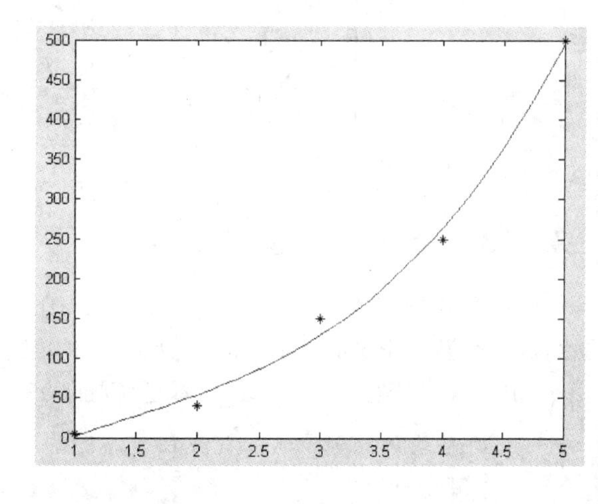

图 2.4 三次函数拟合效果图

2.4.2 曲线拟合工具 CFTOOL

MATLAB 提供了曲线拟合工具 CFTOOL，含有更多的拟合模型，具体可以参看该函数说明。

```
CFTOOL Curve Fit CFTOOL ting Tool.
    CFTOOL displays a window for fitting curves to data.  You can create a
    data set using data in your workspace and you can create graphs of fitted
    curves superimposed on a scatter plot of the data.

    CFTOOL(X,Y) starts the Curve Fitting tool with an initial data
    set containing the X and Y data you supply.  X and Y must be
    numeric vectors having the same length.

  CFTOOL(X,Y,W) also includes the weight vector W in the initial
data set.  W must have the same length as X and Y.
```

调用方法:在命令窗口输入 CFTOOL,工具箱如图 2.5 所示。

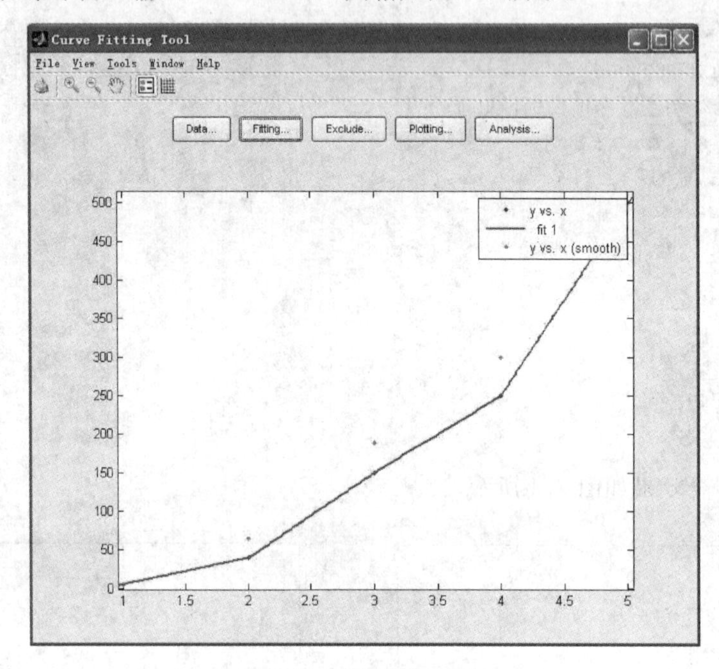

图 2.5　函数拟合工具箱

2.4.3　多项式插值

多项式插值 YI=interp1(x,y,XI,'method'),XI为插值点的自变量坐标向量,可以为数组或单个数。method为选择插值算法的方法,包括:linear(线性插值)、cubic(立方插值)、spline(三次样条插值)、nearst(最近邻插值)等。例如,人口预测代码如下:

```
%年份从 1900 到 2000,间隔为 10
year = 1900:10:2000;
%人口数量
number = 100 * sort(random('logn',0,1,1,length(year)));
%知道了 1900,1910,……,2000 年,每个 10 年的人口数量
%通过插值方法获取 1901 或 1999 年人口的数据
x = 1900:1:2000;
%采用样条插值方法
y = interp1(year,number,x,'spline');
```

interp1 函数的最后一个参数 spline 表示使用的插值方法。

插值结果分析：

```
plot(year,number,'*',x,y);
grid on
```

计算结果如图 2.6 所示。

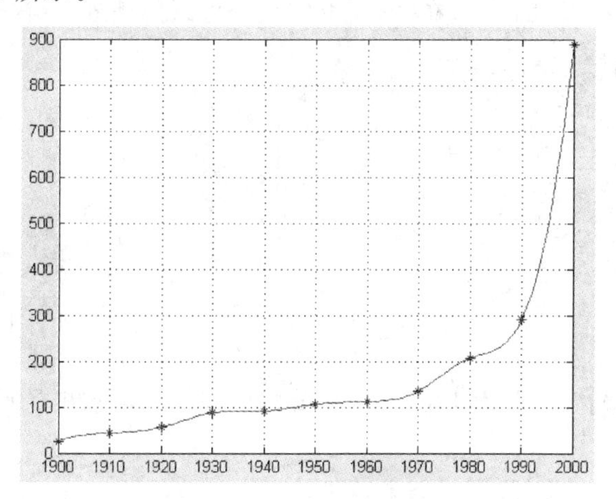

图 2.6 函数拟合效果图

函数 interp1(一维插值函数)提供的不同插值方法如下：

```
'nearest'   - nearest neighbor interpolation
'linear'    - linear interpolation
'spline'    - piecewise cubic spline interpolation (SPLINE)
'pchip'     - shape - preserving piecewise cubic interpolation
'cubic'     - same as 'pchip'
'v5cubic'   - the cubic interpolation from MATLAB 5, which does not
              extrapolate and uses 'spline' if X is not equally spaced.
```

具体算法说明可以在维基百科进行关键字搜索。例如：

Neares：最近邻点插值法(NearestNeighbor)，又称泰森多边形方法。泰森多边形(Thiessen，又叫 Dirichlet 或 Voronoi 多边形)分析法是荷兰气象学家 A. H. Thiessen 提出的一种分析方法。最初用于从离散分布气象站的降雨量数据中计算平均降雨量，现在 GIS 和地理分析中经常采用泰森多边形进行快速的赋值。实际上，最近邻点插值的一个隐含的假设条件是任一网格点 $p(x,y)$ 的属性值都使用距它最近的位置点的属性值，用每一个网格节点的最近邻点值作为该节点的值。当数据已经是均匀间隔分布，要先将数据转换为 SURFER 的网格文件，可以应用最近邻点插值法；或者在一个文件中，数据紧密完整，只有少数点没有取值，可用最近邻点插值法来填充无值的数据点。有时需要排除网格文件中的无值数据的区域，在搜索椭圆(SearchEllipse)设置一个值，对无数据区域赋予该网格文件里的空白值。设置的搜索半径的大小要小于该网格文件数据值之间的距离，所有的无数据网格节点都被赋予空白值。在使用最近邻点插值网格化法，将一个规则间隔的 *XYZ* 数据转换为一个网格文件时，可设置网格间隔和 *XYZ* 数据的数据点之间的间距相等。最近邻点插值网格化法没有选项，它是均质且无变化的，对均匀间隔的数据进行插值很有用，同时，它对填充无值数据的区域很有效。

2.5 微积分计算

2.5.1 数值积分计算

例如,计算 $f(x)=x^3-2x-5$,在[0,2]上的积分可以使用quad函数。代码如下:

```
%函数定义  @(x)表示x为变量
>> F = @(x)(x.^3 - 2 * x - 5)
F =
    @(x)(x.^3 - 2 * x - 5)
%使用quad函数计算积分
>> Q = quad(F,0,2)
%积分值
Q = - 10
```

二重积分首先计算内积分,然后借助内积分的中间结果再求出二重积分的值,类似于积分中的分步积分法。

```
%定义函数  @(x,y)二元函数
F = @(x,y)y * sin(x) + x * cos(y);
%使用dblquad函数计算积分
%@(x,y)在[pi,2pi][0,pi]上的积分
Q = dblquad(F,pi,2 * pi,0,pi);
%积分值
>> Q =    - 9.8696
```

2.5.2 符号积分计算

积分计算可以使用符号计算工具箱(Symbolic Math Toolbox)。符号积分运算为int(f),最精确的是符号积分法。

计算 $S=\int_1^2\int_0^1 xy\,\mathrm{d}x\mathrm{d}y$ 的代码如下:

```
%定义符号变量
%中间为空格,不能为逗号
syms x y
%  int(x * y,x,0,1)计算x * y,关于x在[0,1]上的积分,再计算函数关于y在[1,2]的积分
s = int(int(x * y,x,0,1),y,1,2 )
>> s  = 3/4
```

分步计算代码如下:

```
%定义符号变量
%中间为空格,不能为逗号
```

```
syms x y
% int(x * y,x,0,1)计算 x * y,关于 x 在[0,1]上的积分,再计算函数关于 y 在[1,2]的积分
s = int(x * y,x,0,1)
ss = int(s,y,1,2 )
```

计算结果：

```
s  = y/2
ss  = 3/4
```

2.5.3　数值微分运算

微分是描述一个函数在一点处的斜率，是函数的微观性质，积分对函数的形状在小范围内的改变不敏感，而微分很敏感。函数的小小的变化，容易造成相邻点的斜率的大改变。由于微分这个固有的困难，所以尽可能避免数值微分，特别是对实验获得的数据进行微分。这种情况最好用最小二乘曲线拟合这些数据，然后对所得到的多项式进行微分；或用另一种方法对点数据进行三次样条拟合，然后寻找样条微分，但是，有时微分运算是不能避免的。在 MATLAB 中，用函数 diff 计算一个矢量或者矩阵的微分（也可以理解为差分），代码如下：

```
a = [1 2 3 3 3 7 8 9];
% 调用 diff 函数一次微分   a(1)d 的导数 a(2) - a(1)
b = diff(a)
>> b =
1     1     0     0     4     1     1

a = [1 2 3 3 3 7 8 9];
% 调用 diff 函数
bb = diff(a,2)  % 二次微分
>> bb =
0     -1     0     4     -3     0
```

点睛：实际上 diff(a)=[a(2)−a(1),a(3)−a(2),…,a(n)−a(n−1)]，对于求矩阵的微分，即为求各列矢量的微分，从矢量的微分值可以判断矢量的单调性、是否等间距以及是否有重复的元素。

下面使用 gradient 计算多元函数的梯度：

$$f_x = \text{gradient}(f)$$

f 是一个矢量，返回 f 的一维数值梯度，f_x 对应于 x 方向的微分。例如：

```
% meshgrid 网格化
[x,y] = meshgrid( - 2:.2:2, - 2:.2:2);
z = x. * exp( - x.^2 - y.^2);
% 使用 gradient 函数
[px,py] = gradient(z,.2,.2);
contour(z),hold on 画等值线
quiver(px,py)
```

注：meshgrid 函数功能如下：

```
>> A = 1:3
A =
     1     2     3
>> B = 1:3
B =
     1     2     3
>> [AA,BB] = meshgrid(A,B)
AA =
     1     2     3
     1     2     3
     1     2     3
BB =
     1     1     1
     2     2     2
     3     3     3
```

数值微分计算效果如图 2.7 所示。

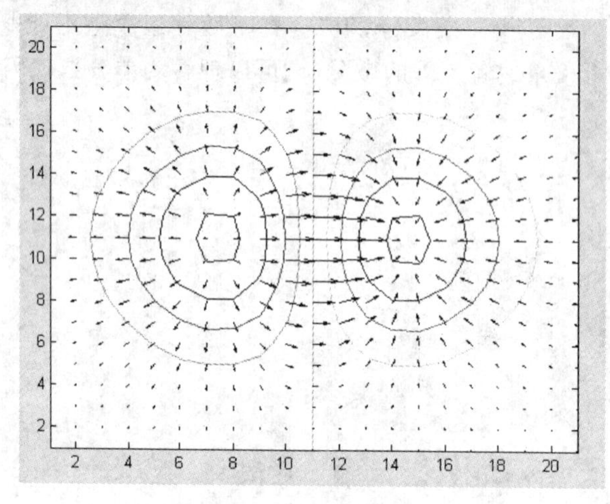

图 2.7 数值微分计算效果图

2.5.4 符号微分运算

微分运算可以使用符号计算工具箱(Symbolic Math Toolbox)。例如:

```
%定义符号变量
syms x t a
%定义复合变量函数
f = cos(a * x)
% 由 findsym 的规则,隐式的指定对 x 进行微分
df = diff(f)
%指定对变量 a 进行微分
dfa = diff(f,'a')
%三次微分
dfa = diff(f,'a',3)
>> f = cos(a * x)
```

```
df = - sin(a * x) * a
dfa = - sin(a * x) * x
dfa = sin(a * x) * x^3
```

微分函数 diff 不仅作用在标量上，还可以在矩阵上，运算规则就是按矩阵的元素分别进行微分。例如：

```
%定义符号变量
syms a x
%定义复合变量函数
A = [cos(a * x),sin(a * x), - sin(a * x),cos(a * x)];
dA = diff(A)
>> dA =
[ - sin(a * x) * a,  cos(a * x) * a, - cos(a * x) * a, - sin(a * x) * a]
```

2.6　矩阵计算

2.6.1　线性方程组的求解

求解线性方程组，用右斜杠"\"，$ax=b$ 即 $x=a\backslash b$（b 左除 a）。代码如下：

```
%生成希尔伯特矩阵
a = hilb(3)
>> a =
    1.0000    0.5000    0.3333
    0.5000    0.3333    0.2500
    0.3333    0.2500    0.2000
b = [1 2 3]'
%左除
x = a\b
>> x =
   27.0000
 - 192.0000
  210.0000
```

2.6.2　矩阵的特征值和特征向量

[v,d]=eig(A)，其中 d 将返回特征值，v 返回相应的特征向量。若默认第二个参数，即 v=eig(A)，将只返回特征值。

数值计算矩阵特征值与特征向量的代码如下：

```
%生成服从正态分布的随机数矩阵并乘以 1000
A = 1000 * randn(4)
%调用 eig 函数，近似计算特征值与特征向量
[v,d] = eig(A)
>> A =
```

```
   1.0e+003 *
     1.0668     0.2944    -0.6918    -1.4410
     0.0593    -1.3362     0.8580     0.5711
    -0.0956     0.7143     1.2540    -0.3999
    -0.8323     1.6236    -1.5937     0.6900
v =
     0.3770    -0.7873     0.7361    -0.8112
    -0.6638    -0.2881    -0.0531     0.1579
     0.2195    -0.0753     0.1675     0.5614
     0.6075    -0.5399    -0.6537     0.0421
d =
   1.0e+003 *
    -2.1764          0          0          0
          0     0.1203          0          0
          0          0     2.1676          0
          0          0          0     1.5631
```

符合计算矩阵特征值与特征向量的代码如下：

```
syms a b c real
A=[a b c; b c a; c a b];
[v,d]=eig(A);
>> d =
  [a+b+c, 0,                                          0                                    ]
  [0,     (a^2-b*a+b^2-c*b-c*a+c^2)^(1/2), 0                                    ]
  [0,     0,                                          -(a^2-b*a+b^2-c*b-c*a+c^2)^(1/2)]
```

2.6.3 矩阵求逆

B=inv(A),其中B将返回A的逆矩阵。例如：

```
A=rand(4)
B=inv(A)
C=A*B
A =
     0.8147     0.6324     0.9575     0.9572
     0.9058     0.0975     0.9649     0.4854
     0.1270     0.2785     0.1576     0.8003
     0.9134     0.5469     0.9706     0.1419
%特征向量
B =
 -15.2997     3.0761    14.7235     9.6445
  -0.2088    -1.8442     1.0366     1.8711
  14.5694    -1.9337   -14.6497    -9.0413
  -0.3690     0.5345     1.4378    -0.4008
%特征值
C =
   1.0000     0.0000     0.0000    -0.0000
  -0.0000     1.0000     0.0000    -0.0000
   0.0000     0.0000     1.0000    -0.0000
   0.0000     0.0000     0.0000     1.0000
```

2.7 M 函数编程规则

使用 MATLAB 函数(例如 inv、abs、angle 和 sqrt)时,MATLAB 获取传递给它的变量,利用所给的输入,计算所要求的结果;然后,把这些结果返回。由函数执行的命令,以及由这些命令所创建的中间变量,都是隐含的。所有可见的东西是输入和输出,也就是说函数是一个黑箱。这些属性使得函数成为强有力的工具,用作计算命令。这些命令包括在求解一些大的问题时,经常出现的有用的数学函数或命令序列。由于这个强大的功能,MATLAB 提供了一个创建用户函数的结构,并以 M 文件的文本形式存储在计算机上。MATLAB 函数 fliplr 是一个 M 文件函数的典型例子,代码如下:

```
function y = fliplr(x)
 %   FLIPLR  Flip matrix in the left/right direction.
 %   FLIPLR(X) returns X with row preserved and columns flipped
 %   in the left/right direction.
 %
 %   X = 1  2  3     becomes  3  2  1
 %       4  5  6              6  5  4
 %
 %   See also FLIPUD, ROT90.
 %   Copyright (c) 1984 - 94 by The MathWorks, Inc.
[m, n] = size(x);
y = x(: , n : -1 : 1);
```

函数功能为改变矩阵行元素的顺序。

```
>> x=[1,2,3;4,5,6]
x =
    1    2    3
    4    5    6
>> y = fliplr(x)
y =
    3    2    1
    6    5    4
```

编程窗口如图 2.8 所示。

函数 M 文件与脚本文件的相似之处在于它们都是有 .m 扩展名的文本文件。如同脚本 M 文件一样,函数 M 文件不进入命令窗口,而是由文本编辑器所创建的外部文本文件。一个函数的 M 文件与脚本文件在通信方面是不同的。函数与 MATLAB 工作空间之间的通信,只通过传递给它的变量和通过它所创建的输出变量。在函数内中间变量不出现在 MATLAB 工作空间,或与 MATLAB 工作空间不交互。正如在上面的例子中所看到的,一个函数的 M 文件的第一行把 M 文件定义为一个函数,并指定它的名字。它与文件名相同,但没有.m 扩展名。它也定义了它的输入和输出变量。接下来的注释行是所展示的文本,它与帮助命令“>> help fliplr”相对应。第一行帮助行称为 H1 行,是由 lookfor 命令所搜索的行。最后,M 文件

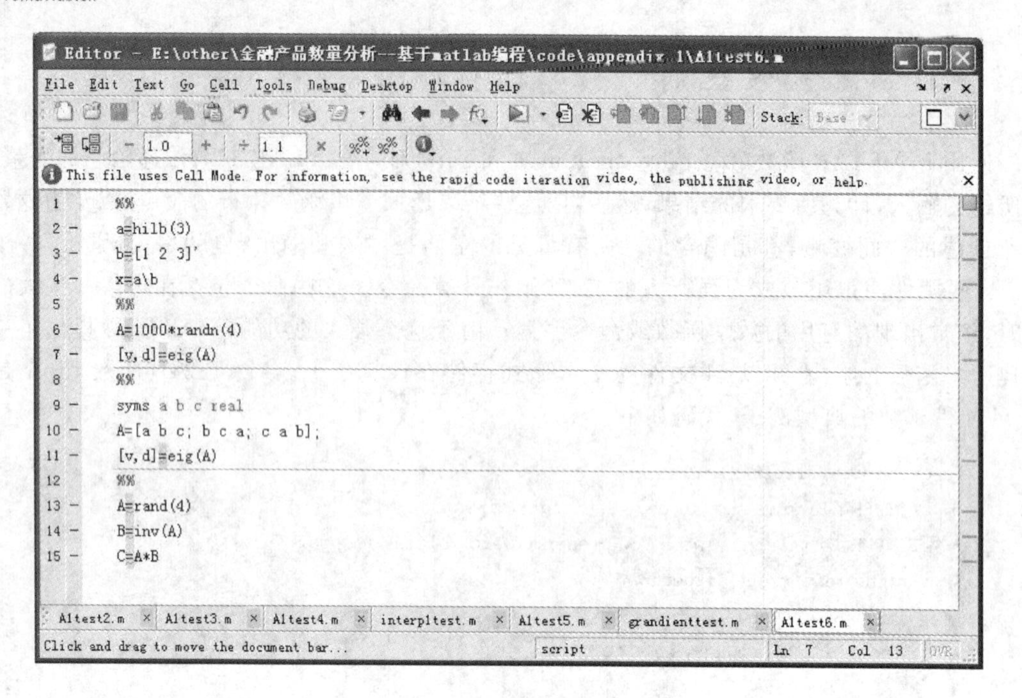

图 2.8 M 文件编程窗口

的其余部分包含了 MATLAB 创建输出变量的命令。

M 文件函数必须遵循以下特定的规则,包括:

① 函数名和文件名必须相同。例如,函数 fliplr 存储在名为 fliplr.m 文件中。

② MATLAB 头一次执行一个 M 文件函数时,它打开相应的文本文件并将命令编辑成存储器的内部表示,以加速执行以后所有的调用。如果函数包含了对其他 M 文件函数的引用,它们也同样被编译到存储器。普通的脚本 M 文件不被编译,即使它们是从函数 M 文件内调用;打开脚本 M 文件,调用一次就逐行进行注释。

③ 在函数 M 文件中,到第一个非注释行为止的注释行是帮助文本。当需要帮助时,返回该文本。例如,“ >> help fliplr”返回上述前 8 行注释。

④ 第一行帮助行,名为 H1 行,是由 lookfor 命令搜索的行。

⑤ 函数可以有零个或更多个输入参数。函数可以有零个或更多个输出参数。

⑥ 函数可以按少于函数 M 文件中所规定的输入和输出变量进行调用,但不能用多于函数 M 文件中所规定的输入和输出变量数目。如果输入和输出变量数目多于函数 M 文件中 function 语句一开始所规定的数目,则调用时自动返回一个错误。

⑦ 当函数有一个以上输出变量时,输出变量包含在括号内。例如,[v,d] = eig(A)。不要把这个句法与等号左边的[v,d] 相混淆。右边的[v,d] 是由数组 v 和 d 所组成。

⑧ 当调用一个函数时,所用的输入和输出的参量的数目,在函数内是规定好的。函数工作空间变量 nargin 包含输入参数个数;函数工作空间变量 nargout 包含输出参数个数。事实上,这些变量常用来设置默认输入变量,并决定用户所希望的输出变量。

例如,MATLAB 函数 linspace 代码如下:

```
function y =  linspace(d1, d2, n)
%   LINSPACE Linearly spaced vector.
%   LINSPACE(x1, x2) generates a row vector of 100 linearly
%   equally spaced points between x1 and x2.
%   LINSPACE(x1, x2, N) generates N points between x1 and x2.
%
%   See also LOGSPACE, :.
%   Copyright (c) 1984 - 94 by The MathWorks, Inc.
if nargin == 2
    n = 100;
end
y = [d1 + (0:n - 2) * (d2 - d1)/(n - 1) d2] ;
```

这里，如果用户只用两个输入参数调用 linspace，例如 linspace(0，10)，linspace 产生 100 个数据点(函数默认为 100)。相反，如果输入参数的个数是 3，例如，linspace(0，10，50)，第三个参量决定数据点的个数。用一个或两个输出参数调用函数的一个例子是 MATLAB 函数 size。尽管这个函数不是一个 M 文件函数(它是一个内置函数)，size 函数的帮助文本说明了它的输出参数的选择。代码如下：

```
SIZE   Matrix dimensions.
       D = SIZE(X), for M - by - N matrix X, returns the two - element
       row vector D = [M, N] containing the number of rows and columns
       in the matrix.

       [M, N] = SIZE(X) returns the number of rows and columns
       in separate output variables.
```

如果函数仅用一个输出参数调用，就返回一个二元素的行，它包含行数和列数。相反，如果出现两个输出参数，size 分别返回行和列。在 M 文件函数里，变量 nargout 可用来检验输出参数的个数，并按要求修正输出变量的创建。

⑨ 当一个函数说明一个或多个输出变量，但没有要求输出时，就简单地不给输出变量赋任何值。MATLAB 函数 toc 阐明了这个属性。代码如下：

```
function t = toc
%   TOC   Read the stopwatch timer.
%   TOC, by itself, prints the elapsed time since TIC was used.
%   t = TOC; saves the elapsed time in t, instead of printing it out.
%
%   See also TIC, ETIME, CLOCK, CPUTIME.

%   Copyright (c) 1984 - 94 by The MathWorks, Inc.

%   TOC uses ETIME and the value of CLOCK saved by TIC.
global TICTOC
if nargout < 1
   elapsed_time = etime(clock, TICTOC)
else
   t = etime(clock, TICTOC);
end
```

如果用户不以输出参数调用 toc，例如“ >> toc”，就不指定输出变量 t 的值，函数在命令窗口显示函数工作空间变量 elapsed_time，但在 MATLAB 工作空间里不创建变量。相反，如果 toc 是以“ >> out=toc”调用，则按变量 out 将消逝的时间返回到命令窗口。

⑩ 函数有它们自己的专用工作空间，它与 MATLAB 的工作空间分开。函数内变量与 MATLAB 工作空间之间唯一的联系是函数的输入和输出变量。如果函数任一输入变量值发生变化，其变化仅在函数内出现，不影响 MATLAB 工作空间的变量。函数内所创建的变量只驻留在函数的工作空间，而且只在函数执行期间临时存在，以后就消失。因此，从一个调用到下一个调用，在函数工作空间变量存储信息是不可能的。(然而，如下所述，使用全局变量就提供了这个特征。)

⑪ 如果一个预定的变量，例如 pi，在 MATLAB 工作空间重新定义，它不会延伸到函数的工作空间。逆向有同样的属性，即函数内的重新定义变量不会延伸到 MATLAB 的工作空间中。

⑫ 当调用一个函数时，输入变量不会复制到函数的工作空间，但使它们的值在函数内可读。然而，改变输入变量内的任何值，那么数组就复制到函数工作空间。进而，在默认情况下，如果输出变量与输入变量相同，例如函数 $x=\mathrm{fun}(x,y,z)$ 中的 x，则输入参数 x 将复制到函数的工作空间。因此，为了节约存储和增加速度，最好是从大数组中抽取元素，然后对它们作修正，而不是使整个数组复制到函数的工作空间。

⑬ 如果变量说明是全局的(“global 变量名称”)，函数可以与其他函数、MATLAB 工作空间和递归调用本身共享变量。为了在函数内或 MATLAB 工作空间中访问全局变量，在每一个所希望的工作空间，变量必须说明是全局的。全局变量使用的例子可以在 MATLAB 函数 tic 和 toc 中看到，它们合在一起工作如跑表。

```
function tic
 %   TIC   Start a stopwatch timer.
 %   The sequence of commands
 %       TIC
 %       any stuff
 %       TOC
 %   prints the time required for the stuff.
 %
 %   See also TOC, CLOCK, ETIME, CPUTIME.

 %   Copyright (c) 1984 - 94 by The MathWorks, Inc.

 %   TIC simply stores CLOCK in a global variable.
global TICTOC
TICTOC = clock;

function t = toc
 %   TOC   Read the stopwatch timer.
 %   TOC, by itself, prints the elapsed time since TIC was used.
 %   t = TOC; saves the elapsed time in t, instead of printing it out.
 %
 %   See also TIC, ETIME, CLOCK, CPUTIME.
```

```
    %  Copyright (c) 1984 - 94 by The MathWorks, Inc.

    %  TOC uses ETIME and the value of CLOCK saved by TIC.
  %将 TICTOC 定义为全局变量
   global TICTOC
   if nargout < 1
      elapsed_time = etime(clock,TICTOC)
   else
      t = etime(clock,TICTOC);
   end
```

在函数 tic 中，变量 TICTOC 说明为全局的，因此它的值由调用函数 clock 来设定。以后在函数 toc 中，变量 TICTOC 也说明为全局的，让 toc 访问存储在 TICTOC 中的值。利用这个值，toc 计算自执行函数 tic 以来消逝的时间。值得注意的是，变量 TICTOC 存在于 tic 和 toc 的工作空间，而不在 MATLAB 工作空间。

⑭ 实际编程中，应尽量避免使用全局变量。要是用了全局变量，建议全局变量名要长，它包含所有的大写字母，并有选择地以首次出现的 M 文件的名字开头。如果遵循建议，则在全局变量之间不必要的相互作用减至最小。例如，如果另一函数或 MATLAB 工作空间说明 TICTOC 为全局的，那么它的值在该函数或 MATLAB 工作空间内可被改变，而函数 toc 会得到不同的、可能是无意义的结果。

⑮ MATLAB 以搜寻脚本文件的同样方式搜寻函数 M 文件。例如，输入“>> cow”，MATLAB 首先认为 cow 是一个变量。如果它不是，那么 MATLAB 认为它是一个内置函数。如果还不是，MATLAB 检查当前 cow.m 的目录或文件夹。如果它不存在，MATLAB 就检查 cow.m 在 MATLAB 搜寻路径上的所有目录或文件夹。

⑯ 从函数 M 文件内可以调用脚本文件。在这种情况下，脚本文件查看函数工作空间，不查看 MATLAB 工作空间。从函数 M 文件内调用的脚本文件不必用调用函数编译到内存。函数每调用一次，它们就被打开和解释。因此，从函数 M 文件内调用脚本文件减慢了函数的执行。

⑰ 当函数 M 文件到达 M 文件终点，或者碰到返回命令 return，就结束执行和返回。return 命令提供了一种结束一个函数的简单方法，而不必到达文件的终点。

⑱ MATLAB 函数 error 在命令窗口显示一个字符串，放弃函数执行，把控制权返回给键盘。这个函数对提示函数使用不当很有用，比如以下文件片段中：

```
   if length(val) >1
       error('  VAL must be a scalar.  ')
   end
```

如果变量 val 不是一个标量，error 显示消息字符串，把控制权返回给命令窗口和键盘。

⑲ 当 MATLAB 运行时，它缓存了(caches)存储在 Toolbox 子目录和 Toolbox 目录内的所有子目录中所有的 M 文件的名字和位置。这使 MATLAB 能很快找到并执行函数 M 文件。也使得命令 lookfor 工作更快。被缓存的 M 文件函数当作是只读的。如果执行这些函数，以后又发生变化，MATLAB 将只执行以前编译到内存的函数，不管已改变的 M 文件。而且，在 MATLAB 执行后，如果 M 文件被加到 Toolbox 目录中，那么它们将不出现在缓存里，

因此不可利用。所以,在 M 文件函数的使用中,最好把它们存储在 Toolbox 目录外,或许最好存储在 MATLAB 目录下,直至它们被认为是完备的(complete)。当它们是完备的时候,就将它们移到一个只读的 Toolbox 目录或文件夹的子目录内。最后,要确保 MATLAB 搜索路径改变,以确认它们的存在。

总之,函数 M 文件提供了一个简单的扩展 MATLAB 功能的方法。事实上,MATLAB 本身的许多标准函数就是 M 文件函数。

2.8 绘图函数

2.8.1 简易函数绘图

1. 符号函数简易绘图函数 ezplot(f)

函数 f 可以包含单个符号变量 x 的字符串或表达式,默认画图区间(−2pi,2pi),如果 f 包含 x 和 y,画出的图像是 $f(x,y)$ 的图像,则默认区间是 $-2\text{pi}<x<2\text{pi}$, $-2\text{pi}<y<2\text{pi}$。

函数语法:ezplot(f,xmin,xmax)或 ezplot(f,[xmin,xmax])

绘制在 xmin<x<xmax 区间上的图像。例如:

```
%定义符号变量
syms x t
%调用 ezplot 函数画图,变量 t 的区间为[0,4 * pi]
ezplot('t * cos(t)','t * sin(t)',[0,4 * pi])
```

结果如图 2.9 所示。

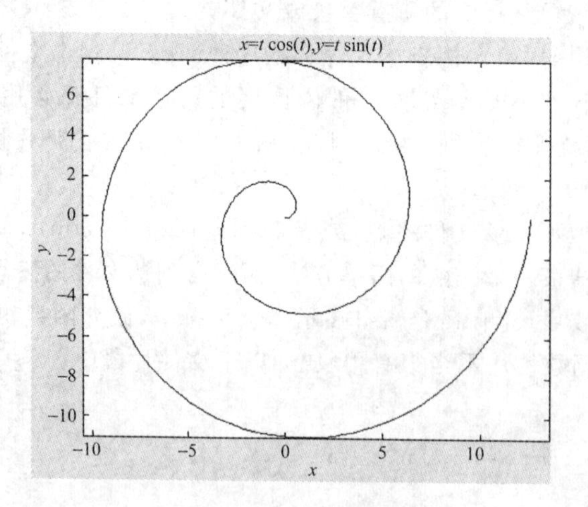

图 2.9 ezplot 函数效果图

2. 绘制符号图像函数 fplot(fun,lims,tol,'linespec',n)

其中,lims=[xmin,xmax]或[xmin,xmax,ymin,ymax];tol 指定相对误差(变量的间距),默认 0.001 ;'linespec' 指定绘图的线型;n 指定最少以 $n+1$ 个点绘图。

[x,y]=fplot(fun,lims,…) 只返回用来绘图的点,并不绘图,可以自己调用 plot(x,y)来绘制图形。

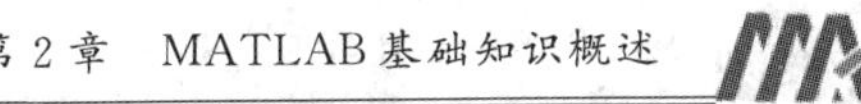

```
%定义符号变量 x
syms x
%画布被分为 2 * 2 的格子,格子顺序为"从左向右,从上向下"
%画第 1 个子图
subplot(2,2,1)
%调用 fplot 函数
fplot('x^2',[0,1])
%画第 2 个子图
subplot(2,2,2)
%定义复合函数
f = 'abs(exp(x))'
fplot(f,[0,2 * pi])
%画第 3 个子图
subplot(2,2,3)
fplot('sin(1./x)',[0.01,0.1],1e - 3)
%画第 4 个子图
subplot(2,2,4)
```

结果如图 2.10 所示。

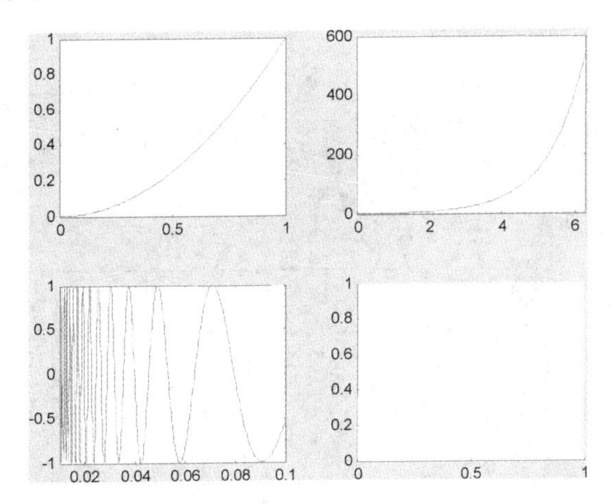

图 2.10 subplot 函数效果图

注:subplot(M,N,num)表示在一个图框 figure 中画 M 行 N 列子图,num 表示第几子图,顺序是从左向右,从上到下。subplot(2,2,3),表示 2 行 2 列子图中的第三个图,即第二行第一个子图。

2.8.2 二维图形绘制

绘图函数如下:

- plot(x,y):在(x,y)坐标下绘制二维图像,支持多个 $x-y$ 二元结构;
- loglog(x,y) :在(x,y)对数坐标下绘制二维图形;
- semilogx(x,y):在 x 为对数坐标、y 为线性坐标的二维坐标系中绘图;
- semilogy(x,y) :在 x 为线性坐标、y 为对数坐标的二维坐标系中绘图;
- plotyy :在有两个 y 轴的坐标下绘图;
- bar(x,y) :二维条形图;

- hist(y,n) :直方图 ;
- histfit(y,n) :带拟合线的直方图,n 为直方的个数;
- stem(x,y) :火柴杆图;
- comet(x,y) :彗星状轨迹图;
- compass(x,y) : 罗盘图;
- errorbar(x,y,l,u) : 误差限图;
- feather(x,y) :羽毛状图;
- fill(x,y,'r') :二维填充函数,以红色填充;
- pie(x) : 饼图;
- polar(t,r) : 极坐标图,r 为幅值向量,t 为角度向量;
- quiver(x,y) : 磁力线图;
- stairs(x,y) :阶梯图。

注:MATLAB 数据可视化功能强大,具体可用"help 函数名称"搜索函数文档。

1. plot 用法

```
%x为1到10间隔为1的数组
x=1:10
%根据x的数值计算y
```

```
y=sin(x)
%画图'--rs' --表示虚线,r表示红色,s表示方格
plot(x,y,'--rs')
```

结果图形如图 2.11 所示。

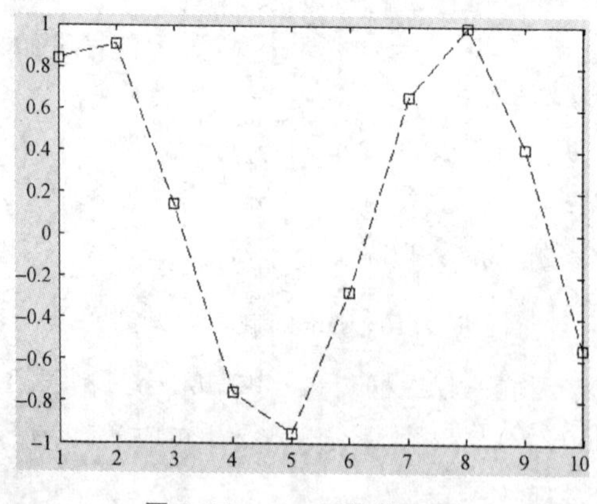

图 2.11 plot 函数效果图

2. plotyy 用法

双坐标轴函数 plotyy(x1,y1,x2,y2) 以 x1 为标准,左轴为 y 轴绘制 y1 向量;以 x2 为基准,右轴为 y 轴绘制 y2 向量。

plotyy(x1,y1,x2,y2,fun) 用字符串 fun 指定的绘图函数(字符串还有 plot、semilogx、semilogy、loglog、stem 等)。

```
%t为0到2*pi间隔为pi/20的序列
t=0:pi/20:2*pi;
```

```
%根据公式计算 y 函数值
y = exp(sin(t));
%使用 plotyy 画图
%'plot','stem',表示线形为杆图
plotyy(t,y,t,y,'plot','stem') %stem 为二维杆图
```

结果图形如图 2.12 所示。

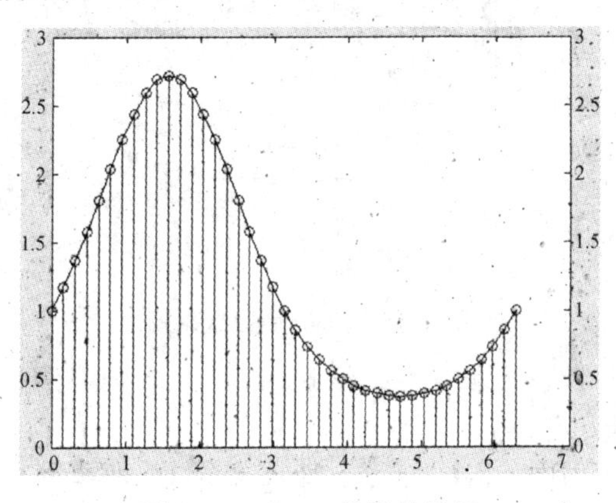

图 2.12　plotyy 函数效果图

2.8.3　三维图形绘制

绘图函数如下：

- plot3(x,y,z)：三维线条图；
- surf(z)：隐含着 x、y 的值为 surf 指令根据 z 的尺寸自动生成；
- surfc：画出具有基本等值线的曲面图；
- surfl：画出一个具有亮度的曲面图；
- mesh(x,y,z)：网格图；
- mesh(x,y,z,c)：四维作图，(x,y,z)代表空间三维，c 代表颜色维；
- shading flat：网线图的某整条线段或曲面图的某个贴片都着一种颜色；
- shading interp：某一线段或贴片上各点的颜色由线或片的顶端颜色经线性插值而得。

曲面图不能设成网格图那样透明，但需要时，可以在孔洞处将数据设成 NaN。

1. plot3(x,y,z) 三维线条图

代码如下：

```
%t 为 0 到 15*pi 间隔为 pi/50 的序列
t = 0:pi/50:15*pi;
%划出 X 轴为 sin(t),Y 轴为 cos(t),Z 轴为 t 的图形
%'r*'  r 表示红色,*表示 mark 为"*"
plot3(sin(t),cos(t),t,'r*')
%返回各个轴的范围
v = axis
%在某个坐标点加入文字,在[0,0,0]点标记
text(0,0,0,'origin') %在某个坐标点加入文字
```

结果图形如图2.13所示。

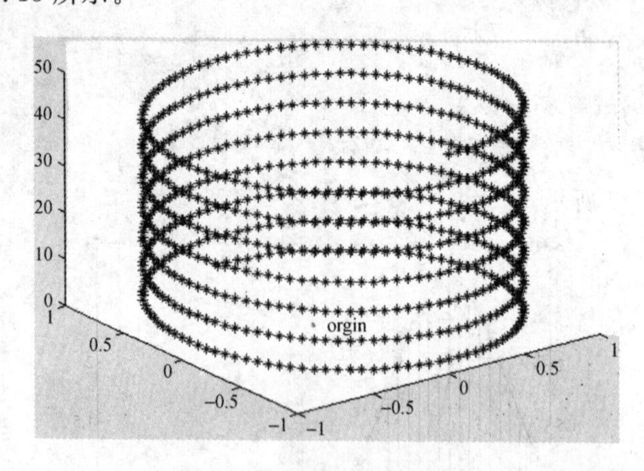

图2.13 plot3函数效果图

注:plot3增加维数,可以一次画多个二维图,使多个二维图形根据 z 轴排列。

2. 三维网线图的绘制

surf(x,y,z,c) 着色表面图;surf(x,y,z) 隐含着 $c=z$,即着色参数。

```
%生成网格
[x,y] = meshgrid([-2:0.1:2]);
%根据公式计算z函数值
z = x.*exp(-x.^2-y.^2);
%画子图1
subplot(1,2,1)
% plot3表示三维线条图
plot3(x,y,z)
%画子图2
subplot(1,2,2)
% surf表示三维曲面图
surf(x,y,z)
```

注:meshgrid函数功能为根据一维数组构建二维网格。

```
>> [x,y] = meshgrid([-2:1:2]
x =
    -2    -1    0    1    2
    -2    -1    0    1    2
    -2    -1    0    1    2
    -2    -1    0    1    2
    -2    -1    0    1    2
y =
    -2    -2    -2   -2   -2
    -1    -1    -1   -1   -1
     0     0     0    0    0
     1     1     1    1    1
     2     2     2    2    2
```

结果图形如图 2.14 所示。

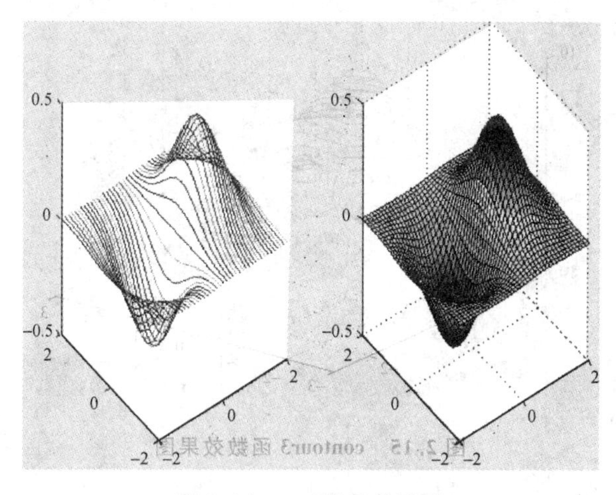

图 2.14　surf 函数效果图

2.8.4　等高线图形绘制

contour 为在二维空间绘制等高线。相关说明如下：

- contour(x,y,z,n)：绘制 n 条等值线（n 可省略）；
- contour(x,y,z,v)：在向量 $\boldsymbol{v}$ 所指定的高度上绘制等高线（可省略）；
- c=contour(x,y,z)：计算等值线的高度值；
- c=contourc(x,y,z,n)：计算 n 条等高线的 $x-y$ 坐标数据；
- c=contourc(x,y,z,v)：计算向量 $\boldsymbol{v}$ 所指定的等高线的 $x-y$ 坐标数据；
- clabel(c)：给 c 阵所表示的等高线加注高度标识；
- clabel(c,v)：给向量 $\boldsymbol{v}$ 所指定的等高线加注高度标识；
- clabel(c,'manual')：借助鼠标给点中的等高线加注高度标识。

contour3(x,y,z)为三维空间绘制等高线。

```
% 载入数据 peaks(30)，使用 abs(exp(x))函数构建一维数组
% 在网格化，计算 z 函数值
[x,y,z] = peaks(30);
% 调用 contour3 函数，16 条等高线
% 'g' 为曲线颜色为绿色
contour3(x,y,z,16,'g')
```

结果图形如图 2.15 所示。

注：contour3(x,y,z,16,'g')中，'g' 表示绿色（'r' 表示红色、'k' 表示黑色、'b' 表示蓝色）。

2.8.5　二维彩图绘制

二元函数的伪彩图 pcolor(x,y,z)是指令 surf 的二维等效指令，代表伪彩色，可与 contour 单色等值线结合画彩色等值线图。

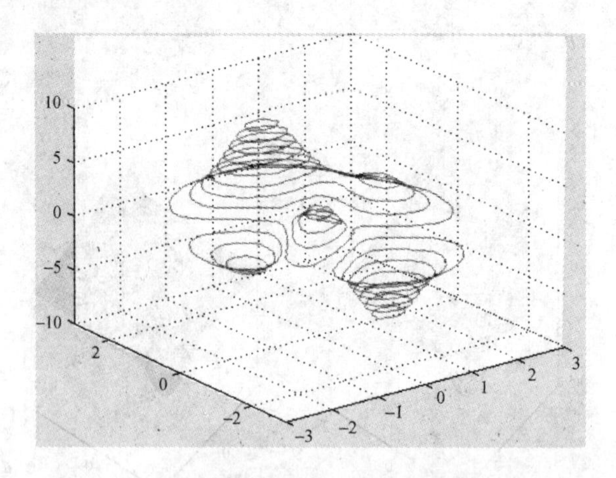

图 2.15 contour3 函数效果图

```
%载入数据 peaks(30)
[x,y,z] = peaks(30);
%伪彩色
pcolor(x,y,z);
%颜色插值,使颜色平均渐变
shading interp
%hold on 表示在现有图的基础上画图
hold on
%画等值线  20 个等值线
contour(x,y,z,20,'k')
%水平颜色标尺
colorbar('horiz')
c = contour(x,y,z,8);
%标注等高线
clabel(c)
```

结果图形如图 2.16 所示。

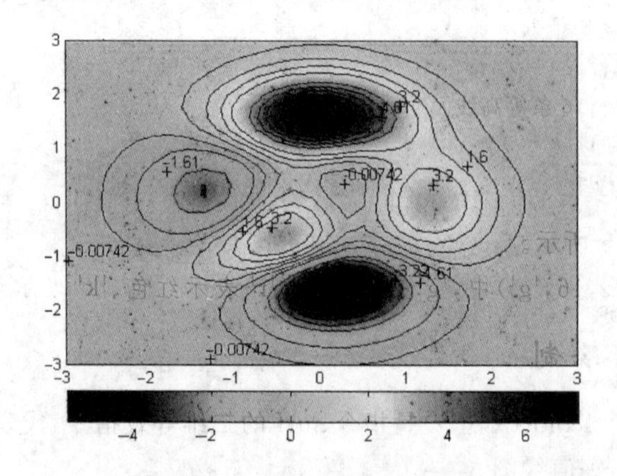

图 2.16 contour 函数效果图

注:clabel(c) 标注等高线等具体函数说明,请查看 Help 文档。

2.8.6 矢量场图绘制

矢量场图(速度图)函数 quiver,用于描述函数 $z=f(x,y)$ 在点 (x,y) 的梯度大小和方向。

[X,Y]=meshgrid(x,y)

x,y 为 Z 阵元素的坐标矩阵。

[U,V]=gradient(Z,dx,dy)

U、V 分别为 Z 对 x 对 y 的导数,dx、dy 是 x、y 方向上的计算步长。

quiver(X,Y,U,V,s,'linespec','filled')中,U、V 为必选项,决定矢量场图中各矢量的大小和方向,s 为指定所画箭头的大小,默认时取 1,linespec 为字符串,指定合法的线型和彩色,filled 用于填充定义的绘图标识符。

```
%生成网格矩阵
[x,y] = meshgrid( - 2:.2:2, - 1:.15:1);
%计算函数值 Z
z = x. * exp( - y.^2);
%计算 Z 的导数
[px,py] = gradient(z,.2,.15);
%画等高图
contour(x,y,z);
%在等高图基础上,继续画图
hold on
%画矢量场图
quiver(x,y,px,py),axis image
```

结果图形如图 2.17 所示。

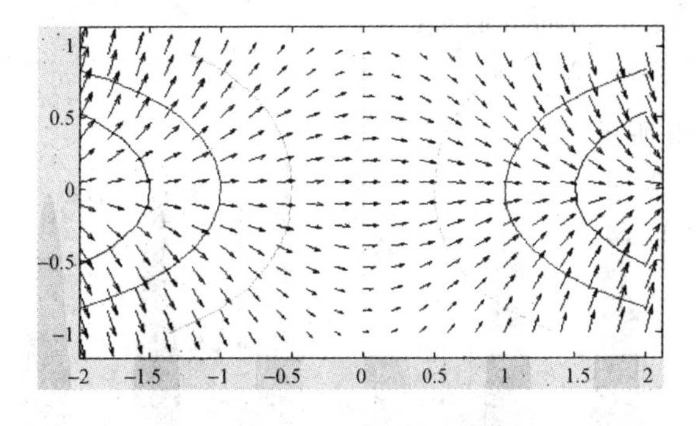

图 2.17 quiver 函数效果图

2.8.7 多边形图绘制

多边形的填色函数为 fill(x,y,c),c 定义颜色字符串,可以是 'r'(红色)或者 'b'(蓝色)等,也可以用 RGB 三色表示,RGB 向量[r,g,b]元素取值为[0,1]。

```
x = 0:0.1:10;
y = sin(x);
fill([x,10],[y,0],'r')
```

结果图形如图 2.18 所示。

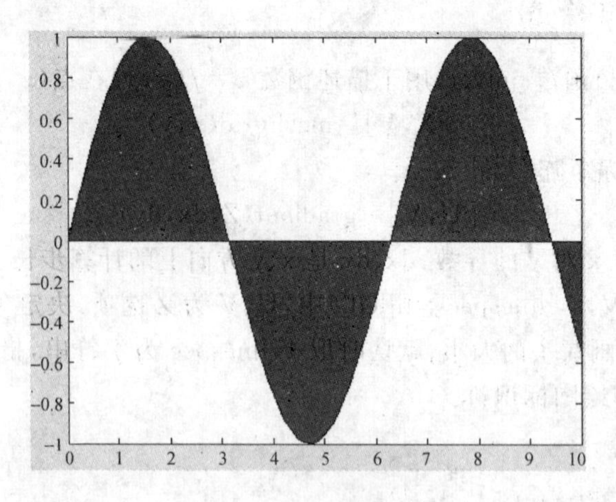

图 2.18　fill 函数效果图

注:RGB 向量[r,g,b]元素取值为 0 或 1,[1,0,0]为红色,[0,1,0]为绿色,[0,0,1]为蓝色。

```
%生成向量 x 为 0 到 10 间隔为 0.1
x = 0:0.1:10;
%计算 sin(x)函数值
y = sin(x);
%画子图 1
subplot(1,3,1)
%[1,0,0]表示 RGB 三色  红色
fill([x,10],[y,0],[1,0,0])
subplot(1,3,2)
fill([x,10],[y,0],[0,1,0])subplot(1,3,3)
fill([x,10],[y,0],[0,0,1])
```

结果图形如图 2.19 所示。

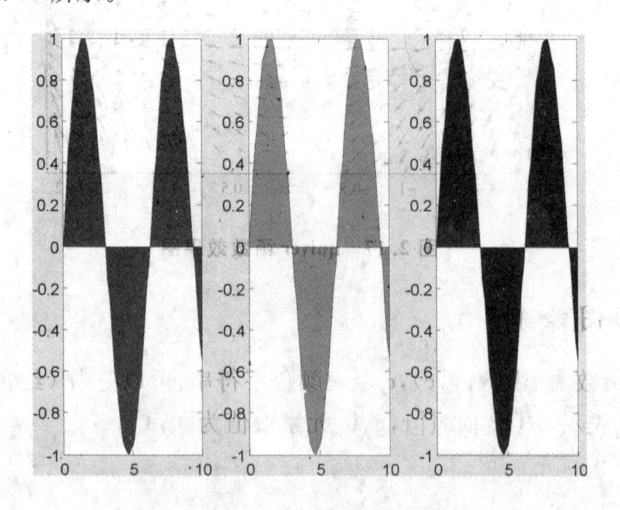

图 2.19　三个 fill 函数效果图

第 3 章

MATLAB 与 Excel 文件的数据交换

3.1 案例背景

Excel 是一款非常优秀的通用表格软件，在学习、工作与科研中大量的数据可能都是以 Excel 表格的方式存储的。Excel 在矩阵计算、数据拟合与优化算法等方面的功能尚不足，Excel与 MATLAB 相结合是处理复杂数据问题的有效方法。如何利用 MATLAB 强大的数值计算功能处理 Excel 中的数据，首要解决的问题就是如何将 Excel 中的数据导入 MATLAB 中或将 MATLAB 数值计算的结果转存入 Excel 中。本章主要介绍以函数方式与 Exlink 宏的两种方法实现 MATLAB 与 Excel 的数据交互。

3.2 数据交互函数

3.2.1 获取文件信息函数 xlsfinfo

在读取 Excel 目标数据文件前，可以通过 xlsfinfo 函数获取该文件的相关信息，为 MATLAB函数的后续操作获得有效信息（例如，文件类型、文件内部结构、相关的软件版本等）。

xlsfinfo 函数语法：

[typ, desc, fmt] = xlsfinfo(filename)

输入参数：

- filename：目标文件地址（若文件在 MATLAB 当前的工作目录中，filename 为“文件名”；如果文件不在 MATLAB 当前的工作目录中，filename 为“文件路径\文件名”，例如：E:\other\案例书籍\abc. xls）。

输出参数：

- typ：目标文件类型；
- desc：目标文件内部表名称（sheetname）；
- fmt：支持目标文件的软件版本。

测试函数 M 文件 CaseXlsfinfo. m 如下：

```
% code by ariszheng@gmail.com
% 2010 - 6 - 22
% %
% 文件名称“excel.xls”
[typ, desc, fmt] = xlsfinfo('excel.xls')
% 文件在当前工作目录下，直接输入文件名称即可
system('taskkill /F /IM EXCEL.EXE');
```

注:作者应用MATLAB2009a与Excel2007数据交互时,每次使用xls类函数,都会重新开启一个Excel进程,若反复使用xls类函数会导致系统中多个Excel进程并存,消耗系统资源,导致系统运行速度下降。作者不得不使用system('taskkill /F /IM EXCEL. EXE')调用Windows的taskkill函数关闭刚使用的Excel进程。在2011以后的版本中,经测试上述问题已不存在。

结果输出:

```
typ =
Microsoft Excel Spreadsheet
%文件类别为excel文件
desc =
    'Sheet1'    'Sheet2'    'Sheet3'
%文件中数据表为 'Sheet1'    'Sheet2'    'Sheet3'
fmt =
xlExcel8
%文件版本为xlExcel8版本 对应的为Excel 97～2003版本
成功:已终止进程"EXCEL.EXE",其PID为5508
```

3.2.2 读取数据函数xlsread

MATLAB从Excel中读取数据的函数为xlsread,xlsread函数是使用频率较高的函数之一。

xlsread函数语法:

[data,textdate]= xlsread(filename)

data=xlsread(filename,sheet,rang)

1. [data,textdate]= xlsread(filename)

输入参数:

➢ filename:目标文件地址(若文件在MATLAB当前的工作目录中,filename为"文件名",如果文件不在MATLAB当前的工作目录中,filename为"文件路径\文件名")。

输出参数:

➢ data:数值数据;

➢ textdate:文字数据。

测试Excel文件内容如表3.1所列。

表3.1 目标文件excel.xls内容

date	price	Vol
4-Jan-05	1 000.000	994.000
5-Jan-05	982.790	418.000
6-Jan-05	992.560	174.000
⋮	⋮	⋮
18-Jan-05	967.450	183.000
19-Jan-05	974.690	973.000
20-Jan-05	967.210	314.000

函数测试 M 文件 CaseXlsRead.m 如下：

```
% 调用 xlsread 函数
[data,textdate]= xlsread('excel.xls')
% textdate 的第一列为日期文本，第一行为列名称
Hs300Date = textdate(2:14,1)
% 2011 以后的版本可不添加此行命令
system('taskkill /F /IM EXCEL.EXE')
```

结果输出：

```
data =
  1.0e+003 *
    1.0000     0.9940
    0.9828     0.4180
    0.9926     0.1740
    0.9832     0.2280
    ......
    0.9675     0.1830
    0.9747     0.9730
    0.9672     0.3140
textdate =
    'date'          'price'    'Vol'
    '2005-1-4'      ''         ''
    '2005-1-5'      ''         ''
    ......
    '2005-1-19'     ''         ''
    '2005-1-20'     ''         ''
成功：已终止进程 "EXCEL.EXE"，其 PID 为 5208
```

2. data= xlsread(filename, sheet, range)

输入参数：

- filename：目标文件地址（若文件在 MATLAB 当前的工作目录中，filename 为"文件名"，如果文件不在 MATLAB 当前的工作目录中，filename 为"文件路径\文件名"）；
- sheet：数据表名称，例如 Excel 默认表名称 sheet1；
- range：数据所在位置，例如 A1、B13 等。

输出参数：

- data：数值数据。

测试函数 M 文件 CaseXlsRead.m 如下：

```
% 数据位置为 excel.xls 文件 表 1  位置为 B3:B14 的列数据
Hs300Price = xlsread('excel.xls', 1, 'B3:B14')
system('taskkill /F /IM EXCEL.EXE')
Hs300Vol = xlsread('excel.xls', 1, 'C3:C14')
% 数据位置为 excel.xls 文件 表 1  位置为 C3:C14 的列数据
system('taskkill /F /IM EXCEL.EXE')
```

结果输出：

```
Hs300Price =
  982.7900
  992.5600
  ……
  967.4500
  974.6900
  967.2100

成功：已终止进程 "EXCEL.EXE",其 PID 为 2432
Hs300Vol =
   418
  ……
   994
   740
   183
   973
   314
成功：已终止进程 "EXCEL.EXE",其 PID 为 980
```

注：data= xlsread(filename, sheet, range)形式的 xlsread 函数无法读取指定单元格中的非数值内容。若 Excel 中的两列数据，一列偏大，一列偏小，按[data, textdate]= xlsread(filename)方法导入后，偏大的用科学计数法表示，小的就都成了 0.0000，建议在读取前将 Excel 中数值的格式修改为普通格式。

3.2.3 写入数据函数 xlswrite

MATLAB 往 Excel 中写入数据的函数为 xlswrite。

xlswrite 函数语法：

[status, message] = xlswrite (filename, M, sheet, range)

输入参数：

- filename：目标文件地址（若文件在 MATLAB 当前的工作目录中，filename 为"文件名"，如果文件不在 MATLAB 当前的工作目录中，filename 为"文件路径\文件名"）；
- M：写入 Excel 中的数据，M 为存储数据的变量名称；
- sheet：写入 Excel 中的 sheet 名称（可选，若空默认 sheet1）；
- range：写入 Excel 中的单元格区域（可选，若空默认 A1）；

输出参数：

- status：写入状态。"1"表示写入成功；"0"表示写入失败。
- message：若失败，则显现失败信息。例如：

```
message =
    message: [1x117 char]
    identifier: 'MATLAB:xlswrite:LockedFile'
```

表示目标文件被锁定无法写入(例如,目标文件被其他程序占用时,系统会锁定目标文件),解决方法是关闭 Excel 程序,若还出现上述问题可在任务管理器中结束 Excel 进程。

测试函数 M 文件 CaseXlsWrite.m 如下:

```
% code by ariszheng@gmail.com
% 2010 - 6 - 22
% %
% 生产随机数据
X = randn(1,10);
% 将 X 随机数据写入 Excel 文件,表"sheet2"中
[status, message] = xlswrite('Excel.xls', X, 'sheet2')
system('taskkill /F /IM Excel.EXE')
```

结果输出:

```
status =

    1 % 表示写入成功
message =

        message: ''
     identifier: ''

成功:已终止进程 "Excel.EXE",其 PID 为 368
```

如果写入的是字符,使用 'aa' 与{'aa'}的效果完全不同,'aa' 得到的结果是 Excel 两个单元格都是"a",{'aa'}得到的结果是 Excel 一个单元格是"aa"。

```
[status, message] = xlswrite ('funddata.xls', {'aa'},'sheet2')
[status, message] = xlswrite ('funddata.xls', {'aa'},'sheet2')
```

3.2.4 交互界面函数 uiimport

在新版的 MATLAB 中提供了界面化的数据交互功能。

uiimport 函数的语法:

- uiimport:在命令窗口输入 uiimport 命令,出现文件选择窗口;
- uiimport(filename):在命令窗口输入 uiimport(filename),表示打开数据文件 filename;
- uiimport('-file'):在命令窗口输入 uiimport('-file'),表示在当前文件夹内选择数据文件;
- uiimport('-pastespecial'):在命令窗口输入 uiimport('-pastespecial'),表示打开当前剪贴板中的数据;
- s=uiimport(...):表示将数据文件按结构存储在 s 中。

函数测试:

```
>> uiimport
```

选择数据源,如图 3.1 所示。

图 3.1　**Select Source 对话框**

选择要打开的数据文件 funddata.xls,如图 3.2 所示。

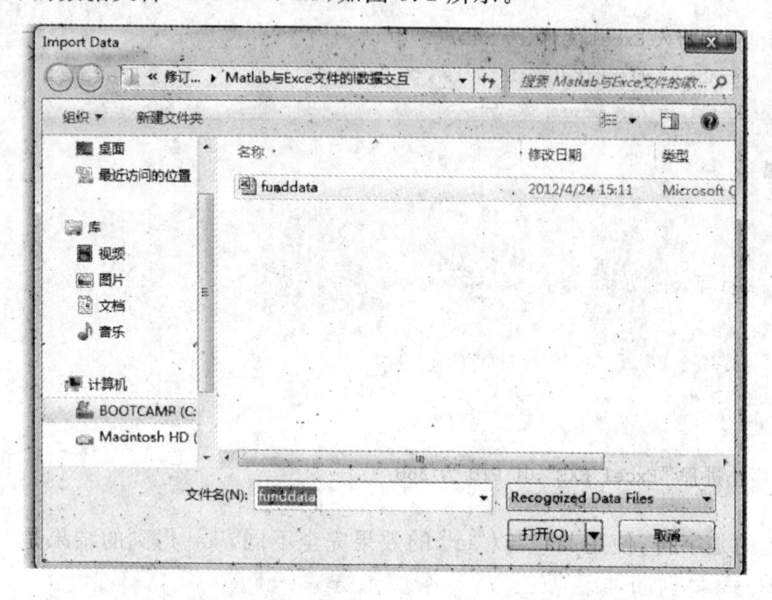

图 3.2　**Import Data 对话框**

单击“打开”按钮,MATLAB 将会把数据读取,如图 3.3 所示。

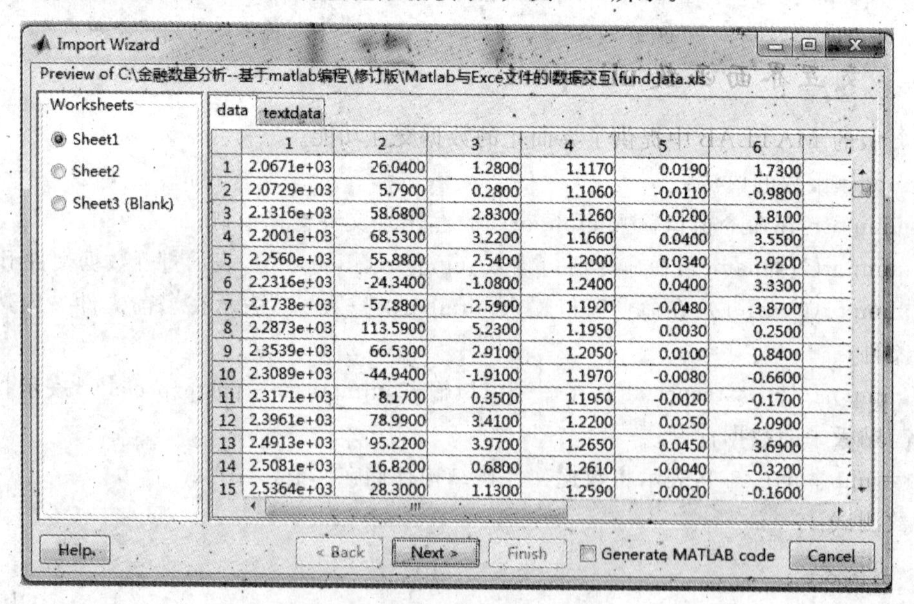

	1	2	3	4	5	6
1	2.0671e+03	26.0400	1.2800	1.1170	0.0190	1.7300
2	2.0729e+03	5.7900	0.2800	1.1060	-0.0110	-0.9800
3	2.1316e+03	58.6800	2.8300	1.1260	0.0200	1.8100
4	2.2001e+03	68.5300	3.2200	1.1660	0.0400	3.5500
5	2.2560e+03	55.8800	2.5400	1.2000	0.0340	2.9200
6	2.2316e+03	-24.3400	-1.0800	1.2400	0.0400	3.3300
7	2.1738e+03	-57.8800	-2.5900	1.1920	-0.0480	-3.8700
8	2.2873e+03	113.5900	5.2300	1.1950	0.0030	0.2500
9	2.3539e+03	66.5300	2.9100	1.2050	0.0100	0.8400
10	2.3089e+03	-44.9400	-1.9100	1.1970	-0.0080	-0.6600
11	2.3171e+03	8.1700	0.3500	1.1950	-0.0020	-0.1700
12	2.3961e+03	78.9900	3.4100	1.2200	0.0250	2.0900
13	2.4913e+03	95.2200	3.9700	1.2650	0.0450	3.6900
14	2.5081e+03	16.8200	0.6800	1.2610	-0.0040	-0.3200
15	2.5364e+03	28.3000	1.1300	1.2590	-0.0020	-0.1600

图 3.3　**Import Wizard 对话框**

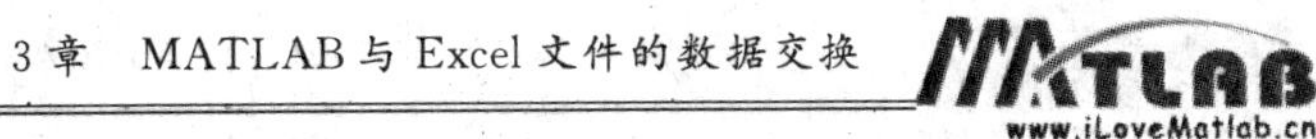

接着单击 Next 按钮，根据提示，数据读进 MATLAB 中，再应用 MATLAB 根据需求对数据进行计算。

```
data: [488x12 double] % 存储数值内容
textdata: {491x13 cell} % 储存非数值内容
```

3.3　Excel－Link 宏

如果 Excel 文件数据量太大(1GB)以上，使用函数进行数据交互存在一定问题(例如 Java 内存会溢出等)。数据量较大的时候可以使用 Excel－Link 宏进行数据交互，如图 3.4 所示。MATLAB 提供使其能与 Excel 互动操作的 Excel－Link 宏。Excel－Link 使得数据在 MATLAB与 Excel 之间随意交换，以及在 Excel 下调用 MATLAB 的函数。Excel－Link 将 MATLAB 的强大的数值计算功能、数据可视化功能与 Excel 的数据 sheet 功能结合在一起。下面就简单介绍 Excel－Link 的基本操作。

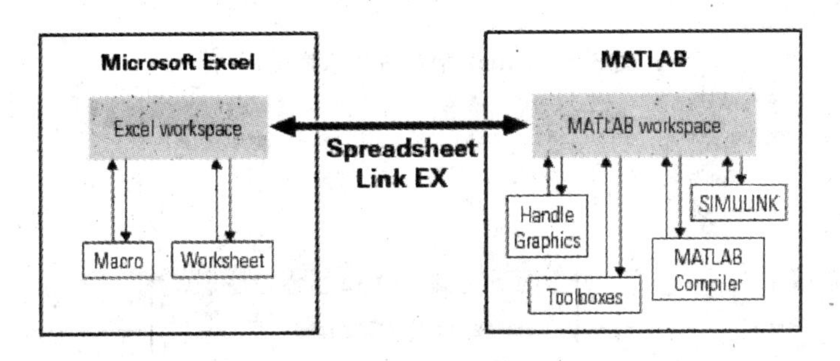

图 3.4　Excel－Link 功能原理图

3.3.1　加载 Excel－Link 宏

Excel 2003 上的加载方法：在 Excel 工作窗口中选择“工具”→“加载宏”菜单项，在弹出的“加载宏”对话框中单击“浏览”按钮，弹出“浏览”对话框。根据 MATLAB 的安装路径查找“toolbox\exlink\excllink. xla”，双击对应文件，如图 3.5 所示。

回到加载宏对话框，接着选择 Excel Link2.3 for use with MATLAB 选项，单击“确定”按钮，如图 3.6 所示。

若 Excel 的左上方出现 start matlab、putmatrix、getmatrix、evalstring 等选项，说明 Excel－Link 加载成功，如图 3.7 所示。

3.3.2　使用 Excel－Link 宏

各项功能如下：

① start matlab：单击启动 MATLAB。

② putmatrix：将 Excel 的数据传输到 MATLAB 中，如图 3.8 所示。

在 MATLAB 中，可看到传入到 MATLAB 中的矩阵 x，计算 y=sin(x)，计算结果如图3.9 所示。

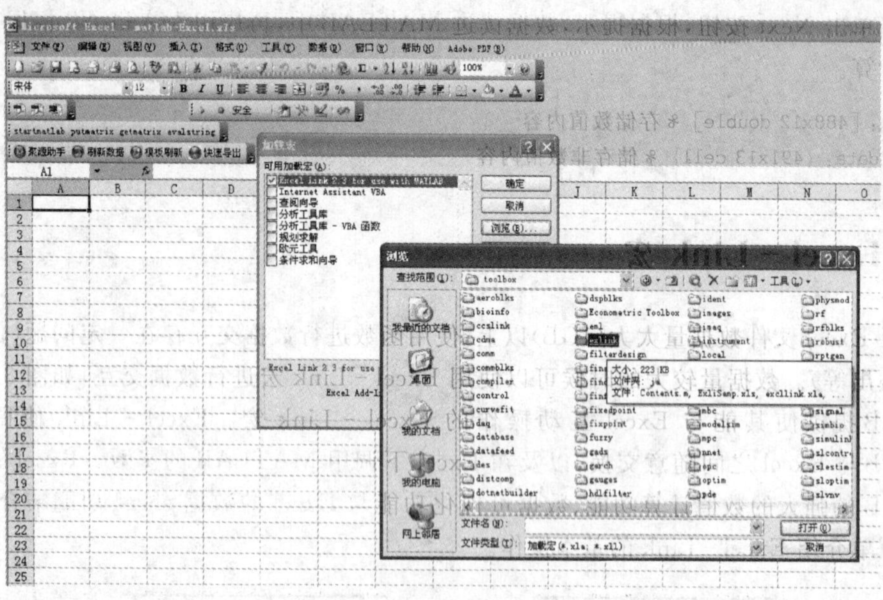

图 3.5　Exlink 加载方法示意图(一)

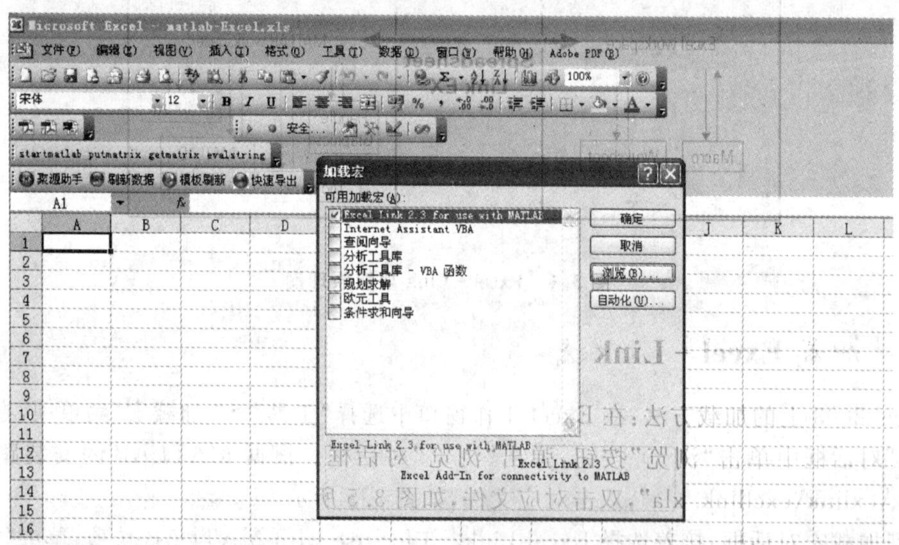

图 3.6　Exlink 加载方法示意图(二)

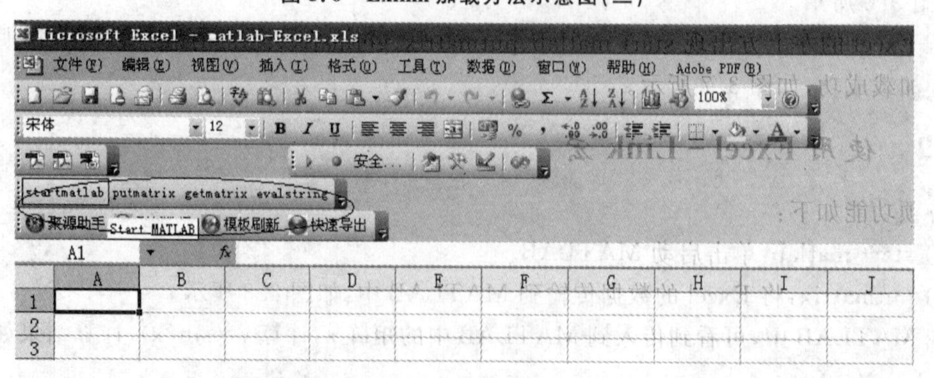

图 3.7　Exlink 加载方法示意图(三)

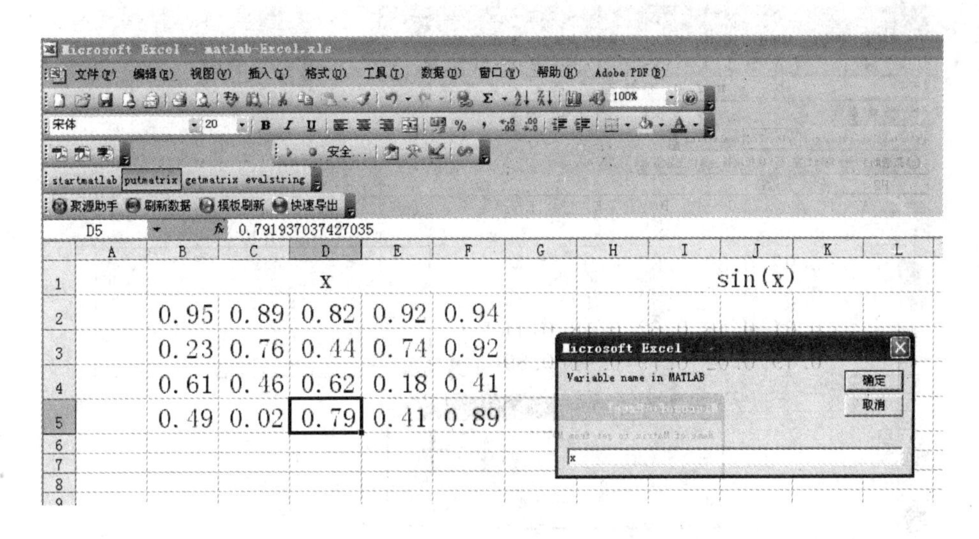

图 3.8　Exlink 使用方法示意图(一)

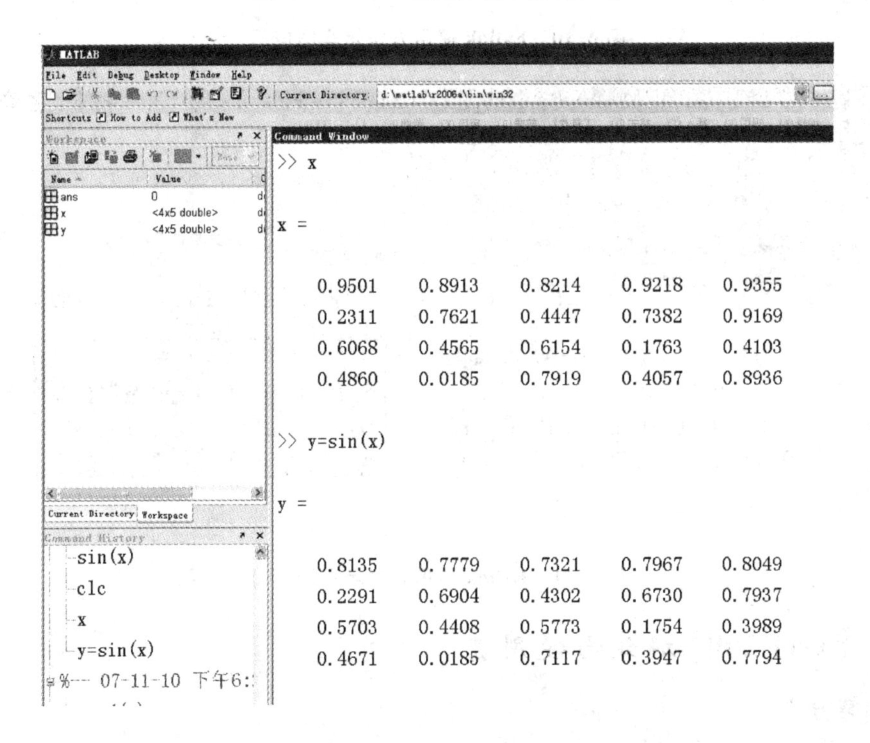

图 3.9　Exlink 使用方法示意图(二)

③ getmatrix：将 MATLAB 的数据传输到 Excel 中。

单击 getmatrix，输入要传入的矩阵变量名称，如图 3.10 所示。单击“确定”按钮，结果如图 3.11 所示。

④ evalstring：执行 string 的 MATLAB 命令，具体可以参看 MATLAB 的 help。

Microsoft Excel - matlab-Excel.xls
startmatlab putmatrix getmatrix evalstring
H2
x
sin(x)
0.95 0.89 0.82 0.92 0.94
0.23 0.76 0.44 0.74 0.92
0.61 0.46 0.62 0.18 0.41
0.49 0.02 0.79 0.41 0.89
Microsoft Excel
Name of Matrix to get from MATLAB
确定
取消
y

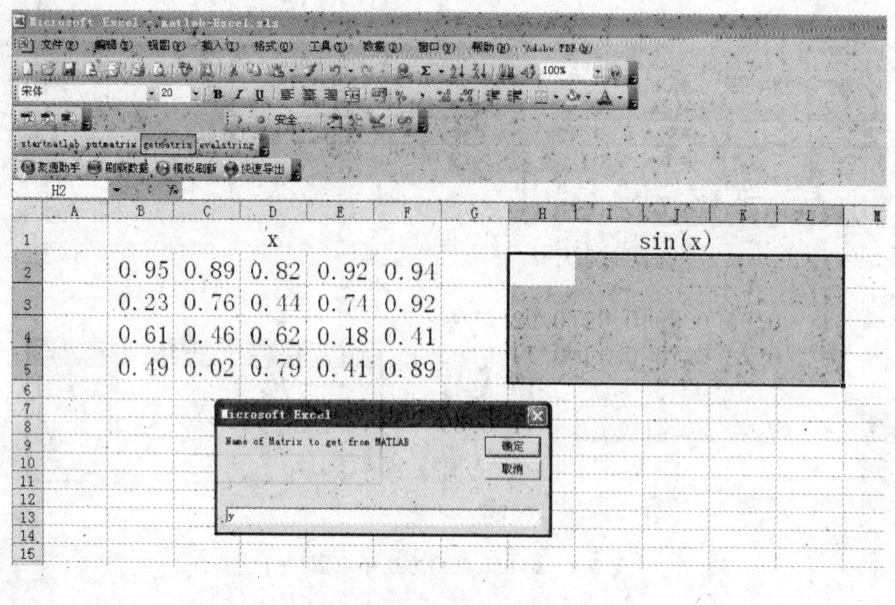

图 3.10 Exlink 使用方法示意图(三)

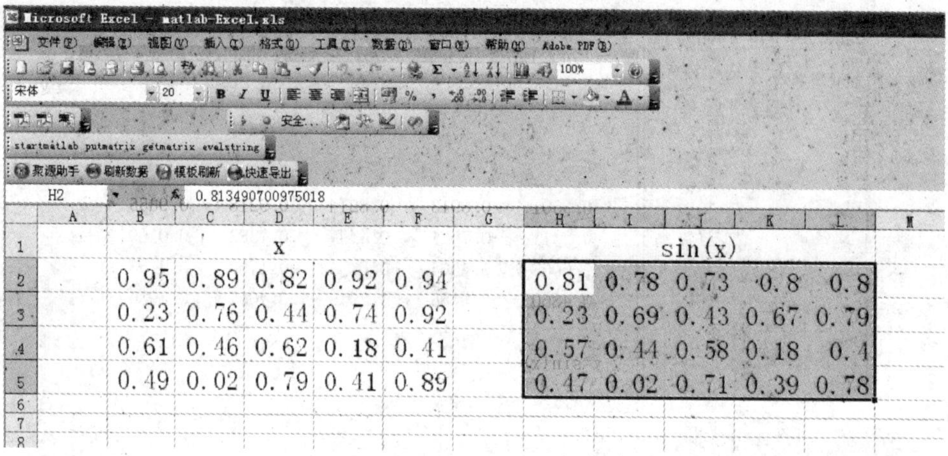

Microsoft Excel - matlab-Excel.xls
startmatlab putmatrix getmatrix evalstring
H2
0.813490700975018
x
sin(x)
0.95 0.89 0.82 0.92 0.94
0.23 0.76 0.44 0.74 0.92
0.61 0.46 0.62 0.18 0.41
0.49 0.02 0.79 0.41 0.89
0.81 0.78 0.73 0.8 0.8
0.23 0.69 0.43 0.67 0.79
0.57 0.44 0.58 0.18 0.4
0.47 0.02 0.71 0.39 0.78

图 3.11 Exlink 使用方法示意图(四)

3.3.3 Excel 2007 加载与使用宏

1. 加载方法

在 Excel 工作窗口单击 office 按钮，选择 Excel 选项，在弹出的“Excel 选项”对话框中单击“加载项”，再单击“转到”按钮，如图 3.12 所示。

浏览(MATLAB 的安装路径)→toolbox 文件夹→Exlink 文件夹→excllink. xla 文件(打开)。

2. 使用方法

在 Excel 2007 加载项下可以发现 Exlink 相关的按钮，如图 3.13 所示。具体使用方法与 Exlink 在 Excel 2003 中的使用方法一样。

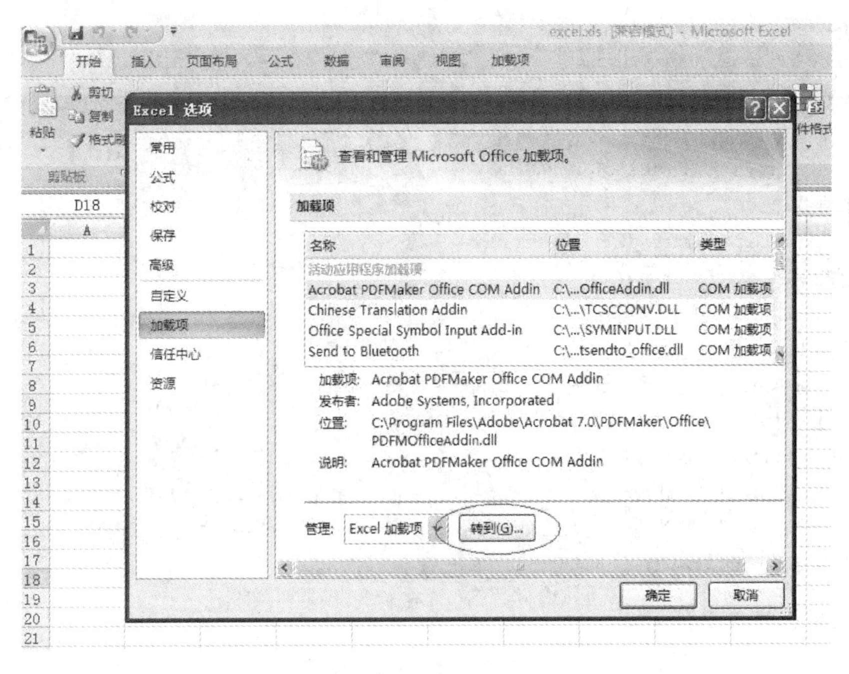

图 3.12　Excel 2007 加载 Exlink

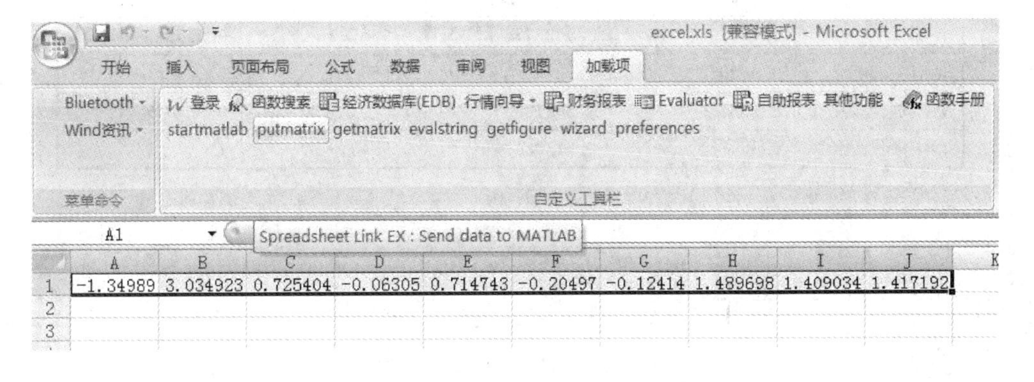

图 3.13　Excel 2007 使用 Exlink

3.4　交互实例

3.4.1　基金相关性的计算

例 3.1　funddata.xls 中存储着沪深 300 指数的价格与博时主题行业、嘉实沪深 300、南方绩优成长的复权数据(如表 3.2 所列),要求计算出每只基金与沪深 300 指数的相关性。

注:基金的收益率、波动率的计算应该采用基金的复权净值(即分红再投资净值)。由于基金存在分红,即分红前后基金净值存在较大差距,将对基金收益率与波动率计算造成影响,所以要使用复权净值进行计算。

M 程序 FundCorrelationCase.m 如下:

```
%compute FundCorrelation
%code by ariszheng@gmail.com
%2012-4-24
%文件信息
[typ, desc, fmt] = xlsfinfo('funddata.xls')
%读取数据
[data,textdate]= xlsread('funddata.xls');
%计算相关性
R = corrcoef(data)
%写入到Excel数据
[status, message] = xlswrite ('funddata.xls', R, 'sheet2', 'B2:E5')
%行名称与列名称
textdate=textdate(2,2:5)
[status, message] = xlswrite ('funddata.xls', textdate, 'sheet2', 'B1:E1')
[status, message] = xlswrite ('funddata.xls', textdate', 'sheet2', 'A2:A5')
%textdate'表示转置,即将行变为列
```

运行结果如表3.2所列。

表3.2 例3.1运行结果

	沪深300	博时主题行业	嘉实沪深300	南方绩优成长
沪深300	1	0.903917	0.998789	0.965781
博时主题行业	0.903917	1	0.886189	0.973024
嘉实沪深300	0.998789	0.886189	1	0.954849
南方绩优成长	0.965781	0.973024	0.954849	1

```
typ =

Microsoft Excel Spreadsheet

desc =

    'Sheet1'    'Sheet2'

fmt =

xlExcel8

R =

    1.0000    0.9039    0.9988    0.9658
    0.9039    1.0000    0.8862    0.9730
    0.9988    0.8862    1.0000    0.9548
    0.9658    0.9730    0.9548    1.0000

status =
     1
message =

        message: ''
```

```
    identifier: ''
textdate =

    '沪深 300'    '博时主题行业'    '嘉实沪深 300'    '南方绩优成长'
status =

     1

message =

       message: ''
    identifier: ''

status =

     1

message =

       message: ''
    identifier: ''
```

3.4.2　多个文件的读取和写入

在实际的项目编程中，很多时候遇到从很多文件中读取数据，若逐个文件进行手工操作不仅身心疲惫，而且容易出错。例如，指数成分股与权重数据每天一个 Excel 文件，文件名为：000016weightnextday20100104. xls，000016weightnextday20110630. xls，…，000016weightnextday20120104. xls 等，程序化读取的关键是将文件名自动化。例如：

```
% XlsReadData
% Code by Ariszheng
% 2012 - 4 - 26
clear;
clc;
DataNum = 9; % 要读取文件数量
Data.Code = zeros(50,DataNum); % 定义变量并分配内存
Data.ClosePrice = zeros(50,DataNum);
Data.CFMValue = zeros(50,DataNum);
Data.Weight = zeros(50,DataNum);
fileName = '000016weightnextday'; % 文件名固定部分
fileDate = [20100104 20100630 20100701 20101231 20110104  20110630  20110701  20111230
          20120104]; % 文件名变化部分,若变化部分有规律可以自动生成
for i = 1:DataNum
    TfileName = [fileName,num2str(fileDate(i)),'.xls']; % 组合文件名,i 不同文件名称不同
    % 读取文件中所需的数据
    Data.Code(:,i) = xlsread(TfileName,'Index Constituents Data','E2:E51' );
    Data.ClosePrice(:,i) = xlsread(TfileName,'Index Constituents Data','M2:M51' );
    Data.CFMValue(:,i) = xlsread(TfileName,'Index Constituents Data','P2:P51' );
    Data.Weight(:,i) = xlsread(TfileName,'Index Constituents Data','Q2:Q51' );
end
```

3.5 数据的平滑处理

在对时间序列数据(如信号数据或股票价格数据)进行统计分析时,或许存在数据的缺失或奇异(例如 ST 股票反复的停牌),往往需要对数据进行平滑处理,本节介绍基于 MATLAB 的数据平滑方法,主要介绍 smooth 函数、smoothts 函数和 medfilt1 函数的用法。

注:对于缺失数据或奇异数据的处理是否影响到结论的正确性? 由于数据缺失的原因不同,以及奇异数据是否为真实数据(代表了市场某种内在逻辑,例如分级基金 A 份额分红后连续跌停是由于分级计价机制造成的),这些问题在数据处理前都要考虑周全。

3.5.1 smooth 函数

MATLAB 曲线拟合工具箱中提供了 smooth 函数,用来对数据进行平滑处理,其调用方式如下:

```
yy = smooth(y)
yy = smooth(y,span)
yy = smooth(y,method)
yy = smooth(y,span,method)
yy = smooth(y,'sgolay',degree)
yy = smooth(y,span,'sgolay',degree)
yy = smooth(x,y,…)
```

1. yy = smooth(y)

利用移动平均滤波器对列向量 y 进行平滑处理,返回与 y 等长的列向量 yy。移动平均滤波器的默认窗宽为 5,yy 中元素的计算方法如下:

$yy(1) = y(1)$

$yy(2) = (y(1) + y(2) + y(3))/3$

$yy(3) = (y(1) + y(2) + y(3) + y(4) + y(5))/5$

$yy(4) = (y(2) + y(3) + y(4) + y(5) + y(6))/5$

$yy(5) = (y(3) + y(4) + y(5) + y(6) + y(7))/5$

…

2. yy=smooth(y,span)

用 span 参数指定移动平均滤波器的窗宽,span 为奇数。

3. yy=smooth(y,method)

用 method 参数指定平滑数据的方法,method 是字符串变量,可用的字符串如表 3.3 所列。

表 3.3 smooth 函数支持的 method 参数值列表

method 参数值	说 明
'moving'	移动平均法(默认情况)。一个低通滤波器,滤波系数为窗宽的倒数
'lowess'	局部回归(加权线性最小二乘和一个一阶多项式模型)
'loess'	局部回归(加权线性最小二乘和一个二阶多项式模型)
'sgolay'	Savitzky - Golay 滤波。一种广义移动平均法,滤波系数由不加权线性最小二乘回归和一个多项式模型确定,多项式模型的阶数可以指定(默认为 2)
'rlowess'	'lowess' 方法的稳健形式。异常值被赋予较小的权重,6 倍的平均绝对偏差以外的数据的权重为 0
'rloess'	'loess' 方法的稳健形式。异常值被赋予较小的权重,6 倍的平均绝对偏差以外的数据的权重为 0

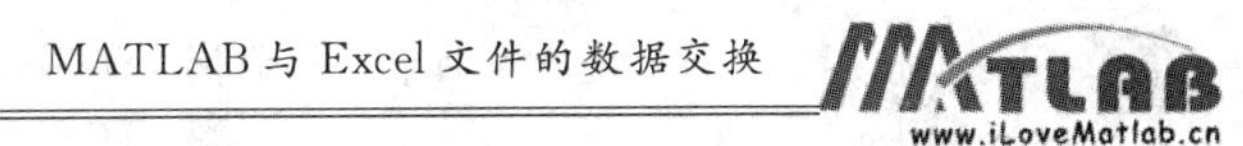

4. yy = smooth(y,span,method)

对于由 method 参数指定的平滑方法,用 span 参数指定滤波器的窗宽。对于 loess 和 lowess 方法,span 是一个小于或等于 1 的数,表示占全体数据点总数的比例;对于移动平均法和 Savitzky - Golay 法,span 必须是一个正的奇数,只要用户输入的 span 是一个正数,smooth 函数内部会自动把 span 转为正的奇数。

5. yy = smooth(y,'sgolay',degree)

利用 Savitzky - Golay 方法平滑数据,此时用 degree 参数指定多项式模型的阶数。degree 是一个整数,取值介于 0 和 span－1 之间。

6. yy = smooth(y,span,'sgolay',degree)

用 span 参数指定 Savitzky - Golay 滤波器的窗宽。span 必须是一个正的奇数,degree 是一个整数,取值介于 0 和 span－1 之间。

7. yy = smooth(x,y, …)

同时指定 x 数据。如果没有指定 x,则 smooth 函数中自动令 x = 1:length(y)。当 x 是非均匀数据或经过排序的数据时,用户应指定 x 数据。如果 x 是非均匀数据而用户没有指定 method 参数,则 smooth 函数自动用 lowess 方法。如果数据平滑方法要求 x 是经过排序的数据,则 smooth 函数自动对 x 进行排序。

例如:产生一列正弦波信号,加入噪声信号,然后调用 smooth 函数对加入噪声的正弦波进行滤波(平滑处理)。代码如下:

```
>> t = linspace(0,2 * pi,500)';   % 产生一个从 0 到 2 * pi 的向量,长度为 500
>> y = 100 * sin(t);              % 产生正弦波信号
% 产生 500 行 1 列的服从 N(0,15²)分布的随机数,作为噪声信号
>> noise = normrnd(0,15,500,1);
>> y = y + noise;                 % 将正弦波信号加入噪声信号
>> figure;                        % 新建一个图形窗口
>> plot(t,y);                     % 绘制加噪波形图
>> xlabel('t');                   % 为 X 轴加标签
>> ylabel('y = sin(t) + 噪声');   % 为 Y 轴加标签

>> yy1 = smooth(y,30);            % 利用移动平均法对 y 进行平滑处理
>> figure;                        % 新建一个图形窗口
>> plot(t,y,'k:');                % 绘制加噪波形图
>> hold on;
>> plot(t,yy1,'k','linewidth',3);% 绘制平滑后波形图
>> xlabel('t');                   % 为 X 轴加标签
>> ylabel('moving');              % 为 Y 轴加标签
>> legend('加噪波形','平滑后波形');

>> yy2 = smooth(y,30,'lowess');   % 利用 lowess 方法对 y 进行平滑处理
>> figure;                        % 新建一个图形窗口
>> plot(t,y,'k:');   V            % 绘制加噪波形图
>> hold on;
>> plot(t,yy2,'k','linewidth',3);% 绘制平滑后波形图
```

```
>> xlabel('t');                          % 为 X 轴加标签
>> ylabel('lowess');                     % 为 Y 轴加标签
>> legend('加噪波形','平滑后波形');
>> yy3 = smooth(y,30,'rlowess');         % 利用 rlowess 方法对 y 进行平滑处理
>> figure;                               % 新建一个图形窗口
>> plot(t,y,'k:');                       % 绘制加噪波形图
>> hold on;
>> plot(t,yy3,'k','linewidth',3);        % 绘制平滑后波形图
>> xlabel('t');                          % 为 X 轴加标签
>> ylabel('rlowess');                    % 为 Y 轴加标签
>> legend('加噪波形','平滑后波形');

>> yy4 = smooth(y,30,'loess');           % 利用 loess 方法对 y 进行平滑处理
>> figure;                               % 新建一个图形窗口
>> plot(t,y,'k:');                       % 绘制加噪波形图
>> hold on;
>> plot(t,yy4,'k','linewidth',3);        % 绘制平滑后波形图
>> xlabel('t');                          % 为 X 轴加标签
>> ylabel('loess');                      % 为 Y 轴加标签
>> legend('加噪波形','平滑后波形');

>> yy5 = smooth(y,30,'sgolay',3);        % 利用 sgolay 方法对 y 进行平滑处理
>> figure;                               % 新建一个图形窗口
>> plot(t,y,'k:');                       % 绘制加噪波形图
>> hold on;
>> plot(t,yy5,'k','linewidth',3);        % 绘制平滑后波形图
>> xlabel('t');                          % 为 X 轴加标签
>> ylabel('sgolay');                     % 为 Y 轴加标签
>> legend('加噪波形','平滑后波形');
```

结果如图 3.14 所示。

上述命令产生了一个周期上的正弦波信号,并加上了正态分布随机数作为噪声信号,然后调用 smooth 函数,设置相同的窗宽,用 5 种方法对加噪后信号进行了平滑处理,作出的加噪波形图和平滑后波形图如图 3.14 所示,从图 3.14(b)～(f)可以清楚地看出各种方法的平滑效果。总的来说,5 种方法的平滑效果都还不错,比较好地滤除了噪声,反映了数据的总体规律。实际上随着窗宽的增大,平滑后的曲线会越来越光滑,但过于光滑也可能造成失真。

3.5.2 smoothts 函数

MATLAB 金融工具箱中提供了 smoothts 函数,也可用来对数据进行平滑处理,其调用方式如下:

```
output = smoothts(input)
output = smoothts(input, 'b', wsize)
output = smoothts(input, 'g', wsize, stdev)
output = smoothts(input, 'e', n)
```

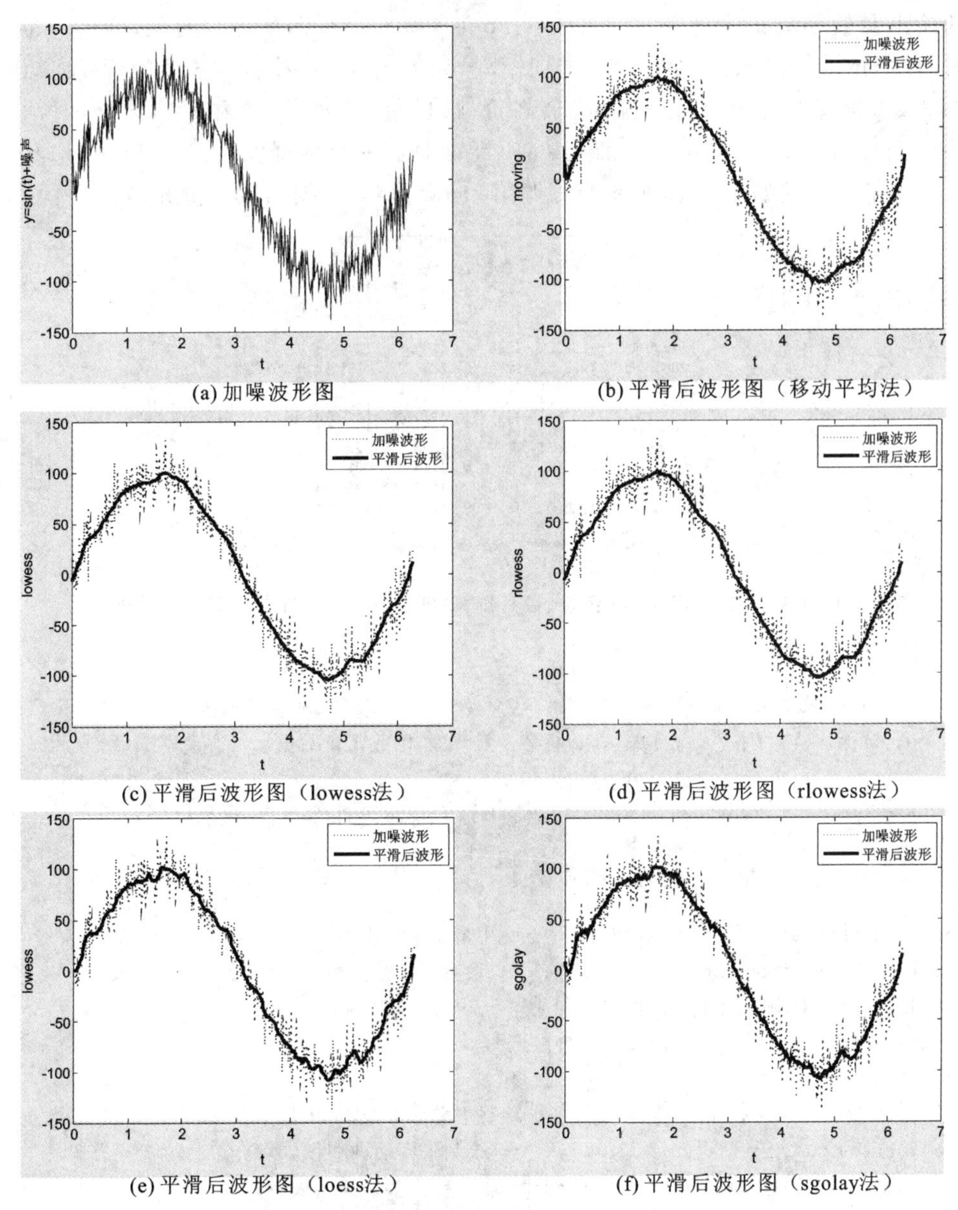

(a) 加噪波形图　(b) 平滑后波形图（移动平均法）

(c) 平滑后波形图（lowess法）　(d) 平滑后波形图（rlowess法）

(e) 平滑后波形图（loess法）　(f) 平滑后波形图（sgolay法）

图 3.14　数据平滑示意图(smooth 函数)

smoothts 函数的输入参数 input 是一个金融时间序列对象或行导向矩阵，其中金融时间序列对象是 MATLAB 中由 ascii2fts 或 fints 函数所创建的一种对象，行导向矩阵是指用行表示观测数据集的矩阵，若 input 是一个行导向矩阵，input 的每一行都是一个单独的观测集。以上调用方式中的 'b'、'g' 或 'e' 表示不同的数据平滑方法，其中 'b' 表示盒子法(Box method，默认情况)，'g' 表示高斯窗方法(Gaussian window method)，'e' 表示指数法(Exponential method)。输入参数 wsize 是一个标量，用来指定各种数据平滑方法的窗宽，默认窗宽为 5。输入参数 stdev 也是一个标量，用来指定高斯窗方法的标准差，默认值为 0.65。对于指数法，输入参数 n 用来指定窗宽(wsize，默认值为 5)或指数因子(alpha，默认值为 0.3333)，当 $n>1$ 时，n 是窗宽；当 $0<n<1$ 时，n 是指数因子；当 $n=1$ 时，n 既是窗宽，又是指数因子。smoothts

函数的输出参数 output 是平滑后数据，若 input 是一个金融时间序列对象，output 也是一个金融时间序列对象；若 input 是一个行导向矩阵，output 也是一个同样长度的行导向矩阵。

例 3.2 现有上海股市日开盘价、最高价、最低价、收盘价、收益率等数据，时间跨度为 2005 年 1 月 4 日至 2007 年 4 月 3 日，共 510 组数据。完整数据保存在文件 StockPriceData.xls 中，其中部分数据如图 3.15 所示。试调用 smoothts 函数对日收盘价数据进行平滑处理。

	A	B	C	D	E	F	G
1	日期	开盘价	最高价	最低价	收盘价	收益率	
2	2005-1-4	1260.78	1260.78	1238.18	1242.77	-0.01428	
3	2005-1-5	1241.68	1258.58	1235.75	1251.94	0.008263	
4	2005-1-6	1252.49	1252.74	1234.24	1239.43	-0.01043	
5	2005-1-7	1239.32	1256.31	1235.51	1244.75	0.004381	
6	2005-1-10	1243.58	1252.72	1236.09	1252.4	0.007092	
7	2005-1-11	1252.71	1260.87	1247.84	1257.46	0.003792	
8	2005-1-12	1257.17	1257.19	1246.42	1256.92	-0.0002	
9	2005-1-13	1255.72	1259.5	1251.02	1256.31	0.00047	
10	2005-1-14	1255.87	1268.86	1243.87	1245.62	-0.00816	
11	2005-1-17	1235.57	1236.4	1214.07	1216.65	-0.01531	
12	2005-1-18	1215.78	1226.04	1207.05	1225.45	0.007954	
13	2005-1-19	1225.08	1225.08	1214.64	1218.11	-0.00569	
14	2005-1-20	1213.37	1213.96	1199.17	1204.39	-0.0074	

图 3.15 上海股市日开盘价、最高价、最低价、收盘价、收益率等部分数据

代码如下：

```
>> x = xlsread('examp04_19.xls');   % 从文件 examp04_19.xls 中读取数据
>> price = x(:,4)';   % 提取矩阵 x 的第 4 列数据，即收盘价数据
>> figure;   % 新建一个图形窗口
>> plot(price,'k','LineWidth',2);   % 绘制日收盘价曲线图，黑色实线，线宽为 2

>> xlabel('观测序号'); ylabel('上海股市日收盘价'); % 为 X 轴和 Y 轴加标签

>> output1 = smoothts(price,'b',30);   % 用盒子法平滑数据，窗宽为 30
>> output2 = smoothts(price,'b',100);   % 用盒子法平滑数据，窗宽为 100
>> figure;   % 新建一个图形窗口
>> plot(price,'.');   % 绘制日收盘价散点图
>> hold on
>> plot(output1,'k','LineWidth',2);   % 绘制平滑后曲线图，黑色实线，线宽为 2
>> plot(output2,'k-.','LineWidth',2);   % 绘制平滑后曲线图，黑色点划线，线宽为 2
>> xlabel('观测序号'); ylabel('Box method'); % 为 X 轴和 Y 轴加标签
% 为图形加标注框
>> legend('原始散点','平滑曲线(窗宽 30)','平滑曲线(窗宽 100)','location','northwest');

% 用高斯窗方法平滑数据，
>> output3 = smoothts(price,'g',30);   % 窗宽为 30，标准差为默认值 0.65
>> output4 = smoothts(price,'g',100,100);   % 窗宽为 100，标准差为 100
>> figure;   % 新建一个图形窗口
>> plot(price,'.');   % 绘制日收盘价散点图
>> hold on
>> plot(output3,'k','LineWidth',2);   % 绘制平滑后曲线图，黑色实线，线宽为 2
>> plot(output4,'k-.','LineWidth',2);   % 绘制平滑后曲线图，黑色点划线，线宽为 2
>> xlabel('观测序号'); ylabel('Gaussian window method'); % 为 X 轴和 Y 轴加标签
```

```
>> legend('原始散点','平滑曲线(窗宽 30,标准差 0.65)',...
        '平滑曲线(窗宽 100,标准差 100)','location','northwest');

>> output5 = smoothts(price,'e',30);   % 用指数法平滑数据,窗宽为 30
>> output6 = smoothts(price,'e',100);   % 用指数法平滑数据,窗宽为 100
>> figure;   % 新建一个图形窗口
>> plot(price,'.');   % 绘制日收盘价散点图
>> hold on
>> plot(output5,'k','LineWidth',2);   % 绘制平滑后曲线图,黑色实线,线宽为 2
>> plot(output6,'k-.','LineWidth',2);   % 绘制平滑后曲线图,黑色点划线,线宽为 2
>> xlabel('观测序号'); ylabel('Exponential method');  % 为 X 轴和 Y 轴加标签
>> legend('原始散点','平滑曲线(窗宽 30)','平滑曲线(窗宽 100)','location','northwest');
```

如图 3.16 所示,上海股市日收盘价曲线比较曲折,不够光滑。可以调用 smoothts 函数,用 3 种不同的方法(Box method、Gaussian window method 和 Exponential method),每种方法设定两种不同的窗宽,对上海股市日收盘价数据进行了平滑处理,作出的平滑曲线如图 3.16(b)~(d)所示。从图 3.16 可以看出,前两种方法在端点处的平滑效果不是很好,最后一种方法在右尾部的处理有些失真。总的来说,在数据的中段,3 种方法的平滑效果都比较好,并且随着窗宽的增大,平滑后的曲线的光滑性也在增强,但光滑性增强的同时也造成了失真。

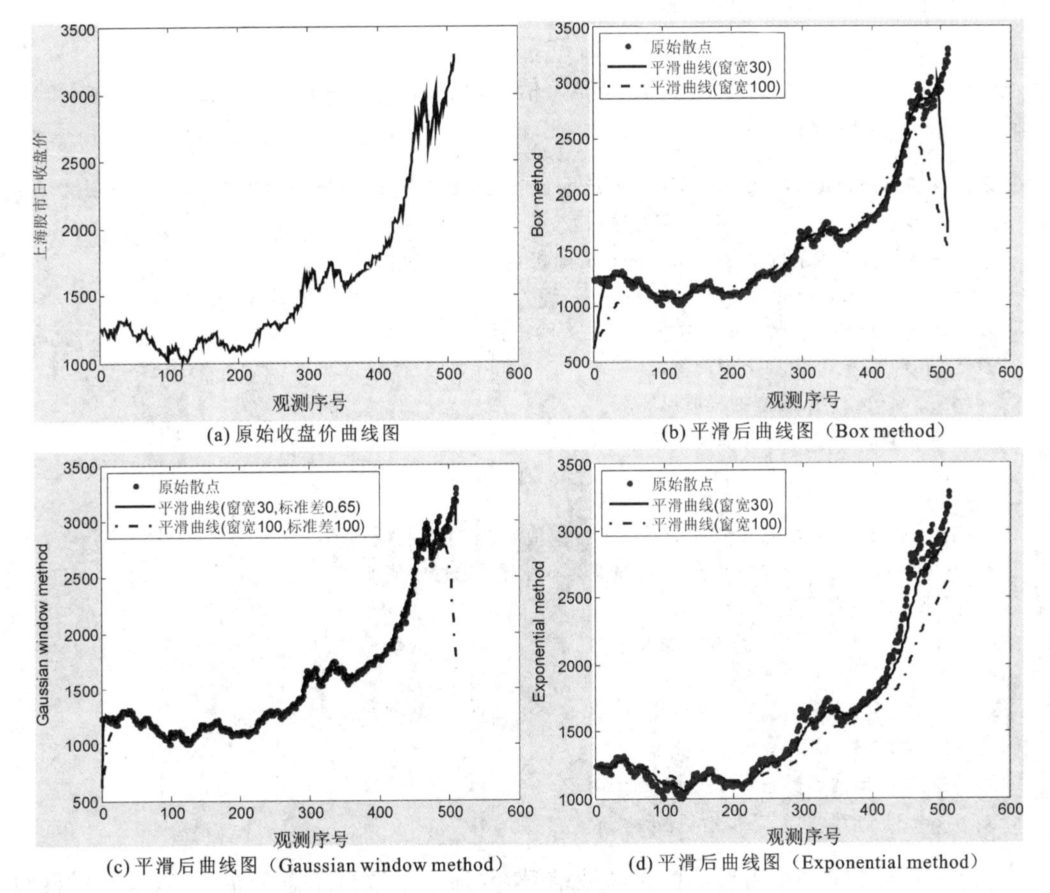

(a) 原始收盘价曲线图　(b) 平滑后曲线图 (Box method)

(c) 平滑后曲线图 (Gaussian window method)　(d) 平滑后曲线图 (Exponential method)

图 3.16　数据平滑示意图(smoothts 函数)

3.5.3 medfilt1 函数

MATLAB 信号处理工具箱中提供了 medfilt1 函数,用来对信号数据进行一维中值滤波,其调用方式如下:

```
y = medfilt1(x,n)
y = medfilt1(x,n,blksz)
y = medfilt1(x,n,blksz,dim)
```

1. y=medfilt1(x,n)

对向量 x 进行一维中值滤波,返回与 x 等长的向量 y。这里的 n 是窗宽参数,当 n 是奇数时,y 的第 k 个元素等于 x 的第 $k-\frac{n-1}{2}$ 个元素至第 $k+\frac{n-1}{2}$ 个元素的中位数;当 n 是偶数时,y 的第 k 个元素等于 x 的第 $k-\frac{n}{2}$ 个元素至第 $k+\frac{n}{2}-1$ 个元素的中位数。n 的默认值为 3。

2. y=medfilt1(x,n,blksz)

用 for 循环,每次循环输出 blksz 个计算值,默认情况下,blksz = length(x)。当 x 是一个矩阵时,通过循环对 x 的各列进行一维中值滤波,返回与 x 具有相同行数和列数的矩阵 y。

3. y=medfilt1(x,n,blksz,dim)

用 dim 参数指定沿 x 的哪个维进行滤波。

例 3.3 产生一列正弦波信号,加入噪声信号,然后调用 medfilt1 函数对加入噪声的正弦波进行滤波(平滑处理)。

```
>> t = linspace(0,2 * pi,500)';   % 产生一个从 0 到 2 * pi 的向量,长度为 500
>> y = 100 * sin(t);   % 产生正弦波信号
% 产生 500 行 1 列的服从 N(0,15²)分布的随机数,作为噪声信号
>> noise = normrnd(0,15,500,1);
>> y = y + noise;   % 将正弦波信号加入噪声信号
>> figure;   % 新建一个图形窗口
>> plot(t,y);   % 绘制加噪波形图
>> xlabel('t');   % 为 X 轴加标签
>> ylabel('y = sin(t) + 噪声');   % 为 Y 轴加标签

% 调用 medfilt1 对加噪正弦波信号 y 进行中值滤波,并绘制波形图
>> yy = medfilt1(y,30);   % 指定窗宽为 30,对 y 进行中值滤波
>> figure;   % 新建一个图形窗口
>> plot(t,y,'k:');   % 绘制加噪波形图
>> hold on
>> plot(t,yy,'k','LineWidth',3);   % 绘制平滑后曲线图,黑色实线,线宽为 3
>> xlabel('t');   % 为 X 轴加标签
>> ylabel('中值滤波');   % 为 Y 轴加标签
>> legend('加噪波形','平滑后波形');
```

上面命令产生了一个周期上的正弦波信号,并加上了取自正态分布 $N(0,15^2)$ 的随机数作为噪声信号,然后调用 medfilt1 函数,设置窗宽为 30,对加噪后正弦波信号进行了一维中值

滤波，作出的加噪波形图和平滑后波形图如图 3.17 所示，从图 3.17(b)可以地看出中值滤波比较好地滤除了噪声，反映了数据的总体规律。

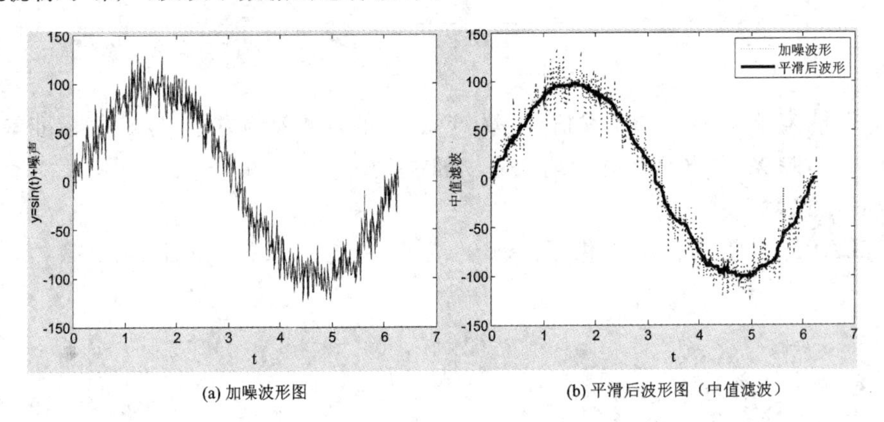

(a) 加噪波形图 (b) 平滑后波形图（中值滤波）

图 3.17 数据平滑示意图(medfilt1 函数)

3.6 数据的标准化变换

对于多元数据，当各变量的量纲和数量级不一致时，往往需要对数据进行变换处理，以消除量纲和数量级的限制，将各变量的观测值转换到某一指定的范围，如[−1,1]、[0,1]等，以便进行后续的统计分析。本节介绍两种常用的数据变换方法：标准化变换和极差规格化变换。

注：进行多维数据评估时，最常用的是加权的方法，即将不同量纲、不同意义的数据按一定的权重加起来。"体重＋身高"是什么？但加权的方法似乎又是唯一的选择，所以在运用加权方法时，关于模型或标准的内在原理需要事前明白。

3.6.1 数据的标准化常用方法

1. 变换公式

设 p 维向量 $\boldsymbol{X}=(X_1,X_2,\cdots,X_p)$ 的观测值矩阵为

$$\boldsymbol{X}=\begin{pmatrix} x_{11} & x_{12} & \cdots & x_{1p} \\ x_{21} & x_{22} & \cdots & x_{2p} \\ \vdots & \vdots & & \vdots \\ x_{n1} & x_{n2} & \cdots & x_{np} \end{pmatrix}$$

标准化变换后的观测值矩阵为

$$\boldsymbol{X}^*=\begin{pmatrix} x_{11}^* & x_{12}^* & \cdots & x_{1p}^* \\ x_{21}^* & x_{22}^* & \cdots & x_{2p}^* \\ \vdots & \vdots & & \vdots \\ x_{n1}^* & x_{n2}^* & \cdots & x_{np}^* \end{pmatrix}$$

其中

$$x_{ij}^*=\frac{x_{ij}-\bar{x}_j}{\sqrt{s_{jj}}} \qquad i=1,2,\cdots,n;\quad j=1,2,\cdots,p$$

$$\bar{x}_j = \frac{1}{n}\sum_{i=1}^{n} x_{ij} \qquad j = 1,2,3,\cdots,p$$

$$\sqrt{s_{jj}} = \sqrt{\frac{1}{n-1}\sum_{i=1}^{n}(x_{ij} - \bar{x}_j)^2} \qquad j = 1,2,3,\cdots,p$$

这里 $\bar{x}_j$ 为变量 X_j 的观测值的平均值，s_{jj} 为变量 X_j 的观测值的方差，$\sqrt{s_{jj}}$ 为标准差。经过标准化变换后，矩阵 $\boldsymbol{X}^*$ 的各列的均值均为 0，标准差均为 1。

2. zscore 函数

MATLAB 统计工具箱中提供了 zscore 函数，用来作数据的标准化变换，其调用方式如下：

```
Z = zscore(X)
[Z,mu,sigma] = zscore(X)
[…] = zscore(X,1)
[…] = zscore(X,flag,dim)
```

(1) Z = zscore(X)

对 **X** 进行标准化变换，这里 **X** 可以是一个向量、矩阵或高维数组。若 **X** 是一个向量，返回变换后结果向量 Z= (X－mean(X))/std(X)；若 **X** 是一个矩阵，则用 **X** 的每一列的均值和标准差对该列进行标准化变换，返回变换后矩阵 **Z**；若 **X** 是一个高维数组，则沿 **X** 的首个非单一维方向计算均值和标准差，然后对 **X** 进行标准化变换，返回变换后的高维数组 Z。例如 **X** 是一个 1×1×1×10 的四维数组，由于 **X** 的前三维均为单一维，于是计算 **X** 的第 4 维方向上的均值和标准差，对 **X** 进行标准化变换，返回的 **Z** 也是一个 1×1×1×10 的四维数组。

(2) [Z,mu,sigma] = zscore(X)

返回 **X** 的均值 mu = mean(X)和标准差 sigma = std(X)。

(3) […] = zscore(X,1)

计算标准差时除以样本容量 n 而不是 $n-1$，即 zscore(X,0)等价于 zscore(X)。

(4) […] = zscore(X,flag,dim)

用 flag 参数指定标准差的计算公式，若 flag = 0，使用公式

$$\bar{x}_j = \frac{1}{n}\sum_{i=1}^{n} x_{ij} \qquad \sqrt{s_{jj}} = \sqrt{\frac{1}{n-1}\sum_{i=1}^{n}(x_{ij} - \bar{x}_j)^2} \qquad j = 1,2,3,\cdots,p$$

若 flag=1，用公式

$$\sqrt{s_{jj}} = \sqrt{\frac{1}{n}\sum_{i=1}^{n}(x_{ij} - \bar{x}_j)^2}$$

用 dim 参数指定沿 **X** 的哪个维进行标准化变换，例如 dim=1，表示对 **X** 的各列进行标准化变换；dim=2，表示对 **X** 的各行进行标准化变换。

例 3.4 调用 rand 函数产生一个随机矩阵，然后调用 zscore 函数将其按列标准化。

```
% 调用 rand 函数产生一个 10 行,4 列的随机矩阵,每列服从不同的均匀分布
>> x = [rand(10,1), 5 * rand(10,1), 10 * rand(10,1), 500 * rand(10,1)]

x =

    0.8147    0.7881    6.5574  353.0230
    0.9058    4.8530    0.3571   15.9164
    0.1270    4.7858    8.4913  138.4615
    0.9134    2.4269    9.3399   23.0857
    0.6324    4.0014    6.7874   48.5659
    0.0975    0.7094    7.5774  411.7289
    0.2785    2.1088    7.4313  347.4143
    0.5469    4.5787    3.9223  158.5497
    0.9575    3.9610    6.5548  475.1110
    0.9649    4.7975    1.7119   17.2230

% 调用 zscore 函数对 x 进行标准化变换(按列标准化),
% 返回变换后矩阵 xz,以及矩阵 x 各列的均值构成的向量 mu,各列的标准差构成的向量 sigma
>> [xz,mu,sigma] = zscore(x)

xz =

    0.5519   -1.5191    0.2332    0.8546
    0.8152    0.9382   -1.8794   -1.0147
   -1.4367    0.8976    0.8921   -0.3352
    0.8371   -0.5285    1.1813   -0.9750
    0.0246    0.4234    0.3115   -0.8337
   -1.5218   -1.5667    0.5807    1.1802
   -0.9986   -0.7207    0.5309    0.8235
   -0.2226    0.7723   -0.6647   -0.2238
    0.9647    0.3990    0.2323    1.5316
    0.9861    0.9046   -1.4178   -1.0075

mu =

    0.6239    3.3011    5.8731  198.9080

sigma =

    0.3459    1.6542    2.9349  180.3332

>> mean(xz)    % 求标准化后矩阵 xz 的各列的均值

ans =

  1.0e-015 *

    0.2442   -0.2109    0.1998         0
>> std(xz)    % 求标准化后矩阵 xz 的各列的标准差

ans =

     1     1     1     1
```

3.6.2 数据的极差规格化变换

1. 变换公式

对于观测值矩阵 $\boldsymbol{X}$,极差规格化变换后的矩阵为

$$\boldsymbol{X}^R = \begin{pmatrix} x_{11}^R & x_{12}^R & \cdots & x_{1p}^R \\ x_{21}^R & x_{22}^R & \cdots & x_{2p}^R \\ \vdots & \vdots & & \vdots \\ x_{n1}^R & x_{n2}^R & \cdots & x_{np}^R \end{pmatrix}$$

其中

$$x_{ij}^R = \frac{x_{ij} - \min\limits_{1\leqslant k\leqslant n} x_{kj}}{\max\limits_{1\leqslant k\leqslant n} x_{kj} - \min\limits_{1\leqslant k\leqslant n} x_{kj}}, \qquad i = 1,2,\cdots,n; \quad j = 1,2,\cdots,p$$

这里 $\min\limits_{1\leqslant k\leqslant n} x_{kj}$ 为变量 X_j 的观测值的最小值,$\max\limits_{1\leqslant k\leqslant n} x_{kj} - \min\limits_{1\leqslant k\leqslant n} x_{kj}$ 为变量 X_j 的观测值的极差。经过极差规格化变换后,矩阵 $\boldsymbol{X}^R$ 的每个元素的取值均在 0~1 之间。

2. MATLAB 实现

MATLAB 中没有提供用来进行极差规格化变换的函数,作者根据极差规格化变换的原理编写了 rscore 函数,代码如下:

```
function [R,xmin,xrange] = rscore(x,dim)
%极差规格化变换
%   R = rscore(X) 对 X 进行极差规格化变换,这里 X 可以是一个向量、矩阵或高维数组。
%   若 X 是一个向量,返回变换后结果向量 R = (X - min(X))./range(X);若 X 是一个矩阵,
%   则用 X 的每一列的最小值和极差对该列进行极差规格化变换,返回变换后矩阵 R;若 X 是
%   一个高维数组,则沿 X 的首个非单一维方向计算最小值和极差,然后对 X 进行极差规格化
%   变换,返回变换后高维数组 R.  例如 X 是一个 1×1×1×4 的四维数组,由于 X 的前三维均
%   为单一维,于是计算 X 的第四维方向上的最小值和极差,对 X 进行极差规格化变换,返回
%   的 R 也是一个 1×1×1×4 的四维数组。
%
%   [R,xmin,xrange] = rscore(X) 还返回 X 的最小值 xmin = min(X)和极差 xrange = range(X).
%
%   [...] = rscore(X,dim) 用 dim 参数指定沿 X 的哪个维进行极差规格化变换,例如 dim = 1,
%   表示对 X 的各列进行极差规格化变换;dim = 2,表示对 X 的各行进行极差规格化变换
%
%   请参考 zscore, min 和 range 函数的用法。
%
%   Copyright 2009 - 2010 xiezhh.
%   MYMRevision: 1.0.0.0 MYM  MYMDate: 2009/12/2 15:58:36
if isequal(x,[]), z = []; return; end

if nargin < 2
    % Figure out which dimension to work along.
    dim = find(size(x) ~= 1, 1);
    if isempty(dim), dim = 1; end
end
% Compute X's min and range, and standardize it
xmin = min(x,[],dim);
```

```
xrange = range(x,dim);
xrange0 = xrange;
xrange0(xrange0 == 0) = 1;
R = bsxfun(@minus,x, xmin);
R = bsxfun(@rdivide, R, xrange0);
```

以上代码的注释部分列出了 rscore 函数的 3 种调用方法,这里不再重述。

例 3.5　调用 rand 函数产生一个随机矩阵,然后调用 rscore 函数对其按列进行极差规格化变换。

```
% 调用 rand 函数产生一个 10 行,4 列的随机矩阵,每列服从不同的均匀分布
>> x = [rand(10,1), 5 * rand(10,1), 10 * rand(10,1), 500 * rand(10,1)]

x =

    0.1067    2.1571    8.5303  208.6335
    0.9619    4.5532    6.2206   24.8272
    0.0046    0.9092    3.5095  451.3581
    0.7749    1.3190    5.1325  472.3936
    0.8173    0.7277    4.0181  245.4320
    0.8687    0.6803    0.7597  244.6263
    0.0844    4.3465    2.3992  168.8597
    0.3998    2.8985    1.2332  450.0269
    0.2599    2.7493    1.8391  184.6234
    0.8001    0.7248    2.3995   55.6014

% 调用 rscore 函数对 x 按列进行极差规格化变换,
% 返回变换后矩阵 R,以及矩阵 x 各列的最小值构成的向量 xmin,各列的极差构成的向量 xrange
>> [R,xmin,xrange] = rscore(x)

R =

    0.1066    0.3813    1.0000    0.4107
    1.0000    1.0000    0.7028         0
         0    0.0591    0.3539    0.9530
    0.8047    0.1649    0.5627    1.0000
    0.8489    0.0122    0.4193    0.4929
    0.9026         0         0    0.4911
    0.0834    0.9466    0.2110    0.3218
    0.4128    0.5727    0.0609    0.9500
    0.2666    0.5342    0.1389    0.3570
    0.8309    0.0115    0.2110    0.0688

xmin =

    0.0046    0.6803    0.7597   24.8272
xrange =

    0.9573    3.8729    7.7706  447.5664
```

从以上结果可以看到,矩阵 $\boldsymbol{X}$ 经过极差规格化变换后得到了矩阵 $\boldsymbol{R}$,以及矩阵 $\boldsymbol{X}$ 各列的最小值构成的向量 xmin,各列的极差构成的向量 xrange。矩阵 $\boldsymbol{X}$ 的各列的最小值变为 0,最大值变为 1,因此变换后的矩阵 $\boldsymbol{R}$ 的每个元素的取值均在 0～1 之间。

第4章

MATLAB与数据库的数据交互

4.1 案例背景

随着计算机数据库技术的应用与发展，科学研究与生产生活中的大量数据都按一定的规则方式存储在数据库中，例如：个人的各种账户（包括银行账户、证券账户、手机账户、论坛账户等）及账户涉及的各种信息都存储在数据库中。

若能将大量数据导入MATLAB中，利用MATLAB优异的数值技术与图形展示技术，更好地处理或分析科学研究与生产生活的数据，进行实证性研究或者潜在规则的挖掘。

本章使用的编程环境为MATLAB 2009a、SQL Server 2005 Express Edition。其中SQL Server 2005 Express Edition为SQL Server 2005的免费版本，读者可以从微软网站上下载相关安装文件，SQL Server 2005 Express Edition的安装方法本章不再详述，读者可以参考微软的相关说明文档。

数据的获取方式除了从数据库之间获取外，还可以通过网络获取所需数据。而且，目前网络已经成为数据重要的来源之一，MATLAB可以一次性按格式从网络中读取大量数据。在4.3节，以MATLAB读取Yahoo财经数据与Google财经数据为例进行实例讲解。

4.2 MATLAB实现

4.2.1 Database工具箱简介

Mathworks公司为MATLAB与数据库连接提供了有效接口——Database工具箱。Database工具箱帮助用户使用MATLAB的可视化技术与数据分析技术处理数据库中的信息。在MATLAB的工作环境下，用户可以使用SQL（Structured Query Language）标准数据查询语言从数据库读取数据或将数据写入数据库。

目前，MATLAB可以支持与主要厂商的数据库产品进行连接，例如Oracle、Sybase、Microsoft SQL Server和Informix等数据库。MATLAB的Database工具箱还自带了Visual Query Builder交互式界面方便用户使用数据。

4.2.2 Database工具箱函数

Database工具箱函数，具体分为数据库访问数据、数据库游标访问函数、数据库元数据访问函数。函数具体功能如表4.1～表4.3所列。由于相关函数较多，在本节不再详述相关函数语法，在实例中将具体讲解实例使用到的函数语法。

表 4.1　数据库访问函数

函数名称	函数功能	函数名称	函数功能
clearwarnings	清除数据库连接警告	isconnection	判断数据库连接是否有效
close	关闭数据库连接	isreadonly	判断数据库连接是否只读
commit	数据库改变参数	ping	得到数据库连接信息
database	连接数据库	rollback	撤销数据库变化
exec	执行 SQL 语句和打开游标	set	设置数据库连接属性
get	得到数据库属性	sql2native	转换 JDBC SQL 语法为系统本身的 SQL 语法
insert	导出 MATLAB 单元数组数据到数据库表	update	用 MATLAB 单元数组数据代替数据库表的数据

表 4.2　数据库游标访问函数

函数名称	函数功能	函数名称	函数功能
attr	获得的数据集的列属性	set	设置游标获取的行限制
close	关闭游标	width	获取数据集的列宽
cols	获得的数据集的列数值	get	得到游标对象属性
columnnames	获得的数据集的列名称	querytimeout	数据库 SQL 查询成功的时间
fetch	导入数据到 MATLAB 单元数组	rows	获取数据集的行数

表 4.3　数据库元数据函数

函数名称	函数功能	函数名称	函数功能
bestrowid	得到数据库表唯一行标识	indexinfo	得到数据库表的索引和统计
columnprivileges	得到数据库列优先权	primarykeys	从数据库表或结构得到主键信息
columns	得到数据库表列名称	procedurecolumns	得到目录存储程序参数和结果列
crossreference	得到主键和外键信息	procedures	得到目录存储程序
dmd	创建数据库元数据对象	supports	判断是否支持数据库元数据
exportedkeys	得到导出外键信息	tableprivileges	得到数据库表优先权
get	得到数据库元数据属性	tables	得到数据库表名称
importedkeys	得到导入外键信息		

上述仅列出函数名称与函数的主要功能，函数的具体使用请读者参考 MATLAB 的 Database 工具箱相关帮助信息。

4.2.3　数据库数据读取

数据库数据读取主要由数据库连接，获取数据库信息，执行 SQL 查询语言查询数据，关闭数据连接等几个主要步骤组成。在进行 MATLAB 与数据库的交互前首先要对数据源进行配置。

(1) 数据库连接函数 database

database 函数语法：

conn =database('datasourcename','username','password')

输入参数：

➢ datasourcename:数据库名称(连接对象的名称,如果不是本地数据,需输入网址或者 IP 地址及端口)；

➢ username：数据库用户名；

➢ password:数据库密码。

输出参数：

➢ conn:建立数据连接对象(内含连接信息、参数)。

函数测试:m 文件 DatabaseRead.m 如下：

```
% DatabaseReadTest
% code by ariszheng@gmail.com
% 建立数据连接
conn = database('ARIS_SQL','sa','ariszheng')
% 数据库名称为“ARIS_SQL”,为数据源名称
% 用户名为 'sa',密码为 'ariszheng',读者需根据自己数据库的设置进行修改
% 如果不是本地数据,需输入网址或者 IP 地址及端口
% 数据库用户名为"sa"
% 数据库密码为"ariszheng"
```

结果输出：

```
conn =
        Instance: 'ARIS_SQL' % 数据名称
        UserName: 'sa' % 用户名称
          Driver: []
             URL: []
     Constructor: [1x1 com.mathworks.toolbox.database.databaseConnect]
         Message: []
          Handle: [1x1 sun.jdbc.odbc.JdbcOdbcConnection]
         TimeOut: 0
      AutoCommit: 'on' % 连接成功
            Type: 'Database Object'
```

注:AutoCommit：'on' 表示数据库连接成功;AutoCommit：'off' 表示数据库连接失败。

(2) 获取数据库连接信息函数 ping

ping 函数语法：

ping(conn)

通过 ping 函数可以获得数据库连接的数据版本、数据名称、驱动程序、URL 地址等。

输入参数：

➢ conn:数据库连接对象。

输出参数：

- DatabaseProductName:数据库产品名称;
- DatabaseProductVersion:数据库产品版本;
- JDBCDriverName:JDBC 驱动名称;
- JDBCDriverVersion:JDBC 驱动版本;
- MaxDatabaseConnections:数据库最大连接数量;
- CurrentUserName:使用的数据库名称;
- DatabaseURL:数据库 URL 地址;
- AutoCommitTransactions:是否连接。

函数测试:m 文件 DatabaseRead. m 如下:

```
%获取数据库连接信息
ping(conn);
```

结果输出:

```
ans =
    DatabaseProductName: 'Microsoft SQL Server'
%数据库为 'Microsoft SQL Server'
    DatabaseProductVersion: '09.00.1399'
%数据库版本为 '09.00.1399'
    JDBCDriverName: 'JDBC - ODBC Bridge (SQLSRV32.DLL)'
%数据库的驱动程序为"JDBC - ODBC Bridge"
    JDBCDriverVersion: '2.0001 (03.85.1132)'
%驱动程序版本"2.0001 (03.85.1132)"
    MaxDatabaseConnections: 0
%数据库最大连接数(未设置)
    CurrentUserName: 'dbo'
%当前用户名称"dbo"
    DatabaseURL: 'jdbc:odbc:ARIS_SQL'
%数据库连接地址 'jdbc:odbc:ARIS_SQL'
    AutoCommitTransactions: 'True'
```

(3) 执行 SQL 语句和打开游标函数 exec

exec 函数语法:

curs = exec(conn, 'sqlquery')

输入参数:

- conn: 数据库连接对象;
- sqlquery: SQL 数据库查询语句。

输出参数:

- curs:结构体(游标)。

函数测试:m 文件 DatabaseRead. m。该程序的目标是从数据库表 StockData. dbo. Hs300 中查询 2008 - 01 - 01 到 2010 - 01 - 01 之间是沪深 300 指数的点位。

SQL 查询语言的框架为:

```
Use 数据库
Select 数据内容
From   数据表名称(查询目标表)
Where  查询条件
Older by 排序方式
```

例如,在数据 wind_db 中的 Price 表中查询交易日在 2012 年的 OpenPrice 数据,按时间先后排序。

```
Use wind_db
Select  OpenPrice
From   Price
Where  year(time) = = 2012
Older by time
```

本节对 SQL 语言的语法不进行详细讲解,若读者需要可阅读 SQL 类语言书籍。

数据表 StockData. db0. Hs300 的结构如表 4.4 所列。

表 4.4 StockData 数据表结构

字　段	Date	Price	Vol
类　型	Datetime 类型	Double 类型	Double 类型

Sqlquery:SQL 语言代码如下:

```
-- 全部价格数据
SELECT ALL Price
-- 从表 StockData.dbo.Hs300 中,存储的是沪深 300 的数据
FROM StockData.dbo.Hs300
-- 查询的价格数据的日期在 2008 - 1 - 1 与 2010 - 01 - 01 之间的(价格数据)
WHERE Date BETWEEN ''2008 - 01 - 01'' AND ''2010 - 01 - 01''
```

注:在 SQL 语言中"--"后的字符表示注释,类似 MATLAB 中的"%"。

MATLAB 语言代码如下:

```
% 查询数据
curs = exec(conn,'SELECT ALL Price FROM StockData.dbo.Hs300 WHERE Date BETWEEN ''2008 - 01 - 01''
AND ''2010 - 01 - 01''  ')
```

输出结果:

```
     Attributes: []
           Data: 0
 DatabaseObject: [1x1 database]
       RowLimit: 0
       SQLQuery: [1x92 char]
        Message: []
           Type: 'Database Cursor Object'
      ResultSet: [1x1 sun.jdbc.odbc.JdbcOdbcResultSet]
```

```
            Cursor: [1x1 com.mathworks.toolbox.database.sqlExec]
         Statement: [1x1 sun.jdbc.odbc.JdbcOdbcStatement]
             Fetch: 0
```

注:执行 SQL 语句的查询,你可能还没有等到你想要的数据,查询的结果存储在 curs 结构变量中,需要对查询结果进行 fetch 处理,将数据导入到 MATLAB 的数组中。

(4) 导入数据到 MATLAB 单元数组函数 fetch

fetch 函数语法:

curs = fetch(curs)

输入参数:

➢ curs:exec 执行后获得的结果(游标)。

输出参数:

➢ curs:经 fetch 处理后的数据结果。

函数测试:m 文件 DatabaseRead.m 如下:

```
%导入数据到 MATLAB 单元数组函数
e = fetch(e)
e.data
%查询的结果数据存储在对象 e 的 data 中
```

输出结果:

```
e =
        Attributes: []
              Data: {490x1 cell} %数据数量
    DatabaseObject: [1x1 database]
          RowLimit: 0
          SQLQuery: [1x92 char]
           Message: []
              Type: 'Database Cursor Object'
         ResultSet: [1x1 sun.jdbc.odbc.JdbcOdbcResultSet]
            Cursor: [1x1 com.mathworks.toolbox.database.sqlExec]
         Statement: [1x1 sun.jdbc.odbc.JdbcOdbcStatement]
             Fetch: [1x1 com.mathworks.toolbox.database.fetchTheData]
%e.data 中的数据,以 cell 的格式存储
%可以使用 cell2mat 将结果数据转换为矩阵格式
ans =
    [5.3383e+003]
    [5.3851e+003]
    [5.4220e+003]
...
```

(5) 关闭数据库连接 close

Close 函数语法:

close(curs):关闭查询游标;

close(conn):关闭数据连接。

函数测试:m 文件 DatabaseRead.m 如下:

```
close(conn)
```

注:① 在数据库连接或数据查询结束后,应当关闭数据库连接或查询游标,避免重复连接、重复查询浪费系统资源,否则将使得计算机处理速度降低。

② MATLAB 的数据读写使用的 Java 接口进行的,读取数据的大小受到内存限制,若读者读取的数据量较大,可以采用分批读取的方式进行,避免数据的内存溢出。

4.2.4 数据库数据写入

与数据的读取一样,数据库数据写入主要由数据库连接、获取数据库信息、执行 SQL 查询语言写入数据几个主要步骤组成。

(1) 将数据插入数据库函数 fastinsert

fastinsert 函数语法:

fastinsert(conn, 'tablename', colnames, exdata)

输入参数:

- conn:数据库连接对象;
- tablename:数据写入的目标表名称(数据表需在数据库中建立完成);
- colnames:数据写入的列名称;
- exdata:写入数据。

函数测试:m 文件 DatabaseWrite.m。其功能是将 2010-6-21 沪深 300 的指数 2 780.66、交易量 5 526 万插入 StockData.dbo.Hs300 表中(StockData.dbo.Hs300 表示 StockData 数据库中的 dbo.Hs300 表)。

```
% code by ariszheng@gmail.com
% 2010 - 6 - 21
conn = database('ARIS_SQL','sa','ariszheng')
% 数据库名称:'ARIS_SQL',
% 数据库用户名:'sa'
% 数据库用户名对应的密码:'ariszheng'
ping(conn)
% 查询数据库连接状态
load Hs300
% %
% 输入数据 格式:时间 数据
expData = { '2010 - 6 - 21' 2780.66 55260000}
% 将数据插入表 'StockData.dbo.Hs300'
fastinsert(conn, 'StockData.dbo.Hs300',{'Date';'Price';'Vol'}, expData);
```

查询验证数据是否写入成功

```
% 查询数据,看数据是否写入成功
e = exec(conn,'SELECT Price,Vol FROM StockData.dbo.Hs300 WHERE Date = ''2010 - 06 - 21'' ')
e = fetch(e)
```

```
e.data
%关闭连接
close(conn)
```

结果输出：

```
conn =
        Instance: 'ARIS_SQL'
        UserName: 'sa'
          Driver: []
             URL: []
     Constructor: [1x1 com.mathworks.toolbox.database.databaseConnect]
         Message: []
          Handle: [1x1 sun.jdbc.odbc.JdbcOdbcConnection]
         TimeOut: 0
      AutoCommit: 'on'
            Type: 'Database Object'
ans =
        DatabaseProductName: 'Microsoft SQL Server'
     DatabaseProductVersion: '09.00.1399'
           JDBCDriverName: 'JDBC - ODBC Bridge (SQLSRV32.DLL)'
        JDBCDriverVersion: '2.0001 (03.85.1132)'
     MaxDatabaseConnections: 0
            CurrentUserName: 'dbo'
                DatabaseURL: 'jdbc:odbc:ARIS_SQL'
     AutoCommitTransactions: 'True'
expData =
    '2010 - 6 - 21'    [2.7807e + 003]    [55260000]
e =
        Attributes: []
              Data: 0
    DatabaseObject: [1x1 database]
          RowLimit: 0
          SQLQuery: [1x67 char]
           Message: []
              Type: 'Database Cursor Object'
         ResultSet: [1x1 sun.jdbc.odbc.JdbcOdbcResultSet]
            Cursor: [1x1 com.mathworks.toolbox.database.sqlExec]
         Statement: [1x1 sun.jdbc.odbc.JdbcOdbcStatement]
             Fetch: 0
e =
        Attributes: []
              Data: {[2.7807e + 003]   [55260000]}
    DatabaseObject: [1x1 database]
          RowLimit: 0
          SQLQuery: [1x67 char]
```

```
          Message: []
             Type: 'Database Cursor Object'
        ResultSet: [1x1 sun.jdbc.odbc.JdbcOdbcResultSet]
           Cursor: [1x1 com.mathworks.toolbox.database.sqlExec]
        Statement: [1x1 sun.jdbc.odbc.JdbcOdbcStatement]
            Fetch: [1x1 com.mathworks.toolbox.database.fetchTheData]
ans =
[2.7807e+003]    [55260000]
```

(2) 插入多行数据

上述案例讲解的是如何插入一组数据,可以使用循环的方式实现插入多组数据。

函数测试:m 文件 DatabaseWrite2.m 如下:

```
插入多行数据,可以采用循环插入方法
%%
load Hs300
%N为数据个数
N = length(Hs300Price)
for i = 1:N
    expData = {Hs300Date(i),Hs300Price(i),Hs300Vol(i)};
    fastinsert(conn, 'StockData.dbo.Hs300',{'Date';'Price';'Vol'}, expData);
end
%关闭连接,如果不关闭,每次都新开一个数据连接,将造成系统资源的巨大浪费
%使得计算机速度降低
close(conn)
```

注:MATLAB 的 fastinsert 的说明表述该函数可以进行多行插入的,但实际测试总是报错,所以改用循环的方式进行数据插入。

4.3 网络数据读取

随着科技的发展,可以得到的数据越来越多,网络已经成为数据的重要来源之一,MATLAB 可以一次性按格式从网络中读取大量数据。本节以 MATLAB 读取 Yahoo 财经数据与 Google 财经数据为例进行实例讲解。

4.3.1 Yahoo 数据

MyYahoo 函数是网络开源的 MATLAB 检索 Yahoo 财经数据的函数,函数主要使用 urlread 函数读取网页数据。由于涉及比较复杂的字符串处理,这里不具体讲解函数的技术细节,主要介绍其使用方法。

MyYahoo 函数语法:

[stock_Price]=MyYahoo(StockName, StartDate, EndDate, Freq)

输入参数:

- StockName:证券代码,主要参考 yahoo 的证券代码形式。

Yahoo 采用的证券编码形式为“证券代码.交易所”。

例如：武钢股份(600005)的 Yahoo 代码为 600005.SS；

深发展(000001)的 yahoo 代码为 000001.SZ；

IBM IBM 的 Yahoo 代码为 IBM(纽约交易所) IBM.F(法兰克福交易所)。

➢ StartDate：开始时间。

➢ EndDate：截止时间。

➢ Freq：数据频率。'd' 表示日、'w' 表示周、'm' 表示月。

输出参数：

➢ stock_Price：证券数据。

MyYahoo 函数源码 MyYahoo.m 如下：

```
function [stock_Price] = MyYahoo(StockName, StartDate, EndDate, Freq)

 % This engine is used for a rapid searching in Yahoo! Finance for retriving
 % Financial Data.
 % 数据时间区间
startdate = StartDate;
enddate = EndDate;
 % 字符串变化
ms = num2str(str2num(datestr(startdate, 'mm'))-1);
ds = datestr(startdate, 'dd');
ys = datestr(startdate, 'yyyy');
me = num2str(str2num(datestr(enddate, 'mm'))-1);
de = datestr(enddate, 'dd');
ye = datestr(enddate, 'yyyy');

url2Read = sprintf ('http://ichart.finance.yahoo.com/table.csv? s = %s&a = %s&b = %s&c =
                   %s&d = %s&e = %s&f = %s&g = %s&ignore = .csv', StockName, ms, ds, ys, me,
                  de, ye, Freq);
s = urlread(url2Read);

[Date Open High Low Close Volume AdjClose]
 = strread (s, '%s  %s  %s  %s  %s  %s  %s', 'delimiter', ',');

Date(1) = [];
AdjClose(1) = [];

row = size(Date, 1);
for i = 1:row

    Date_temp(i, 1) = datenum(cell2mat(Date(i)), 'yyyy-mm-dd');
    AdjClose_temp(i, 1) = str2num(cell2mat(AdjClose(i)));

end

stock_Price = [Date_temp, AdjClose_temp];
root = [pwd, '\'];
filename = [root, StockName, '.mat'];
save(filename,  'stock_Price') ;
end
```

实例演示：testMyYahoo.m 功能为提取武钢股份日行情数据。代码如下：

```
%提取数据 武钢股份(上海交易所)
A = MyYahoo('600005.ss', '01/01/2005', '12/31/2008', 'd')
%将 A 数据 A 的格式[价格、日期] 采用的 MATLAB 编码形式,以整数编码
%将 A 数据 转变为时间序列
stock = fints(A)
%画图
plot(stock);
```

函数计算结果：

```
A =

  1.0e+005 *

    7.3377    0.0000
    7.3377    0.0000
    7.3377    0.0000
    7.3377    0.0000
    7.3377    0.0001
    7.3377    0.0001
    7.3377    0.0001
    7.3376    0.0001
    7.3376    0.0001
    7.3376    0.0001
...
Stock =

    desc:  (none)
    freq:  Unknown (0)

    'dates:  (1032)'     'series1:  (1032)'
    '03-Jan-2005'          [           3.1100]
    '04-Jan-2005'          [           2.9700]
    '05-Jan-2005'          [           3.0400]
    '06-Jan-2005'          [           2.9600]
    '07-Jan-2005'          [           2.8500]
    '10-Jan-2005'          [           2.9000]
...
```

结果图形如图 4.1 所示。

4.3.2 Google 数据

googleprices 函数是网络开源的 MATLAB 检索 Google 财经数据的函数，函数主要使用 urlwrite 函数读取网页数据。由于涉及比较复杂的字符串处理，这里不具体讲解函数的技术细节，主要介绍其使用方法。

googleprices 函数语法：

ds = googleprices(stockTicker, startDate, endDate)

输入参数：

- stockTicker：证券代码，主要参考 Google 的证券代码形式。

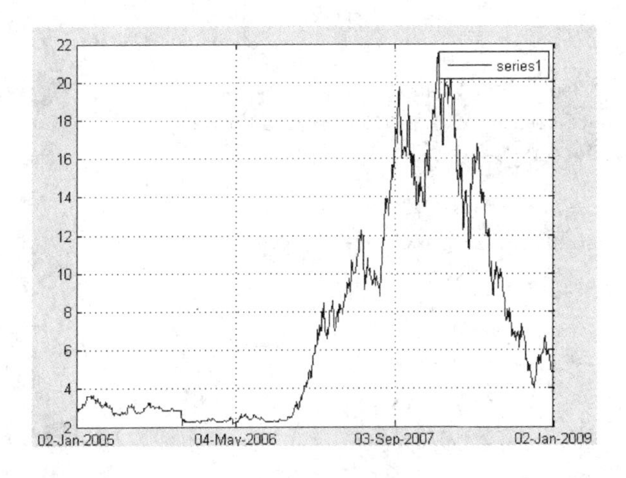

图 4.1　武钢股份股价图

Google 采用的证券编码形式为“交易所:证券代码”。

例如:武钢股份(600005)的 Google 代码为 SHA:600005;

　　思科系统 (CSCO)的 Google 代码为 NASDAQ:CSCO。

➢ startDate:开始时间。

➢ endDate:截止时间。

注:目前使用 googleprices 读取中国 A 数据错误,原因不明。

输出参数:

➢ ds:证券历史行情数据。

Googleprices 函数源文件 googleprices.m 如下:

```
function ds = googleprices(stockTicker, startDate, endDate)
% PURPOSE: Download the historical prices for a given stock from Google
% Finance and converts it into a MATLAB dataset format.
% ---------------------------------------------------------------
% USAGE: ds = googleprices(stockTicker, startDate, endDate)
% where: stockTicker = Google stock ticker (ExchangeSymbol:SecuritySymbol),
%                        ex. NASDAQ:CSCO for Cisco Stocks.
%         startDate: start date of the prices series. It could be either in
%                     serial MATLAB form or in Google Date form (mmm + dd,yyyy).
%         endDate: end date of the prices series. It could be either in
%                     serial MATLAB form or in Google Date form
%                     (mmm + dd,yyyy).
% ---------------------------------------------------------------
% RETURNS: A dataset representing the retrieved prices.
% ---------------------------------------------------------------
% REFERENCES:   a references for the google formats could be found here:
% http://computerprogramming.suite101.com/article.cfm/an_introduction_to_go
% ogle_finance
% ---------------------------------------------------------------
```

```
% Version: 1.0
% Written by:
% Display Name: El Moufatich, Fayssal
% Windows: Microsoft Windows NT 5.2.3790 Service Pack 2
% Date: 15 - Jun - 2010 17:38:18

if isnumeric(startDate)
    startDate = datestr(startDate, 'mmm + dd,yyyy');
end

if ~exist('exportFormat', 'var')
    exportFormat = 'csv';
end

% Download the data
fileName = urlwrite(['http://finance.google.com/finance/historical? q = ' stockTicker '&startdate = '
startDate '&enddate = ' endDate '&output = ' exportFormat], ['test.' exportFormat]);

% Import the file as a dataset.
ds = dataset('file', fileName, 'delimiter', ',');

% Delete the temporary file
delete(fileName);

% Adjust the Date VarName
names = get(ds, 'VarNames');
names{:, 1} = 'Date';
ds = set(ds, 'VarNames', names);
end
```

函数计算结果:

```
ds =

Date              Open     High     Low      Close    Volume
时间              开盘价   最高价   最低价   收盘价   成交量
    '26 - Jul - 10'    23.32    23.61    23.2     23.61    3.8335e + 007
    '23 - Jul - 10'    23.16    23.41    23.01    23.35    3.9345e + 007
    '22 - Jul - 10'    22.73    23.36    22.73    23.27    5.7954e + 007
    '21 - Jul - 10'    23.06    23.22    22.4     22.56    4.5752e + 007
    '20 - Jul - 10'    22.27    23.08    22.05    23.05    6.6167e + 007
    '19 - Jul - 10'    22.87    23.03    22.55    22.73    5.4702e + 007
    '16 - Jul - 10'    23.87    23.87    22.61    22.75    7.7069e + 007
    '15 - Jul - 10'    23.7     23.96    23.42    23.92    5.1771e + 007
    '14 - Jul - 10'    23.43    23.89    23.39    23.74    6.147e + 007
```

注:Yahoo与Google是不错的免费数据来源,但是他们提供的数据长度是有限的(历史数据不完全),而且数据是价格数据(非复权的价格数据),在计算股票收益率、波动率等参数时将造成数据误差,请读者注意!

第5章

贷款按揭与保险产品——现金流分析案例

在商品经济中,货币的时间价值是客观存在的。如将资金存入银行可以获得利息,将资金运用于公司的经营活动可以获得利润,将资金用于对外投资可以获得投资收益,这种由于资金运用实现的利息、利润或投资收益表现为货币的时间价值。由此可见,货币时间价值是指货币经历一定时间的投资和再投资所增加的价值,也称为资金的时间价值(货币时间价值是指货币随着时间的推移而发生的增值,也称为资金时间价值)。

由于货币的时间价值,今天的100元和一年后的100元是不等值的。今天将100元存入银行,在银行利息率10%的情况下,一年以后会得到110元,多出的10元利息就是100元经过一年时间的投资所增加的价值,即货币的时间价值。显然,今天的100元与一年后的110元相等。由于不同时间的资金价值不同,所以,在进行价值大小对比时,必须将不同时间的资金折算为同一时间后才能进行大小的比较。

点睛: 例如,某银行说某产品初始投资1万元,若是在最坏的情况下,该产品一年后到期保本即1万元,若不考虑货币的时间价值投资人没有亏损,但在年利率6%的情况下,根据货币的时间价值理论,投资人则已经损失了600元。

5.1 货币时间价值计算

计算货币时间价值量,首先引入"现值"和"终值"两个概念表示不同时期的货币时间价值。

现值,又称本金,是指资金现在的价值。

终值,又称本利和,是指资金经过若干时期后包括本金和时间价值在内的未来价值。通常有单利终值与现值、复利终值与现值、年金终值与现值。

5.1.1 单利终值与现值

单利是指只对借贷的原始金额或本金支付(收取)的利息。我国银行一般是按照单利计算利息的。

在单利计算中,设定以下符号:

PV:本金(现值);R:利率; FV:终值;T:时间。

$$\mathrm{FV} = \mathrm{PV} + \mathrm{PV} \times R \times T = \mathrm{PV}\ (1 + R \times T)$$

$$\mathrm{PV} = \mathrm{FV}\ /(1 + R \times T)$$

例5.1 假设银行存款利率为10%,为3年后获得20 000元现金,某人现在应存入银行多少钱?

R=10%, FV=20 000元,T=3; 求PV?

PV=20 000元/(1+10%×3)=15 384.62元(四舍五入)

5.1.2 复利终值与现值

金融分析中常用复利方法进行货币的贴现计算。复利,就是不仅本金要计算利息,本金所生的利息在下期也要加入本金一起计算利息,即通常所说的“利滚利”。

在复利的计算中,PV:本金(现值);R:利率; FV:终值;T:时间。

$$\mathrm{FV} = \mathrm{PV}\ (1+R)\hat{}T$$

$$\mathrm{PV} = \mathrm{FV}\ /(1+R)\hat{}T$$

注: $(1+R)\hat{}T$ 表示$(1+R)$的 T 次方,与 MATLAB 表示方法一致。

在例 5.1 中,使用复利计算现值。

$R=10\%$, FV=20 000 元;$T=3$; 求 PV?

PV=20 000 元/$(1+10\%)^3$=15 026.30 元

复利计息频数是指利息在一年中付利息多少次。在前面的终值与现值的计算中,都是假定利息是每年支付一次的,因为在这样的假设下,最容易理解货币的时间价值。但是在实际理财中,常出现计息期以半年、季度、月,甚至以天为期间的计息期,相应复利计息频数为每年2 次、4 次、12 次、360 次。如贷款买房按月计息,1 年计息为 12 个月。

5.1.3 连续复利计算

连续复利则是指在期数趋于无限大的极限情况下得到的利率,此时不同期之间的间隔很短,可以看作是无穷小量。

设本金为 PV,年利率为 R,当每年含有 m 个复利结算周期(若一个月为一个复利结算周期,则 $m=12$,若以一季度为一个复利结算周期,则 $m=4$)时,则 n 年后的本利和为

$$\mathrm{FV}_{nm} = \mathrm{PV}\left(1+\frac{R}{m}\right)^{mn} = \mathrm{PV}\left(1+\frac{R}{m}\right)^{\frac{1}{R/m}nR}$$

当复利结算的周期数 $m\to\infty$(这意味着资金运用率最大限度的提高)时,$\left(1+\frac{R}{m}\right)^{\frac{1}{R/m}}$ 的极限为 e,即

$$\lim_{m\to\infty}\left(1+\frac{R}{m}\right)^{\frac{1}{R/m}} = 2.718\ 281\ 828\ 459\ 01 = \mathrm{e}$$

所以当 $m\to\infty$连续复利本利和公式为

$$\mathrm{FV}_{nm} = \mathrm{PVe}^{nR}$$

时间 $n=t$,即

$$\mathrm{FV} = \mathrm{PVe}^{Rt}\ 或\ \mathrm{PV} = \mathrm{FVe}^{-Rt}$$

在例 5.1 中,使用连续复利计算现值。

$R=10\%$,FV=20 000 元,$T=3$; 求 PV?

PV=20 000 元×exp(−0.1×3)=14 816.36 元

注: 同样的 20 000 元,采用不同的贴现或计息方式得到的现值分别为 15 384.62 元、15 026.30元和 14 816.36 元。由此发现,在利率一定时,连续复利的计算方式,对于投资者是最优的。

5.2　固定现金流计算

在实际金融产品中，通常不是简单的一次存入(取出)，例如国债、住房贷款、分期贷款、养老保险等都是以现金流的方式存在的。

例 5.2　这里以国债为例，10 年期面值为 1 000 元的国债，票面利率为 5%，国债投资者每年在付息日都会收到 50 元利息，并在第 10 年(最后一年)收到 1 000 元本金。

假设：Rate(贴现率)为 6%(贴现率不一定等于票面利率)；

NumPeriods(贴现周期)为 10 年；

Payment(利息)为 50 元(周期现金流)；

ExtraPayment(本金)为 1 000 元(最后一次非周期现金流)。

则现值与终值的计算公式分别为：

$$PV = \sum_{i=1}^{NumPeriods} \frac{Payment}{(1+Rate)^i} + \frac{ExtraPayment}{(1+Rate)^{NumPeriods}}$$

$$FV = \sum_{i=1}^{NumPeriods} Payment \times (1+Rate)^i + ExtraPayment$$

5.2.1　固定现金流现值计算函数 pvfix

函数语法：

PresentVal = pvfix(Rate, NumPeriods, Payment, ExtraPayment, Due)

输入参数：

- Rate：贴现率；
- NumPeriods：贴现周期；
- Payment：周期现金流，正表示流入，负表示流出；
- ExtraPayment：最后一次非周期现金流，函数默认为 0；
- Due：现金流计息方式(0 为周期末付息，1 为周期初付息)。

输出参数：

- PresentVal：现金流现值。

利用 pvfix 函数计算例 5.2 的现值 PV，其 M 文件 pvfixtest.m 如下：

```
%债券面值
FaceValue = 1000;
%债券付息(面值 * 利率)，假设每年付息一次
Payment = 0.05 * FaceValue;
%市场利率
Rate = 0.06;
%到期还本，ExtraPayment 额外现金流为本金
ExtraPayment = FaceValue;
%债券期限为 10 年
NumPeriods = 10;
%每年年末付息，0 为周期末付息
```

```
Due = 0;
%调用 pvfix 函数
PresentVal = pvfix(Rate, NumPeriods, Payment, ExtraPayment, Due)
>> PresentVal =   926.3991
```

注:债券的定价理论基本采用的现金流贴现的技术,假设目前市场合理的利率为 6%(利率是货币的市场价格,随着市场情况变化的),若该债券的价格低于 926.4 元,则债券价格被低估,若该债券的价格高于 926.4 元,则债券的价格被高估。

5.2.2 固定现金流终值计算函数 fvfix

函数语法:

FutureVal = fvfix(Rate, NumPeriods, Payment, PresentVal, Due)

输入参数:

- Rate:贴现率;
- NumPeriods:贴现周期;
- Payment:周期现金流,正表示流入,负表示流出;
- Due:现金流计息方式(0 为周期末付息,1 为周期初付息);
- PresentVal:现金流现值。

输出参数:

- FutureVal:现金流终值。

利用 fvfix 函数计算例 5.2 的终值 FV,其 M 文件 fvfixtest.m 如下:

```
%债券面值
FaceValue = 1000;
%债券付息(面值 * 利率),假设每年付息一次
Payment = 0.05 * FaceValue;
%市场利率
Rate = 0.06;
%到期还本,ExtraPayment 额外现金流为本届
ExtraPayment = FaceValue;
%债券期限为 10 年
NumPeriods = 10;
%每年年末付息,0 为周期末付息
Due = 0;
%调用 pvfix 函数
FutureVal = fvfix(Rate, NumPeriods, Payment, ExtraPayment, Due)
>> FutureVal = 2.4499e + 003
```

注:在实际经济运行中,常常需要现金流匹配(例如,多期投资项目、保险公司等),现金流匹配的计算通常使用现金流贴现方法计算。

5.3 变化现金流计算

在实际项目投资中,每期的现金流可能是变化的,比如投资购买了一套设备,该设备每年

带来收入不是固定的(收入的数量或收入的时间不定),测算投资是否合适。

例 5.3　购买设备 A,花费 8 000 元,设备使用年限 5 年,现金流依次为[-8 000, 2 500, 1 500, 3 000, 1 000, 2 000],如果对于企业来说投资的必要收益率为 8%,该投资是否合适?

通常有两种方法:净现值(NPV)法与内部收益率(IRR)法,净现值法将现金流利用必要收益率贴现计算 NPV 值,若 NPV>0 则可行;否则,不可行。内部收益率法假设 NPV=0 计算必要贴现率,若 IRR 大于必要收益率可行;否则不可行。

参数:CashFlow(CF):现金流;Rate:贴现率。

```
CashFlow = [ - 8000,2500,1500,3000,1000,2000 ], Rate = 0.08
```

净现值(NPV):

$$NPV = \sum_{i=0}^{n} \frac{CF_i}{(1+Rate)^i} \qquad CF_0 = -Invest$$

内部收益率(IRR,公式中用 r 代替):

$$\sum_{i=0}^{n} \frac{CF_i}{(1+r)^i} = 0 \qquad CF_0 = -Invest$$

1. 净现值 NPV 计算函数 pvvar

函数语法:

PresentVal = pvvar(CashFlow, Rate, IrrCFDates)

输入参数:

- CashFlow:现金流序列向量;
- Rate:必要收益率;
- IrrCFDates:可选项,CF 时间,默认为等间隔,例如每年一次。

输出参数:

- PresentVal:现金流现值。

利用 pvvar 函数计算例 5.3 的 NPV,M 文件 pvvarest.m 如下:

```
% 现金流
CashFlow = [ - 8000,2500,1500,3000,1000,2000 ];
% 利率
Rate = 0.08;
% 现金流结构 [日期 + 金额]
IrrCFDates =  ['01/12/2009' % 初始投资 CF0 = - 8000
               '02/14/2010'     % CF1 = 2500
               '03/03/2011'     % CF2 = 1500
               '06/14/2012'     % CF3 = 3000
               '12/01/2013'     % CF4 = 1000
               '12/31/2014' ];  % CF5 = 2000
% 等间隔现金流计算现值
%  PresentVal1 = - 8000 + 2500/1.08 + 1500/1.08^2 + 3000/1.08^3 + 1000/1.08^4 + 2000/1.08^5
PresentVal1  =  pvvar(CashFlow, Rate)
% 时间变化的现金流计算现值
PresentVal2 =  pvvar(CashFlow, Rate, IrrCFDates)
```

```
>> PresentVal1 = 78.5160
PresentVal2 = -172.5356
```

两个结果不同是由于现金流入贴现时间间隔不一致造成的。

2. 内部收益率计算函数 irr

函数语法：

Return = irr(CashFlow)

输入参数：

➢ CashFlow：现金流。

输出参数：

➢ Return：内部收益率。

利用 irr 函数计算例 5.3 的内部收益率，M 文件 irrest.m 如下：

```
%现金流(等间隔)
CashFlow=[-8000,2500,1500,3000,1000,2000];
%调用 irr 函数计算内部收益率
Return = irr(CashFlow)
>> Return = 0.0839
```

计算结果表明，该项目的内部收益率 IRR＝8.39％

5.4 年金现金流计算

年金，国外叫 annuity，并不单是我们理解的企业年金或养老金，而是在定期或不定期的时间内一系列的现金流入或流出。年金终值包括各年存入的本金相加以及各年存入的本金所产生的利息，但是，由于这些本金存入的时间不同，所以所产生的利息也不相同，按揭贷款本质上是年金的一种。

例 5.4 (1)比如投资人贷款 50 万元买房，还款期 20 年，每月还 3 000 元，则贷款利率为多少？(2)若改为每月还 4 000 元，贷款利率不变，则还贷期限为多长？

1. 年金利率函数 annurate

函数语法：

Rate = annurate(NumPeriods, Payment, PresentValue, FutureValue, Due)

输入参数：

➢ NumPeriods：现金流周期；

➢ Payment：现金流收入(支出)；

➢ PresentValue：现金流现值；

➢ FutureValue：现金流终值，默认为 0；

➢ Due：现金流计息方式(0 为周期末付息，1 为周期初付息)。

输出参数：

➢ Rate：利息率(贴现率)。

利用 annurate 函数求解例 5.4 的贷款利率，M 文件 annuratetest.m 如下：

```
%贷款现值
PresentValue = 500000;
%每次还款金额
Payment = 3000;
%还款次数
NumPeriods = 20 * 12;
%现金流终值为 0,即还款完成
FutureValue = 0;
%每周期末还款一次,0 为周期末付息(还款)
Due = 0;
%调用 annurate 计算,贷款利率
Rate = annurate(NumPeriods, Payment, PresentValue, FutureValue, Due)
>> Rate = 0.0032(月利率)
>> 年利率:3.89 %
```

2. 年金周期函数 annuterm

函数语法:

NumPeriods = annuterm(Rate, Payment, PresentValue, FutureValue, Due)

输入参数:

- Rate:利息率(贴现率);
- Payment:现金流收入(支出);
- PresentValue:现金流现值;
- FutureValue:现金流终值,默认为 0;
- Due:现金流计息方式(0 为周期末付息,1 为周期初付息)。

输出参数:

- NumPeriods:现金流周期。

利用 annuterm 函数求解例 4.2 的还贷周期,M 文件 annutermtest. m 如下:

```
%贷款的现值
PresentValue = 500000;
%在 annuterm 函数支出为负数
Payment = - 4000;
%现金流终值为 0,即还款完成
FutureValue = 0;
Due = 0;
%月利率,银行的现行计息方式
Rate = 0.0389/12;
%调用 annuterm 计算还款周期
NumPeriods = annuterm (Rate, Payment, PresentValue,FutureValue,Due)
>> NumPeriods =   160.5303(月) 13.3775(年)
```

注:在 annuterm 函数中 Payment 支出为负数。

5.5 商业按揭贷款分析

"按揭"的通俗意义是指用预购的商品房进行贷款抵押。它是指按揭人将预购的物业产权转让于按揭受益人(银行)作为还款保证,还款后,按揭受益人将物业的产权转让给按揭人。

具体地说,按揭贷款是指购房者以所预购的楼宇作为抵押品而从银行获得贷款,购房者按照按揭契约中规定的归还方式和期限分期付款给银行;银行按一定的利率收取利息。如果贷款人违约,银行有权收走房屋。

5.5.1 按揭贷款还款方式

1. 等额还款

借款人每期以相等的金额偿还贷款,按还款周期逐期归还,在贷款截止日期前偿还全部本息。例如,贷款 30 万元,20 年还款期,每月还款 4 000 元。

2. 等额本金还款

借款人每期须偿还等额本金,同时付清本期应付的贷款利息,而每期归还的本金等于贷款总额除以贷款期数。实际每期还款总额为递减数列。

3. 等额递增还款

借款人每期以等额还款为基础,每次间隔固定期数还款额增加一个固定金额的还款方式(如三年期贷款,每隔 12 个月增加还款 100 元,若第一年每月还款 1 000 元,则第二年每月还款额为 1 100 元,第三年为 1 200 元)。此种还款方式适用于当前收入较低,但收入曲线呈上升趋势的年轻客户。

4. 等额递减还款

借款人每期以等额还款为基础,每次间隔固定期数还款额减少一个固定金额的还款方式(如三年期贷款,每隔 12 个月减少还款 100 元,若第一年每月还款 1 000 元,则第二年每月还款额为 900 元,第三年为 800 元)。此种还款方式适用于当前收入较高,或有一定积蓄可用于还款的客户。

5. 按期付息还款

借款人按期还本,按一间隔期(还本间隔)等额偿还贷款本金,再按另一间隔期(还息间隔)定期结息,如每三个月偿还一次贷款本金,每月偿还贷款利息。此种还款方式适合使用季度、年度奖金进行还款的客户。

6. 到期还本还款

借款人在整个贷款期间不归还任何本金,在贷款到期日一次全部还清贷款本金。贷款利息可按月、按季或到期偿还,也可在贷款到期日一次性偿还。

等额还款与等本金还款是最主要的两种还款方式,其余几种基本上都是从这两种方式的基础上衍生出来的。本节主要对等额还款与等本金还款进行数量分析。

5.5.2 等额还款模型与计算

借款人每期以相等的金额偿还贷款,按还款周期逐期归还,在贷款截止日期前全部还清本息。

参数假设：

- R：月贷款利率；
- B：总借款额；
- MP：月还款额；
- n：还款期。

① 根据月初贷款余额计算该月还款额中的现金流，包括支付的利息和偿还的本金，月还款总额一定。

$$\mathrm{YE}(t+1) = \mathrm{YE}(t) - \mathrm{BJ}(t)$$
$$\mathrm{BJ}(t) = \mathrm{MP} - \mathrm{IR}(t)$$
$$\mathrm{IR}(t) = \mathrm{YE}(t) \times R$$

式中：$\mathrm{YE}(t)$为月初贷款余额；$\mathrm{IR}(t)$ 为月利息偿还额；$\mathrm{BJ}(t)$为月本金偿还额 ；$t=1,\cdots,n$。

② 随着如期缴纳最后一期月供款，贷款全部还清，即 $\mathrm{YE}(n)=0$。

通常情况下，贷款总额与利息是已知的，月还款额与还款期限未定，根据上述等额还款模型，月还款额与还款期限存在着关联关系，即 MP 为合适值时，当 $\mathrm{YE}(1)=B$，计算得到 $\mathrm{YE}(t+1)=\mathrm{YE}(t)-\mathrm{BJ}(t)=0$，最后的还款余额为 0。

在建立上述模型的基础上，通过 MATLAB 编程实现，根据不同还款期限计算还款金额，等额还款模型的 M 程序为 AJfixPayment.m。

F=AJfixPayment(MP,Num,B,Rate)

输入参数：

- MP：每期还款总额；
- Num：还款期数；
- B：贷款总额；
- Rate：贷款利率。

输出参数：

- F：最后贷款余额。

代码如下：

```
function F = AJfixPayment(MP,Num,B,Rate)
% code by ariszheng@gmail.com
% 2009 - 6 - 18
% 初始化相关变量,初始值为 0
IR = zeros(1,Num);
YE = zeros(1,Num);
BJ = zeros(1,Num);
% 第 1 期贷款本金
YE(1) = B;
for i = 1:Num
      % 第 i 期应还利息
      IR(i) = Rate * YE(i);
      % 第 i 期归还的本金 = 第 i 期还款 - 第 i 期利息
      BJ(i) = MP - IR(i);
      % 非最后一次还款
```

```
    if i<Num
    %第i+1期本金=第i期本金-第i期归还的本金
    YE(i+1) = YE(i) - BJ(i);
    end
end
%目标函数
F = B - sum(BJ);
```

注:zeros(1,Num)表示预先设置一个Num维的行零向量(注明零向量很必要,因为最后要用sum函数,不能随便初始化,比如用ones)。

例5.5 假设,贷款50万元,10年还款共120期,年贷款利率5%,若每月还款5 000元,则贷款余额为多少?(月利率为年利率5%除以12。)

测试AJfixPayment函数,testAJfixPayment.m如下:

```
%还款次数
Num = 12 * 10;
%贷款金额
B = 5e5;
%月利率
Rate = 0.05/12;
%每次还款5000元
MP = 5000;
F = AJfixPayment(MP,Num,B,Rate)
>> F =
   4.7093e+004
```

计算结果为4 709.3,即贷款余额为4 709.3元。

使用fsolve函数求出合适的MP值,使得在120次还款后,贷款余额为0(fsolve函数,即求解x,使得$F(x)=0$,求任意贷款余额的方法,即构建$G(x)=F(x)+a$,a为任意正数)。

M文件SolveAJfixPayment.m如下:

```
Num = 12 * 10;
B = 5e5;
Rate = 0.05/12;
%初始搜索值
MPo = 1000;
%调用fsolve函数求解
MP = fsolve(@(MP) AJfixPayment(MP,Num,B,Rate),MPo)
>> Optimization terminated: first-order optimality is less than options.TolFun.
%计算结果
MP =
   5.3033e+003
```

计算结果为5 303.3,即贷款50万元,10年还款共120期,年贷款利率5%,若每月还款5 303.3元,则10年(即还款120期)后贷款余额为0。

注:fsolve是MATLAB最主要求解多变量方程与方程组的函数。

函数语法：

[x,fval,exitflag,output,jacobian] = fsolve(fun,x0,options)

输入参数：

- fun：目标函数，一般用 M 文件形式给出；
- x0：优化算法初始迭代点；
- options：参数设置。

输出参数：

- x：最优点输出（或最后迭代点）；
- fval：最优点（或最后迭代点）对应的函数值；
- exitflag：函数结束信息（具体参见 MATLAB help）；
- output：函数基本信息，包括迭代次数、目标函数最大计算次数、使用的算法名称、计算规模；
- jacobian：Jacobian 矩阵（主要用来判断是否得到有效解）。

点睛： 等额还款模型具有解析解

$$MP = B \times \frac{R \times (1+R)^n}{(1+R)^n - 1}$$

式中：MP 为月还款额；R 为月贷款利率；B 为总借款额；n 为还款期限。代入对应的值（贷款 50 万元，10 年还款共 120 期，年贷款利率 5%），计算出 MP=5 303.3 元。

5.5.3　等额本金还款

借款人每期须偿还等额本金，同时付清本期应付的贷款利息，而每期归还的本金等于贷款总额除以贷款期数。

参数假设：

- R：月贷款利率；
- B：总借款额；
- MB：月还本金；
- n：还款期。

① 根据月初贷款余额计算该月还款额中的现金流，包括支付的利息和偿还的本金，月还本金一定。

$$MB = B/n$$
$$YE(1) = B$$
$$YE(t+1) = YE(t) - MB$$
$$MP(t) = MB + R \times YE(t)$$

其中：YE(t)为月初贷款余额；IR(t) 为月利息偿还额；MP (t)为月还款总额；$t=1,\cdots,n$。

② 随着如期缴纳最后一期月供款，贷款全部还清，即 YE(n)=0。

等额本金还款的计算比较简单，编写模型的 M 程序为 AJvarPayment.m。

MP=AJvarPayment(Num,B,Rate)

输入参数：

- Num：还款期数；

➤ B:贷款总额;

➤ Rate:贷款利率。

输出参数:

➤ MP:每期还款总额。

代码如下:

```
function MP = AJvarPayment(Num,B,Rate)
 % code by ariszheng@gmail.com
 % 2009 - 6 - 18
MP = zeros(1,Num);
YE = zeros(1,Num);
MB = B/Num;
YE = B - cumsum([0,MB * ones(1,Num - 1)]);
MP = MB + Rate * YE;
```

注:"B - cumsum([0,MB * ones(1,Num－1)]);"使用的 cumsum(X)函数是累加函数,若 $X=[1,2,3,4,5,6]$,则 cumsum(X)=[1,3,6,10,15,21]。

例 5.6 假设贷款 50 万元,10 年还款共 120 期,年贷款利率 5%,采用等额本金还款方式则每月还款总额为多少?

M 文件 testAJvarPayment.m 如下:

```
Num = 12 * 10;
B = 5e5;
Rate = 0.05/12;
MP = AJvarPayment(Num,B,Rate)
```

计算结果:

```
MP =
   1.0e + 003 *
   Columns 1 through 14
6.2500    6.2326    6.2153    6.1979    6.1806    6.1632    6.1458    6.1285
6.1111    6.0938    6.0764    6.0590    6.0417    6.0243
   Columns 15 through 28
6.0069    5.9896    5.9722    5.9549    5.9375    5.9201    5.9028    5.8854
5.8681    5.8507    5.8333    5.8160    5.7986    5.7813
   Columns 29 through 42
5.7639    5.7465    5.7292    5.7118    5.6944    5.6771    5.6597    5.6424
5.6250    5.6076    5.5903    5.5729    5.5556    5.5382
   Columns 43 through 56
5.5208    5.5035    5.4861    5.4688    5.4514    5.4340    5.4167    5.3993
5.3819    5.3646    5.3472    5.3299    5.3125    5.2951
   Columns 57 through 70
5.2778    5.2604    5.2431    5.2257    5.2083    5.1910    5.1736    5.1563
5.1389    5.1215    5.1042    5.0868    5.0694    5.0521
   Columns 71 through 84
```

```
5.0347    5.0174    5.0000    4.9826    4.9653    4.9479    4.9306    4.9132
4.8958    4.8785    4.8611    4.8438    4.8264    4.8090
  Columns 85 through 98
4.7917    4.7743    4.7569    4.7396    4.7222    4.7049    4.6875    4.6701
4.6528    4.6354    4.6181    4.6007    4.5833    4.5660
  Columns 99 through 112
4.5486    4.5312    4.5139    4.4965    4.4792    4.4618    4.4444    4.4271
4.4097    4.3924    4.3750    4.3576    4.3403    4.3229
  Columns 113 through 120
4.3056    4.2882    4.2708    4.2535    4.2361    4.2187    4.2014    4.1840
```

结果说明：第一次还款 6 250 元，第二次还款 6 232.6 元……最后一次还款为 4 184 元，如图 5.1 所示。

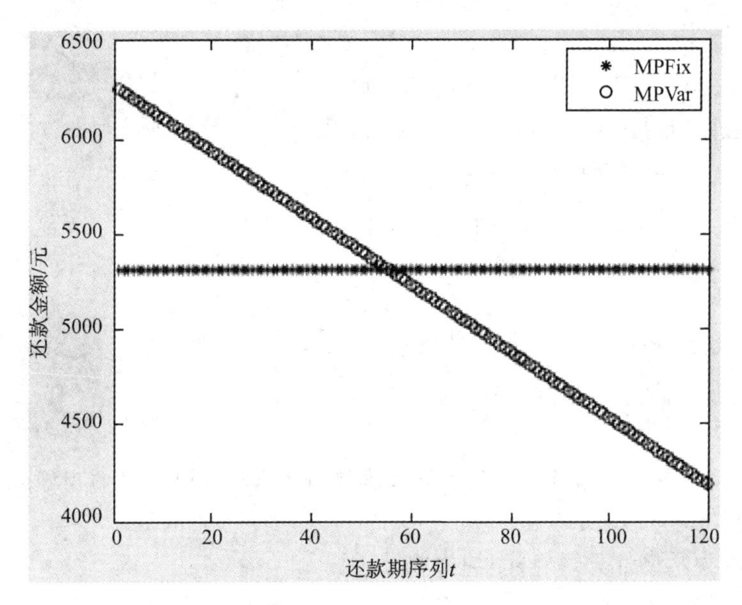

图 5.1　还款额时间序列

5.5.4　还款方式比较

以贷款 50 万元，10 年还款共 120 期，年贷款利率 5% 为例，等额还款方式的还款总额为 636 390 元，等额本金方式的还款总额为 626 040 元，从数量上讲等额本金方式的总还款较少。

但是如果考虑到货币的时间价值，PV(MPFix)＝PV(MPVar)＝500 000 元，两种还款方式的现值都是相等的。

5.5.5　提前还款违约金估算

商业银行的盈利模式之一为吸收存款、放出贷款获得存贷差。以上述案例贷款为例，若贷款 50 万元，10 年还款共 120 期，年贷款利率 5%，采用等额还款方式计算出 MP＝5 303.3 元 。银行的贷款利率为 5%，如果其存款利率为 4%（仅为假设数据），现金流现值的 MATLAB 计算代码如下：

```
RATE = 0.04/12;
N = 10 * 12;
Payment = 5303.3;
pv = pvfix(RATE, N, Payment)
>> pv =
  5.2381e + 005
```

若按4%的年化利率贴现,现值为523 810元,即若不考虑运营成本,银行此笔贷款利润为23 810元。

若在第五年末提前还款,即提前60期还款,每期5 303.3元,贴现率分别为4%、5%,现金流现值的MATLAB计算代码如下:

```
RATE1 = 0.04/12;
RATE2 = 0.05/12;
N = 5 * 12;
Payment = 5303.3;
pv1 = pvfix(RATE1, N, Payment)
pv2 = pvfix(RATE2, N, Payment)
pv1 - pv2
>> pv1 =
   2.8796e + 005
pv2 =
   2.8103e + 005
ans =
6.9386e + 003
```

结果分析:贴现率分别为4%、5%的现金流现值为287 960元、281 030元,提前还款给银行造成的损失为6 938.6元。

以上计算均为示例计算,贴现率均为假设。

注:60期并未把款全部还完,还需在第五年期末把剩余的额度还完,如果存贷款利率不同,最后还款也将给银行带来损失。

5.6 商业养老保险分析

基本养老保险支付能力有国家财政保障,企业补充养老保险的收益受其投资收益的影响,商业养老保险的现金流基本根据保险产品的说明书确定,可使用数量化方法对其进行分析。所以,本节将商业养老保险作为主要对象,进行数量化分析。

目前,我国的养老保险由三个部分组成:

① 基本养老保险。基本养老保险是国家根据法律、法规的规定,强制建立和实施的一种社会保险制度。在这一制度下,用人单位和劳动者必须依法缴纳养老保险费,在劳动者达到国家规定的退休年龄或因其他原因而退出劳动岗位后,社会保险经办机构依法向其支付养老金等待遇,从而保障其基本生活。基本养老保险与失业保险、基本医疗保险、工伤保险、生育保险等共同构成现代社会保险制度,并且是社会保险制度中最重要的险种之一。

② 企业补充养老保险(企业年金)。企业年金源于自由市场经济比较发达的国家,是一种属于企业雇主自愿建立的员工福利计划。企业年金,即由企业退休金计划提供的养老金。其实质是以延期支付方式存在的职工劳动报酬的一部分或者是职工分享企业利润的一部分。

③ 商业养老保险个人储蓄性养老保险。个人储蓄性养老保险是由职工根据个人收入情况自愿参加的一种养老保险形式。个人储蓄性养老保险由职工个人自愿选择经办机构,个人、储蓄性养老保险基金由个人所有。商业养老保险个人储蓄性养老保险的实现方式为购买保险公司提供的保险产品或自行储蓄实现。

5.6.1 商业养老保险案例

以下为某公司养老保险示例(简称产品 A),以此案例进行商业养老保险的现金流分析。

例 5.7 某 30 岁男性,投保养老保险产品 A,10 年交费,基本保险金额 10 万元,60 岁的保单周年日开始领取,按年领取,只要被保险人生存,可以一直领取到 100 周岁的保单周年日,如图 5.2 所示。

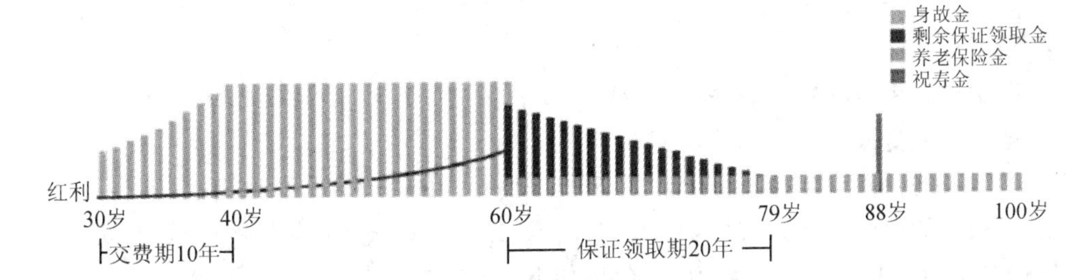

图 5.2　产品非贴现现金流序列(宣传材料)

1. 保费支出

投保人 30 岁到 40 岁 10 年期间,每年交保费 15 940 元。

2. 基本保险利益

① 养老保险金:60 岁开始,每年到达保单周年日可领取养老保险金,一直到 100 周岁的保单周年日被保险人生存,可按表 5.1 领取养老保险金。

表 5.1　养老保险金金额表

领取次数	第 1～3 次	第 4～6 次	……	第 40～41 次
领取金额	10 000 元/次	10 600 元/次	每领取 3 次按保险金额的 0.6%递增,以此类推	17 800 元/次

② 在 20 年的保证领取期内,被保险人身故,领取金额为 234 200 元减去已经领取的金额。

③ 祝寿金:被保险人生存至 88 周岁的保单周年日,领取 10 万元祝寿金。

④ 身故保险金:被保险人于 60 岁的保单周年日前身故,按所交保费与 10 万元之和,同身故当时主险合同的现金价值(不包括因红利分配产生的相关利益)相比较,按较大者领取身故保险金。

3. 产品分红

在养老保险主险合同有效期间内,并且在约定养老金领取年龄的保单周年日前,按照保险监管机关的有关规定,保险公司将根据分红保险业务的实际经营状况确定红利的分配。分红是不确定的,若保险公司确定有红利分配,则该红利将于保单周年日分配给被保险人。

5.6.2 产品结构分析

现金流是个人或企业的现金支出与收入的汇总，商业养老保险本质上根据产品说明书在一定条件下确定现金流的金融产品。

商业养老保险产品构成要素为：

① 投保人的初期保费支出，支出确定；

② 被保人的后期养老金收入，收入确定（收入金额确定，收入期数是寿命的函数）；

③ 被保人获得产品分红，收入不确定；

④ 附加的被保人额外收益，收入不确定（例如祝寿金）。

5.6.3 现金流模型

假设保险公司投资收益率与投保人投资收益率相等为 R，为方便比较将产品的现金流贴现到30岁时进行比较，由于被保人可能获得产品分红，收入不确定，本次分析假定产品分红为零。

模型建立：

① 设贴现利率（保险公司投资收益率）为 R；

② 被保险人身故时期为 X：30～100岁；

③ 投保人的保费支出现值 InPV(X,R)，InPV(X,R)为 R、X 的函数；

④ 被保人的保险金收入现值 OutPV(X,R)，InPV(X,R)为 R、X 的函数。

根据被保险人身故时期年龄为 X，分析如下：

① 若 X 大于30岁小于等于40岁

现金支出为(X－30)次的保费支出 outCF；现金收入为所交保费与10万元之和与身故当时主险合同的现金价值（不包括因红利分配产生的相关利益）的较大者领取的身故保险金，即 max(sum(outCF)＋100 000, PV(outCF))。

② 若 X 大于40岁小于60岁

现金支出为10次的保费支出 outCF；现金收入为所交保费与10万元之和与身故当时主险合同的现金价值（不包括因红利分配产生的相关利益）的较大者领取的身故保险金，即 max(sum(outCF)＋ 100 000,PV(outCF))。

③ 若 X 大于等于60岁小于80岁

现金支出为10次的保费支出 outCF；现金收入为(X－60)次的产品年金 inCF，加上234 200－sum(inCF)。

④ 若 X 大于等于80岁小于88岁

现金支出为10次的保费支出 outCF；现金收入为(X－60)次的产品年金 inCF。

⑤ 若 X 大于等于88岁小于等于100岁

现金支出为10次的保费支出 outCF；现金收入为(X－60)次的产品年金 inCF，加上88岁时领取的10万元祝寿金。

点睛： 由于上述情况中，现金流入或流出的时间不同则时间价值不同，例如在30岁末(31岁初)交的15 940元与在35岁末(36岁初)交的15 940元的价值是不同的。在进行现金流计算的时候必须考虑货币的时间价值。

5.6.4　保险支出现值函数

根据函数计算投保人的保费支出现值，分析编写 InsureOutFlowPV 函数，语法为：

PV＝InsureOutFlowPV(StartPayAge，EndPayAge，DeadAge，OutPayment，Rate)

输入参数：

- StartPayAge：保费支出起始年龄，本案例为 30 岁；
- EndPayAge：保费支出结束年龄，本案例为 40 岁；
- DeadAge：被保险人身故年龄；
- OutPayment：保费支出金额；
- Rate：保费贴现率。

输出函数：

- PV：投保人的保费支出现值。

M 文件 InsureOutFlowPV.m 如下：

```
function PV = InsureOutFlowPV( StartPayAge, EndPayAge, DeadAge, OutPayment, Rate)
 % code by ariszheng@gmail.com
 % 2009 - 6 - 16
 % 如果死亡年龄小于保费支出起始年龄，本案例为 30
if DeadAge<StartPayAge
 % 报错
    error('DeadAge must bigger than StartPayAge')
elseif DeadAge < EndPayAge
    PV = pvfix(Rate, DeadAge - StartPayAge, OutPayment);
else
    PV = pvfix(Rate, EndPayAge - StartPayAge,OutPayment);
End
```

注：根据产品条款将保费支出分成两种情况：被保险人身故年龄大于 30 岁小于等于 40 岁；被保险人身故年龄大于 40 岁。

5.6.5　保险收入现值函数

根据函数计算被保人的保费收入现值，分析编写 InsureInFlowPV 函数，语法为：

PV＝InsureInFlowPV(StartPayAge，DeadAge，OutPayment，Rate)

输入参数：

- StartPayAge：保费支出起始年龄，本案例为 30 岁；
- DeadAge：被保险人身故年龄；
- OutPayment：保费支出金额；
- Rate：保费贴现率。

输出函数：

- PV：被保人的保费收入现值。

M 文件 InsureInFlowPV.m 如下：

```
function PV = InsureInFlowPV(StartPayAge,DeadAge,OutPayment,Rate)
% code by ariszheng@gmail.com
% 2009 - 6 - 15
% InPayment vector
% 支付金额的增长率
temppay = 1:0.06:1.78;
% 矩阵化处理,每三年支付金额增长 0.6 %
temppay = repmat(temppay,3,1);
tempay  = reshape(temppay,1,42);
% 收入初始矩阵
InPayment = zeros(1,100);
InPayment(60:100) = 1e4 * tempay(1:41);
% %
if DeadAge<StartPayAge
    error('DeadAge must bigger than StartPayAge')
elseif StartPayAge <DeadAge & DeadAge< = 40
    PV = max( ((DeadAge - StartPayAge) * OutPayment + 1e5)/...
(1 + Rate)^(DeadAge - StartPayAge),...
        pvfix(Rate, DeadAge - StartPayAge,OutPayment));
elseif 40<DeadAge & DeadAge<60
    PV = max( (10 * OutPayment + 1e5)/(1 + Rate)^(DeadAge - StartPayAge),...
        pvfix(Rate,10,OutPayment));
elseif 60< = DeadAge & DeadAge<80
    PV = pvvar(InPayment(60:DeadAge),Rate)/(1 + Rate)^30 + ...
        max(0,(234200 - sum(InPayment(60:DeadAge))))/ ...
(1 + Rate)^(DeadAge - 30);
elseif  80< = DeadAge & DeadAge<88
    PV = pvvar(InPayment(60:DeadAge),Rate)/(1 + Rate)^30;
else
    PV = pvvar(InPayment(60:DeadAge),Rate)/(1 + Rate)^30 + 1e5/(1 + Rate)^58;
end
```

注:程序中 repmat、reshape 函数,请参考 help 文档,根据产品条款将保费支出分成五种情况:被保险人身故年龄大于 30 岁小于等于 40 岁;被保险人身故年龄大于 40 岁小于 60 岁;被保险人身故年龄大于等于 60 岁小于 80 岁;被保险人身故年龄大于等于 80 岁小于 88 岁;被保险人身故年龄大于等于 88 岁。

5.6.6 案例数值分析

由于商业养老保险产品期限为几十年,而且案例分析中使用的是复利的贴现方法,致使产品的现金流现值对贴现率极为敏感。

假设贴现利率为 3%时的分析程序 R3test.m 如下:

```
StartPayAge = 30;
EndPayAge = 40;
OutPayment = 15940;
```

```
Rate = 0.03;
% PV = InsureOutFlowPV(StartPayAge,EndPayAge,DeadAge,OutPayment,Rate)
% %
% DeadAge = [35,45,61,75,89,95];
% 假设情景,死亡年龄为 31,32,33,……100
DeadAge = 31:100;
% 保险收入现金流
PVI = zeros(1,length(DeadAge));
% 保险支出现金流
PVO = zeros(1,length(DeadAge));
% 根据每种情景分别计算
for i = 1:length(DeadAge)
    PVI(i) = InsureInFlowPV(StartPayAge,DeadAge(i),OutPayment,Rate);
    PVO(i) = InsureOutFlowPV(StartPayAge,EndPayAge,DeadAge(i),...
OutPayment,Rate)
End
% 画图比较,现金流的支出与收入
plot(31:100,PVI,'- * ',31:100,PVO,'- o')
% 标记线形
legend('InsureInFlowPV','InsureOutFlowPV')
```

结果图形如图 5.3 所示。

假设贴现利率为 2%时的结果图形如图 5.4 所示。

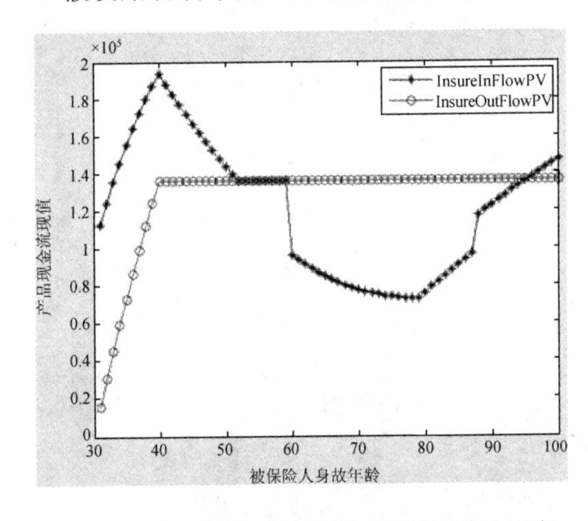

图 5.3　产品的现金流现值情景分析图(利率为 3%)

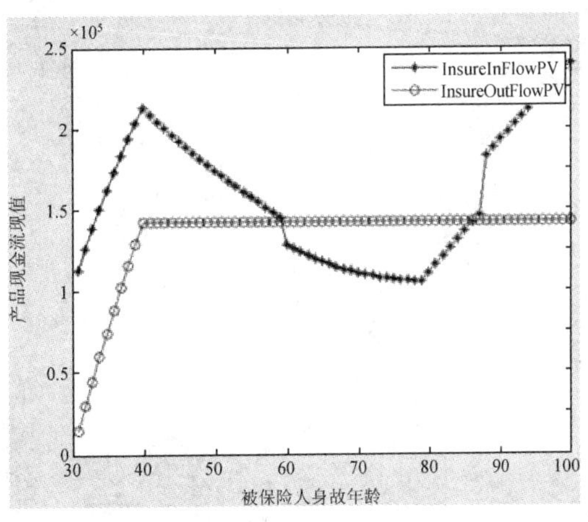

图 5.4　产品的现金流现值情景分析图(利率为 2%)

5.6.7　案例分析结果

如果在没有额外分红的情况下,贴现率为 3%时,投保人的保费支出现值与被保人的保费收入现值关系如图 5.3 所示;贴现率为 2%时,投保人的保费支出现值与被保人的保费收入现值关系如图 5.4 所示。

从图 5.3 可以分析出若被保险人在 60～88 岁间身故,则投保人与被保人的净收入现值

(净收入现值＝被保人的保费收入现值－投保人的保费支出现值)为负值,从图 5.4 可以分析出,保险人同样在 60~88 岁间身故,投保人与被保人的净收入现值仍为负值。

点睛: 保险的本质是分散风险,并不额外创造超额收益。保险公司作为商业养老保险的管理与销售机构,其经营目标为风险中性且有管理费收入需求,保险产品的风险需要在投保人之间进行分配,在贴现利率一定的前提下,购买养老保险的所有投资者的净收入现值之和为零,所以在购买养老保险的投资者中必将有部分投资者的净收入现值为负。

保险公司给出的现金流图形(图 5.2)未考虑到现金的时间价值,从简单的计算分析,10 年期间每年交 15 940 元,共 159 400 元,假设 60 岁开始每年领取 10 000 元,则可以领取到 75 岁。如果考虑到人类的生命周期表,预计 75 岁左右的死亡率较高。

在挑选保险产品时,可以将同一产品不同投保年龄,或者不同公司的同类产品进行净现金流比较,选择净收入现值最大产品。

注: 保险公司的大病保险、医疗保险的合同约定更为复杂,致使保险产品现金流可能出现情况较为复杂。保险合同中,例如类似在什么样情况下做出什么样的赔偿的条款,本质上是内嵌式的期权。

第 6 章

随机模拟——概率分布与随机数

在金融中很多问题由于没有解析的数学方程或概率密度函数，再考虑到市场行情的变化莫测，风险（即未来的不确定性）无处不在。度量风险的主要方法之一便是随机模拟，例如期权定价、风险价值的计算等。本章主要介绍概率分布、随机数生成、随机收益率与价格序列的生成等。

6.1 概率分布

6.1.1 概率分布的定义

设 X 为一随机变量，对任意实数 x，定义

$$F(x) = P(X \leqslant x)$$

为 X 的**分布函数**。根据随机变量取值的特点，随机变量分为离散型和连续型两种。

若 X 为离散随机变量，其可能的取值为 $x_1, x_2, \cdots, x_n, \cdots$，称 $P(X = x_i), i = 1,2,\cdots,n,\cdots$ 为 X 的**概率函数**（也称为**分布列**）。定义 $\mathrm{E}(X) = \sum\limits_i x_i P(X = x_i)$（若存在）为 X 的**数学期望**（也称**均值**）。

若随机变量 X 的分布函数可以表示为一个非负函数 $f(x)$ 的积分，即 $F(x) = \int_{-\infty}^{x} f(x)\mathrm{d}x$，则称 X 为连续型随机变量，称 $f(x)$ 为 X 的**概率密度函数**（简称**密度函数**）。定义 $\mathrm{E}(X) = \int_{-\infty}^{+\infty} f(x)\mathrm{d}x$（若存在）为 X 的数学期望。

定义 $\mathrm{var}(X) = \mathrm{E}\{[X - \mathrm{E}(X)]^2\}$（若存在）为随机变量 X 的**方差**。

6.1.2 几种常用概率分布

1. 二项分布

若随机变量 X 的概率函数为

$$P(X = k) = C_n^k p^k (1-p)^{n-k} \qquad k = 0,1,\cdots,n, \quad 0 < p < 1$$

则称 X 服从二项分布，记为 $X \sim B(n,p)$。其期望 $\mathrm{E}(X) = np$，方差 $\mathrm{var}(X) = np(1-p)$。

这样一个实例就对应了一个二项分布，在 n 次独立重复试验中，若每次试验仅有两个结果，记为事件 A 和 $\overline{A}$（A 的对立事件），设 A 发生的概率为 p，n 次试验中 A 发生的次数为 X，则 $X \sim B(n,p)$。

2. 泊松分布

若随机变量 X 的概率函数为

$$P(X = k) = \frac{\lambda^k \mathrm{e}^{-\lambda}}{k!} \qquad k = 0,1,2,\cdots, \quad \lambda > 0$$

则称 X 服从参数为 λ 的泊松分布，记为 $X \sim P(\lambda)$。其期望 $E(X) = \lambda$，方差 $var(X) = \lambda$。

在生物学、医学、工业统计、保险科学及公用事业的排队等问题中，泊松分布是常见的。例如纺织厂生产的一批布匹上的疵点个数、电话总机在一段时间内收到的呼唤次数等都服从泊松分布。

3. 离散均匀分布

若随机变量 X 的概率函数为

$$P(X = x_i) = \frac{1}{n} \qquad i = 1,2,\cdots,n$$

则称 X 服从离散的均匀分布。

4. 连续均匀分布

若随机变量 X 的概率密度函数为

$$f(x) = \begin{cases} \dfrac{1}{b-a} & a \leqslant x \leqslant b \\ 0 & \text{其他} \end{cases}$$

则称 X 服从区间 $[a,b]$ 上的连续均匀分布，记为 $X \sim U(a,b)$。其期望 $E(X) = \dfrac{a+b}{2}$，方差 $var(X) = \dfrac{(b-a)^2}{12}$。

通常四舍五入取整所产生的误差服从 $(-0.5,0.5)$ 上的均匀分布。在未指明分布的情况下，常说的随机数是指 $[0,1]$ 上的均匀分布随机数。

5. 指数分布

若随机变量 X 的概率密度函数为

$$f(x) = \begin{cases} \dfrac{1}{\lambda}e^{-\frac{x}{\lambda}} & x > 0 \\ 0 & x \leqslant 0 \end{cases}$$

式中：$\lambda > 0$ 为参数，则称 X 服从指数分布，记为 $X \sim Exp(\lambda)$。其期望 $E(X) = \lambda$，方差 $var(X) = \lambda^2$。

某些元件或设备的寿命服从指数分布。例如无线电元件的寿命、电力设备的寿命、动物的寿命等都服从指数分布。

6. 正态分布

若随机变量 X 的概率密度函数为

$$f(x) = \frac{1}{\sqrt{2\pi}\sigma}e^{-\frac{(x-\mu)^2}{2\sigma^2}} \qquad -\infty < x < +\infty$$

式中：$\sigma > 0$，μ 为分布的参数，则称 X 服从正态分布，记为 $X \sim N(\mu,\sigma^2)$。其期望 $E(X) = \mu$，方差 $var(X) = \sigma^2$。特别地，当 $\mu = 0$，$\sigma = 1$ 时，称 X 服从标准正态分布，记为 $X \sim N(0,1)$。

正态分布是最重要最为常见的一种分布，自然界中的很多随机现象都对应着正态分布，例如考试成绩近似服从正态分布，人的身高、体重、产品的尺寸等均近似服从正态分布。

正态分布具有以下几个重要特征：

① 密度函数关于 $x = \mu$ 对称，呈现出中间高、两边低的现象，在 $x = \mu$ 处取得最大值，如图 6.1所示。

② 当 μ 的取值变动时，密度函数图像沿 x 轴平移，当 σ 的取值变大或变小时，密度函数图像变得平缓或陡峭。

③ 若 $X \sim N(\mu,\sigma^2)$ ，则

$$X^* = \frac{X-\mu}{\sigma} \sim N(0,1)$$

$$F(x) = \Phi\left(\frac{x-\mu}{\sigma}\right)$$

这里 $F(x)$ 为 X 的分布函数，$\Phi(x)$ 为标准正态分布的分布函数，在一般的概率论与数理统计课本中都提供 $\Phi(x)$ 的函数值表。

7. χ^2（卡方）分布

设随机变量 $X_1, X_2, \cdots, X_n$ 相互独立，且均服从 $N(0,1)$ 分布，则称随机变量 $\chi^2 = \sum_{i=1}^{n} X_i^2$ 所服从的分布是自由度为 n 的 χ^2 分布，记作 $\chi^2 \sim \chi^2(n)$。卡方分布的密度函数图像如图 6.2 所示。

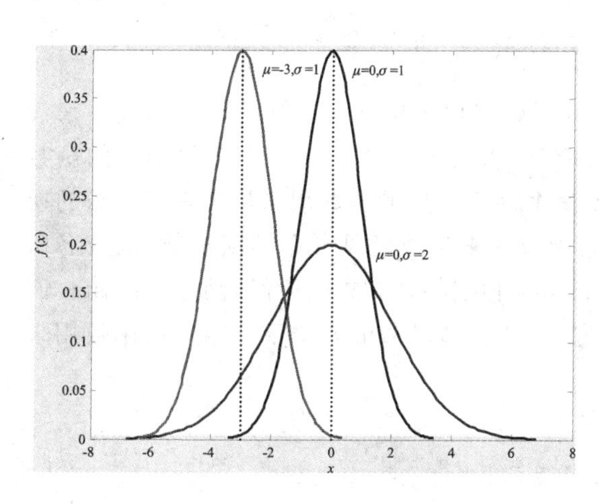

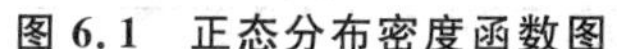
图 6.1　正态分布密度函数图

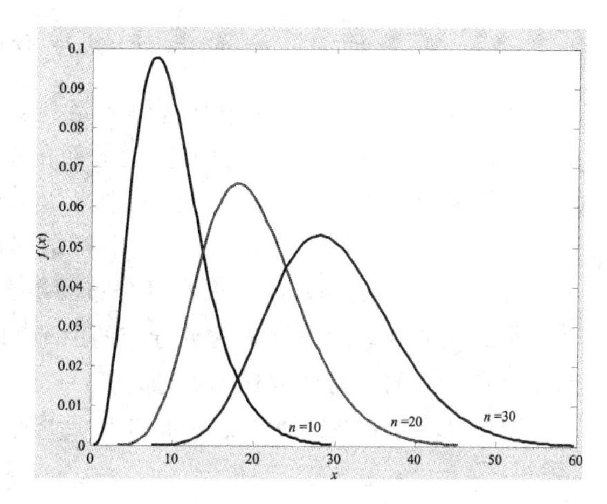

图 6.2　卡方分布密度函数图

8. t 分布

设随机变量 X 与 Y 相互独立，X 服从 $N(0,1)$ 分布，Y 服从自由度为 n 的 χ^2 分布，则称随机变量 $t = \frac{X}{\sqrt{Y/n}}$ 所服从的分布是自由度为 n 的 t 分布，记作 $t \sim t(n)$ 。t 分布的密度函数图像如图 6.3 所示。

9. F 分布

设随机变量 X 与 Y 相互独立，分别服从自由度为 n_1 与 n_2 的 χ^2 分布，则称随机变量 $F = \frac{X/n_1}{Y/n_2}$ 所服从的分布是自由度为 (n_1, n_2) 的 F 分布，记作 $F \sim F(n_1, n_2)$ 。其中 n_1 称为第一自由度，n_2 称为第二自由度。F 分布的密度函数图像如图 6.4 所示。

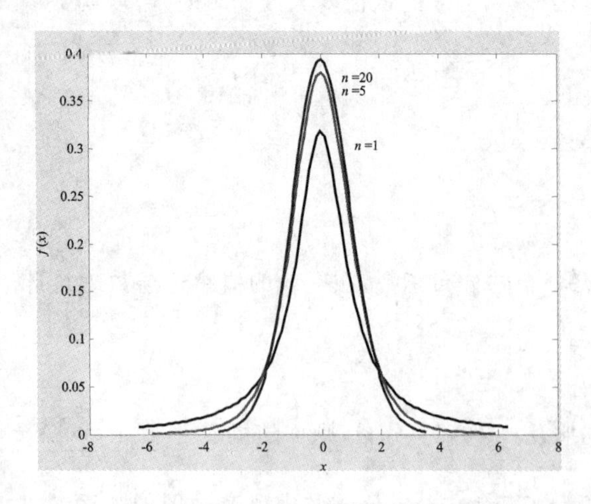

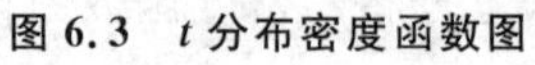
图 6.3 t 分布密度函数图

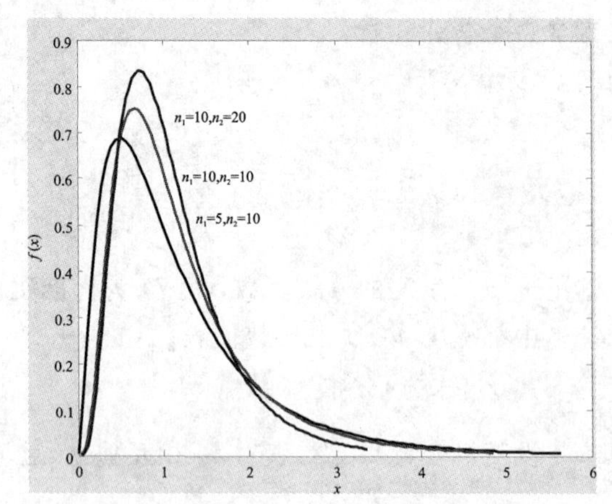

图 6.4 F 分布密度函数图

6.1.3 概率密度、分布和逆概率分布函数值的计算

MATLAB统计工具箱中有这样一系列函数,函数名以 pdf 三个字符结尾的函数用来计算常见连续分布的密度函数值或离散分布的概率函数值;函数名以 cdf 三个字符结尾的函数用来计算常见分布的分布函数值;函数名以 inv 三个字符结尾的函数用来计算常见分布的逆概率分布函数值;函数名以 rnd 三个字符结尾的函数用来生成常见分布的随机数;函数名以 fit 三个字符结尾的函数用来求常见分布的参数的最大似然估计和置信区间;函数名以 stat 四个字符结尾的函数用来计算常见分布的期望和方差;函数名以 like 四个字符结尾的函数用来计算常见分布的负对数似然函数值。

MATLAB 中提到的常见分布如表 6.1 所列。

表 6.1 常见分布列表

离散分布	连续分布		
二项分布(bino)	正态分布(norm)	t 分布(t)	威布尔分布(wbl)
负二项分布(nbin)	对数正态分布(logn)	非中心 t 分布(nct)	瑞利分布(rayl)
几何分布(geo)	多元正态分布(mvn)	多元 t 分布(mvt)	极值分布(ev)
超几何分布(hyge)	连续均匀分布(unif)	F 分布(F)	广义极值分布(gev)
泊松分布(poiss)	指数分布(exp)	非中心 F 分布(ncf)	广义 Pareto 分布(gp)
离散均匀分布(unid)	卡方分布(chi2)	β 分布(beta)	
多项分布(mn)	非中心卡方分布(ncx2)	Γ 分布(gam)	

在表 6.1 中列出了一些常见分布名,其英文缩写的后面分别加上 pdf、cdf、inv,就可得到计算对应分布的概率密度、分布和逆概率分布函数值的 MATLAB 函数,如表 6.2 所列。

表 6.2 计算概率密度、分布和逆概率分布函数值的 MATLAB 函数列表

概率密度函数		分布函数		逆概率分布函数	
函数名	调用方式	函数名	调用方式	函数名	调用方式
betapdf	Y = betapdf(X,A,B)	betacdf	p = betacdf(X,A,B)	betainv	X = betainv(P,A,B)
binopdf	Y = binopdf(X,N,P)	binocdf	Y = binocdf(X,N,P)	binoinv	X = binoinv(Y,N,P)
chi2pdf	Y = chi2pdf(X,V)	chi2cdf	P = chi2cdf(X,V)	chi2inv	X = chi2inv(P,V)
evpdf	Y = evpdf(X,mu,sigma)	evcdf	P = evcdf(X,mu,sigma)	evinv	X = evinv(P,mu,sigma)
exppdf	Y = exppdf(X,mu)	expcdf	P = expcdf(X,mu)	expinv	X = expinv(P,mu)
fpdf	Y = fpdf(X,V1,V2)	fcdf	P = fcdf(X,V1,V2)	finv	X = finv(P,V1,V2)
gampdf	Y = gampdf(X,A,B)	gamcdf	gamcdf(X,A,B)	gaminv	X = gaminv(P,A,B)
geopdf	Y = geopdf(X,P)	geocdf	Y = geocdf(X,P)	geoinv	X = geoinv(Y,P)
gevpdf	Y = gevpdf(X,K,sigma,mu)	gevcdf	P = gevcdf(X,K,sigma,mu)	gevinv	X = gevinv(P,K,sigma,mu)
gppdf	P = gppdf(X,K,sigma,theta)	gpcdf	P = gpcdf(X,K,sigma,theta)	gpinv	X = gpinv(P,K,sigma,theta)
hygepdf	Y = hygepdf(X,M,K,N)	hygecdf	hygecdf(X,M,K,N)	hygeinv	hygeinv(P,M,K,N)
lognpdf	Y = lognpdf(X,mu,sigma)	logncdf	P = logncdf(X,mu,sigma)	logninv	X = logninv(P,mu,sigma)
mnpdf	Y = mnpdf(X,PROB)				
mvnpdf	y = mvnpdf(X) y = mvnpdf(X,MU) y = mvnpdf(X,MU,SIGMA)	mvncdf	y = mvncdf(X) y = mvncdf(X,mu,SIGMA) y = mvncdf(xl,xu,mu,SIGMA)		
mvtpdf	y = mvtpdf(X,C,df)	mvtcdf	y = mvtcdf(X,C,DF) y = mvtcdf(xl,xu,C,DF)		
nbinpdf	Y = nbinpdf(X,R,P)	nbincdf	Y = nbincdf(X,R,P)	nbininv	X = nbininv(Y,R,P)
ncfpdf	Y = ncfpdf(X,NU1,NU2,DELTA)	ncfcdf	P = ncfcdf(X,NU1,NU2,DELTA)	ncfinv	X = ncfinv(P,NU1,NU2,DELTA)
nctpdf	Y = nctpdf(X,V,DELTA)	nctcdf	P = nctcdf(X,NU,DELTA)	nctinv	X = nctinv(P,NU,DELTA)
ncx2pdf	Y = ncx2pdf(X,V,DELTA)	ncx2cdf	P = ncx2cdf(X,V,DELTA)	ncx2inv	X = ncx2inv(P,V,DELTA)
normpdf	Y = normpdf(X,mu,sigma)	normcdf	P = normcdf(X,mu,sigma)	norminv	X = norminv(P,mu,sigma)
poisspdf	Y = poisspdf(X,lambda)	poisscdf	P = poisscdf(X,lambda)	poissinv	X = poissinv(P,lambda)
raylpdf	Y = raylpdf(X,B)	raylcdf	P = raylcdf(X,B)	raylinv	X = raylinv(P,B)
tpdf	Y = tpdf(X,V)	tcdf	P = tcdf(X,V)	tinv	X = tinv(P,V)
unidpdf	Y = unidpdf(X,N)	unidcdf	P = unidcdf(X,N)	unidinv	X = unidinv(P,N)
unifpdf	Y = unifpdf(X,A,B)	unifcdf	P = unifcdf(X,A,B)	unifinv	X = unifinv(P,A,B)
wblpdf	Y = wblpdf(X,A,B)	wblcdf	P = wblcdf(X,A,B)	wblinv	X = wblinv(P,A,B)

MATLAB 中还提供了 pdf、cdf 和 icdf 三个公共函数,如表 6.3 所列,它们分别通过调用表 6.2 中的其他函数来计算常见分布的概率密度、分布和逆概率分布函数值。

表 6.3 计算概率密度、分布和逆概率分布函数值的公用函数

密度函数		分布函数		逆概率分布函数	
函数名	调用方式	函数名	调用方式	函数名	调用方式
pdf	Y = pdf(name,X,A) Y = pdf(name,X,A,B) Y = pdf(name,X,A,B,C)	cdf	Y = cdf(name,X,A) Y = cdf(name,X,A,B) Y = cdf(name,X,A,B,C)	icdf	Y = icdf(name,X,A) Y = icdf(name,X,A,B) Y = icdf(name,X,A,B,C)

表 6.2 中的部分函数有多种调用方式,表中只列了一种。另外,限于篇幅没有对各个函数的调用方式作出说明,读者可以参考例 6.1。

例 6.1 求均值为 1.234 5,标准差(方差的算术平方根)为 6 的正态分布在 $x=0,1,2,\cdots,10$ 处的密度函数值与分布函数值。

```
>> x = 0:10;     %产生一个向量
>> Y = normpdf(x, 1.2345, 6)     %求密度函数值

Y =

    0.0651 0.0664 0.0660 0.0637 0.0598 0.0546 0.0485 0.0419 0.0352 0.0288 0.0229

>> P = normcdf(x, 1.2345, 6)     %求分布函数值

P =

    0.4185 0.4844 0.5508 0.6157 0.6776 0.7349 0.7865 0.8317 0.8703 0.9022 0.9280
```

例 6.2 求标准正态分布、t 分布、χ^2 分布和 F 分布的上侧分位数:

① 标准正态分布的上侧 0.05 分位数 $u_{0.05}$;

② 自由度为 50 的 t 分布的上侧 0.05 分位数 $t_{0.05}(50)$;

③ 自由度为 8 的 χ^2 分布的上侧 0.025 分位数 $\chi^2_{0.025}(8)$;

④ 第一自由度为 7,第二自由度为 13 的 F 分布的上侧 0.01 分位数 $F_{0.01}(7,13)$;

⑤ 第一自由度为 13,第二自由度为 7 的 F 分布的上侧 0.99 分位数 $F_{0.99}(13,7)$。

这里先对上侧分位数的概念作一点说明,设随机变量 $\chi^2 \sim \chi^2(n)$,对于给定的 $0<\alpha<1$,称满足 $P(\chi^2 \geqslant \chi^2_\alpha)=\alpha$ 的数 χ^2_α 为 $\chi^2(n)$ 分布的上侧 α 分位数。其他分布的上侧分位数的定义与之类似。利用逆概率分布函数可以求上侧分位数,示例的程序及结果如下。

```
>> u = norminv(1 - 0.05, 0, 1)

u =

    1.6449

>> t = tinv(1 - 0.05, 50)

t =
```

```
    1.6759

 >> chi2 = chi2inv(1 - 0.025, 8)

chi2 =

   17.5345

 >> f1 = finv(1 - 0.01, 7, 13)

f1 =

    4.4410

 >> f2 = finv(1 - 0.99, 13, 7)

f2 =

    0.2252
```

从上面的结果可以验证 F 分布的分位数满足的性质：$F_\alpha(k_1,k_2)=\dfrac{1}{F_{1-\alpha}(k_2,k_1)}$。

6.2　随机数与蒙特卡罗模拟

6.2.1　随机数的生成

MATLAB 统计工具箱中函数名以 rnd 三个字符结尾的函数用来生成常见分布的随机数，如表 6.4 所列。

表 6.4　生成常见一元分布随机数的 MATLAB 函数

函数名	分　布	调用方式		
		方式一	方式二	方式三
betarnd	Beta 分布	R = betarnd(A,B)	R = betarnd(A,B,v)	R = betarnd(A,B,m,n)
binornd	二项分布	R = binornd(N,P)	R = binornd(N,P,v)	R = binornd(N,p,m,n)
chi2rnd	卡方分布	R = chi2rnd(V)	R = chi2rnd(V,u)	R = chi2rnd(V,m,n)
evrnd	极值分布	R = evrnd(mu,sigma)	R = evrnd(mu,sigma,v)	R = evrnd(mu,sigma,m,n)
exprnd	指数分布	R = exprnd(mu)	R = exprnd(mu,v)	R = exprnd(mu,m,n)
frnd	F 分布	R = frnd(V1,V2)	R = frnd(V1,V2,v)	R = frnd(V1,V2,m,n)
gamrnd	Gamma 分布	R = gamrnd(A,B)	R = gamrnd(A,B,v)	R = gamrnd(A,B,m,n)
geornd	几何分布	R = geornd(P)	R = geornd(P,v)	R = geornd(P,m,n)
gevrnd	广义极值分布	R = gevrnd(K, sigma, mu)	R = gevrnd(K,sigma,mu,M,N,…) R = gevrnd(K,sigma,mu,[M,N,…])	
gprnd	广义 Pareto 分布	R = gprnd(K, sigma, theta)	R = gprnd(K,sigma,theta,M,N,…) R = gprnd(K,sigma,theta,[M,N,…])	
hygernd	超几何分布	R = hygernd(M,K,N)	R = hygernd(M,K,N,v)	R = hygernd(M,K,N,m,n)

续表 6.4

函数名	分 布	调用方式		
		方式一	方式二	方式三
johnsrnd	Johnson 系统	r = johnsrnd(quantiles,m,n)	r = johnsrnd(quantiles)	[r,type] = johnsrnd(…)
lognrnd	对数正态分布	R = lognrnd(mu,sigma)	R = lognrnd(mu,sigma,v)	R= lognrnd(mu,sigma,m,n)
nbinrnd	负二项分布	RND = nbinrnd(R,P)	RND = nbinrnd(R,P,m)	RND = nbinrnd(R,P,m,n)
ncfrnd	非中心 F 分布	R = ncfrnd(NU1,NU2,DELTA)	R = ncfrnd(NU1,NU2,DELTA,v)	R = ncfrnd(NU1,NU2,DELTA,m,n)
nctrnd	非中心 t 分布	R = nctrnd(V,DELTA)	R = nctrnd(V,DELTA,v)	R = nctrnd(V,DELTA,m,n)
ncx2rnd	非中心卡方分布	R = ncx2rnd(V,DELTA)	R = ncx2rnd(V,DELTA,v)	R = ncx2rnd(V,DELTA,m,n)
normrnd	正态分布	R = normrnd(mu,sigma)	R = normrnd(mu,sigma,v)	R = normrnd(mu,sigma,m,n)
pearsrnd	Pearson 系统	r = pearsrnd(mu,sigma,skew,kurt,m,n)		[r,type] = pearsrnd(…)
poissrnd	泊松分布	R = poissrnd(lambda)	R = poissrnd(lambda,m)	R = poissrnd(lambda,m,n)
randg	尺度参数和形状参数均为 1 的 Gamma 分布	Y = randg Y = randg(A)	Y = randg(A,m) Y = randg(A,m,n,…)	Y = randg(A,[m,n,…])
randsample	从有限总体中随机抽样	y = randsample(n,k)	y = randsample(population,k)	y=randsample(…,replace) y=randsample(…,true,w)
raylrnd	瑞利分布	R = raylrnd(B)	R = raylrnd(B,v)	R = raylrnd(B,m,n)
trnd	t 分布	R = trnd(V)	R = trnd(v,m)	R = trnd(V,m,n)
unidrnd	离散均匀分布	R = unidrnd(N)	R = unidrnd(N,v)	R = unidrnd(N,m,n)
unifrnd	连续均匀分布	R = unifrnd(A,B)	R = unifrnd(A,B,m,n,…)	R = unifrnd(A,B,[m,n,…])
wblrnd	Weibull 分布	R = wblrnd(A,B)	R = wblrnd(A,B,v)	R = wblrnd(A,B,m,n)
random	指定分布	Y = random(name,A)	Y = random(name,A,B) Y = random(name,A,B,C)	Y = random(…,m,n,…) Y = random(…,[m,n,…])

以上函数直接或间接调用了 rand 函数或 randn 函数。下面以案例形式介绍 normrnd 和 random 函数的用法。

例 6.3 调用 normrnd 函数生成 1 000×3 的正态分布随机数矩阵,其中均值 $\mu = 75$,标准差 $\sigma = 8$,并作出各列的频数直方图。

代码如下:

```
% 调用 normrnd 函数生成 1000 行 3 列的随机数矩阵 x,其元素服从均值为 75,标准差为 8 的正态分布
>> x = normrnd(75, 8, 1000, 3);
>> hist(x)      % 绘制矩阵 x 每列的频数直方图
>> xlabel('正态分布随机数(\mu = 75,  \sigma = 8)');       % 为 X 轴加标签
>> ylabel('频数');           % 为 Y 轴加标签
>> legend('第一列','第二列','第三列')      % 为图形加标注框
```

以上命令生成的随机数矩阵比较长,此处略去,作出的频数直方图如图 6.5 所示。

例 6.4　调用 normrnd 函数生成 1 000×3 的正态分布随机数矩阵,其中各列均值 μ 分别为 0、15、40,标准差 σ 分别为 1、2、3,并作出各列的频数直方图。

代码如下:

```
% 调用 normrnd 函数生成 1000 行 3 列的随机数矩阵 x,其各列元素分别服从不同的正态分布
>> x = normrnd(repmat([0 15 40], 1000, 1), repmat([1 2 3], 1000, 1), 1000, 3);
>> hist(x, 50)     % 绘制矩阵 x 每列的频数直方图
>> xlabel('正态分布随机数');       % 为 X 轴加标签
>> ylabel('频数');           % 为 Y 轴加标签
% 为图形加标注框
>> legend('\mu = 0,  \sigma = 1','\mu = 15,  \sigma = 2','\mu = 40,  \sigma = 3')
```

以上命令生成的随机数矩阵略去,作出的频数直方图如图 6.6 所示。

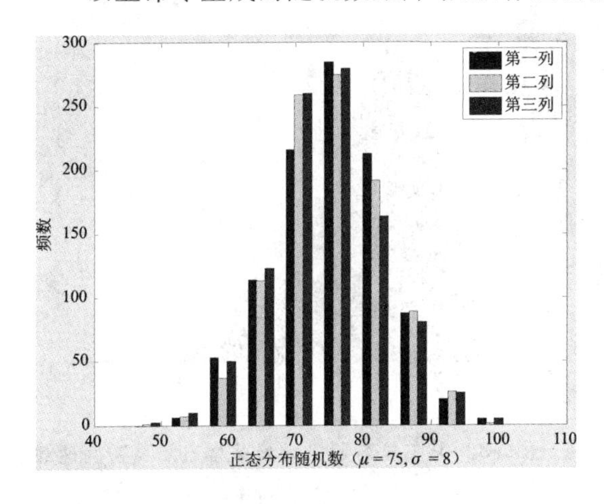

图 6.5　正态分布随机数频数直方图(一)

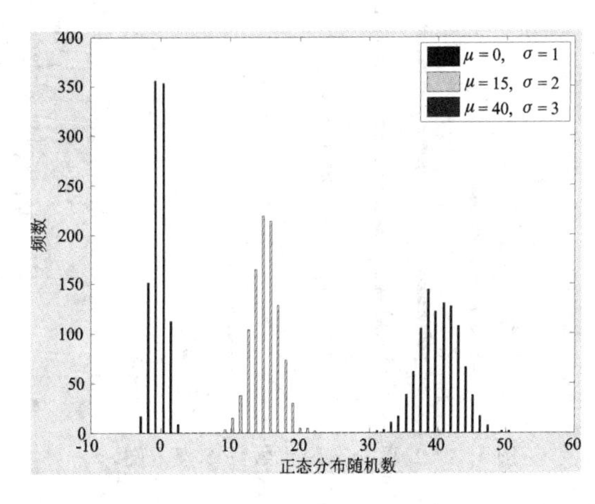

图 6.6　正态分布随机数频数直方图(二)

例 6.5　调用 random 函数生成 10 000×1 的二项分布随机数向量,然后作出频率直方图。其中二项分布的参数为 $n = 10$, $p = 0.3$ 。

```
% 调用 random 函数生成 10000 行 1 列的随机数向量 x,其元素服从二项分布 B(10,0.3)
>> x = random('bino', 10, 0.3, 10000, 1);
>> [fp, xp] = ecdf(x);      % 计算经验累积概率分布函数值
>> ecdfhist(fp, xp, 50);      % 绘制频率直方图
>> xlabel('二项分布(n = 10, p = 0.3)随机数');      % 为 X 轴加标签
>> ylabel('f(x)');          % 为 Y 轴加标签
```

以上命令生成的随机数略去,作出的频率直方图如图 6.7 所示。

例 6.6 调用 random 函数生成 10000×1 的卡方分布随机数向量,然后作出频率直方图,并与自由度为 10 的卡方分布的密度函数曲线作比较。其中卡方分布的参数(自由度)n 为 10。

```
% 调用 random 函数生成 10000 行 1 列的随机数向量 x,其元素服从自由度为 10 的卡方分布
>> x = random('chi2', 10, 10000, 1);
>> [fp, xp] = ecdf(x);                    % 计算经验累积概率分布函数值
>> ecdfhist(fp, xp, 50);                  % 绘制频率直方图
>> hold on
>> t = linspace(0, max(x), 100);          % 等间隔产生一个从 0 到 max(x)共 100 个元素的向量
>> y = chi2pdf(t, 10);      % 计算自由度为 10 的卡方分布在 t 中各点处的概率密度函数值
% 绘制自由度为 10 的卡方分布的概率密度函数曲线图,线条颜色为红色,线宽为 3
>> plot(t, y, 'r', 'linewidth', 3)
>> xlabel('x   ( \chi^2(10) )');          % 为 X 轴加标签
>> ylabel('f(x)');                        % 为 Y 轴加标签
>> legend('频率直方图','密度函数曲线')%为图形加标注框
```

以上命令生成的随机数略去,做出的频率直方图及自由度为 10 的卡方分布的密度函数曲线如图 6.8 所示。从图中可以看出,由 random 函数生成的卡方分布随机数的频率直方图与真正的卡方分布密度曲线附和得很好。

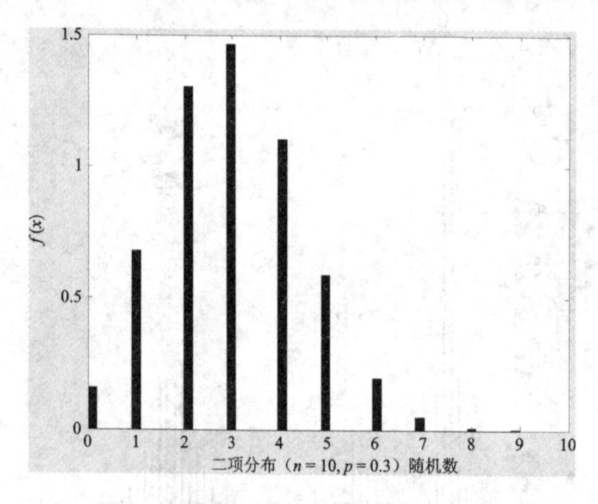

图 6.7 二项分布随机数频率直方图

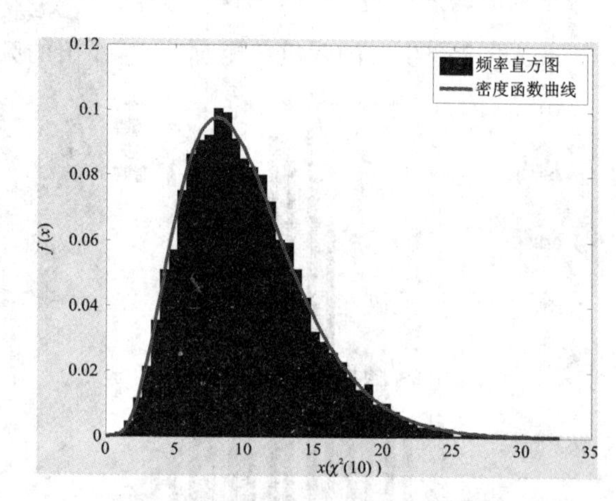

图 6.8 卡方分布随机数频率直方图及密度曲线

6.2.2 蒙特卡罗模拟

20 世纪 40 年代,美国在第二次世界大战中研制原子弹的"曼哈顿计划"成员 S. M. 乌拉姆和 J. 冯·诺伊曼首先提出蒙特卡罗方法。数学家冯·诺伊曼用驰名世界的赌城——摩纳哥的蒙特卡罗(Monte Carlo)——来命名这种方法,为它蒙上了一层神秘色彩。在这之前,蒙特卡罗方法就已经存在。1777 年,法国数学家布丰(Georges Louis Leclere de Buffon,1707—1788)提出用投针实验的方法求圆周率 π。

蒙特卡罗方法的解题过程可以归结为三个主要步骤:构造或描述概率过程;实现从已知概率分布抽样;建立各种估计量。

(1) 构造或描述概率过程

对于本身就具有随机性质的问题，如粒子输运问题，主要是正确描述和模拟这个概率过程，对于本来不是随机性质的确定性问题，比如计算定积分，就必须事先构造一个人为的概率过程，它的某些参量正好是所要求问题的解，即要将不具有随机性质的问题转化为随机性质的问题。

(2) 实现从已知概率分布抽样

构造了概率模型以后，由于各种概率模型都可以看做是由各种各样的概率分布构成的，因此产生已知概率分布的随机变量(或随机向量)，就成为实现蒙特卡罗方法模拟实验的基本手段，这也是蒙特卡罗方法被称为随机抽样的原因。最简单、最基本、最重要的一个概率分布是(0,1)上的均匀分布(或称矩形分布)。

随机数就是具有这种均匀分布的随机变量。随机数序列就是具有这种分布的总体的一个简单子样，也就是一个具有这种分布的相互独立的随机变数序列。产生随机数的问题，就是从这个分布的抽样问题。

在计算机上，可以用物理方法产生随机数，但价格昂贵，不能重复，使用不便。另一种方法是用数学递推公式产生。这样产生的序列，与真正的随机数序列不同，所以称为伪随机数，或伪随机数序列。

不过，经过多种统计检验表明，它与真正的随机数，或随机数序列具有相近的性质，因此可把它作为真正的随机数来使用。

由已知分布随机抽样有各种方法，与从(0,1)上均匀分布抽样不同，这些方法都是借助于随机序列来实现的，也就是说，都是以产生随机数为前提的。由此可见，随机数是实现蒙特卡罗模拟的基本工具。

(3) 建立各种估计量

一般说来，构造了概率模型并能从中抽样后，即实现模拟实验后，就要确定一个随机变量，作为所要求的问题的解，称为无偏估计。建立各种估计量，相当于对模拟实验的结果进行考察和登记，从中得到问题的解。

例 6.7　使用蒙特卡罗方法计算圆周率。

程序 simulation_pi.m 如下：

```
 % simulation pi
 % 正方形边上为 2R,其内切圆的半径为 R
 % 正方形的面积为 4R^2, 内切圆的面积 Pi * R^2
 % 正方形的面积/内切圆的面积 = 4/pi
 % Pi = 4 * 内切圆的面积/正方形的面积
 % 先进投点模拟,投店次数为 10 万次
TestNum = 1e5;
 % 生成[-1,1]*[-1,1]上服从均匀分布的随机数
 % rand 为[0,1]上均匀分布,2*(a-0.5)的方式将起改变为
 % [-1,1]上的均匀分布
X = 2 * (rand(TestNum,2) - 0.5);
 % 落到园内的点的数量
CircleNum = 0;
 % 进行投点模拟
```

```
for i = 1:TestNum
    end
end
%计算(圆周率)Pi值
SPi = 4 * CircleNum/TestNum
```

投点次数为10万时计算如下：

```
SPi =
%(圆周率)
    3.1470
```

当模拟投点次数为10万时，计算的圆周率存在一定的误差，将测试投点次数从10万逐渐提升至1 000万次时，圆周率的波动越来越小并向真实的圆周率收敛，如图6.9所示。程序为simulation_piN.m，代码如下：

```
%simulation piN
%模拟投点次数从10万到1000万
TestNum = 1e5:1e5:1e7;
%模拟的次数
simuNum = length(TestNum);
%生成[-1,1]*[-1,1]上服从均匀分布的随机数
%rand为[0,1]上均匀分布,2*(a-0.5)的方式将起改变为
%[-1,1]上的均匀分布
for k = 1:simuNum
    X = 2 * (rand(TestNum(k),2) - 0.5);
    %落到园内的点的数量
    CircleNum = 0;
    %进行投点模拟
    for i = 1:TestNum(k)
        if X(i,1)^2 + X(i,2)^2 <= 1
            CircleNum = CircleNum + 1;
        end
    end
    %计算(圆周率)Pi值
    SPi(k) = 4 * CircleNum/TestNum(k);
end
plot(SPi)
xlabel('TestNum')
ylabel('pi')
```

使用上述程序的结果可以画出投点效果图，如图6.10所示。

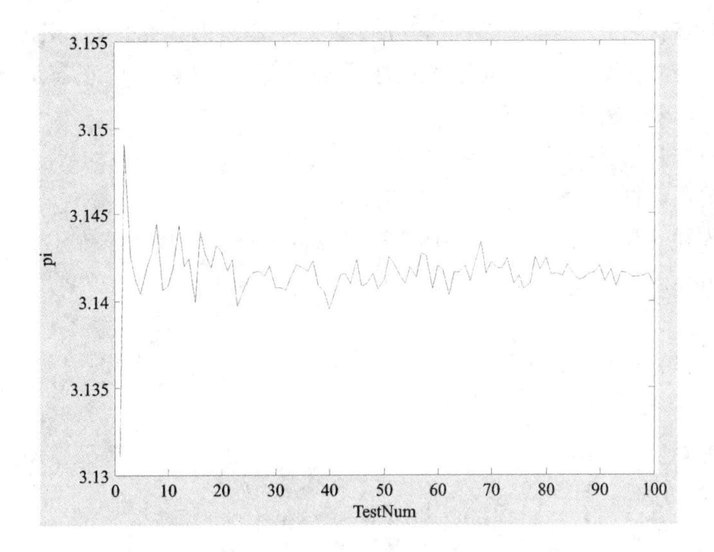

图 6.9　圆周率的收敛

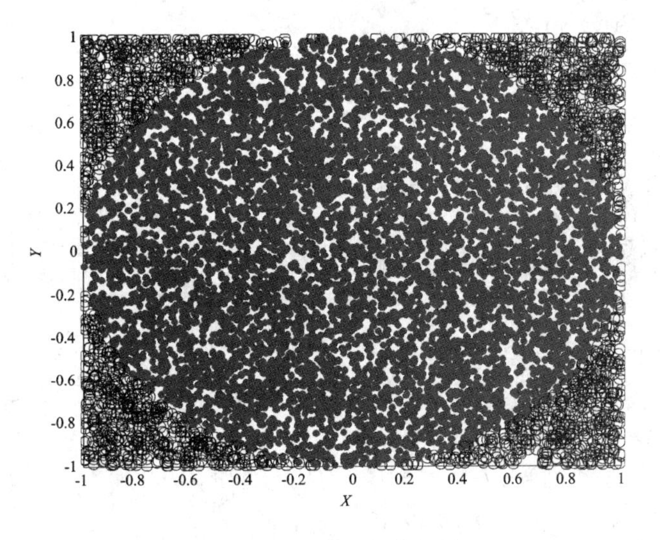

图 6.10　模拟投点图形

6.3　随机价格序列

6.3.1　收益率服从正态分布的价格序列

现代的金融量化理论，大多都建立在有效市场的证券收益率服从正态分布的假设基础上。若随机变量 X 的概率密度函数为

$$f(x)=\frac{1}{\sqrt{2\pi}\sigma}e^{-\frac{(x-\mu)^2}{2\sigma^2}}\qquad -\infty<x<+\infty$$

式中：$\sigma>0$，μ 为分布的参数，则称 X 服从正态分布，记为 $X\sim N(\mu,\sigma^2)$。其期望 $E(X)=\mu$，方差 $\mathrm{var}(X)=\sigma^2$，特别地，当 $\mu=0,\sigma=1$ 时，称 X 服从标准正态分布，记为 $X\sim N(0,1)$。

正态分布具有优良的数学性质,正态分布的和或差仍为正态分布,正态分布的倍数仍为正态分布,以正态分布为基础,金融量化逻辑性严密很多。试想,N个正态分布的和还是正态分布,N个均匀分布的和是什么分布?

生成收益率服从正态分布的价格序列,首先生成服从正态分布的收益率序列,根据价格与收益率之间的关系,计算出相应的随机价格序列。

编写生成收益率服从正态分布的价格序列函数Price,函数语法如下:

Price=RandnPrice(Price0,mu,sigma,N)

输入参数:

- Price0:初始价格;
- mu:正态分布均值;
- sigma:正态分布方差;
- N:随机数个数。

输出参数:

- Price:收益率服从正态分布的价格序列。

函数代码RandnPrice.m如下:

```
function Price = RandnPrice(Price0,mu,sigma,N)
% code by ariszheng.com
% 2012 - 5 - 7
% 生成均值方差为 mu,sigma 的正态分布的随机收益率
Rate = normrnd(mu,sigma,N,1);
% 使用 cumprod 函数进行累乘
Price = Price0 * cumprod(Rate + 1);
```

上述函数中normrnd为生成符合正态分布的随机序列,cumprod表示累乘。

```
cumprod(1:5) % A = 1,2,3,4,5
ans =
    1   2   6   24   120
```

测试RandnPrice函数RandnPriceTest.m如下:

```
% RandnPriceTest
Price0 = 10;
% 假设预期年收益率为 10 %
% 每年 250 个交易日,预期日收益率为 mu
mu = 1.1^(1/250) - 1;
% 假设预期年波动率为 30 %
% 每年 250 个交易日,预期日波动率为 sigma
sigma = .30/sqrt(250)
% 为了 2 年随机价格
N = 250 * 2;
Price = RandnPrice(Price0,mu,sigma,N)
```

结果生成500个交易日收益率服从正态分布的价格序列(如图6.11所示)。

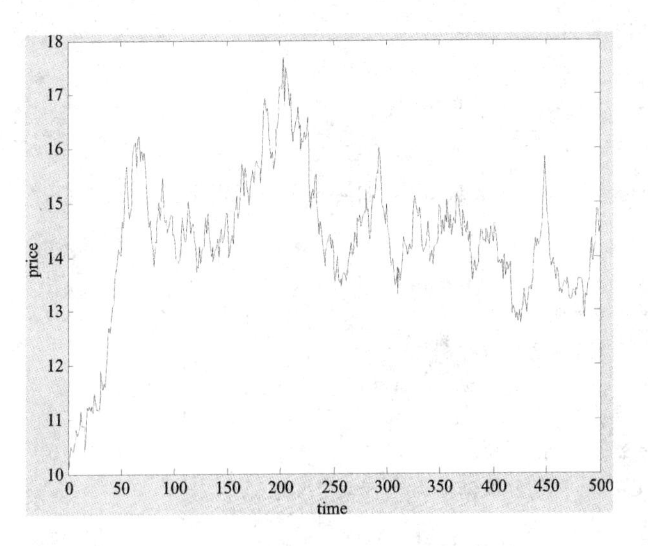

图 6.11　收益率服从正态分布的价格序列

6.3.2　具有相关性的随机序列

在实际问题中，组合的价格是由多种资产构成，为测试策略的有效性就要生成多种资产各自的价格序列，若假设每种资产的相关系数为零，就可以直接反复使用 RandnPrice 函数，但这样的模拟忽略了资产之间的相关性。如何生成收益率服从正态分布且具有一定相关性的随机价格序列？可引入 RandnPriceWithCov 函数。其语法为：

Price＝RandnPriceWithCov (Price0,mu,sigma,N)

输入参数：

- Price0：初始价格，向量；
- mu：正态分布均值；
- sigma：正态分布协方差矩阵；
- N：随机数个数。

输出参数：

- Price：收益率服从正态分布的价格序列。

函数代码 RandnPriceWithCov. m 如下：

```
function Price = RandnPriceWithCov(Price0,mu,sigma,N)
%生成收益率服从正态分布且具有一定相关性的随机价格序列
%code by ariszheng  2012-5-7
R = chol(sigma);
%生成均值方差为 mu,sigma 的正态分布的随机收益率
%且随机序列间具有一定相关性
Rate = repmat(mu,N,1) + randn(N,2) * R;
mu - mean(Rate)
sigma - cov(Rate)
%使用 cumprod 函数进行累乘
Num = length(mu);
```

```
Price = zeros(N,Num);
for i = 1:Num
    Price(:,i) = Price0(i). * cumprod(Rate(:,i) + 1);
End
```

测试 RandnPriceWithCov 函数 Test RandnPriceWithCov. m 如下：

```
%RandnPriceWithCovTest
Price0 = [10,10];
%假设预期年收益率为 10%,5%
%每年 250 个交易日,预期日收益率为 mu
mu = [1.1^(1/250) - 1,1.05^(1/250) - 1];
%收益率的协方差矩阵
%假设预期年波动率为 30% 5%
%每年 250 个交易日,预期日波动率为 sigma
%相关系数为 - 0.05
%根据相关系数,生成协方差矩阵
Tcov = 0.3 * 0.05 * ( - 0.05);
sigma = [0.3^2 Tcov;Tcov  0.05^2]/250;
%为了 2 年随机价格
N = 2 * 250;

Price = RandnPriceWithCov(Price0,mu,sigma,N);

plot(Price(:,1),'-.');
hold on
plot(Price(:,2),'-o');
xlabel('time')
ylabel('price')
legend('Price1','Price2')
```

结果生成 2 条 500 个收益率服从正态分布的价格序列(如图 6.12 所示)。

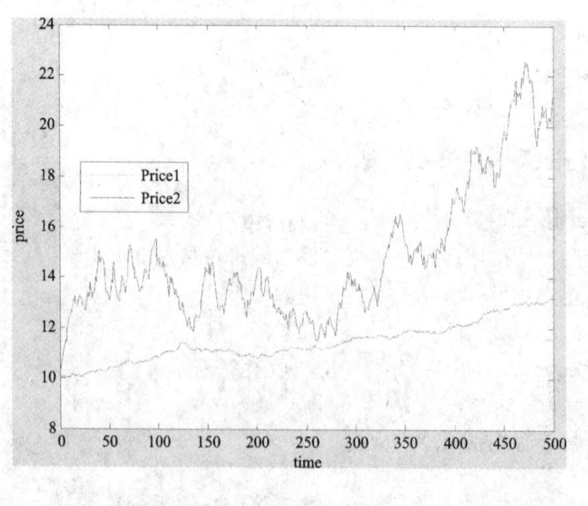

图6.12　收益率服从正态分布且具有一定相关性的随机价格序列

6.4　带约束的随机序列

若我们使用模拟的方法求解投资组合的有效前沿面，就需要生成符合下述条件的随机数。

① 每组随机数的和为 1；

② 每组随机数都必须大于等于 0。

经典马可维兹均值-方差模型为

$$\begin{cases} \min \sigma_p^2 = \boldsymbol{X}^{\mathrm{T}}\boldsymbol{\Sigma X} \\ \max \mathrm{E}(r_p) = \boldsymbol{X}^{\mathrm{T}}\boldsymbol{R} \\ \mathrm{s.t.} \sum_{i=1}^{n} x_i = 1 \end{cases}$$

式中：$\boldsymbol{R}=(R_1,R_2,\cdots,R_n)^{\mathrm{T}}$；$R_i=\mathrm{E}(r_i)$ 是第 i 种资产的预期收益率；$\boldsymbol{X}=(x_1,x_2,\cdots,x_n)^{\mathrm{T}}$ 是投资组合的权重向量；$\boldsymbol{\Sigma}=(\sigma_{ij})_{n\times n}$ 是 n 种资产间的协方差矩阵；$R_p=\mathrm{E}(r_p)$ 和 σ_p^2 分别是投资组合的期望回报率和回报率的方差。

如何生成这样随机数的问题，假设每组要求 5 个随机数且随机数之和为 1，一般情况下，我们想到的方法是：X1 从[0,1]中随机取；X2 从[0,1－X1]中随机取；…；X5 从[0,1－(X1＋X2＋X3＋X4)]中随机取。

根据这种方法生成 20 组随机数。

```
0.3410    0.2842    0.0677    0.1643    0.0444
0.0097    0.3013    0.6653    0.0018    0.0135
0.2369    0.1436    0.3208    0.0177    0.2600
0.9462    0.0409    0.0027    0.0086    0.0012
0.4977    0.2503    0.2106    0.0100    0.0303
0.8153    0.1132    0.0377    0.0184    0.0097
0.8425    0.1087    0.0155    0.0201    0.0047
0.1197    0.2955    0.0655    0.4742    0.0046
0.7358    0.0235    0.0929    0.1437    0.0014
0.8553    0.1155    0.0127    0.0145    0.0016
0.0921    0.2226    0.2571    0.0888    0.2629
0.5569    0.1414    0.0450    0.0263    0.0640
0.3176    0.1832    0.4823    0.0063    0.0002
0.1323    0.7798    0.0608    0.0202    0.0032
0.1931    0.2242    0.1681    0.4143    0.0001
0.2613    0.5561    0.0190    0.1222    0.0039
0.1805    0.2741    0.0925    0.0702    0.0770
0.5199    0.4443    0.0165    0.0056    0.0119
0.6232    0.2762    0.0797    0.0141    0.0062
0.0348    0.8789    0.0478    0.0056    0.0113
```

进行数据统计发现，X1、X2、X3、X4、X5 的均值分别为 0.415 6、0.282 9、0.138 0、0.082 4、0.040 6。这样做是有问题的，对于 X5 的期望几乎是 X1 的 10 倍。随机数并未在可行域上均匀分布，证明这种方法并不可取。

在实际中,常用的方法是生成一组随机数{Xi},Xi=Xi/sum({Xi})的方法生成符合条件的随机序列,这种方法生成的随机序列并不是在可行域上均匀分布,它的分布为中间密度较大。但其与第一种方法相比效果已经非常不错了。

编写 RandSumOne 函数,函数语法:

X=RandSumOne(M,N,method)

输入参数:

- M,N:生成 M 行 N 列的随机矩阵,每行的和为 1;
- method:初始随机向量的生成方法,1 为[0,1]均匀分布,2 为正态分布取绝对值。

输出参数:

- X:符合条件的随机序列。

函数代码如下:

```
function X = RandSumOne(M,N,method)
%生成 N 个和为 1 的随机数且每个随机数大于 0
% code by ariszheng 2012 - 5 - 7
if method = = 1
    X = zeros(M,N);
    for i = 1:M
        %生成均匀分布的随机数
        X(i,:) = rand(1,N);
        %随机数除以和,使其和为 1
        X(i,:) = X(i,:)/sum(X(i,:));
    end
elseif  method = = 2
    X = zeros(M,N);
    for i = 1:M
        %生成正态分布的随机数
        X(i,:) = abs(randn(1,N));
        %随机数除以和,使其和为 1
        X(i,:) = X(i,:)/sum(X(i,:));
    end
else
    error('please Input method')
end
```

函数测试代码为 RandSumOneTest.M。测试方法是通过计算风险与收益,将生成的五维随机序列映射到二维空间中。

```
% RandSumOneTest
M = 100;
N = 3;
method = 1;
X1 = RandSumOne(M,N,method);
```

```
method = 2;
X2 = RandSumOne(M,N,method);
%预期收益率向量
ExpReturn = [0.1 0.2 0.15];
%协方差矩阵
ExpCovariance = [0.0100   -0.0061    0.0042
                 -0.0061    0.0400   -0.0252
                  0.0042   -0.0252    0.0225 ];
%变量初始化
PortRisk1 = zeros(M,1);
PortReturn1 = zeros(M,1);
PortRisk2 = zeros(M,1);
PortReturn2 = zeros(M,1);
%分别计算风险与收益
for i = 1:M
    [PortRisk1(i), PortReturn1(i)] = portstats(ExpReturn, ExpCovariance,X1(i,:));
    [PortRisk2(i), PortReturn2(i)] = portstats(ExpReturn, ExpCovariance,X2(i,:));
End
%画图
plot(PortRisk1, PortReturn1,'r.')
hold on
plot(PortRisk2, PortReturn2,'bo')
xlabel('PortRisk')
ylabel('PortReturn')
legend('X1','X2')
```

其中使用的计算投资组合风险与收益的函数为 portstats,函数语法如下:

[PortRisk, PortReturn] = portstats(ExpReturn, ExpCovariance, PortWts)

输入参数:

- ExpReturn:资产预期收益率;
- ExpCovariance:资产的协方差矩阵;
- PortWts:资产权重。

输出参数:

- PortRisk:资产组合风险(标准差);
- PortReturn:资产组合预期收益(期望)。

函数测试 RandSumOneTest 的结果如图 6.13 所示,两种方法的差异在这里表现得并不明显。

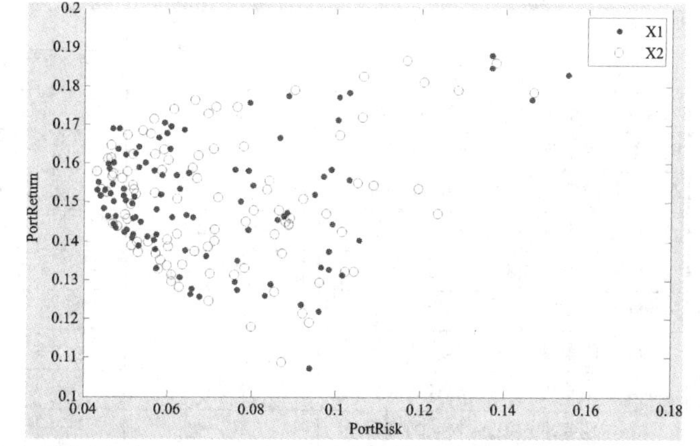

图 6.13　RandSumOneTest 运算结果图

若您对此书内容有任何疑问,可以凭在线交流卡登录MATLAB中文论坛与作者交流。

第 7 章

CFTOOL 数据拟合——GDP 与用电量增速分析

数据拟合分析是在科学研究中探寻变量间关系的最常用的分析方法，本章以 GDP 与用电量增速分析为例，讲解 MATLAB 中数据拟合工具 CFTOOL 的使用方法。不同的分析方法将会得到不同的分析结果，有关 GDP 与用电量增速关系已经有很多学者做了深入研究。本章仅对 CFTOOL 的使用方法进行讨论。

7.1 案例背景——GDP 与用电量关系

我国重化工业一直处于加快发展中，由于其对电力的需求很大，引起发电量增长高于经济增长。当前重化工原材料行业的调整，必然对发电量与经济增长的关系产生很大的校正力，也就可能在短期内出现发电量(用电量)负增长和经济正增长的现象。

国家开始实施节能减排目标之一就是降低单位 GDP 的能耗，随着经济结构的转变，GDP 增长与用电量之间正向关系可能会减弱，相关数据如表 7.1 所列。

表 7.1 中国 2000 年至 2010 年 GDP 与用电量数据表

时　间	年度累计 GDP/亿元	同比增长率/%	年度累计发电量/亿千瓦时	同比增长率/%
2000 年一季度	20 647.00	9.00	2 999.05	8.69
2000 年二季度	43 748.20	8.90	6 283.74	9.93
2000 年三季度	68 087.50	8.90	9 727.18	10.11
2000 年四季度	99 214.55	8.40	13 256.41	10.67
2001 年一季度	23 299.50	8.50	3 397.62	7.00
2001 年二季度	48 950.90	8.10	6 766.22	7.80
2001 年三季度	75 818.20	8.00	10 568.00	8.40
2001 年四季度	109 655.17	8.30	14 808.02	11.70
2002 年一季度	25 375.70	8.90	3 508.20	6.50
2002 年二季度	53 341.00	8.90	7 414.44	8.80
2002 年三季度	83 056.70	9.20	11 758.86	10.60
2002 年四季度	120 332.69	9.10	16 540.00	11.70
2003 年一季度	28 861.80	10.80	4 088.84	16.00
2003 年二季度	59 868.90	9.70	8 521.61	15.40
2003 年三季度	93 329.30	10.10	13 527.41	15.60
2003 年四季度	135 822.76	10.00	19 105.75	15.51
2004 年一季度	33 420.60	10.40	4 793.62	15.70
2004 年二季度	70 405.90	10.90	9 908.51	15.80
2004 年三季度	109 967.60	10.50	15 574.78	14.50
2004 年四季度	159 878.34	10.10	22 033.09	15.32

续表 7.1

时　间	年度累计 GDP/亿元	同比增长率/%	年度累计发电量/亿千瓦时	同比增长率/%
2005 年一季度	39 117.40	11.20	5 449.28	13.00
2005 年二季度	81 912.60	11.00	11 286.32	13.20
2005 年三季度	126 657.00	11.10	17 739.83	13.40
2005 年四季度	184 937.40	11.30	25 002.60	13.48
2006 年一季度	45 315.80	12.40	6 068.26	11.10
2006 年二季度	95 428.50	13.10	12 686.69	12.00
2006 年三季度	147 341.30	12.80	20 111.16	12.90
2006 年四季度	216 314.40	12.70	27 557.46	13.70
2007 年一季度	54 755.90	14.00	7 011.71	15.50
2007 年二季度	115 998.90	14.50	14 850.31	16.00
2007 年三季度	180 101.10	14.40	23 702.41	16.40
2007 年四季度	265 810.30	14.20	32 086.84	14.90
2008 年一季度	66 283.80	11.30	8 051.27	14.00
2008 年二季度	140 477.80	11.00	16 803.19	12.90
2008 年三季度	217 026.10	10.60	26 072.18	9.90
2008 年四季度	314 045.40	9.60	34 046.96	5.50
2009 年一季度	69 754.80	6.50	7 797.01	−2.03
2009 年二季度	148 080.70	7.40	16 441.47	−1.69
2009 年三季度	231 139.40	8.10	26 510.89	1.86
2009 年四季度	340 506.90	9.10	36 506.23	7.05
2010 年一季度	81 622.30	11.90	9 488.80	20.79
2010 年二季度	172 839.80	11.10	19 706.07	19.30

数据来源：Wind 资讯。

注：表 7.1 中 2001 年一季度数据为当年一季度 GDP 或用电量，二季度数据是一季度与二季度的累计 GDP 或用电量，四季度数据为当年一季度到四季度的累计。若直接使用 GDP 或用电量数据进行分析，将发现每季度数据为年初到该季度的累计数据，所以我们将使用其增速数据作为研究对象，如图 7.1 所示。

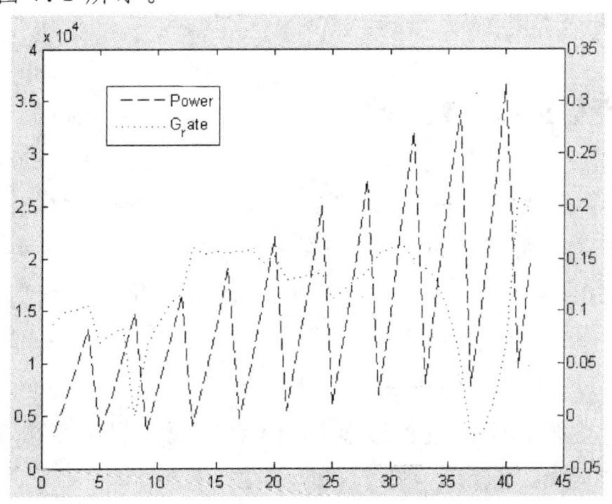

图 7.1　用电量与增速

绘图程序 plotdata1.m 如下:

```
%载入数据
load Data
% GDPandPowerData(:,3)为用电量数据
% GR_Power)为用电量增速
% plotyy%画双数轴图
[AX,H1,H2] = plotyy(1:42,GDPandPowerData(:,3),1:42,GR_Power)
%设置线格式
set(H1,'LineStyle','--')
set(H2,'LineStyle',':')
%标识线型对应的数据
legend('Power','G_rate')
```


7.2 数据拟合方法

数据拟合主要步骤为:确定拟合模型类型与确定拟合模型参数。拟合模型类型有线性方程、指数方程、微分方程、多项式方程、混合方程等。拟合方程的选择是一个复杂的问题。若拟合方程未知,通常使用反复测试的方法,即给定几种备选拟合模型,进行多次拟合,选择拟合效果最好的模型进行拟合。

若拟合模型已确定,则可以通过非线性最小二乘法确定拟合模型参数。

假设拟合数据为 x、y,非线性最小二乘法方程为:

$$\min \sum_{i=1}^{n} (f(a, x_i) - y_i)^2 \tag{7.1}$$

使用优化方法求解上述问题,得到最小化问题解 a^*,即拟合模型参数。若拟合模型为线性,直接使用最小二乘法;若拟合模型为非线性模型,则使用非线性最优化方法求解上述问题。

注:面对一组数据,如何选择最合适的拟合模型?这个问题很难回答,一般使用的方法是选定常用的拟合模型对数据进行拟合,寻找残差平方和最小的那个做拟合模型,但问题是残差平方和最小的拟合模型,对数据的解释度未必是最高的。例如,对于任意 N 个数据点,都存在一个 N 次方程使得其残差平方和为 0,但这个 N 次方程一定不是你想要的。

7.3 MATLAB CFTOOL 使用

MATLAB 中有一个功能强大的曲线拟合工具箱(Curve Fitting Toolbox),其中提供了 CFTOOL 函数,用来通过界面操作的方式进行一元数据拟合。在 MATLAB 命令窗口运行 CFTOOL 命令将打开如图 7.2 所示的曲线拟合工作窗口,通过该窗口可以实现以下功能:

- 从 MATLAB 工作空间导入数据;
- 进行数据的预处理,如数据筛选和数据平滑处理;
- 利用内置的不同类型的模型进行数据拟合,允许用户自定义模型;
- 生成相关结果,如参数估计值、置信区间、相关统计量等;
- 进行插值、外推、差分和积分等后处理;

➤ 导出结果到 MATLAB 工作空间，以便进行后续的分析和可视化处理。

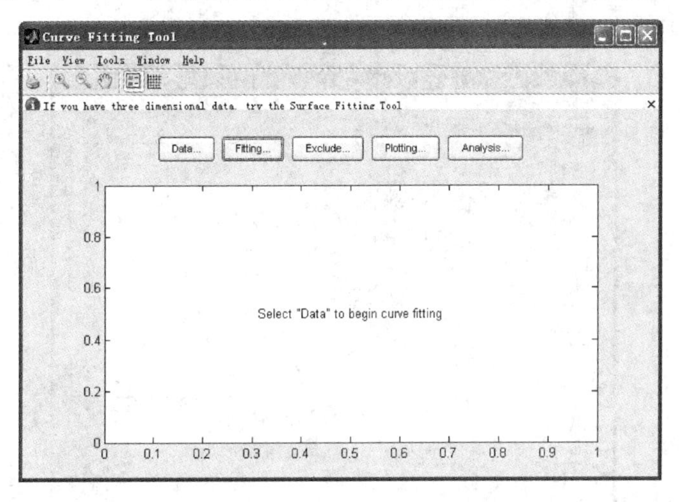

图 7.2 曲线拟合工作窗口

7.3.1 CFTOOL 函数的调用方式

CFTOOL 函数的调用方式比较简单，代码如下：

```
%界面
CFTOOL
%X、Y数据+界面
CFTOOL(xdata,ydata)
% X、Y、权重数据+界面
CFTOOL(xdata,ydata,w)
```

以上 3 种方式均可打开曲线拟合工作窗口，其中输入参数 xdata 为自变量观测值向量，ydata 为因变量观测值向量，w 为权重向量，它们应为等长向量。

注：xdata、ydata 都是一维数组，若回归时，某些数据点相对其他数据点比较重要，就需要引入权重向量，给每个数据点残差平方和一个权重系数。

$$\min\sum_{i=1}^{n} w_i(f(a,x_i)-y_i)^2 \tag{7.2}$$

式中，给定不同权重得到的拟合模型最优参数是不同的。

7.3.2 导入数据

如果利用 CFTOOL 函数的第 1 种方式打开曲线拟合工作窗口，则此时窗口里的坐标系还是一片空白，还没有可以分析的数据，应该先从 MATLAB 工作空间导入变量数据。

首先运行下面的命令将变量数据从文件读入 MATLAB 工作空间，或读者可将自己的数据导入到 MATLAB 中，关于 Excel 数据如何导入到 MATLAB 工作空间可以参看本书第 3 章的相关内容。

```
%装载数据
load Data
GR_Power %用电量增长率
GR_GDP %GDP增长率
```

现在自变量 GR_Power 和因变量 GR_GDP 的数据已经导入 MATLAB 工作空间，此时单击曲线拟合窗口中的 Data 按钮，打开数据导入对话框，如图 7.3 所示。

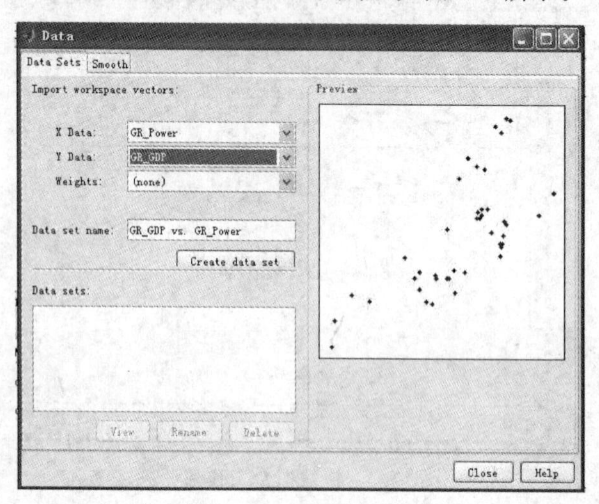

图 7.3　数据导入对话框

数据导入对话框的上方有两个选项卡：Data Sets 和 Smooth。默认情况下，Data Sets 选项卡处于选中状态，此时用户可以从 MATLAB 工作空间选择变量，创建数据集。

单击 X Data 后的下拉菜单，从 MATLAB 工作空间选择自变量 x，同样的方式选择因变量和权重向量。选择完成后，在 Data set name 后面的文本框中输入数据集的名称 GR_GDP vs. GR_Power，然后单击 Create data set 按钮，就创建了一个名称为 GR_GDP vs. GR_Power 的数据集，界面右侧出现数据的预览。界面下方的 View、Rename 和 Delete 按钮分别用来查看、重命名和删除数据集。

7.3.3　数据的平滑处理

单击数据导入对话框上方的 Smooth 选项卡，出现如图 7.4 所示对话框。

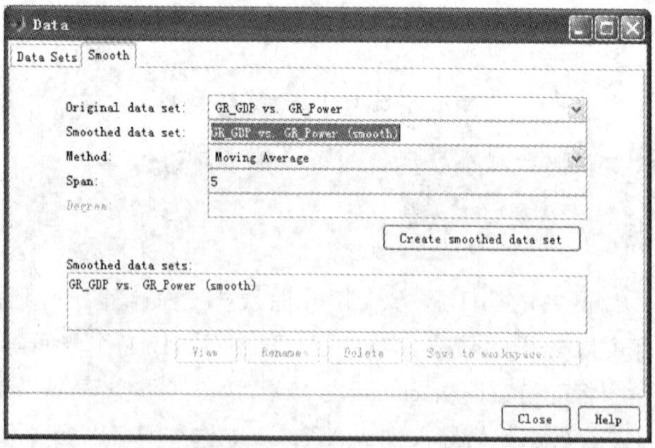

图 7.4　数据平滑对话框

数据平滑界面调用了 smooth 函数对数据进行平滑处理。smooth 函数支持的平滑方法如表 7.2 所列。

表 7.2　smooth 函数支持的平滑方法列表

method 参数值	说　明
'moving'	移动平均法（默认情况）
'lowess'	局部回归
'loess'	局部回归(加权线性最小二乘和一个二阶多项式模型)
'sgolay'	Savitzky－Golay 滤波。一种广义移动平均法，滤波系数由不加权线性最小二乘回归和一个多项式模型确定，多项式模型的阶数可以指定(默认为 2)
'rlowess'	'lowess' 方法的稳健形式。异常值被赋予较小的权重，6 倍的平均绝对偏差以外的数据的权重为 0
'rloess'	'loess' 方法的稳健形式。异常值被赋予较小的权重，6 倍的平均绝对偏差以外的数据的权重为 0

对话框中 Original data set 后的下拉列表框用来选择已经定义的数据集；Smoothed data set 后面的编辑框用来输入平滑处理后数据集的名称，默认情况下是在原始数据集的名称后加上“(smooth)”；Method 后面的下拉列表框用来选择 smooth 函数进行数据平滑所用的方法；Span 后面的文本框用来输入 smooth 函数的 span 参数的参数值。以上操作完成后，单击 Create smoothed data set 按钮，即创建了一个经过平滑处理后的数据集。单击右下角的 Close 按钮或右上角的“关闭”按钮，可关闭导入数据对话框。

7.3.4　数据筛选

所谓的数据筛选就是按照用户设定的条件去除不需要的数据。单击数据拟合工作窗口中的 Exclude 按钮，弹出数据筛选对话框，如图 7.5 所示。

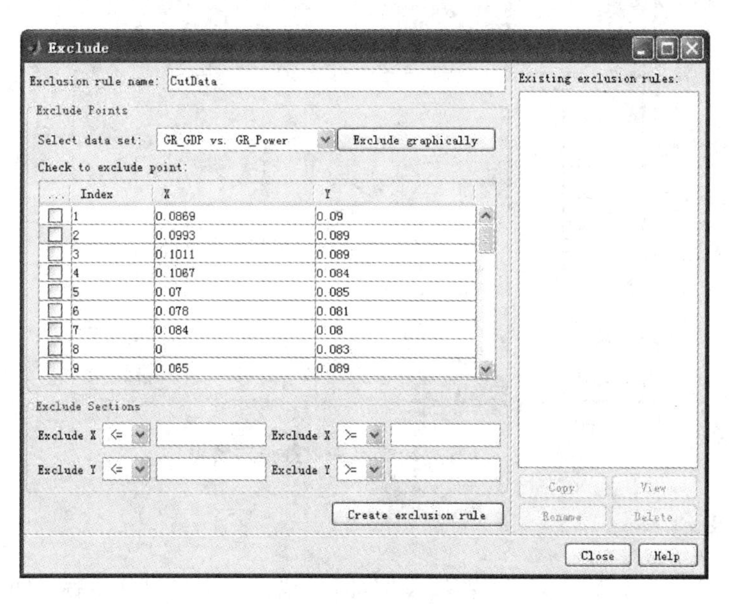

图 7.5　数据筛选对话框

数据筛选对话框用来创建数据筛选规则。在界面左下方的 Exclude Sections 区域，有4 个下拉列表框和 4 个文本框，用来设定去除数据的条件，可以根据这些条件创建一个数据筛选规则，并且所创建的数据筛选规则可用于已定义的数据集。用户可在 Exclusion rule name 后面的文本框中输入数据筛选规则的名称,然后单击下方的 Create exclusion rule 按钮,就可创建一个数据筛选规则。

Select data set 后面的下拉列表框用来选择已定义的数据集。一旦选择了某个数据集,在 Check to exclude point 下方的区域将出现该数据集的预览,可以查看数据集中的每一组观测,并且每一组观测数据的前面都有一个复选框,通过选择某些复选框,可以去除相应的观测数据。

选择已定义的"GR_GDP vs. GR_Power"数据集,单击 Exclude graphically 按钮,出现手动选点去除数据对话框,如图 7.6 所示。对话框的左侧区域显示了观测数据的散点图,默认情况下散点为蓝色的圆圈,表示全部观测均为选入状态,没有被去除的数据。对话框右侧有 1 个下拉列表框,2 个单选按钮,3 个普通按钮。其中下拉列表框用来选择因变量。2 个单选按钮分别为 Excludes Therm 和 Includes Therm。若选择 Excludes Therm,表示当前操作为去除数据,此时在图中散点上单击鼠标,选中的散点变为红色的叉号,相应的观测被去除。若选择 Includes Therm,则表示当前操作为选入数据,此时在图中散点上单击鼠标,选中的散点变为蓝色的圆圈,相应的观测被选入。3 个普通按钮分别为 Exclude All、Include All 和 Close。若单击 Exclude All 按钮,则表示去除所有观测数据,此时图中散点全部变为红色的叉号;若单击 Include All 按钮,则表示选入所有观测数据,此时图中散点全部变为蓝色的圆圈;若单击 Close 按钮,则关闭手动选点去除数据对话框。

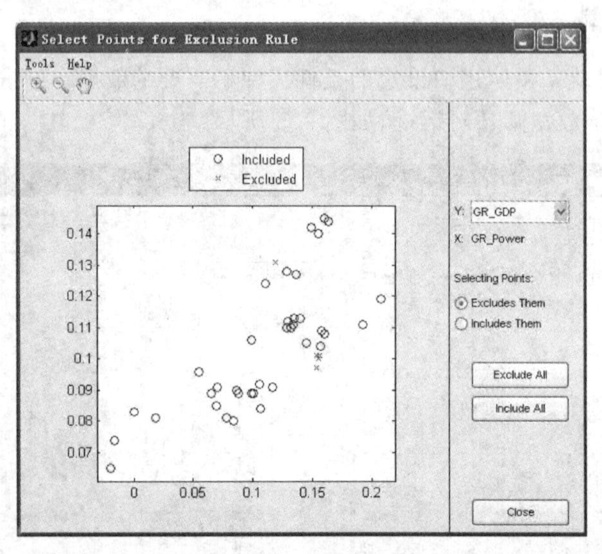

图 7.6 手动选点去除数据对话框

7.3.5 数据拟合

导入 GR_GDP 和 GR_Power 的数据之后,曲线拟合工作窗口的坐标系里出现了相应的散点图。单击窗口中的 Fitting 按钮,在弹出的对话框中单击 New fit 按钮,将创建一个新的拟合,如图 7.7 所示。

对话框中 Fit name 后面的文本框用来输入拟合的名称;Data set 后面的下拉列表框用来选择数据集;Exclusion rule 后面的下拉列表框用来选择数据筛选规则;Center and scale X

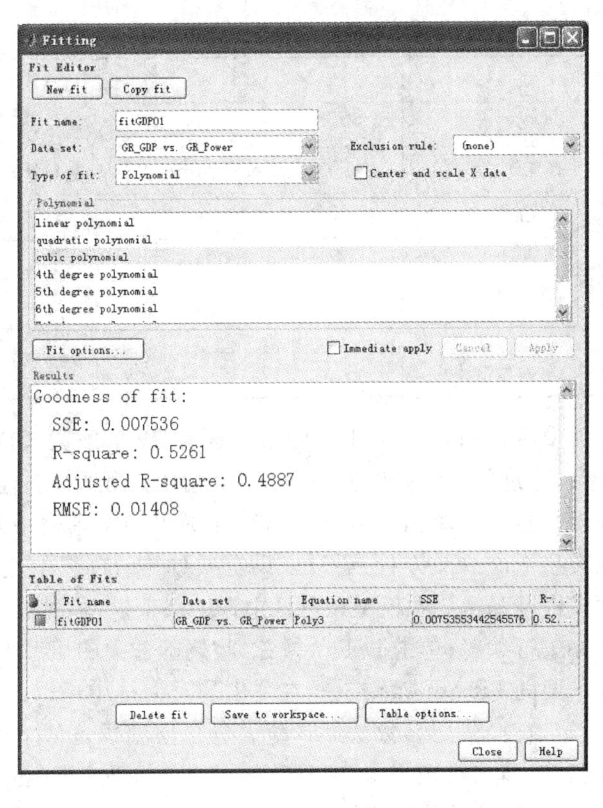

图 7.7　数据拟合的 Fitting 对话框

data前面有一个复选框，选择该复选框，将对自变量观测数据进行中心化和归一化处理；Type of fit 后面的下拉列表框用来选择拟合类型。可选的拟合类型见表 7.3 所列。

表 7.3　可选的拟合类型列表

拟合类型	说　明	基本模型表达式
Custom Equations	自定义函数类型，可在基本模型表达式基础上修改	广义线性方程：$a\sin(x-\pi)+c$ 一般方程：$ae^{-bx}+c$
Exponential	指数函数	ae^{bx} $ae^{bx}+ce^{dx}$
Fourier	傅立叶级数	$a_0+a_1\cos(xw)+b_1\sin(xw)$ $\vdots$ $a_0+a_1\cos(xw)+b_1\sin(xw)+\cdots+a_8\cos(8xw)+b_8\sin(8xw)$
Gaussian	高斯函数	$a_1e^{-((x-b_1)/c_1)^2}$ $\vdots$ $a_1e^{-((x-b_1)/c_1)^2}+\cdots+a_8e^{-((x-b_8)/c_8)^2}$
Interpolant	插值	linear、nearest neighbor、cubic spline、shape－preserving
Polynomial	多项式函数	1～9 次多项式

续表 7.3

拟合类型	说 明	基本模型表达式
Power	幂函数	ax^b, ax^b+c
Rational	有理分式函数	分子为常数、1 次至 5 次多项式,分母为 1 次至 5 次多项式
Smoothing Spline	光滑样条	无
Sum of Sin Functions	正弦函数之和	$a_1\sin(b_1x+c_1)$ ⋮ $a_1\sin(b_1x+c_1)+\cdots+a_8\sin(b_8x+c_8)$
Weibull	威布尔函数	$abx^{b-1}e^{-ax^b}$

当选中某种拟合类型后,Type of fit 下面的空白区域(模型预览区)将出现该拟合类型下的基本模型表达式,可以通过鼠标选择模型表达式。特别地,当选择自定义函数类型时,模型预览区的右边将出现 4 个按钮。单击 New 按钮,可在弹出的文本框中输入自定义模型表达式。对于自定义函数类型下的一般方程,还可以设定参数初值和取值范围。单击 Edit 按钮,可对自定义模型表达式进行编辑。在模型预览区中选中某个模型,然后单击 Copy Edit 按钮,可复制该模型表达式并进行编辑;单击 Delete 按钮,将删除选中的模型表达式。

单击模型预览区下面的 Fit options 按钮,在弹出的对话框中可以设定拟合算法的控制参数,当然也可以不用设定,直接使用参数的默认值。选择模型预览区下面的 Immediate apply 复选框或单击 Apply 按钮,将启动数据拟合程序,数据拟合结果在 Results 下方的结果预览区显示。主要显示模型表达式、参数估计值与估计值的 95%置信区间和模型的拟合优度。其中模型的拟合优度包括残差平方和(SSE)、判定系数(R - square)、调整的判定系数(Adjusted R - square)和均方根误差(RMSE)。

在结果预览区的下方有一个拟合列表,如果用户创建了多个拟合,将在拟合列表中显示所有拟合相关结果。通过拟合列表下方的 Table options 按钮可以控制列表中显示的内容,默认情况下,列表中只显示拟合的名称(Fit name)、数据集(Data set)、方程名称(Equation name)、残差平方和、判定系数。在创建多个拟合的情况下,可通过拟合列表对比拟合效果的优劣,可以用残差平方和、调整的判定系数和均方根误差作为对比的依据。残差平方和越小,均方根误差也越小,调整的判定系数则越大,可认为拟合的效果越好。对于效果不好的拟合,可以通过拟合列表下方的 Delete fit 按钮删除该拟合。在拟合列表中选中某个拟合,然后单击拟合列表下方的 Save to workspace 按钮,可以将拟合的相关结果导入 MATLAB 工作空间。

从图 7.7 可以看出，选用的是三次多项式对数据进行拟合,拟合结果如下：

```
Linear model Poly3:
      f(x) = p1 * x^3 + p2 * x^2 + p3 * x + p4
Coefficients (with 95 % confidence bounds):
      p1 =      - 15.5   ( - 36.02, 5.015)
      p2 =       4.338   ( - 1.455, 10.13)
      p3 =   - 0.01555   ( - 0.4487, 0.4176)
      p4 =     0.07288   (0.06047, 0.08529)
Goodness of fit:
  SSE: 0.007536
```

```
R - square: 0.5261
Adjusted R - square: 0.4887
RMSE: 0.01408
```

拟合结果如图 7.8 所示。

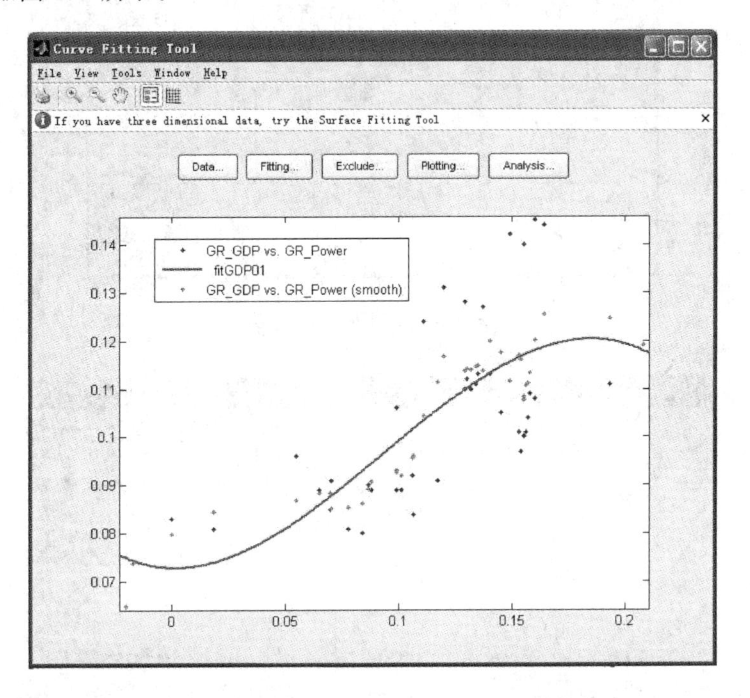

图 7.8　GDP 增速与用电量增速数据的拟合效果图(一)

根据上述结果,三次多项式拟合模型解释度为 52.61%,效果还不错。

注:可以尝试其他拟合模型进行拟合,比较各种模型间的拟合效果,选择相对比较适合的拟合模型。

7.3.6　绘图控制

单击曲线拟合工作窗口的 Plotting 按钮,弹出绘图控制对话框,如图 7.9 所示,使用三种拟合模型(三次多项式、指数模型、高斯方程)拟合结果。

从图 7.9 可以看到,绘图控制对话框被分成了左右两个区域,左侧 Plot data sets 区域显示数据集列表,右侧 Plot fits 区域显示拟合列表。每个数据集和拟合的前面都有一个复选框,通过选择某些复选框,可以选择用于绘图的数据集和拟合曲线。

若选择了对话框下方的 Clear associated fits when clearing data sets 复选框,则当取消某个数据集的选中状态后,与该数据集相关的拟合也都将被取消,图像中相应的散点和拟合曲线也会被删除,如图 7.10 所示。

7.3.7　拟合后处理

拟合结束后,单击曲线拟合窗口中的 Analysis 按钮,将弹出后处理对话框,如图 7.11 所示。利用该对话框可进行插值、外推、差分和积分等后处理,这里所谓的插值是在自变量的样

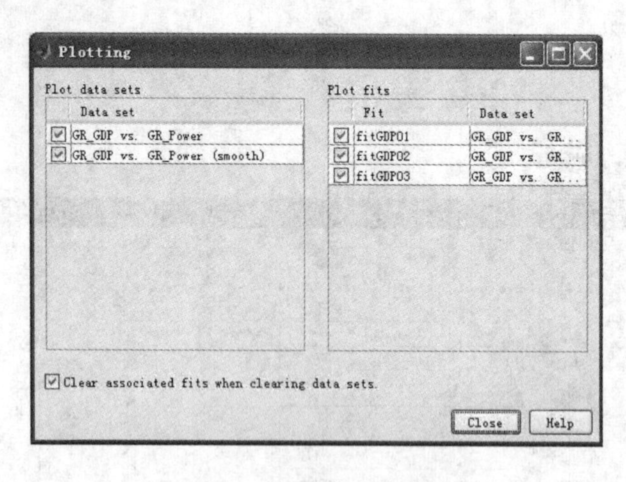

图 7.9　绘图控制对话框

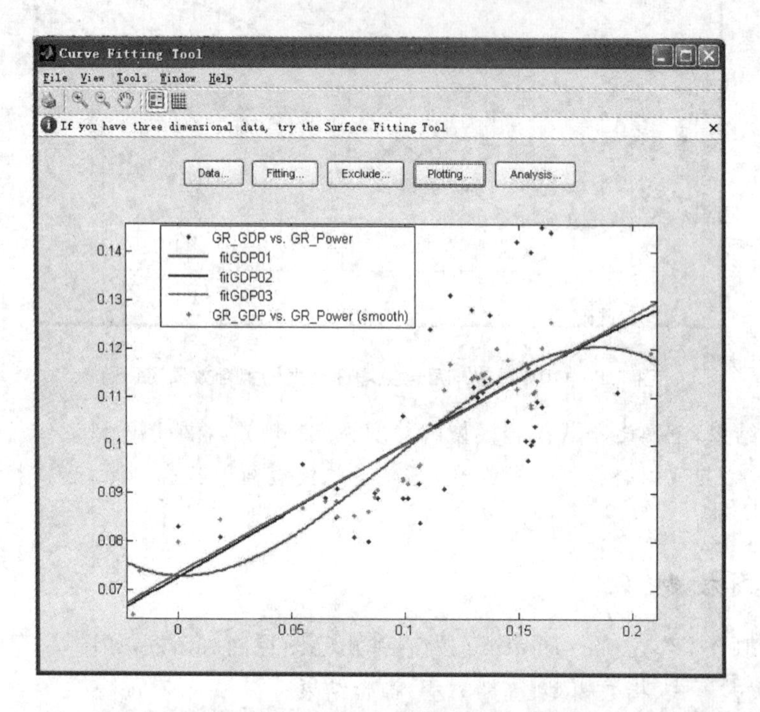

图 7.10　GDP 增速与用电量增速数据的拟合效果图(二)

本数据的取值范围内选定一些新的坐标点，计算这些点处因变量的估计值、置信区间和预测区间等。而外推是指新设定的自变量的取值超出了自变量的样本数据的取值范围。

后处理对话框上 Fit to analyze 后面的下拉列表框用来选择拟合，Analyze at Xi 后面的文本框用来输入插值或外推点处横坐标的取值，可以输入标量或向量。

选择 Evaluate fit at Xi 前面的复选框，然后在 Prediction or confidence bounds 下面的3 个单选按钮中任选其一。若选择 None，则不计算置信区间或预测区间；若选择 For function，则计算预测值的置信区间；若选择 For new observation，则计算观测值的预测区间。通过 Level 后的文本框设置置信水平，默认情况下文本框中的数字为 95，表示区间估计的置信水平为 95%。

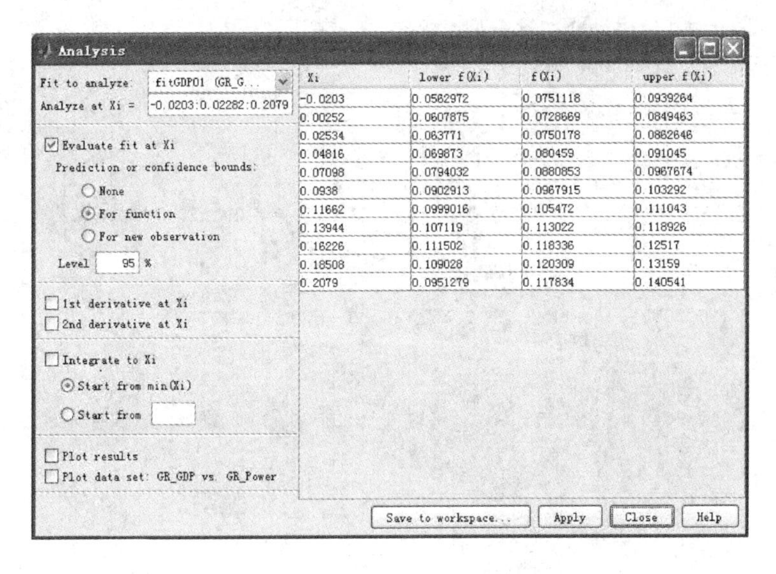

图 7.11　后处理对话框

1st derivative at Xi 和 2nd derivative at Xi 复选框分别表示计算回归函数在指定自变量取值处的一阶导数和二阶导数。

若选择 Integrate to Xi 前面的复选框，则计算回归函数的积分值，积分上限为自变量的当前指定值，积分下限通过其下面的 2 个单选按钮来确定。若选择 Start from min(Xi)，则表示积分下限为自变量的样本观测值的最小值；若选择 Start from，则需在 Start from 后面的文本框中输入积分下限。

以上操作完成后，单击界面下方的 Apply 按钮，将按照用户的选择进行相关的计算，然后在界面的右侧区域以表格形式显示计算结果。可通过单击 Save to workspace 按钮将计算结果导入 MATLAB 工作空间。

左下角的 Plot results 复选框表示根据计算结果绘制图形，Plot data set：GR_GDP. vs. GR_Power 则表示绘制所选数据集 GR_GDP. vs. GR_Power 的散点图。

7.4　加权重拟合

若回归或拟合时，某些数据点相对其他数据点比较重要，就需要引入权重向量，给每个数据点残差平方和一个权重系数。

$$\min\sum_{i=1}^{n} w_i(f(a,x_i)-y_i)^2$$

式中：w_i 为权重。

在 GDP 与用电量增速分析中，引入权重概念，假设数据时间离现在越近拟合权重越大。代码如下：

```
%生成权重向量,将[0,1]分为 42 个等间距数据
>> w = linspace(0,1,42)

w =

  Columns 1 through 8

         0    0.0244    0.0488    0.0732    0.0976    0.1220    0.1463    0.1707

  ……            ……            ……

    0.5854    0.6098    0.6341    0.6585    0.6829    0.7073    0.7317    0.7561

  Columns 33 through 40

    0.7805    0.8049    0.8293    0.8537    0.8780    0.9024    0.9268    0.9512

  Columns 41 through 42

    0.9756    1.0000
```

在导入数据时导入 w 数据(权重数据)即可,如图 7.12 所示。

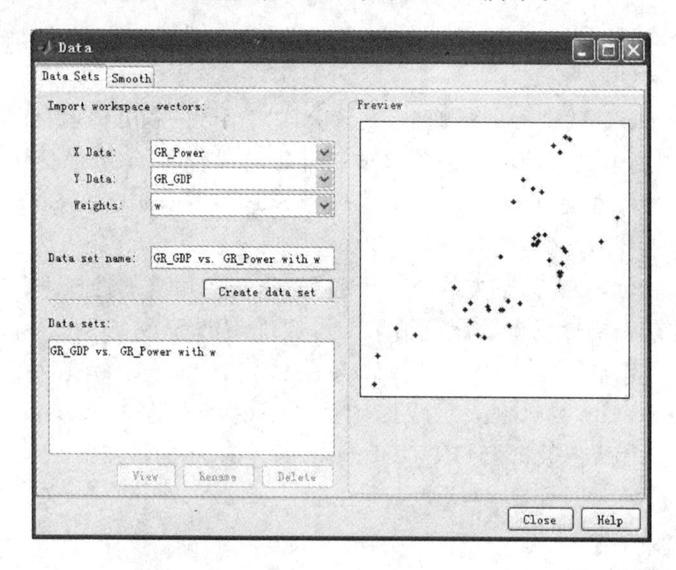

图 7.12 权重导入界面

再次使用三次多项式模型拟合结果如下:

```
%线性模型
Linear model Poly3:
      f(x) = p1 * x^3 + p2 * x^2 + p3 * x + p4
%拟合得到的系数
Coefficients (with 95 % confidence bounds):
      p1 =      -13.51  (-30.57, 3.562)
      p2 =       3.017  (-2.007, 8.041)
      p3 =      0.1654  (-0.2096, 0.5403)
      p4 =     0.07302  (0.06279, 0.08326)
%各种拟合统计量
```

```
Goodness of fit:
  SSE: 0.003526
  R-square: 0.617
  Adjusted R-square: 0.5868
  RMSE: 0.009632
```

结果如图 7.13 所示。

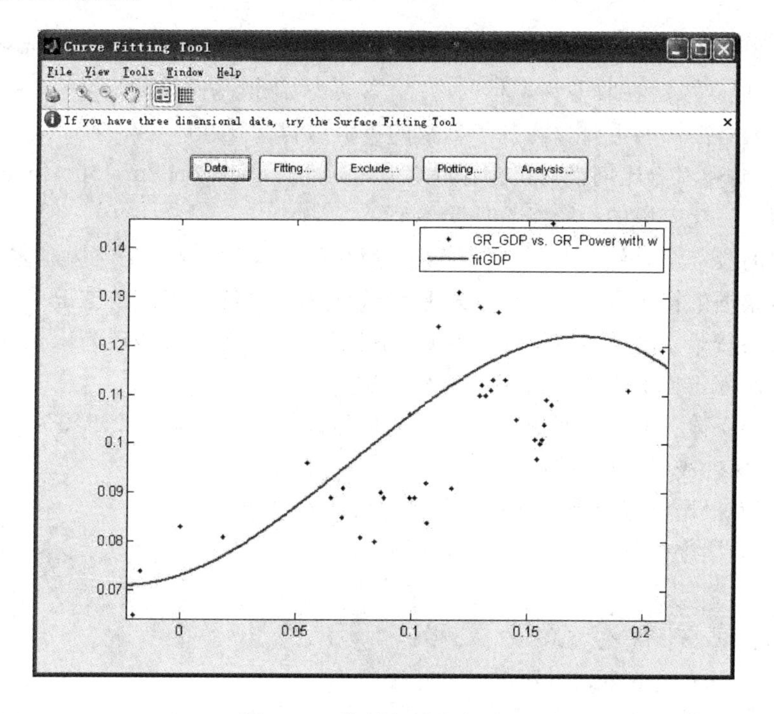

图 7.13　数据加权拟合结果

第 8 章

策略模拟——组合保险策略分析

人性的贪婪与恐惧在资本市场中可以得到充分的体现，组合保险策略产品是在下限风险确定的前提下，以获取潜在收益为目标的产品，本质为“恐惧基础上的贪婪”。

组合保险策略按构成主要分为基于期权的投资组合保险（Option－Based Portfolio Insurance，OBPI）策略和固定比例投资组合保险（Constant Proportion Portfolio Insurance，CPPI）策略。这是两种广泛应用的投资组合保险策略。

基于期权的投资组合保险产品使用债券与期权组合构建产品，这样构建方法与股票挂钩产品中的保本票据的构建方法一致。在利息较低或者期权价格较高的情况下，基于期权的投资组合保险策略较难实现。目前，国内市场金融工具有限，期权市场还尚未全面发展，保本产品基本都是使用固定比例投资组合保险进行构建。

本章以组合保险策略作为示例进行策略的模拟。策略模拟的一般步骤为：

① 模拟数据生成（历史数据或随机数据）；

② 策略模型根据模型原理对数据进行计算并生成结果；

③ 对结果数据进行分析，评价模型有效性。

8.1 固定比例组合保险策略

投资组合保险理论（Portfolio Insurance）始于 20 世纪 70 年代末 80 年代初。最初是由 Leland 和 Rubinstein（1976）提出。保本策略的本质是以确定的风险去追求潜在收益。目前，国际上流行的保本策略有很多种，其中固定比例投资组合保险（CPPI）策略是最通用的保本策略之一。CPPI 是目前保本理财产品市场上非常流行的做法，它通过动态调整投资组合中无风险品种与高收益品种的投资比例，从而达到既规避高收益投资品种价格下跌风险的同时，又享受到其价格上涨的收益。

8.1.1 策略模型

CPPI 策略是组合保险策略通用方法之一。CPPI 策略的主要架构为：将资产分为无风险资产和风险资产两部分。初始时，风险资产投资比例较低，产品投资运作一段时间后根据资产的收益情况对无风险资产和风险资产两部分的投资比例进行调整，如果出现盈利，则可进一步扩大风险投资比例；如果出现亏损，则立即减少风险资产投资比例。

CPPI 策略的基本公式如下：

$$E_t = \max(0, M_t \times (A_t - F_t))$$

$$G_t = A_t - E_t$$

$$F_t = A_t \times \lambda \times e^{-r(T-t)}$$

式中：A_t 表示 t 时刻投资组合的资产净值；E_t 表示 t 时刻可投资于风险资产的上限；G_t 表示 t

时刻可投资于无风险资产的下限；M_t 表示 t 时刻表示风险乘数；F_t 表示 t 时刻组合的安全底线；而 (A_t-F_t) 表示 t 时刻可承受风险的安全垫；λ 为初始风险控制水平(保本线)；$(T-t)$ 为产品剩余期限；r 为无风险资产年化收益率。

例 8.1 某产品风险乘数为 2，保本率为 100%，债券利率为 5%，保本期限 1 年，则初始时刻资产配置计算为：产品初始净值为 100 元，安全底线为 100/(1+5%)=95.2，则风险资产最大配置为 2×(100－95.2)=9.6，无风险资产的最低配置为 100－9.6=90.4，如果半年后，由于风险资产收益较高，产品净值为 120 元，安全底线为 100/(1+0.5×5%)=97.6，则风险资产最大配置为 2×(120－97.6)=44.8，无风险资产的最低配置为 120－44.8=75.2。同样，若风险资产亏损，则相应地减少风险资产配比，由于本产品风险乘数为 2，若风险资产亏损 50%，则根据模型公式计算，风险资产投资上限将为 0，即风险资产将被平仓。

8.1.2 模型参数

CPPI 策略模型涉及风险控制水平、风险乘数、资产配置调整周期等多个关键参数：

1. 风险控制水平(保本线)

风险控制水平(保本线)，就是产品到期时的最低净值。如果面值为 100 元的产品，到期要求最低为 100 元，即保本率为 100%，则为保本产品；若到期最低为 102 元，即保本率为 102%，则为保收益产品；若到期最低为 90 元，即保本率为 90%。

组合保险策略产品是在下限风险确定的前提下，以获取潜在收益为目标的产品。但是风险控制水平的高低决定了产品配置风险资产的高低。配置风险资产的比重越大，暴露风险头寸就越大，获取潜在收益的能力越强。风险控制水平或者保本线应该根据投资人的风险厌恶水平确定。

2. 风险乘数

当保本比率一定，风险乘数越大，则风险资产投资比例越大。如果市场行情越好，风险资产表现越好，则组合保险策略收益率也越大。反之，产品净值损失越大。在某种程度上来说，风险乘数的大小对整个产品的业绩起着至关重要的作用。因此，风险乘数的设定水平反映了产品投资人的风险承受能力，同时也反映了产品管理人的投资能力。

风险乘数调整策略主要分两种：

① 恒定比例模式。该方法采用消极管理方式，产品的风险乘数无论市场行情怎样，都保守一个固定的值不变。这样可以避免因主观判断误差而造成额外损失，但同时也会错过获得额外收益的机会。

② 变动比例模式。产品的风险乘数根据市场行情而变化。如果市场行情好，将系数变大将获得超额收益，反之市场行情差，将系数变小将有效减少股票市场系统风险给产品带来的损失，如果风险乘数根据市场行情调整，由于市场行情好坏的判断是由主观因素来判断，存在因主观误差造成产品净值损失的可能。

3. 资产配置调整周期

当风险资产处于上升阶段时，及时进行资产配置调整从而提高风险资产比例，则会带来较好的正收益；反之，风险资产面临下跌阶段，及时进行资产配置调整，降低风险资产比例则可以避免损失。但是，如市场处于盘整行情时，频繁调整资产比例会导致较大的交易费用。国外通常有 3 种调整方法：定期调整法则(以固定交易日作为间隔进行定期调整)、滤波调整法则(基金组合上涨或下跌一定比率时进行调整)、仓位调整法则(计算得到的股票仓位比例与实际仓位比例相差一定比率时便进行调整)。

8.2 时间不变性组合保险策略

时间不变性组合保险(Time - Invariant Portfolio Protection, TIPP)策略由 Estep 和 Kritzman(1988)提出,并指出当投资组合的价值上涨时,产品的最低保险金额是一个动态调整的值。TIPP 和 CPPI 的调整公式非常类似,TIPP 增加了保本比例调整策略,即当产品收益每达到一定的比率,则动态保本比例相应地提高一定比例。例如,产品收益达到 5%时,相应的保险比率提高 3%。

8.2.1 策略模型

TIPP 策略的基本公式如下:

$$E_t = \max(0, M_t \times (A_t - F_t))$$
$$G_t = A_t - E_t$$
$$F_t = A \times \lambda_t \times e^{-r(T-t)}$$

式中:A_t 表示 t 时刻投资组合的资产净值;E_t 表示 t 时刻可投资于风险资产的上限;G_t 表示 t 时刻可投资于无风险资产的下限;M 表示 t 时刻的风险乘数;F_t 表示 t 时刻组合的安全底线;而 $(A_t - F_t)$ 表示 t 时刻可承受风险的安全垫;λ_t 表示 t 时刻组合风险控制水平(保本线);$(T-t)$为产品剩余期限;r 为无风险资产年化收益率。

8.2.2 模型参数

时间不变性组合保险策略(TIPP)与固定比例投资组合保险策略(CPPI)基本一致,唯一的不同便是动态保本比率。动态保本比率的确定依赖于无风险资产收益率与保本期限长短经过测试而确定的,当产品盈利的时候可以采用 TIPP 策略调整动态保本比率。可以适时采用 TIPP 策略在一定时期后调整动态保本比率。该策略只当产品盈利时使用,例如在一段时期内产品盈利 5%,则可将动态保本比率相应地调整 3%,这样可使产品在一定时期后有一定收益,同时可投资于风险的资产会相应减少,即获得潜在收益的能力相比于 CPPI 策略可能会降低。

8.3 策略数值模拟

8.3.1 模拟情景假设

例 8.2 某金融产品采用组合保险策略进行资产投资,产品期限为 1 年,无风险资产为债券,其年化收益率为 5%,风险资产为沪深 300 指数组合,产品保本率为 100%,若预期未来 1 年沪深 300 指数的期望收益为 20%,年化标准差为 30%,风险资产的交易费用为 0.5%,选取不同的组合保险策略、产品参数(包括风险乘数、资产配置调整周期,动态保本比率调整策略),产品收益如何?

点睛：组合保险策略 TIPP 与 CPPI 是在发达资本市场成熟的策略，一般的操作方式是买入与产品期限相符的零息债券，债券到期使得产品达到产品所要求的保本率，使用剩余的资金进行风险资产的杠杆交易(杠杆率为风险乘数)，交易可以通过融资融券或者保证金交易的方法进行。但是国内目前缺少零息债券，融资融券成本较高，证券交易为全额交收。组合保险策略 TIPP 与 CPPI 执行方式一般为风险资产投资部门借入无风险资产进行杠杆投资，由于无风险资产投资减少对产品的实际保本率会造成一定的影响，尤其是在市场急速下跌，风险资产投资止损平仓时，对产品的实际保本率将造成较大影响。

8.3.2　固定比例组合保险策略模拟

MATLAB 编程实现固定比例组合保险策略(CPPI)，其函数名称为 CPPIStr，M 文件为 CPPIStr. m。

函数语法：

[F,E,A,G,SumTradeFee,portFreez]＝CPPIStr(PortValue,Riskmulti,GuarantRatio,TradeDayTimeLong,TradeDayOfYear,adjustCycle,RisklessReturn,TradeFee,SData)

输入参数：

- PortValue：产品组合初始价值；
- Riskmulti：CPPI 策略的风险乘数；
- GuarantRatio：产品的保本率；
- TradeDayTimeLong：产品期限，以交易日计数；
- TradeDayOfYear：产品模拟，每年交易日，例如，每年交易日为 250 天；
- adjustCycle：产品根据模型调整周期，例如每 10 个交易日调整一次；
- RisklessReturn：无风险资产年化收益率；
- TradeFee：风险资产的交易费用；
- SData：模拟风险资产收益序列，布朗运动。

输出参数：

- F：数组，第 t 个数据表示 t 时刻安全底线；
- E：数组，第 t 个数据表示 t 时刻可投资于风险资产的上限；
- A：数组，第 t 个数据表示 t 时刻产品净值；
- G：数组，第 t 个数据表示 t 时刻可投资于无风险资产的下限；
- SumTradeFee：总交易费用；
- portFreez：组合风险资产是否出现平仓，0 为未出现风险资产平仓，1 为出现风险资产平仓。

CPPIStr 函数程序源码如下：

```
Function [F,E,A,G,SumTradeFee,portFreez] = CPPIStr(PortValue, Riskmulti,GuarantRatio,TradeDa-
        yTimeLong,TradeDayOfYear,adjustCycle,RisklessReturn,TradeFee,SData)
% code by ariszheng@gmail.com
% 2009 - 6 - 30
% intput:
% PortValue, Riskmulti, GuarantRatio, TradeDayTimeLong, TradeDayOfYear, adjustCycle, RisklessRe-
turn,TradeFee,
```

```
% SData is simulation index data
% output
% F,E,A,G,SumTradeFee
% SumTradeFee
% portFreez default is 0,  if portFreez = 1, portfolio freez  there would
%  have no risk -- investment
%%
% 初始交易费用(交易佣金)为 0;
SumTradeFee = 0;
% F,E,A,G 的初始化,长度为 N+1
F = zeros(1,TradeDayTimeLong + 1);
E = zeros(1,TradeDayTimeLong + 1);
A = zeros(1,TradeDayTimeLong + 1);
G = zeros(1,TradeDayTimeLong + 1);
% 给定 F,E,A,G 的初始值
% 初始组合资产
A(1) = PortValue;
% 初始安全底线
F(1) = GuarantRatio * PortValue * exp( - RisklessReturn * TradeDayTimeLong/TradeDayOfYear);
% 初始风险资产
E(1) = max(0,Riskmulti * (A(1) - F(1)));
% 无风险资产
G(1) = A(1) - E(1);
%%
% 是否进行风险资产平仓
% portFreez = 0 正常,portFreez = 1;平仓
portFreez = 0;
% if portFreez = 1, portfolio freez  there would have no risk -- investment
%%
% 开始逐日模拟,循环计算
% 根据 T-1 日情况与 T 日市场行情,计算 T 日产品净值
for i = 2:TradeDayTimeLong + 1
    E(i) = E(i-1) * (1 + (SData(i) - SData(i-1))/(1 + SData(i-1)));
    G(i) = G(i-1) * (1 + RisklessReturn/TradeDayOfYear);
    A(i) = E(i) + G(i);
    F(i) = GuarantRatio * PortValue * exp ( - RisklessReturn * (TradeDayTimeLong - i + 1) /
                                  TradeDayOfYear);
    % 判断是否进行调仓,调仓周期为 adjustCycle
    % mod 函数求余数的意思,若 adjustCycle = 20,i 为 20 的整数倍时
    % mod(i,adjustCycle) = 0
    if mod(i,adjustCycle) == 0
        temp = E(i);
        E(i) = max(0, Riskmulti * (A(i) - F(i)) );
        SumTradeFee = SumTradeFee + TradeFee * abs(E(i) - temp);
        G(i) = A(i) - E(i) - TradeFee * abs(E(i) - temp);
```

```
        end
        %判断是否平仓,若风险资产为 0,组合平仓冻结
        if E(i) == 0
                A(i) = G(i);
                 portFreez = 1;
        end
    end
```

函数测试 M 程序为 testCPPIStr.m。

① 初始参数设置,代码如下:

```
 % set value
PortValue = 100; %产品组合初始价值
Riskmulti = 2;    %产品风险乘数为 2
GuarantRatio = 1.00; %产品保本率为 100%
TradeDayTimeLong = 250; % 产品期限为 250 个交易日
TradeDayOfYear = 250;   %模拟假设一年交易为 250 个
adjustCycle = 10; %调整周期为每 10 个交易日调整一次
RisklessReturn = 0.05; %无风险产品收益率为 5%
TradeFee = 0.005; %风险资产的交易费用为 0.5%
```

② 根据参数生成符合布朗运动的收益率序列,代码如下:

```
 % to generate Brown random number
 %预期收益率年化专日化
Mean = 1.2^(1/TradeDayOfYear) - 1;
 %预期波动率年化专日化
Std = 0.3/sqrt(TradeDayOfYear);
 %初始价格
Price0 = 100;
SData = RandnPrice(Price0,Mean,Std,TradeDayOfYear)
 %将初始价格并入随机价格序列
SData = [Price0;SData]
 %[X0,X1,~,Xn]
```

注:RandnPrice 函数的具体用法请参阅 6.3 节相关内容。

③ 调用 CPPIStr 函数,代码如下:

```
 %调用 CPPIStr 函数
[F,E,A,G,SumTradeFee,portFreez] = CPPIStr ( PortValue, Riskmulti, GuarantRatio,TradeDayTimeL-
                                  ong, TradeDayOfYear, adjustCycle, RisklessReturn,
                                  TradeFee, SData);
```

④ 结果以及画图显示,代码如下:

```
 % to plot
figure;
 %子图 1,模拟的风险资产的价格序列
```

```
subplot(2,1,1)
plot(SData)
legend('Hs300 - Simulation')
xlabel('t');
ylabel('price')
%CPPI策略的运行情况
subplot(2,1,2)
plot(A,'-.')
hold on
plot(E,'-o')
plot(F,'-k')
plot(G,'-x')
%标记线形
legend('PortValue','RiskAssect','GuarantLine','RisklessAssect')
xlabel('t');
ylabel('price')
%总的交易费用
SumTradeFee
```

结果说明：如图 8.1 所示，收益序列为随机生成，由于每次计算生成的随机序列不同，则每次计算的结果不同。该次计算中，产品收益率为 10%，总交易费用占初始总资产的比例为 1.04%。

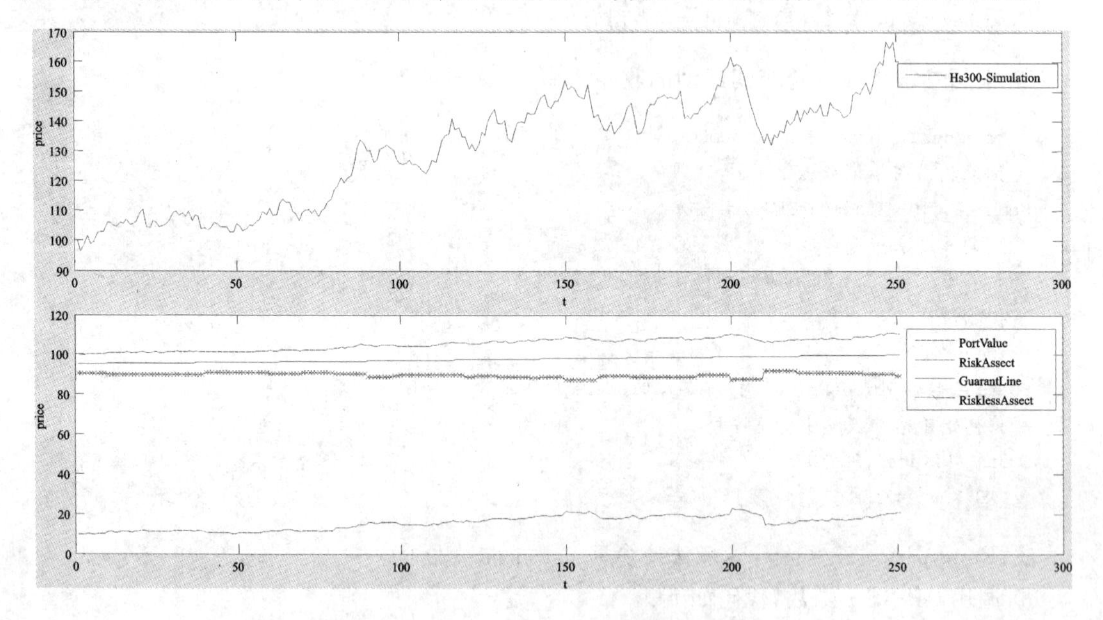

图 8.1　CPPI 策略模拟图

8.3.3　时间不变性组合保险策略模拟

用 MATLAB 编程实现时间不变性组合保险策略模拟(TIPP)，函数名称为 TIPPStr，M 文件为 TIPPStr.m。

函数语法：

[F,E,A,G,GuarantRatio,SumTradeFee,portFreez]＝TIPPStr(PortValue,Riskmulti,GuarantRatio, GuarantRatioMark, GuarantRatioAdjust, TradeDayTimeLong, TradeDayOf-

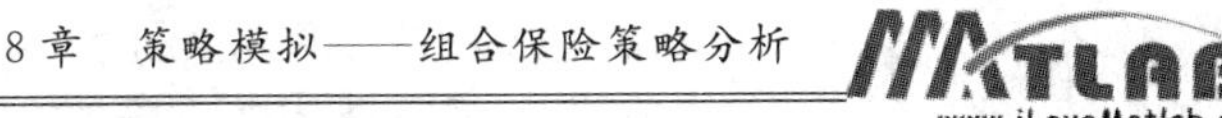

Year,adjustCycle,RisklessReturn,TradeFee,SData)

输入参数：

- PortValue:产品组合初始价值；
- Riskmulti:CPPI 策略的风险乘数；
- GuarantRatio:产品的保本率；
- GuarantRatioMark:产品的保本率调整标准；
- GuarantRatioAdjust:产品的保本率调整大小；
- TradeDayTimeLong:产品期限,以交易日计数；
- TradeDayOfYear:产品模拟,每年交易日；
- adjustCycle:产品根据模型调整周期,例如每 10 个交易日调整 1 次；
- RisklessReturn:无风险资产年化收益率；
- TradeFee:风险资产的交易费用；
- SData:模拟风险资产收益序列,布朗运动。

注:若 GuarantRatioMark=5%,GuarantRatioAdjust=3%,则产品收益每增加 5%,其保本率上调 3%,GuarantRatio 只能进行向上调整。

输出参数：

- F:数组,第 t 个数据表示 t 时刻安全底线；
- E:数组,第 t 个数据表示 t 时刻可投资于风险资产的上限；
- A:数组,第 t 个数据表示 t 时刻产品净值；
- G:数组,第 t 个数据表示 t 时刻可投资于无风险资产的下限；
- GuarantRatio:产品的保本率；
- SumTradeFee:总交易费用；
- portFreez:组合风险资产是否出现平仓,0 为未出现风险资产平仓,1 为出现风险资产平仓。

函数 TIPPStr 源代码如下：

```
function [F,E,A,G,GuarantRatio, SumTradeFee,portFreez] = TIPPStr( PortValue, Riskmulti,Guar-
        antRatio,GuarantRatioMark,GuarantRatioAdjust,TradeDayTimeLong,TradeDayOfYear,adjust-
        Cycle,RisklessReturn,TradeFee,SData)
% code by ariszheng@gmail.com
% 2009 - 6 - 30
% intput:
% PortValue,Riskmulti,GuarantRatio,GuarantRatioMark,GuarantRatioAdjust
% Trade,DayTimeLong,TradeDayOfYear,adjustCycle,RisklessReturn,TradeFee
% e.g GuarantRatio = 100 % ,GuarantRatioMark = 5 % ,GuarantRatioAdjust = 3 %
% if return more than GuarantRatioMark
% GuarantRatio = GuarantRatio + GuarantRatioAdjust
% SData is simulation index data
% output
% F,E,A,G,SumTradeFee
% SumTradeFee
% portFreez default is 0,if portFreez = 1, portfolio freez
```

```
% there would have no risk -- investment
% %
% 初始的交易总费用为 0
SumTradeFee = 0;
% 模拟状态变量 F,E,A,G 的空间初始化(分配内存)
% 为不影响计算一般初始值为 0;
F = zeros(1,TradeDayTimeLong + 1);
E = zeros(1,TradeDayTimeLong + 1);
A = zeros(1,TradeDayTimeLong + 1);
G = zeros(1,TradeDayTimeLong + 1);
% 模拟状态变量 F,E,A,G 的初始化
A(1) = PortValue;
F(1) = GuarantRatio * PortValue * exp( - RisklessReturn * TradeDayTimeLong/TradeDayOfYear);
E(1) = max(0,Riskmulti * (A(1) - F(1)));
G(1) = A(1) - E(1);
% %
% if portFreez = 1, portfolio freez there would have no risk -- investment
% 风险资产平仓状态标识;
portFreez = 0;
% 保本率为 100 %
GuarantRatioMarklevel = 1;
% %
for i = 2:TradeDayTimeLong + 1
    E(i) = E(i - 1) * (1 + (SData(i) - SData(i - 1))/(1 + SData(i - 1)));
    G(i) = G(i - 1) * (1 + RisklessReturn/TradeDayOfYear);
    A(i) = E(i) + G(i);
    F(i) = GuarantRatio * PortValue * exp( - RisklessReturn *  (TradeDayTimeLong - i + 1) /
        TradeDayOfYear);
    % 判断是否进行调仓,调仓周期为 adjustCycle
    % mod 函数求余数的意思,若 adjustCycle = 20,i 为 20 的整数倍时
    %  mod(i,adjustCycle) = 0
    if mod(i,adjustCycle) == 0
        if ( A(i)/A(1) ) > (1 + GuarantRatioMarklevel * GuarantRatioMark)
            GuarantRatio = GuarantRatio + GuarantRatioAdjust;
            GuarantRatioMarklevel = GuarantRatioMarklevel + 1;
        end
         F(i) = GuarantRatio * PortValue * exp( - RisklessReturn * (TradeDayTimeLong - i + 1)/
            TradeDayOfYear);
        temp = E(i);
        E(i) = max(0, Riskmulti * (A(i) - F(i)) );
        SumTradeFee = SumTradeFee  +  TradeFee * abs(E(i) - temp);
        G(i) = A(i) - E(i) - TradeFee * abs(E(i) - temp);
    end
    % 是否发生风险资产的平仓
    if E(i) == 0
```

```
            A(i) = G(i);
        portFreez = 1;
    end
end
```

函数测试 M 程序为 testTIPPStr.m。

① 初始参数设置,代码如下:

```
% set value
PortValue = 100; % 产品组合初始价值
Riskmulti = 2; % 产品风险乘数为 2
GuarantRatio = 1.00; % 产品保本率为 100 %
GuarantRatioMark = 0.05; % 产品的保本率调整标准为 5 %
GuarantRatioAdjust = 0.03; % 产品的保本率调整大小为 3 %
TradeDayTimeLong = 250; % 产品期限为 250 个交易日
TradeDayOfYear = 250; % 模拟假设一年交易为 250 个
adjustCycle = 10; % 调整周期为每 10 个交易日调整一次
RisklessReturn = 0.05; % 无风险产品收益率为 5 %
TradeFee = 0.005; % 风险资产的交易费用为 0.5 %
```

② 根据参数生成符合布朗运动的收益率序列,代码如下:

```
% to generate Brown random number
% 预期收益率年化专日化
Mean = 1.2^(1/TradeDayOfYear) - 1;
% 预期波动率年化专日化
Std = 0.3/sqrt(TradeDayOfYear);
% 初始价格
Price0 = 100;
SData = RandnPrice(Price0,Mean,Std,TradeDayOfYear)
% 将初始价格并入随机价格序列
SData = [Price0;SData]
% [X0,X1,~,Xn]
```

注:RandnPrice 函数语法参看 6.3 节相关内容。

③ 调用 TIPPStr 函数,代码如下:

```
% to computer
[F,E,A,G,GuarantRatio,SumTradeFee,portFreez] = TIPPStr(PortValue,Riskmulti,GuarantRatio,Guar-
    antRatioMark, GuarantRatioAdjust, TradeDayTimeLong, TradeDayOfYear, adjustCycle, Risk-
    lessReturn, TradeFee,SData);
```

④ 计算结果及画图展示。

结果说明:如图 8.2 所示,收益序列为随机生成,由于每次计算生成的随机序列不同,则每次计算的结果不同。该次计算产品收益率为 6.69%,总交易费用占初始总资产的比例为 0.782%,保本率调整为 103%。

注:两次模拟的结果基于不同的随机价格序列(同样的方法,两次生成的数值不同),在收益率与交易费用上没有可比性。

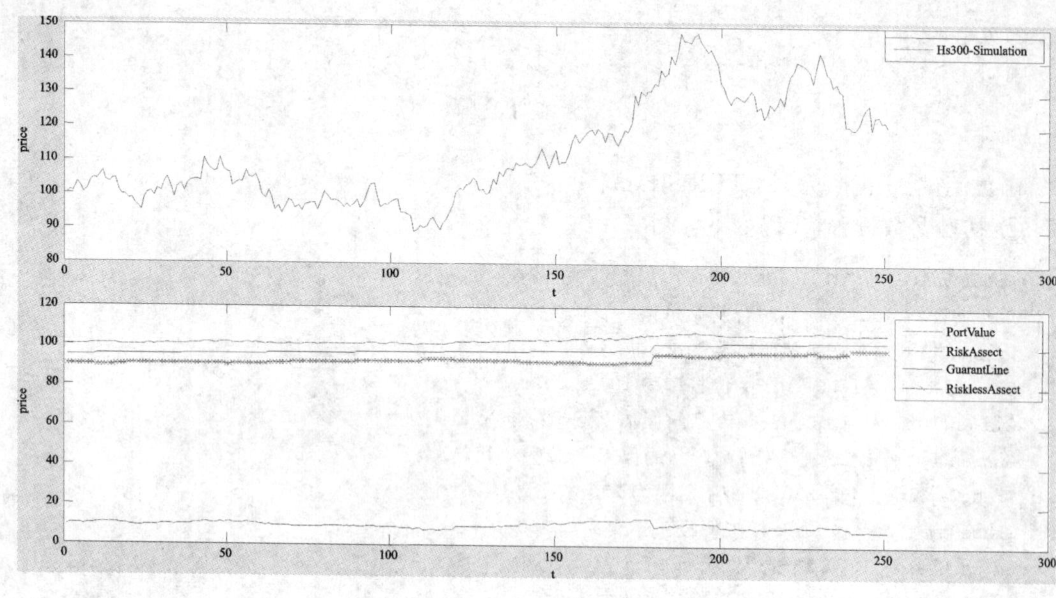

图 8.2 TIPP 策略模拟图

8.4 策略选择与参数优化

8.4.1 模拟情景假设

例 8.3 某金融产品采用组合保险策略进行资产投资,产品期限为1年,无风险资产为债券,其年化收益率为5%,风险资产为沪深300指数组合,产品保本率为100%,若预期未来1年沪深300指数的期望收益为20%,年化标准差为30%,风险资产的交易费用为0.5%。选择CPPI策略还是TIPP策略,参数如何设置使得产品期望收益最大?

8.4.2 模拟方案与模拟参数

(1) 模拟数据生成

根据案例说明"若预期未来1年沪深300指数的期望收益为20%,年化标准差为30%"生成1 000组不同的布朗运动的随机序列。

(2) 模拟参数设置

CPPI策略模拟参数设置为:

- PortValue:产品组合初始价值为100;
- Riskmulti:CPPI策略的风险乘数,分别选取2、2.5、3.0、3.5、4.0五种情况;
- GuarantRatio:产品的保本率分为95%、100%两种情况;
- TradeDayTimeLong:产品期限,以交易日计数,为250;
- TradeDayOfYear:产品模拟,每年交易日为250;
- adjustCycle:产品根据模型调整周期,采用1、5、10、20四种情况;
- RisklessReturn:无风险资产年化收益率5%。

TIPP 策略模拟参数设置为：

- GuarantRatioMark：产品的保本率调整标准；
- GuarantRatioAdjust：产品的保本率调整大小。

(3) 模拟计算

使用 CPPI 与 TIPP 不同的参数设置，分别进行 1 000 次模拟计算，使用 1 000 次的均值作为在给定条件下的期望收益率。

8.4.3 模拟程序与结果

1. CPPI 策略模拟

CPPI 策略模拟程序 M 文件为 CPPIOpt. m。

参数说明：

- GuarantRatio：产品保本率，分别为 95%、100% 两种情况；
- Riskmulti：产品风险乘数，分别为 2、2. 5、3、3. 5、4 五种情况；
- adjustCycle：策略调整周期，分别为 1、5、10、20 即每天调整、每周调整等四种情况；
- Return：在参数一定条件下的产品收益率(年化)；
- Volatility：在参数一定条件下的产品波动率(年化)；
- SumTradeFee：在参数一定条件下的产品交易费用；
- portFreez：在参数一定条件下的产品风险资产平仓的概率。

根据不同参数的组合，将计算出共 40 种不同参数情况下的 CPPI 策略结果。

模拟程序代码如下：

```
%%
% CPPI simulation
% 相关参数设
% 初始组合价值
PortValue = 100; % Portfoilo Value
% 交易日个数
TradeDayTimeLong = 250;
TradeDayOfYear = 250;
% 无风险收益率
RisklessReturn = 0.05;
% 交易费用(%)
TradeFee = 0.005;
% 情景设定 风险乘数
Riskmulti = [2,2.5,3,3.5,4];
% 情景设定 保本率
GuarantRatio = [0.95,1.00];
% 情景设定 调整周期
adjustCycle = [1,5,10,20];
% 结果矩阵的初始化
% length(GuarantRatio) = 2
% length(Riskmulti) = 4
% length(adjustCycle) = 2
% 共 16 种组合,每种组合有 7 个参数
% length(GuarantRatio) * length(Riskmulti) * length(adjustCycle) = 16
```

```
CPPITestMatrix = zeros(length(GuarantRatio) * length(Riskmulti) * length(adjustCycle),7);
%CPPIResult = [GuarantRatio,Riskmulti,adjustCycle,Return,Volatility,SumTradeFee,portFreez]
%%
%根据每种情景假设进行模拟
num = 0;
for i = 1:length(GuarantRatio)
    for j = 1:length(Riskmulti);
        for k = 1:length(adjustCycle)
            num = num + 1;
            CPPITestMatrix(num,1:3) = [GuarantRatio(i),Riskmulti(j),adjustCycle(k)];
        end
    end
end
%%
%每种情况,模拟1000次,生成1000次随机序列
testNum = 1000;
%随机序列的参数
%将预期收益率20%进行日化 1.2^(1/250) - 1;
%将预期波动率30%进行日化,30%/sqrt(250); sqrt表示开方
Mean = 1.2^(1/TradeDayTimeLong) - 1;
Std = 0.3/sqrt(TradeDayTimeLong);
%初始价格为100
Price0 = 100;
%过程矩阵(testNum,TradeDayTimeLong + 1),1000次测试,每次测试251个数据
SDataMatrix = zeros(testNum,TradeDayTimeLong + 1);
for i = 1:testNum
    SData = RandnPrice(Price0,Mean,Std,TradeDayTimeLong)
    SDataMatrix(i,:) = [Price0;SData];
end

%%
%CPPI compute
%根据随机序列开始计算模拟
SumTradeFee = zeros(testNum,1);
portFreez = zeros(testNum,1);
testReturn = zeros(testNum,1);
testVolatility = zeros(testNum,1);
%分别代入不同的参数进行CPPI模拟
for testNo = 1:length(CPPITestMatrix)
    for i = 1:testNum
        %CPPIResult = [GuarantRatio,Riskmulti,adjustCycle,Return,
        %Volatility,SumTradeFee]
        TRiskmulti = CPPITestMatrix(testNo,2);
        TGuarantRatio = CPPITestMatrix(testNo,1);
        TadjustCycle = CPPITestMatrix(testNo,3);
```

```
        [F,E,A,G,SumTradeFee(i),portFreez(i)] =
            CPPIStr(PortValue,TRiskmulti,TGuarantRatio, TradeDayTimeLong,...
            TradeDayOfYear,TadjustCycle,RisklessReturn,TradeFee,SDataMatrix(i,:));
            testReturn(i) = ( A(TradeDayTimeLong + 1) - A(1) )/A(1);
            testVolatility(i) = std( price2ret( A ) ) * sqrt(TradeDayOfYear);
        end
        CPPITestMatrix(testNo,4) = sum(testReturn)/testNum;
        CPPITestMatrix(testNo,5) = sum(testVolatility)/testNum;
        CPPITestMatrix(testNo,6) = sum(SumTradeFee)/testNum;
        CPPITestMatrix(testNo,7) = sum(portFreez)/testNum;
end
CPPITestMatrix
```

计算结果如表 8.1 所列。

表 8.1　CPPI 策略模拟计算结果

GuarantRatio/%	Riskmulti	adjustCycle	Return	Volatility	SumTradeFee	portFreez
95	2	1	0.075 0	0.055 8	0.365 8	0
95	2	5	0.077 3	0.056 3	0.164 8	0
95	2	10	0.077 9	0.056 4	0.116 9	0.001
95	2	20	0.078 1	0.056 4	0.080 6	0
95	2.5	1	0.078 4	0.069 5	0.684 1	0
95	2.5	5	0.082 8	0.070 5	0.310 5	0
95	2.5	10	0.083 9	0.070 8	0.220 7	0.001
95	2.5	20	0.084 3	0.070 8	0.152 0	0.002
95	3	1	0.080 7	0.082 7	1.087 4	0
95	3	5	0.087 9	0.084 8	0.498 6	0.001
95	3	10	0.089 7	0.085 3	0.355 0	0.002
95	3	20	0.090 4	0.085 5	0.244 5	0.003
95	3.5	1	0.081 9	0.095 5	1.569 5	0.001
95	3.5	5	0.092 4	0.098 9	0.728 5	0.001
95	3.5	10	0.095 1	0.099 8	0.520 0	0.002
95	3.5	20	0.096 2	0.100 2	0.358 0	0.01
95	4	1	0.082 1	0.107 7	2.122 5	0.001
95	4	5	0.096 5	0.112 8	0.999 5	0.001
95	4	10	0.100 3	0.114 2	0.715 6	0.004
95	4	20	0.101 9	0.115 0	0.492 8	0.025
100	2	1	0.063 3	0.028 5	0.185 2	0
100	2	5	0.064 5	0.028 8	0.083 4	0
100	2	10	0.064 7	0.028 8	0.059 2	0.001

续表 8.1

GuarantRatio/%	Riskmulti	adjustCycle	Return	Volatility	SumTradeFee	portFreez
100	2	20	0.064 8	0.028 8	0.040 8	0
100	2.5	1	0.065 0	0.035 6	0.346 3	0
100	2.5	5	0.067 2	0.036 2	0.157 2	0
100	2.5	10	0.067 8	0.036 3	0.111 7	0.001
100	2.5	20	0.068 0	0.036 4	0.077 0	0.002
100	3	1	0.066 2	0.042 7	0.550 5	0
100	3	5	0.069 8	0.043 8	0.252 4	0.001
100	3	10	0.070 7	0.044 0	0.179 7	0.002
100	3	20	0.071 1	0.044 1	0.123 8	0.003
100	3.5	1	0.066 8	0.049 5	0.794 6	0.001
100	3.5	5	0.072 1	0.051 4	0.368 8	0.001
100	3.5	10	0.073 5	0.051 8	0.263 3	0.002
100	3.5	20	0.074 0	0.052 0	0.181 3	0.01
100	4	1	0.066 9	0.056 1	1.074 6	0.001
100	4	5	0.074 2	0.059 0	0.506 0	0.002
100	4	10	0.076 1	0.059 8	0.362 3	0.004
100	4	20	0.076 9	0.060 2	0.249 5	0.025

结果说明:CPPI 策略在预期市场上涨概率较大的情况下,CPPI 策略低保本率与高风险乘数获得收益最高,为 10.19%,波动性也最大,为 11.5%,发生风险资产平仓的概率同样最大,策略的调整间隔越短,交易费用越高。

2. TIPP 策略模拟

TIPP 策略模拟程序 M 文件为 TIPPOpt.m。

参数说明:

- GuarantRatio:产品保本率,分别为 95%、100% 两种情况;
- Riskmulti:产品风险乘数,分别为 2、2.5、3、3.5、4 五种情况;
- adjustCycle:策略调整周期,分别为 1、5、10、20 即每天调整、每周调整等四种情况;
- Return:在参数一定条件下的产品收益率(年化);
- Volatility:在参数一定条件下的产品波动率(年化);
- SumTradeFee:在参数一定条件下的产品交易费用;
- portFreez:在参数一定条件下的产品风险资产平仓的概率;
- GuarantRatioMark:产品的保本率调整标准;
- GuarantRatioAdjust:产品的保本率调整大小。

分别采取以下两组数据:

① GuarantRatioMark =5%,GuarantRatioAdjust =3%;

② GuarantRatioMark =3%, GuarantRatioAdjust =2%。

根据不同参数的组合将计算出共 80 种不同参数情况下的 TIPP 策略结果。

程序代码如下:

```
%%
%TIPP simulation
PortValue = 100; %Portfoilo Value
TradeDayTimeLong = 250;
TradeDayOfYear = 250;
RisklessReturn = 0.05;
TradeFee = 0.005;
Riskmulti = [2,2.5,3,3.5,4];
GuarantRatio = [0.95,1.00];
adjustCycle = [1,5,10,20];
GuarantRatioMark = [0.03,0.05];
GuarantRatioAdjust = [0.02,0.03];
TIPPTestMatrix = zeros(length(GuarantRatioMark) * length(GuarantRatio) * length(Riskmulti)...
            * length(adjustCycle),9);
%CPPIResult = [GuarantRatio, GuarantRatioMark, GuarantRatioAdjust, Riskmulti, adjustCycle, Re-
            turn,
%Volatility,SumTradeFee,portFreez]
%%
num = 0;
for i = 1:length(GuarantRatio)
    for j = 1:length(Riskmulti);
        for k = 1:length(adjustCycle)
            for l = 1:length(GuarantRatioMark)
            num = num + 1;
            TIPPTestMatrix(num,[1,4,5]) = [GuarantRatio(i),Riskmulti(j),adjustCycle(k)];
            TIPPTestMatrix(num,[2,3]) = [GuarantRatioMark(l),GuarantRatioAdjust(l)];
            end
        end
    end
end
%%
%每种情况,模拟 1000 次,生成 1000 次随机序列
testNum = 1000;
%随机序列的参数
Mean = 1.2^(1/TradeDayTimeLong) - 1;
Std = 0.3/sqrt(TradeDayTimeLong);
Price0 = 100;
SDataMatrix = zeros(testNum,TradeDayTimeLong + 1);
for i = 1:testNum
    SData = RandnPrice(Price0,Mean,Std,TradeDayTimeLong)
    SDataMatrix(i,:) = [Price0;SData];
end

%%
%TIPP compute
```

```
SumTradeFee = zeros(testNum,1);
portFreez = zeros(testNum,1);
testReturn = zeros(testNum,1);
testVolatility = zeros(testNum,1);
for testNo = 1:length(TIPPTestMatrix)
    for i = 1:testNum
        % TIPPResult = [GuarantRatio,GuarantRatioMark,GuarantRatioAdjust,Riskmulti,adjustCy-
                    cle,Return,
        % Volatility,SumTradeFee,portFreez]
        TRiskmulti = TIPPTestMatrix(testNo,4);
        TGuarantRatio = TIPPTestMatrix(testNo,1);
        TadjustCycle = TIPPTestMatrix(testNo,5);
        TGuarantRatioMark = TIPPTestMatrix(testNo,2);
        TGuarantRatioAdjust = TIPPTestMatrix(testNo,3);
        [F,E,A,G,GuarantRatio,SumTradeFee(i),portFreez(i)] = TIPPStr(PortValue,TRiskmulti,
                TGuarantRatio,TGuarantRatioMark, TGuarantRatioAdjust,TradeDayTimeLong,Trade-
                DayOfYear,TadjustCycle,RisklessReturn,TradeFee,SDataMatrix(i,:));
        testReturn(i) = ( A(TradeDayTimeLong + 1) - A(1) )/A(1);
        testVolatility(i) = std( price2ret( A ) ) * sqrt(TradeDayOfYear);
    end
    TIPPTestMatrix(testNo,6) = sum(testReturn)/testNum;
    TIPPTestMatrix(testNo,7) = sum(testVolatility)/testNum;
    TIPPTestMatrix(testNo,8) = sum(SumTradeFee)/testNum;
    TIPPTestMatrix(testNo,9) = sum(portFreez)/testNum;
end
TIPPTestMatrix
```

计算结果如表 8.2 所列。

表 8.2 TIPP 策略模拟计算结果

Guarant Ratio	Guarant RatioMark	Guarant RatioAdjust	Riskmulti	adjustCycle	Return	Volatility	SumTradeFee	portFreez
0.95	0.03	0.02	2	1	0.069 8	0.046 3	0.330 9	0
0.95	0.05	0.03	2	1	0.071 1	0.049 2	0.347 4	0
0.95	0.03	0.02	2	5	0.072 0	0.047 2	0.157 6	0
0.95	0.05	0.03	2	5	0.073 3	0.050 0	0.167 2	0
0.95	0.03	0.02	2	10	0.072 7	0.047 8	0.111 0	0
0.95	0.05	0.03	2	10	0.074 1	0.050 4	0.120 6	0
0.95	0.03	0.02	2	20	0.073 6	0.048 6	0.072 3	0
0.95	0.05	0.03	2	20	0.074 9	0.051 0	0.081 2	0
0.95	0.03	0.02	2.5	1	0.071 6	0.055 5	0.571 4	0
0.95	0.05	0.03	2.5	1	0.073 0	0.059 3	0.609 2	0
0.95	0.03	0.02	2.5	5	0.075 5	0.056 8	0.258 7	0
0.95	0.05	0.03	2.5	5	0.077 0	0.060 5	0.284 5	0

续表 8.2

Guarant Ratio	Guarant RatioMark	Guarant RatioAdjust	Riskmulti	adjustCycle	Return	Volatility	SumTradeFee	portFreez
0.95	0.03	0.02	2.5	10	0.076 8	0.057 9	0.174 7	0
0.95	0.05	0.03	2.5	10	0.078 3	0.061 3	0.199 0	0
0.95	0.03	0.02	2.5	20	0.078 2	0.059 2	0.109 1	0
0.95	0.05	0.03	2.5	20	0.079 9	0.062 3	0.128 4	0
0.95	0.03	0.02	3	1	0.072 5	0.063 9	0.852 6	0
0.95	0.05	0.03	3	1	0.073 8	0.068 3	0.916 9	0
0.95	0.03	0.02	3	5	0.078 5	0.066 0	0.374 7	0
0.95	0.05	0.03	3	5	0.079 8	0.070 3	0.419 5	0
0.95	0.03	0.02	3	10	0.080 4	0.067 4	0.249 0	0
0.95	0.05	0.03	3	10	0.082 1	0.071 5	0.286 4	0
0.95	0.03	0.02	3	20	0.082 6	0.069 7	0.160 4	0.002
0.95	0.05	0.03	3	20	0.084 2	0.073 2	0.181 6	0.002
0.95	0.03	0.02	3.5	1	0.072 4	0.071 3	1.160 9	0
0.95	0.05	0.03	3.5	1	0.073 7	0.076 4	1.259 9	0
0.95	0.03	0.02	3.5	5	0.080 6	0.074 4	0.502 8	0
0.95	0.05	0.03	3.5	5	0.082 3	0.079 5	0.568 9	0
0.95	0.03	0.02	3.5	10	0.083 4	0.076 4	0.338 0	0.002
0.95	0.05	0.03	3.5	10	0.085 4	0.081 2	0.384 2	0.002
0.95	0.03	0.02	3.5	20	0.086 5	0.080 2	0.227 3	0.011
0.95	0.05	0.03	3.5	20	0.088 1	0.083 8	0.248 8	0.011
0.95	0.03	0.02	4	1	0.071 5	0.078 0	1.487 9	0
0.95	0.05	0.03	4	1	0.073 0	0.083 7	1.624 0	0
0.95	0.03	0.02	4	5	0.082 4	0.082 2	0.642 7	0.002
0.95	0.05	0.03	4	5	0.084 4	0.087 8	0.725 4	0.002
0.95	0.03	0.02	4	10	0.086 1	0.085 1	0.438 5	0.006
0.95	0.05	0.03	4	10	0.088 3	0.090 3	0.494 7	0.006
0.95	0.03	0.02	4	20	0.090 6	0.090 9	0.311 1	0.026
0.95	0.05	0.03	4	20	0.091 8	0.093 9	0.326 3	0.026
1	0.03	0.02	2	1	0.060 1	0.022 9	0.171 1	0
1	0.05	0.03	2	1	0.061 3	0.025 3	0.182 7	0
1	0.03	0.02	2	5	0.061 1	0.023 4	0.089 1	0
1	0.05	0.03	2	5	0.062 3	0.025 7	0.092 7	0
1	0.03	0.02	2	10	0.061 4	0.023 6	0.067 9	0
1	0.05	0.03	2	10	0.062 7	0.025 9	0.070 0	0
1	0.03	0.02	2	20	0.061 9	0.024 1	0.049 6	0
1	0.05	0.03	2	20	0.063 3	0.026 2	0.050 7	0
1	0.03	0.02	2.5	1	0.060 8	0.027 8	0.293 5	0
1	0.05	0.03	2.5	1	0.062 3	0.030 7	0.318 9	0
1	0.03	0.02	2.5	5	0.062 7	0.028 5	0.145 0	0

续表 8.2

Guarant Ratio	Guarant RatioMark	Guarant RatioAdjust	Riskmulti	adjustCycle	Return	Volatility	SumTradeFee	portFreez
1	0.05	0.03	2.5	5	0.064 2	0.031 3	0.156 7	0
1	0.03	0.02	2.5	10	0.063 3	0.028 9	0.106 5	0
1	0.05	0.03	2.5	10	0.064 8	0.031 8	0.114 9	0
1	0.03	0.02	2.5	20	0.064 2	0.029 5	0.074 0	0
1	0.05	0.03	2.5	20	0.065 7	0.032 2	0.080 7	0
1	0.03	0.02	3	1	0.061 3	0.032 2	0.437 7	0
1	0.05	0.03	3	1	0.062 7	0.035 6	0.481 0	0
1	0.03	0.02	3	5	0.064 2	0.033 2	0.210 7	0
1	0.05	0.03	3	5	0.065 8	0.036 6	0.232 5	0
1	0.03	0.02	3	10	0.065 3	0.033 8	0.150 0	0
1	0.05	0.03	3	10	0.066 7	0.037 3	0.167 8	0
1	0.03	0.02	3	20	0.066 3	0.034 7	0.100 0	0.002
1	0.05	0.03	3	20	0.067 9	0.038 0	0.114 0	0.002
1	0.03	0.02	3.5	1	0.061 4	0.036 1	0.597 8	0
1	0.05	0.03	3.5	1	0.062 9	0.040 1	0.662 6	0
1	0.03	0.02	3.5	5	0.065 4	0.037 6	0.282 5	0
1	0.05	0.03	3.5	5	0.067 3	0.041 5	0.316 9	0
1	0.03	0.02	3.5	10	0.066 8	0.038 5	0.196 8	0.002
1	0.05	0.03	3.5	10	0.068 4	0.042 4	0.225 1	0.002
1	0.03	0.02	3.5	20	0.068 3	0.039 8	0.127 9	0.011
1	0.05	0.03	3.5	20	0.070 2	0.043 5	0.150 1	0.011
1	0.03	0.02	4	1	0.061 1	0.039 8	0.770 0	0
1	0.05	0.03	4	1	0.062 3	0.044 1	0.859 0	0
1	0.03	0.02	4	5	0.066 3	0.041 8	0.358 8	0.002
1	0.05	0.03	4	5	0.068 3	0.046 3	0.408 2	0.002
1	0.03	0.02	4	10	0.068 2	0.043 0	0.246 3	0.006
1	0.05	0.03	4	10	0.070 1	0.047 5	0.286 5	0.006
1	0.03	0.02	4	20	0.069 8	0.044 7	0.160 2	0.027
1	0.05	0.03	4	20	0.072 3	0.049 0	0.188 5	0.026

结果说明:TIPP 的结果与 CPPI 结果类似,在预期市场上涨概率较大的情况下,TIPP 策略低保本率与高风险乘数获得收益最高,为 9.18%,波动性也最大,为 9.35%,发生风险资产平仓的概率同样最大,策略的调整间隔越短,交易费用越高。在预期市场上涨概率较大的情况下,TIPP 策略使得收益与风险较 CPPI 策略降低。

第 9 章

KMV 模型求解——方程与方程组的数值解

9.1 方程与方程组

在实际问题中如果我们知道某几个未知数间的关系，例如方程或方程组，则可以使用数值计算方法求解出方程或方程组的解(根)。

9.1.1 方　程

若 x 为变量，对方程 $f(x)$，若存在 x^*，使得 $f(x^*)=0$，则 x^* 为方程 $f(x)$ 的解(根)。求解方程算法为迭代算法，通常使用优化算法求解方程

$$f(x)=0 \quad \Leftrightarrow \quad \min f(x)^2$$

若上述方程有解，则对于上述优化问题的最小值为 0，对应的最优点即为方程的解(根)，若方程有多解，则优化问题存在多个极值使得函数值为 0。

例如

$$f(x)=x^2-x-1=0 \quad \Leftrightarrow \quad \min f(x)^2=(x^2-x-1)^2$$

注：上述方程未必有解，也可能解不唯一，具体理论可以参考相关数学理论书籍。

9.1.2 方程组

若 x 为变量，对方程组

$$\begin{cases} f_1(x) \\ f_2(x) \\ \vdots \\ f_n(x) \end{cases}$$

若存在 x^*，使得

$$\begin{cases} f_1(x^*)=0 \\ f_2(x^*)=0 \\ \vdots \\ f_n(x^*)=0 \end{cases}$$

则 x^* 为方程组的解或者根。求解方程(组)算法为迭代算法，通常可以使用优化算法求解方程(组)。

$$\begin{cases} f_1(x^*)=0 \\ f_2(x^*)=0 \\ \vdots \\ f_n(x^*)=0 \end{cases} \quad \Leftrightarrow \quad \min F(x)=f_1(x)^2+f_2(x)^2+\cdots+f_n(x)^2$$

若上述方程组有解,则对于优化问题的最小值为 0,对应的最优点即为方程组的解(根),若方程(组)有多解,则优化问题存在多个极值使得函数值为 0。

注:上述方程组未必有解,也可能解不唯一,具体理论可以参考相关数学理论书籍。

9.2 方程与方程组的求解

9.2.1 fzero 函数

fzero 是 MATLAB 最主要内置的求解单变量方程的函数。

函数语法:

[x,fval,exitflag,output] = fzero(fun,x0,options)

输入参数:

- fun:目标函数,一般用 M 文件形式给出;
- x0:优化算法初始迭代点;
- options:参数设置。

注:方程组求解一般使用迭代算法,迭代是数值分析中通过从一个初始估计出发寻找一系列近似解来解决问题(一般是解方程或者方程组)的过程,为实现这一过程所使用的方法统称为迭代法(iterative method)。这里输入的 x0 为初始迭代点。

函数输出:

- x:最优点输出(或最后迭代点);
- fval:最优点(或最后迭代点)对应的函数值;
- exitflag:函数结束信息(具体参见 MATLAB Help);
- output:函数基本信息(包括迭代次数、目标函数最大计算次数、使用的算法名称、计算规模)。

例 9.1 求解下列方程

$$f(x) = 2x - x^2 - e^{-x} = 0$$

求解过程如下:

① 编写目标函数 Eqfunobj1.m 如下:

```
function f = Eqfunobj1(x)
% code by ariszheng@gmail.com  2010 - 7 - 6
f = 2 * x - x^2 - exp( - x);
% MATLAB 中指数函数使用 exp(),函数计算,例如 e^x = exp(x),
```

② 编写求解函数 SolveEqfun1.m 如下:

```
% code by ariszheng@gmail.com 2010 - 7 - 6
% 初始迭代点为 0
x0 = 0;
% 调用 fzero 函数进行求解
[x,fval,exitflag,output] = fzero(@Eqfunobj1,x0)
```

计算结果如下:

```
%方程组的解
x =
    0.4164
%解对于的方程组的函数值,若 fval 为 0 则上述 x 为正确解
%若 fval 不等于 0 则上述的 x 非方程组解(可能由于算法问题或函数本身无解等原因造成)
fval =
    0

exitflag =

    1    %表示迭代计算成功结束,获得函数解
output =

    intervaliterations: 9
            iterations: 5   %迭代次数
             funcCount: 24 %目标函数计算次数
             algorithm: 'bisection, interpolation' %函数使用的算法
               message: 'Zero found in the interval [-0.452548, 0.452548]'
```

9.2.2 fsolve 函数

fsolve 是 MATLAB 最主要求解多变量方程与方程组的函数。

函数语法：

[x,fval,exitflag,output,jacobian] = fsolve(fun,x0,options)

输入参数：

- fun:目标函数,一般用 M 文件形式给出;
- x0:优化算法初始迭代点;
- options：参数设置。

函数输出：

- x:最优点输出(或最后迭代点);
- fval:最优点(或最后迭代点)对应的函数值;
- exitflag:函数结束信息 (具体参见 MATLAB Help);
- output:函数基本信息(包括迭代次数、目标函数最大计算次数、使用的算法名称、计算规模);
- jacobian:Jacobian 矩阵(主要用来判断是否得到有效解)。

例 9.2　求解多变量方程

$$f(x) = 2x_1 - x_2 - e^{-x_1} = 0$$

求解过程如下：

① 编写目标函数 Eqfunobj2.m 如下：

```
function f = Eqfunobj1(x)
% code by ariszheng@gmail.com   2010-7-6
f = 2 * x(1) - x(2) - exp(-x(1));
```

② 编写求解函数 SolveEqfun2.m 如下：

```
% code by ariszheng@gmail.com 2010 - 7 - 6
%初始迭代点[0,0]
x0 = [0,0];
%调用 fsolve 函数求解
[x,fval,exitflag,output] = fsolve(@Eqfunobj2,x0)
```

计算结果如下：

```
Optimization terminated: the first - order optimality measure is less than 1e - 4 times options.TolFun.
%优化算法终止信息:目标函数的一阶导数小于设置的参数阈值 0.0001
  x =
      0.3132    - 0.1048
  fval =  %目标函数值
  - 1.2212e - 015

    exitflag =
        1   %表示迭代计算成功结束,获得函数解

    output =

          iterations: 4    %迭代次数
            funcCount: 15  %目标函数计算次数
             stepsize: 3.5754e - 010
        cgiterations: []
       firstorderopt: 3.3354e - 015 %一阶导数,优化问题的最优解处的倒数一般为 0
            algorithm: 'Levenberg - Marquardt' %使用的算法
              message: [1x99 char]
```

例 9.3 求解多变量方程组

$$\begin{cases} 2x_1 - x_2 - e^{-x_1} = 0 \\ -x_1 + 2x_2 - e^{-x_2} = 0 \end{cases}$$

求解过程如下：

① 编写目标函数 Eqfunobj3.m 如下：

```
function F = Eqfunobj3(x)
% code by ariszheng@gmail.com 2010 - 7 - 6
%方程组以列的形式展现
F = [2 * x(1) - x(2) - exp( - x(1)); %第一行,第一个方程
      - x(1) + 2 * x(2) - exp( - x(2))]; %第二行,第二个方程
%注释:F 为列向量的格式
```

② 编写求解函数 SolveEqfun3.m 如下：

```
% code by ariszheng@gmail.com 2010 - 7 - 6
%初始迭代点为[ - 5; - 5]
x0 = [ - 5; - 5];
%显示迭代过程
options = optimset('Display','iter'); %显示迭代过程结果

%调用 fsolve 函数进行求解
[x,fval] = fsolve(@Eqfunobj2,x0,options)
```

计算结果如下：

```
                                                  First - Order                              Norm of
Iteration  Func - count      Residual              optimality          Lambda                step
      0            3         23535.6             2.31e + 004          0.01
      1            6         3189.52             3.14e + 003          0.001                1.01992
      2            9         410.564                     433          0.0001               1.01701
      3           12         41.9655                    61.6          1e - 005             0.947533
      4           15          1.8991                    8.04          1e - 006             0.677172
      5           18      0.00877183                   0.473          1e - 007              0.23291
      6           21   2.33194e - 007                0.00241          1e - 008            0.0182077
      7           24   1.67624e - 016            6.46e - 008          1e - 009         9.4854e - 005
Optimization terminated: the first - order optimality measure is less than 1e - 4 times options.
TolFun.
%方程组的解
x =

   - 1.0958
   - 5.1831

%方程组解对应的函数值
fval =

 - 1.2947e - 008

exitflag =

     1

output =

        iterations : 7
         funcCount: 24
          stepsize : 9.4854e - 005
     cgiterations : []
    firstorderopt : 6.4625e - 008
         algorithm: 'Levenberg - Marquardt'
           message: [1x99 char]
```

9.2.3　含参数方程组求解

例 9.4　求解当 a、b 给定时的方程组的解。

$$\begin{cases} ax_1 - x_2 - e^{x_1} = 0 \\ -x_1 + bx_2 - e^{x_2} = 0 \end{cases}$$

求解过程如下：

① 编写目标函数 CEqfun.m 如下：

```
function F = CEqfun(x,a,b)
% code by ariszheng@gmail.com
% 2010 - 7 - 6
F = [a * x(1) - x(2) - exp( - x(1));
      - x(1) + b * x(2) - exp( - x(2))];
% a,b 以参数形式带入目标函数中
```

② 编写求解函数 SolveEqfun. m 如下：

```
% code by ariszheng@gmail.com
% 2010 - 7 - 6
x0 = [ - 5; - 5];
% 参数设置
a = 2; % 设置
b = 2;
% 在计算前给定 a,b 值
options = optimset('Display','iter');
% 调用 fsolve 函数
[x,fval] = fsolve(@(x) CEqfun(x,a,b),x0,options)
% @x 表示 x 为变量
```

计算结果如下：

```
                                          Norm of      First - order   Trust - region
 Iteration   Func - count     f(x)            step        optimality      radius
      0           3          47071.2                       2.29e + 004            1
      1           6          12003.4               1       5.75e + 003            1
      2           9          3147.02               1       1.47e + 003            1
      3          12          854.452               1               388            1
      4          15          239.527               1               107            1
      5          18          67.0412               1              30.8            1
      6          21          16.7042               1              9.05            1
      7          24          2.42788               1              2.26            1
      8          27         0.032658        0.759511             0.206          2.5
      9          30    7.03149e - 006       0.111927           0.00294          2.5
     10          33    3.29525e - 013     0.00169132       6.36e - 007          2.5
Optimization terminated: first - order optimality is less than options.TolFun.

x =

    0.5671
    0.5671

fval =

  1.0e - 006 *

   - 0.4059
   - 0.4059
```

```
exitflag =

     1

output =

        iterations : 10
         funcCount : 33
         algorithm : 'trust - region dogleg'
     firstorderopt : 6.3612e - 007
           message : [1x76 char]
```

9.3 KMV 模型方程组的求解

9.3.1 KMV 模型简介

现代信用风险度量模型主要有 KMV 模型、CreditMetrics、麦肯锡模型和 CSFP 信用风险附加计量模型四类，本节主要介绍 KMV 模型的程序计算方法。

CreditMetrics 是由 J. P. 摩根公司等 1997 年开发出的模型，运用 VAR 框架，对贷款和非交易资产进行估价和风险计算。CreditMetrics 方法是基于借款人的信用评级、次年评级发生变化的概率（评级转移矩阵）、违约贷款的回收率、债券市场上的信用风险价差计算出贷款的市场价值及其波动性，进而得出个别贷款和贷款组合的 VAR 值。

麦肯锡模型则在 CreditMetrics 的基础上，对周期性因素进行了处理，将评级转移矩阵与经济增长率、失业率、利率、汇率、政府支出等宏观经济变量之间的关系模型化，并通过蒙特卡罗模拟技术（a structured Monte Carlo simulation approach）模拟周期性因素的"冲击"来测定评级转移概率的变化。麦肯锡模型可以看成是对 CreditMetrics 的补充，它克服了 CreditMetrics 中不同时期的评级转移矩阵固定不变的缺点。

CSFP 信用风险附加计量模型与作为盯市模型（market to market）的 CreditMetrics 不同，它是一个违约模型（DM），它不把信用评级的升降和与此相关的信用价差变化视为一笔贷款的 VAR（信用风险）的一部分，而只看作是市场风险，它在任何时期只考虑违约和不违约这两种事件状态，计量预期到和未预期到的损失，而不像在 CreditMetrics 中度量预期到的价值和未预期到的价值变化。在 CSFP 信用风险附加计量模型中，违约概率不再是离散的，而被模型化为具有一定概率分布的连续变量。每一笔贷款被视作小概率违约事件，并且每笔贷款的违约概率都独立于其他贷款，这样，贷款组合违约概率的分布接近泊松分布。CSFP 信用风险附加计量模型考虑违约概率的不确定性和损失大小的不确定性，并将损失的严重性和贷款的风险暴露数量划分频段，计量违约概率和损失大小可以得出不同频段损失的分布，对所有频段的损失加总即为贷款组合的损失分布。

KMV 模型是美国旧金山市 KMV 公司于 20 世纪 90 年代建立的用来估计借款企业违约概率的方法。KMV 模型认为，贷款的信用风险是在给定负债的情况下由债务人的资产市场价值决定的。但资产并没有真实地在市场交易，资产的市场价值不能直接观测到。为此，模型将银行的贷款问题倒转一个角度，从借款企业所有者的角度考虑贷款归还的问题。在债务到期日,如果公司资产的市场价值高于公司债务值(违约点),则公司股权价值为公司资产市场价值与债务值之间的差额;如果此时公司资产价值低于公司债务值,则公司变卖所有资产用于偿还债务,股权价值变为零。

KMV 模型的优势在于以现代期权理论基础作依托,充分利用资本市场的信息而非历史账面资料进行预测,将市场信息纳入了违约概率,更能反映上市企业当前的信用状况,是对传统方法的一次革命。KMV 模型是一种动态模型,采用的主要是股票市场的数据,因此,数据和结果更新很快,具有前瞻性,是一种"向前看"的方法。在给定公司的现时资产结构的情况下,一旦确定出资产价值的随机过程,便可得到任一时间单位的实际违约概率。其劣势在于假设比较苛刻,尤其是资产收益分布实际上存在"肥尾"现象,并不满足正态分布假设;仅抓住了违约预测,忽视了企业信用品质的变化;没有考虑信息不对称情况下的道德风险;必须使用估计技术来获得资产价值、企业资产收益率的期望值和波动性;对非上市公司因使用资料的可获得性差,预测的准确性也较差;不能处理非线性产品,如期权、外币掉期等。

9.3.2 KMV 模型计算方法

KMV 模型又称为预期违约率模型(Expected Default Frequency,EDF),该模型把违约债务看作企业的或有权益,把所有者权益视为看涨期权,将负债视为看跌期权,而把公司资产(股票加债务)作为标的资产。该模型认为企业信用风险主要决定于企业资产市场价值、波动率以及负债账面价值。当企业资产未来市场价值低于企业所需清偿的负债面值时,企业将会违约。企业资产未来市场价值的期望值到违约点之间的距离就是违约距离 DD(Distance to Default),它以资产市场价值标准差的倍数表示,距离越远,公司发生违约的可能性越小,反之,公司发生违约的可能性越大。基于公司违约数据库,模型可依据公司的违约距离得出一个期望违约频率,这个期望违约频率就是公司未来某一时期的违约概率。

由于历史违约数据的积累工作滞后,确定违约距离和实际违约频率之间的映射仍然无法实现,而直接计算出来的理论违约率的结果说服力偏离很大。因此,将直接应用违约距离来比较上市公司的相对违约风险大小。

首先,利用 Black - Scholes 期权定价公式(参阅 10.1 节),根据企业资产的市场价值、资产价值的波动性、到期时间、无风险借贷利率及负债的账面价值估计出企业股权的市场价值及其波动性。其次,根据公司的负债计算出公司的违约实施点 (default exercise point,为企业一年以下短期债务的价值加上未清偿长期债务账面价值的一半,具体可以根据需要设定),计算借款人的违约距离。最后,根据企业的违约距离与预期违约率(EDF) 之间的对应关系,求出企业的预期违约率。具体的理论推导此处不论述。

假设 KMV 模型方程组中的两个未知变量 V_a 和 σ_a 可由式(9.1)求出。

$$\left.\begin{aligned} E &= V_a N(d_1) - De^{-r\tau}N(d_2) \\ d_1 &= \frac{\ln(V_a/D) + (r + 0.5\sigma_a^2)\tau}{\sigma_a\sqrt{\tau}} \\ d_2 &= d_1 - \sigma_a\sqrt{\tau} \\ \sigma_E &= \frac{N(d_1)V_a\sigma_a}{E} \end{aligned}\right\} \tag{9.1}$$

式中:E 为公司的股权价值;D 为公司负债的市场价值;V_a 为公司资产的市场价值;τ 为债务

期限，一般设为 1 年；σ_a 为公司资产价值的波动率；r 为无风险利率；σ_E 为公司股权价值的波动率。

假设公司资产价值服从对数正态分布，那么可以通过 KMV 方程组计算出上市公司的违约距离。

$$\mathrm{DD}=\frac{\mathrm{E}(V_a)-\mathrm{DP}}{\mathrm{E}(V_a)\times\sigma_a} \tag{9.2}$$

式中：$\mathrm{E}(V_a)$ 为公司资产未来价值的期望值；DP 为违约点（DP＝SD＋0.5×LD，为企业 1 年以下短期债务的价值加上未清偿长期债务账面价值的一半）。

相应的违约概率为 $P_t=N(-\mathrm{DD})$，$N(\cdot)$ 为标准正态分布函数。

9.3.3 KMV 模型计算程序

例 9.5 某公司流动负债为 1 亿元，长期负债为 5 000 万元，根据上市公司的股价行情（如表 9.1所列），可以统计计算出 E(公司的股权价值)与 σ_E（公司股权价值的波动率），计算公司的违约率。

表 9.1 公司股权价值与收益率表

月　份	总市值/元	收益率/%	月　份	总市值/元	收益率/%
1	129 523 558	−13.65	8	140 972 464	3.31
2	149 885 462	13.58	9	148 405 095	5.01
3	142 316 387	−5.32	10	144 898 861	−2.42
4	149 440 912	4.77	11	144 904 609	0.00
5	147 924 524	−1.03	12	130 292 794	−11.21
6	130 439 432	−13.40	均值	141 276 427	—
7	136 313 024	4.31	标准差	—	8.35

步骤 1：基本参数计算。

公司股价波动率为 8.35%（月度），公司股权价值的波动率（年代）$\sigma_E=\sigma\sqrt{12}=0.289\ 3$（在实践计算中，通常计算时日波动率，假设一年的交易日为 250 个，则年化波动率为日波动率乘以交易日数量的平方根）。

公司的股权价值 E＝141 276 427 元。

KMV 模型违约点 DP＝SD＋0.5×LD＝1.25 亿元。

步骤 2：使用数值技术优化方程组。

利用 fsolve 函数求解 KMV 方程组，fsolve 是 MATLAB 最主要内置的求解方程组的函数，KMV 模型方程组中的两个未知变量 V_a 和 σ_a 可从式(9.1)中求出。

由于两个未知变量 V_a 和 σ_a 数量级相差巨大，V_a 数量级为亿、千万等，而 σ_a 取值范围一般为[0,10]，fsolve 函数使用迭代方法进行方程组计算，为准确求解方程组必须将 V_a 标准化，将 V_a 根据负债 D 进行标准化，引入参数 EtD（为 E/D），便于 fsolve 函数迭代求解（若不变化，将出现程序失败或计算结果误差巨大的情况）。

将 $V_a=x\cdot E$ 代入 KMV 方程组，两个未知变量是 x 和 σ_a，KMV 方程组变为

$$
\begin{cases}
E = xEN(d_1) - De^{-r\tau}N(d_2) \\
\sigma_E = xN(d_1)\sigma_a \\
d_1 = \dfrac{\ln(xE/D) + (r + 0.5\sigma_a^2)\tau}{\sigma_a\sqrt{\tau}} \\
d_2 = d_1 - \sigma_a\sqrt{\tau}
\end{cases}
$$

引入参数 EtD,上式简化为

$$
\begin{cases}
1 = xN(d_1) - e^{-r\tau}N(d_2)/\text{EtD} \\
\sigma_E = xN(d_1)\sigma_a \\
d_1 = \dfrac{\ln(x\text{EtD}) + (r + 0.5\sigma_a^2)\tau}{\sigma_a\sqrt{\tau}} \\
d_2 = d_1 - \sigma_a\sqrt{\tau}
\end{cases}
$$

计算出 x 和 σ_a ,根据 $V_a = x \cdot E$ 可以计算出公司资产的市场价值。

KMV 方程组计算函数的 M 文件为 KMVfun. m。

函数语法:

F=KMVfun(EtoD,r,T,EquityTheta,x)

输入参数:

➢ EtoD:E/D,公司的股权价值比公司负债的市场价值;

➢ r:无风险利率;

➢ T:预测周期;

➢ EquityTheta:公司股权价值的波动率;

➢ x:公司资产的市场价值 $V_a = x \cdot E$ 比例。

输出参数:

➢ F:方程组的函数值。

程序代码如下:

```
function F = KMVfun(EtoD,r,T,EquityTheta,x)
 % KMVfun
 % code by ariszheng@gmail.com 2009 - 8 - 3
d1 = ( log(x(1) * EtoD) + (r + 0.5 * x(2)^2) * T ) / ( x(2) * sqrt(T));
d2 = d1 - x(2) * sqrt(T);
 % 方程组以列向量的方式给出
F = [ x(1) * normcdf(d1) - exp( - r * T) * normcdf(d2)/EtoD - 1;
normcdf(d1) * x(1) * x(2) - EquityTheta];
```

KMV 方程组求解函数的 M 文件为 KMVOptSearch. m。

函数语法:

[Va,AssetTheta]=KMVOptSearch(E,D,r,T,EquityTheta)

输入参数:

➢ E:公司的股权价值;

➢ D:公司负债的市场价值;

➢ r: 无风险利率;

➢ T：预测周期；

➢ EquityTheta：公司的股权价值波动率。

输出参数：

➢ Va:公司资产的市场价值；

➢ AssetTheta:公司资产价值的波动率。

程序代码如下：

```
function [Va,AssetTheta] = KMVOptSearch(E,D,r,T,EquityTheta)
 % KMVOptSearch
 % code by ariszheng@gmail.com
EtoD = E/D;
 % 搜索初始点,作者根据经验给出
 % 估计到解的数量级在两位数内
x0 = [1,1];
 % 调用 fsolve 函数求解方程组
VaThetaX = fsolve(@(x) KMVfun(EtoD,r,T,EquityTheta,x), x0);
 % 还原市值
Va = VaThetaX(1) * E;
AssetTheta = VaThetaX(2);
 %  x = [1636234261/E,0.0688];
 %  F = KMVfun(EtoD,r,T,EquityTheta,x)
```

步骤 3:程序测试计算。

程序测试计算的 M 文件 KMVcompute. m。

公司的股权价值 E=141 276 427 元；

公司负债的市场价值 D=DP=SD+0. 5LD= 125 000 000 元；

无风险利率 r=2. 2%；

预测周期 T=1 年；

公司的股权价值波动率 EquityTheta=0. 289 3。

程序代码如下：

```
 % test KMV
 % r: risk - free rate
r = 0.0225;
 % T: Time to expiration
T = 1; % 输入月数
 % DP:Defaut point
 % SD: short debt,   LD: long debt
 % 短期债务
SD = 1e8; % 输入
 % 长期债务
LD = 50000000; % 输入
 % 计算违约点
DP = SD + 0.5 * LD;
 % D:Debt maket value
```

```
D = DP; % 债务的市场价值,可以修改
 % theta: volatility
 % PriceTheta:   volatility of stock price
PriceTheta = 0.2893; % (输入)
 % EquityTheta: volatility of Theta value
EquityTheta = PriceTheta * sqrt(12);
 % AssetTheta: volatility of asset
 % E:Equit maket value
E = 141276427;
 % Va: Value of asset
 % to compute the Va and AssetTheta
[Va,AssetTheta] = KMVOptSearch(E,D,r,T,EquityTheta)
 % 计算违约距离
DD = (Va - DP)/(Va * AssetTheta)
 % 计算违约率
EDF = normcdf( - DD)
```

计算结果如下:

```
Optimization terminated: first - order optimality is less than options.TolFun.
Va =   2.5888e + 008
AssetTheta =      0.1580
DD =      3.3913
EDF =      3.4781e - 4
```

公司资产的市场价值为 2.588 8e+008 元;公司资产价值的波动率 0.158 0 即 15.80%;公司负债违约距离为 3.391 3;公司违约概率为 0.347 8%(违约概率比较低)。

点睛:优化算法的迭代计算结果与迭代初始点相关性较大,尤其在求解多元优化问题时,若变量的数量级相差巨大时,常常会使得迭代计算过程出现异常导致计算结果有误。因此,在使用含有循环迭代计算的函数时需要对模型中不同数量级的变量进行标准化。

注:Fsolve 函数主要使用迭代优化算法计算。

第 10 章

期权定价模型与数值方法

期权*是人们为了规避市场风险而创造出来的一种金融衍生工具。理论和实践均表明，只要投资者合理地选择其手中证券和相应衍生物的比例，就可以获得无风险收益。这种组合的确定有赖于对衍生证券的定价。20 世纪 70 年代初期，Black 和 Scholes 通过研究股票价格的变化规律，运用套期保值的思想，成功推出了在无分红情况下股票期权价格所满足的随机偏微分方程。从而为期权精确合理的定价提供了有利的保障。这一杰出的成果极大地推进了金融衍生市场的稳定、完善与繁荣。

10.1 期权基础概念

10.1.1 期权及其有关概念

1. 期权的定义

期权分为买入期权(call option)和卖出期权(put option)。

- 买入期权：又称看涨期权(或敲入期权)，它是赋予期权持有者在给定时间(或在此时间之前任一时刻)按规定价格买入一定数量某种资产的权利的一种法律合同。
- 卖出期权：又称看跌期权(或敲出期权)，它是赋予期权持有者在给定时间(或在此时间之前任一时刻)按规定价格卖出一定数量某种资产的权利的一种法律合同。

针对有效期规定，不同期权又分为欧式期权(European option)与美式期权(American option)。欧式期权只有在到期日当天或在到期日之前的某一规定时间可以行使；美式期权在到期日之前的任意时刻都可以行使。

2. 期权的要素

期权的四个要素：行权价(exercise price 或 striking price)、到期日(maturing data)、标的资产(underlying asset)、期权费(option premium)。

对于期权的购买者(持有者)而言，付出期权费后，只有权利没有义务；对期权的出售者而言，接受期权费后，只有义务没有权利。

3. 期权的内在价值

买入期权在执行日的价值 C_T 为

$$C_T = \max(S_T - E, 0)$$

---

* 期权就是在什么时候或在什么条件下，你有什么权力。教课书上的期权似乎离我们比较遥远，或仅限于金融市场。但如果仔细想想，车险或疾病保险也应是一种期权，因为期权本质是一种选择权。例如，商业医疗保险，客户每年缴纳一定的保费，可获得在生病时获取一定补偿的权利；公司期权，若工作业绩达到某个标准(付出)，则得到公司多少的期权。就如面临选择需要权衡一样，各种期权也需要衡量(定价)。

式中:E 表示行权价;S_T 表示标的资产的市场价。

卖出期权在执行日的价值 P_T 为

$$P_T = \max(E - S_T, 0)$$

根据期权的行权价与标的资产市场价之间的关系,期权可分为价内期权(in the money)($S>E$)、平价期权(at the money)($S=E$)和价外期权(out of the money)($S<E$)。

10.1.2 买入、卖出期权平价组合

买入期权、卖出期权和标的资产三者之间存在一种价格依赖关系,这种依赖关系就称为买入期权、卖出期权平价(call and put parity)。以欧式股票期权为例,考察一下这种平价关系。

设 S 为股票市价,C 为买入期权价格,P 为卖出期权价格,E 为行权价,S_T 为到期日股票价格,t 为距期权日时间,r 为利率。

假设投资者现在以价格 C 出售一单位买入期权,以价格 P 购入一单位卖出期权,以 S 价格购入一单位期权的标的股票,以利率 r 借入一笔借期为 t 的现金,金额为 Ee^{-rt},以上的权利义务在到期日全部结清,不考虑交易成本和税收,投资者的现金和在到期日的现金流量如表 10.1 所列。

表 10.1　投资者的现金和在到期日的现金流量

现 在	实权日	
	$S_T \leqslant E$	$S_T > E$
出售买入期权,C	0	$E-S_T$
购入卖出期权,$-P$	$E-S_T$	0
购入股票,$-S$	S_T	S_T
借入现金,Ee^{-rt}	$-E$	$-E$
合计	0	0

在到期日无论价格如何变化,组合价值为 0。由于上述组合为无风险投资组合,所以期末价值为零。假设市场无套利机会,那么它的期初价值也必然为零,即

$$C - P - S + Ee^{-rt} = 0$$

即

$$C = P + S - Ee^{-rt}$$

这就是买入期权和卖出期权平价。

相同行权价、相同到期日的买入期权和卖出期权的价格必须符合上式,否则就会出现套利机会。

10.1.3 期权防范风险的应用

期望为价值,为或有价值。所谓“或有”,即在所期望的情况发生时,行使其对标的物的买权或卖权才有意义。期权的作用:一是保险,买者可以用一个可能性很大的小损失换取一个可能性很小的大收入,卖者可以用一个可能性很大的小收益换取一个可能性很大的小损失;二是转移风险,期权购买者有利则履约,无利则不履约。期权卖者以权利金弥补接受履约的损失,若不需接受履约,则净赚期权费。期权是对标的物的买权或卖权,期权交易是对标的物的买权

或卖权进行竞价。

期权既然是一种权利，那么就有一种时间价值和内涵价值。“有权不用，过期作废”，是指权利的时间价值。有效期时间越长，权利的时间价值越大。“谁的官大，就听谁的”是指权利的内涵价值。“官位”(标的物价格)越高，权利的内涵价值越大。从“官位”看，期权的内涵价值与其标的物价格和价值是相关的，但为非线性相关；而时间价值既与有效期时间的长短有关，也与在有效期内竞争状况和获利时机的把握有关。期权的定价要用到随机过程和随机微分方程等相当复杂的数学工具，因此非常困难。

布莱克(Black Fish)和斯科尔斯(Myron Scholes) 1971 年提出这一期权定价模型，1973 年《政治经济学报》得以发表了他们的研究成果。一个月后，在美国芝加哥出现了第一个期权交易市场。期权交易诞生后，许多大证券机构和投资银行都运用 Black - Scholes 期权定价模型进行交易操作，该模型在相当大的程度上影响了期权市场的发展。其成功之处在于：第一，提出了风险中性(即无风险偏好)概念，且在该模型中剔除了风险偏好的相关参数，大大简化了对金融衍生工具价格的分析；第二，创新地提出了可以在限定风险情况下追求更高收益的可能，创立了新的金融衍生工具——标准期权。

20 世纪 70 年代以后，随着世界经济的不断发展和一体化进程的加快，汇率和利率的波动更加频繁，变动幅度也不断加大，风险增加。控制和减小风险成为所有投资者孜孜以求的目标。Black - Scholes 定价模型提出了能够控制风险的期权，同时，也为将数学应用于经济领域，创立更多的控制风险和减小风险的工具开辟了道路。Black - Scholes 定价模型指出，在一定条件下，人的集合行为满足一定数学规律。这一论断打破了传统的“人的行为无法定量描述”的旧观念。通过数学的定量分析，不仅投资者可更好地控制自身交易的风险，更为管理层进行风险管理、减小整个市场的风险提供了可能。

由于 Black 的专业是应用数学和物理，最早从事火箭方面的研究，因此 Black 也被称为是“火箭科学向金融转移的先锋”。Scholes 和 Merton 把经济学原理应用于直接经营操作，堪为“理论联系实际”的典范。他们设计的定价公式为衍生金融商品交易市场的迅猛发展铺平了道路，也在一定程度上使衍生金融工具成为投资者良好的融资和风险防范手段。这对整个经济发展显然是有益的。为此，1997 年诺贝尔经济学奖授予了哈佛大学的 R. Merton 教授和斯坦福大学的 M. Scholes 教授(F. Black 已于 1995 年逝世，未分享到这一殊荣)。

10.2 期权定价方法的理论基础

期权定价的主要研究工具是随机过程的一个分支——随机微分方程。随机微积分起源于马尔可夫过程结构的研究。伊藤在探讨马尔可夫过程的内部结构时，认为布朗运动(又称维纳过程)是最基本的扩散过程，能够用它来构造出一般的扩散运动。布莱克和斯科尔斯考察一类特殊的扩散过程：

$$\mathrm{d}S = \mu S\mathrm{d}t + \sigma S\mathrm{d}Z$$

式中：S 表示股票价格；股票预期收益率 μ 及波动率 σ 均为常数 ；t 代表时间；Z 为标准布朗运动。

$$\mathrm{d}Z = \varepsilon\sqrt{\mathrm{d}t}, \qquad \varepsilon \sim N(0,1) \qquad \text{(标准正态分布)}$$

在无交易成本、不分股利的假设下，得出欧式看涨期权价格 C 应满足如下微分方程(r 为

无风险利率):

$$\mathrm{d}C=\left(\frac{\partial C}{\partial S}\mu S+\frac{\partial C}{\partial t}+\frac{1}{2}\frac{\partial^2 C}{\partial S^2}\sigma^2 S^2\right)\mathrm{d}t+\frac{\partial C}{\partial S}\sigma S\mathrm{d}Z$$

利用偏微分方程的理论求出方程的解析解,即著名的布莱克-斯科尔斯公式。

10.2.1 布朗运动

股票价格的变化行为常用著名的布朗运动来描述。布朗运动是马尔可夫过程的一种特殊形式。布朗运动最早起源于物理学,物理学中把某个粒子的运动是受到大量小分子碰撞的结果称为布朗运动。股票价格的变化也是受着很多种因素的影响,所以说,股票价格运动的轨迹类似于布朗运动。

定义 1 随机过程$\{Z(t),t\geqslant 0\}$如果满足:

① 随机过程$\{Z(t),t\geqslant 0\}$具有正态增量;

② 随机过程$\{Z(t),t\geqslant 0\}$具有独立增量;

③ $\{Z(t),t\geqslant 0\}$是一个连续函数。

则称$\{Z(t),t\geqslant 0\}$为布朗运动,也称维纳过程。

布朗运动的性质有:

性质 1 假设一个小的时间间隔为 Δt,ΔZ 为在 Δt 时间内维纳过程 Z 的变化,则

$$\Delta Z=\varepsilon\sqrt{\Delta t},\qquad \varepsilon\sim N(0,1)$$

性质 2 $\mathrm{E}[\Delta Z]=0$

$\mathrm{var}[\Delta Z]=\Delta t$

$\Delta Z\sim N(0,\Delta t)$

划分:

$0=t_0<t_1<t_2<\cdots<t_n<T$

$\Delta t_i=t_{i+1}-t_i$

$\Delta z_i=Z(t_{i+1})-Z(t_i)$　　$\Delta Z_0,\Delta Z_1,\cdots,\Delta Z_{n-1}$相互独立

则有:

$$Z(T)=Z(0)=\sum_{i=0}^{n-1}\Delta Z_i$$

$$\mathrm{E}[Z(T)-Z(0)]=\sum_{i=0}^{n-1}\mathrm{E}\Delta Z_i=0$$

$$\mathrm{var}[Z(T)-Z(0)]=\sum_{i=0}^{n-1}\mathrm{var}[\Delta Z_i]=\sum_{i=0}^{n-1}\Delta t_i=T$$

由于 $\mathrm{d}Z=\varepsilon\sqrt{\mathrm{d}t}$,所以 $\Delta Z=\varepsilon\sqrt{\Delta t}$,当 $\Delta t\to 0$ 时,$\frac{\mathrm{d}Z}{\sqrt{\mathrm{d}t}}=\varepsilon$。通过迭代方法,可以产生布朗运动的近似图像。当 $\Delta t=0.01$ 时,通过迭代方法近似得到了布朗运动的轨迹,如图 10.1 所示。可以看出,布朗运动的轨迹确实无规律可言。

定义 2 设$\{Z(t),t\geqslant 0\}$为布朗运动,则称 $\mathrm{d}x(t)=a\mathrm{d}t+b\mathrm{d}Z$ 为一般化的维纳过程。

称 a 为漂移系数(或漂移率),b 为过程 $x(t)$的平均波动率。

$$\Delta x=a\Delta t+b\varepsilon\sqrt{\Delta t}$$

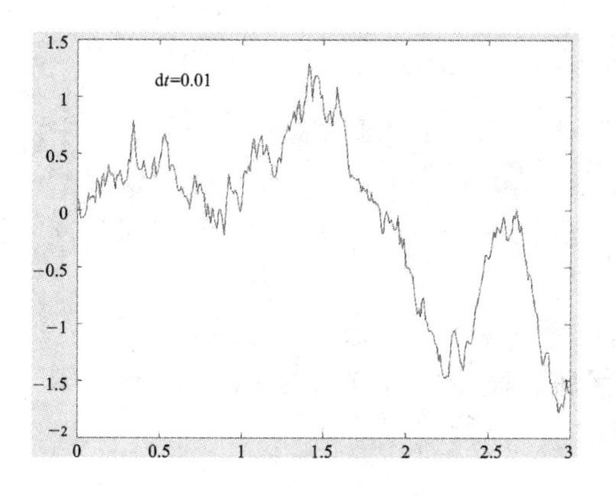

图 10.1　布朗运动的轨迹

并且有

① $E[\Delta x(t)]=a\Delta t$，$\mathrm{var}[\Delta x(t)]=b^2\Delta t$，则

$$a=\frac{E[\Delta x]}{\Delta t},b^2=\frac{\mathrm{var}[\Delta x]}{\Delta t}$$

② $E[x(T)-x(0)]=aT$，$\mathrm{var}[x(T)-x(0)]=b^2T$

在现实生活中，我们用一般化的布朗运动来描述股票价格的变化。影响股票价格变化的因素主要有以下两点：股票价格随时间上涨的趋势和股票价格的平均波动率。前者对股票价格增长的贡献取决于时间的长短；后者取决于布朗运动造成的随机波动。所以，股票价格的变化可以看成是由两个因素共同决定的。

如果不考虑 ΔZ，则 $dS=adt$，即 $S=S_0+at$。这说明股票价格具有线性增长的性质。如果考虑 ΔZ 项在内，则有 $dS=S_0+at+bdZ(t)$。这说明股票价格 S 在线性增长的同时，还有随机波动的倾向，图 10.2 有助于我们形象地理解这一点。

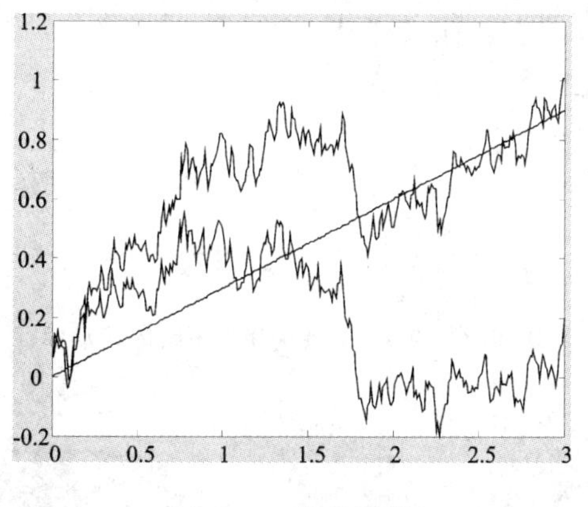

图 10.2　维纳过程

图 10.2 中，最上边那条随机波动的曲线代表股票价格，斜向上的直线代表不计随机波动影响的股票价格，下面那条随机波动的曲线代表没有线性增长趋势的股票价格的变动（布朗运动）。由此可见，真实的股票价格是由线性增长和随机波动两种因素共同影响而成。

10.2.2 伊藤引理

定义 3 如果过程$\{x(t),0\leqslant t\leqslant T\}$可以表示为

$$\mathrm{d}x(t)=a(x,t)\mathrm{d}t+b(x,t)\mathrm{d}Z$$

式中:$\{Z(t),t\geqslant 0\}$为布朗运动,称$\{x(t),0\leqslant t\leqslant T\}$为伊藤(ITO)过程(日本数学家 Ito 于 1951 年发现)。

定理 1(伊藤引理) 设$\{x(t),0\leqslant t\leqslant T\}$是由 $\mathrm{d}x(t)=a(x,t)\mathrm{d}t+b(x,t)\mathrm{d}Z$ $\{S(t),0\leqslant t\leqslant T\}$给出的伊藤过程,$G(x,t)$为定义在$[0,\infty]\times R$上的二次连续可微函数,则$G(x,t)$仍为伊藤过程,并且

$$\mathrm{d}G=\left(\frac{\partial G}{\partial x}a+\frac{\partial G}{\partial t}+\frac{1}{2}\ \frac{\partial^2 G}{\partial x^2}b^2\right)\mathrm{d}t+\frac{\partial G}{\partial x}b\,\mathrm{d}Z$$

定义 4 如果随机过程$\{Z(t),t\geqslant 0\}$为布朗运动,称 $\mathrm{d}S(t)=\mu S\mathrm{d}t+\sigma S\mathrm{d}Z$ 为几何布朗运动。

定理 2 股票价格$\{S(t),t\geqslant 0\}$服从对数正态分布。

例 10.1 某股票现行的市场价格为 40 元,已知该股票年收益对数的均值和标准差分别为 15%和 30%,试求模拟该股票两个工作日后的可能价格。

本题也可用 MATLAB 模拟股票所服从的几何布朗的运动路径,模拟结果如图 10.3 所示。

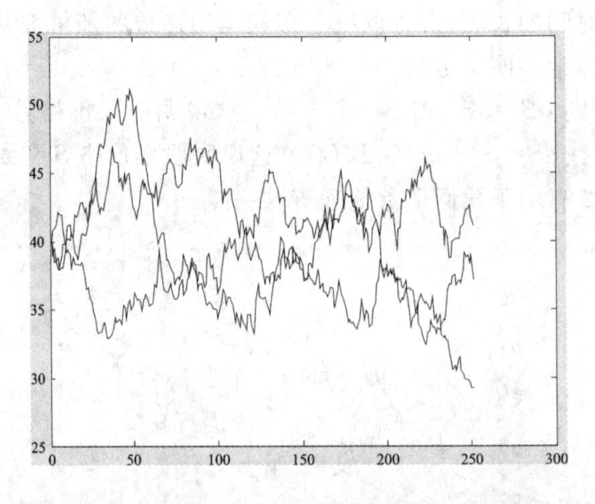

图 10.3 例 10.1 服从几何布朗的运动路径

```
%设置随机数状态
randn('state',0);
%生成三个长度为 250 服从几何布朗运动的路径
paths = AssetPaths(40,0.15,0.3,1,250 ,3);
plot(1:length(paths),paths(1,:),'r')
hold on
plot(1:length(paths),paths(2,:),'b')
hold on
plot(1:length(paths),paths(3,:),'k')
```

程序中调用了 AssetPaths 函数，函数语法：

SPaths＝AssetPaths(S0,mu,sigma,T,NSteps,NRepl)

输入参数：

- S0：初始资产价格；
- mu：资产收益率均值；
- sigma：资产收益标准差；
- T：时间周期长度；
- NSteps：时间段数量；
- NRepl：样本路径数量。

输出参数：

- SPaths：路径数据（价格时间序列）。

Asset Paths 函数源代码如下：

```
function SPaths = AssetPaths(S0,mu,sigma,T,NSteps,NRepl)
 % 变量初始化
 SPaths  =  zeros(NRepl, 1 + NSteps);
 % 初始价格为 S0
 SPaths(:,1)  =  S0;
 % 时间间隔长度
 dt  =  T/NSteps;
 nudt  =  (mu - 0.5 * sigma^2) * dt;
 sidt  =  sigma * sqrt(dt);
 %生成随机路径
 for i = 1:NRepl
    for j = 1:NSteps
          %模型假设对数价格与指数收益率
       SPaths(i,j + 1) = SPaths(i,j) * exp(nudt  +  sidt * randn);
    end
 end
```

10.2.3　Black - Scholes 微分方程

20 世纪 70 年代初期，Fish Black 和 Myron Scholes 取得了一项重大的突破。推导出了基于无红利支付股票的任何衍生证券的价格必然满足的微分方程，他们运用方程推导出了欧式看涨期权和欧式看跌期权的价值的解析解。该理论的创立极大地推动了期权交易的发展，为此，Scholes 和后来为该方程推广做出重大贡献的 R. Merton 共同获得了 1997 年度的诺贝尔经济学奖。

推导 Black - Scholes 微分方程用到的基本假设有：

① 股票价格 S 服从对数正态分布（服从几何布朗运动）：$\mathrm{d}S(t)=\mu S\mathrm{d}(t)+\sigma S\mathrm{d}Z$，平均收益 μ 和平均波动率 σ 为常数；

② 允许使用全部所得卖空衍生证券；

③ 没有交易费或税收，所有证券都是高度可分的；

④ 在衍生证券的有效期内没有红利支付;

⑤ 不存在无风险的套利机会;

⑥ 证券交易是连续的;

⑦ 无风险利率 r 为常数,且对所有到期日都相同。

下面来推导 Black - Scholes 微分方程,假设股票价格 S 遵循几何布朗运动:

$$dS(t) = \mu S d(t) + \sigma S dZ$$

并且假设 $f(S,t)$ 是某个看涨期权或者其他衍生证券的价格,变量 f 一定是 S 和 t 的某种函数。

因此,由伊藤引理知:

$$df = \left(\frac{\partial f}{\partial S}\mu S + \frac{\partial f}{\partial t} + \frac{1}{2}\frac{\partial^2 f}{\partial S^2}\sigma^2 S^2\right)dt + \frac{\partial f}{\partial S}\sigma S dZ$$

写成离散的形式为

$$\Delta f = \left(\frac{\partial f}{\partial S}\mu S + \frac{\partial f}{\partial t} + \frac{1}{2}\frac{\partial^2 f}{\partial S^2}\sigma^2 S^2\right)\Delta t + \frac{\partial f}{\partial S}\sigma S \Delta Z$$

化简为

$$\frac{\partial f}{\partial t} + rS\frac{\partial f}{\partial S} + \frac{\sigma^2 S^2}{2}\frac{\partial^2 f}{\partial S^2} = rf$$

该方程就是著名的 Black - Scholes 微分方程。

对于欧式看涨期权,其边界条件(行权日)为

$$C_T = \max(S_T - E, 0)$$

对于欧式看跌其权,其边界条件(行权日)为

$$P_T = \max(E - S_T, 0)$$

对于欧式期权而言,可以求得 Black - Scholes 微分方程的解析解;对于美式期权而言,仅能得到 Black - Scholes 微分方程的数值解。

记 $C(t,S)$ 为在 t 时刻,股票价格为 S 时的欧式看涨期权价格,可以计算出

$$C(t,S) = SN(d_1) - Ee^{-r(T-t)}N(d_2)$$

式中:

$$d_1 = \frac{\ln\left(\frac{S}{E}\right) + \left(r + \frac{\sigma^2}{2}\right)(T-t)}{\sigma\sqrt{(T-t)}}$$

$$d_2 = d_1 - \sigma\sqrt{(T-t)}$$

或者写成

$$C(t,S) = e^{-r(T-t)}[SN(d_1)e^{r(T-t)} - EN(d_2)]$$

由期权的平价公式

$$C = S + P - Ee^{-r(T-t)}$$

和正态分布函数的性质:$N(d) + N(-d) = 1$,欧式看跌期权的价值为

$$P = Ee^{-r(T-t)}N(-d_2) - SN(-d_1)$$

如果当前时刻记为 $t=0$,则有:

$$C(0,S) = e^{rT}[S_0 N(d_1)e^{rT} - EN(d_2)]$$

式中:

$$d_1 = \frac{\ln\left(\frac{S_0}{E}\right) + \left(r + \frac{\sigma^2}{2}\right)T}{\sigma\sqrt{T}}$$

$$d_2 = d_1 - \sigma\sqrt{T}$$

Black - Scholes 公式的性质：

- 当 $S \to 0$ 时 $C \to 0$。
- 当 $\sigma \to 0$ 时 $C = \max\{Se^{r(T-t)} - E, 0\}$；$P = \max\{E - Se^{r(T-t)}, 0\}$。

应当强调的一点是：证券组合并不是永远无风险的，只是对于无限短的时间间隔内，它才是无风险的。当 S 和 t 变化时，$\frac{\partial f}{\partial S}$ 也将发生变化。因此，为了保持证券组合无风险，有必要连续调整证券组合中衍生证券和股票的比例。

10.2.4　Black - Scholes 方程求解

Black - Scholes 微分方程的风险中性定价。在风险中性事件中，以下两个结论称为风险中性定价原则：

- 任何可交易的基础金融资产的瞬时期望收益率均为无风险利率，即恒有 $\mu = r$；
- 任何一种衍生工具当前 t 时刻的价值均等于未来 T 时刻其价值的期望值按无风险利率贴现的现值。

风险中性定理表达了资本市场中的如下结论：即在市场不存在任何套利可能性的条件下，如果衍生证券的价格依然依赖于可交易的基础证券，那么这个衍生证券的价格是与投资者的风险偏好无关的。

Black - Scholes 期权定价公式，欧式买权或卖权解的表达式为

$$c_t = S_t N(d_1) - Xe^{-r(T-t)} N(d_2)$$

$$p_t = Xe^{-r(T-t)} \times [1 - N(d_2)] - S \times [1 - N(d_1)]$$

式中：

$$d_1 = \frac{\left[\ln\left(\frac{S_t}{X}\right) + \left(r + \frac{\sigma^2}{2}\right)(T-t)\right]}{[\sigma^2 (T-t)^{1/2}]}$$

$$d_2 = d_1 - \sigma^2 (T-t)^{1/2}$$

Black - Scholes 期权定价模型将股票期权价格的主要因素分为五个：

- S_t：标的资产市场价格。
- X：执行价格。
- r：无风险利率。
- σ：标的资产价格波动率。
- $T-t$：距离到期时间。

MATLAB 中计算期权价格的函数为 blsprice 函数，语法为

[Call, Put] = blsprice(Price, Strike, Rate, Time, Volatility, Yield)

输入参数：

- Price：标的资产市场价格；
- Strike：执行价格；

➤ Rate:无风险利率;

➤ Time:距离到期时间;

➤ Volatility:标的资产价格波动率;

➤ Yield:(可选)资产连续贴现利率,默认为 0。

输出参数:

➤ Call: Call option 价格;

➤ Put:Put option 价格。

例 10.2 假设欧式股票期权,三个月后到期,执行价格 95 元,现价为 100 元,无股利支付,股价年化波动率为 50%,无风险利率为 10%,计算期权价格。

代码如下:

```
%标的资产价格
Price = 100;
%执行价格
Strike = 95;
%无风险收益率(年化)10 %
Rate = 0.1
%剩余时间
Time = 3/12 = 0.25;
%年化波动率
Volatility = 0.5
[Call, Put] = blsprice(100, 95, 0.1, 0.25, 0.5)
>> Call = 13.70     %买入期权
>> Put = 6.35       %卖出期权
```

若要分析期权价格与波动率关系,可以根据一系列波动率计算一系列看涨期权与看跌期权的价格,编写 blsprice_Vol. m 程序代码如下:

```
%标的资产价格
Price = 100;
%执行价格
Strike = 95;
%无风险收益率(年化)
Rate = 0.1; %10 %
%剩余时间
Time = 3/12; % = 0.25;
%年化波动率从 0.1 到 0.5 间隔 0.01 共 41 个数据点
Volatility = 0.1:0.01:0.5;
% 数组 Volatility 的元素个数
N = length(Volatility)
Call = zeros(1,N);
Put = zeros(1,N);
for i = 1:N
    [Call(i), Put(i)] = blsprice(Price, Strike, Rate, Time, Volatility(i));
End
```

```
%看涨期权为虚线
plot(Call,'b--');
hold on
%看跌期权为实线,'b' 表示蓝色
plot(Put,'b');
%横坐标
xlabel('Volatility')
%纵坐标
ylabel('price')
%线标
legend('Call','Put')
```

结果如图 10.4 所示。

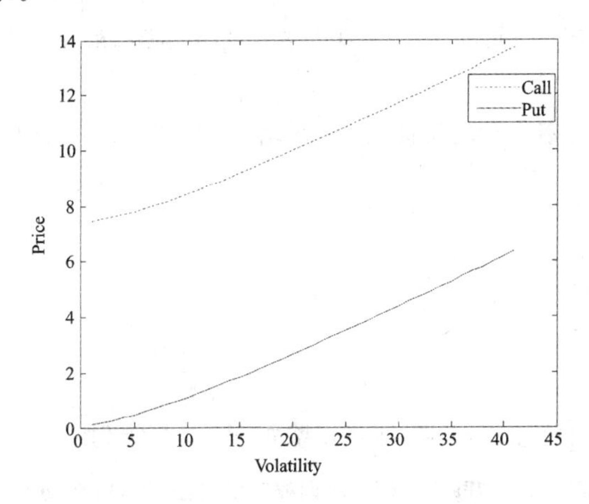

图 10.4 期权价格与波动率关系

10.2.5 影响期权价格的因素分析

期权价格受到当前价格 S、执行价格 E、期权的期限 T、股票价格方差率 σ^2 及无风险利率 r 五个因素的影响。下面以欧式看涨期权为例来分析。期权对这五个因素的敏感程度称为期权的 Greeks,其计算公式与计算函数如下。

1. 德尔塔(Delta)δ

期权 δ 是考察期权价格随标的资产价格变化的关系,从数学角度看,δ 是期权价格相对于标的资产价格的偏导数,有

$$\delta = \frac{\partial C}{\partial S} = N(d_1)$$

例如,某个看涨期权 δ 值为 0.5,表示当股价变化 ΔS 时,期权价格变化为 $0.5\Delta S$。假设期权价格为 10 元,股票价格为 100 元,某个投资者购买了 1 份(100 股股票期权)该股票看涨期权,投资者购买 0.5×100=50 股股票来对冲风险,这样的投资组合为 δ 中性策略。假如股票价格下跌 1 元,投资于股票的损失为 50 元,而期权的收益为 0.5×100 元=50 元。

当投资者持有 0.5 单位的股票,同时卖出 1 份看涨期权,使组合成为无风险组合。因此称 δ 为对冲比率。

对于看跌期权,有

$$\delta = \frac{\partial P}{\partial S} = 1 - N(d_1)$$

2. 西塔(Theta)$\boldsymbol{\theta}$

θ 表示期权价格对于到期日的敏感度，称为期权的时间损耗。

$$\theta = \frac{\partial C}{\partial \tau} = - SN(d_1)\frac{\sigma}{4}\sqrt{\tau}$$

$\tau = T - t$ 为期权的续存期。$\theta > 0$ 表示随着时间的推移带来盈利。

3. 维伽(Vega)$\boldsymbol{\nu}$

ν 表示方差率对期权价格的影响。

$$\nu = \frac{\partial C}{\partial \sigma} = SN(d_1)\sqrt{T-t}$$

因为期权有跌幅保障，ν 值恒为正，表示随着方差率的增加，期权的价格增加。

4. 珞(Rho)$\boldsymbol{\rho}$

ρ 为期权的价值随利率波动的敏感度，利率增加，使期权价值变大。

$$\rho = \frac{\partial C}{\partial r} = E(T-t)\mathrm{e}^{-r(T-t)}N(d_2)$$

5. 伽玛(Gamma)$\boldsymbol{\Gamma}$

Γ 表示 δ 与标的资产价格变动的关系。

$$\Gamma = \frac{\partial^2 C}{\partial S^2} = \frac{\partial \delta}{\partial S}$$

Black - Scholes 期权定价模型 Greeks 计算函数如表 10.2 所列。

表 10.2　Black - Scholes 期权定价模型 Greeks 计算函数

函数名称	函数功能
blsdelta	Black - Scholes sensitivity to underlying price change　Delta 计算
blsgamma	Black - Scholes sensitivity to underlying delta change　Gamma 值计算
blslambda	Black - Scholes elasticity
blsrho	Black - Scholes sensitivity to interest rate change　利率变化 Rho 计算
blstheta	Black - Scholes sensitivity to time-until-maturity change　剩余期限 Theta 值计算
blsvega	Black - Scholes sensitivity to underlying price volatility　标的资产的波动率 Vega 值计算

以 blsdelta 函数语法为例，其他 Greeks 的语法与 blsdelta 基本相同。

[CallDelta, PutDelta] = blsdelta(Price, Strike, Rate, Time, Volatility, Yield)

输入参数：

- Price：标的资产市场价格；
- Strike：执行价格；
- Rate：无风险利率；
- Time：距离到期时间；
- Volatility：标的资产价格波动率；
- Yield：(可选)资产连续贴现利率，默认为 0。

输出参数：

- CallDelta：看涨期权的 δ；
- PutDelta：看跌期权的 δ。

例 10.3　假设欧式股票期权，三个月后到期，执行价格为 95 元，现价为 100 元，无股利支付，股价年化波动率为 50%，无风险利率为 10%，计算期权 δ。

计算代码如下：

```
%标的资产价格
Price = 100;
%执行价格
Strike = 95;
%无风险收益率(年化)
Rate = 0.1; %10%
%剩余时间
Time = 3/12; % = 0.25;
%年化波动率
Volatility = 0.5;
[CallDelta, PutDelta] = blsdelta(Price, Strike, Rate, Time, Volatility)
```

计算结果如下：

```
CallDelta =
    0.6665
PutDelta =
   - 0.3335
```

若要分析期权 δ 与标的资产价格、剩余期限的关系，即不同的 Price 与 Time 计算不同的 δ 三维关系，可以编写 delta_price_time.m 程序，代码如下：

```
%标的资产价格 60 元到 100 元间隔 1 元
Price = 60:1:100;
%执行价格
Strike = 95;
%无风险收益率(年化)
Rate = 0.1; %10%
%剩余时间从 1 个月到 12 月间隔 1 个月
Time = (1:1:12)/12;
%年化波动率
Volatility = 0.5;
% meshgrid 将变量网格化
[Price,Time] = meshgrid(Price,Time);
[Calldelta, Putdelta] = blsdelta(Price, Strike, Rate, Time, Volatility);
%mesh(Price, Time, Calldelta);
%画网格图
mesh(Price, Time, Putdelta);
%X 轴坐标
xlabel('Stock Price ');
%Y 轴坐标
```

```
ylabel('Time (year)');
%Z 轴坐标
zlabel('Delta');
```

注释:[XX,YY]=meshgrid(X,Y)函数功能

```
>> X = 1:5;
>> Y = 1:5;
>> [XX,YY] = meshgrid(X,Y)

XX =

     1     2     3     4     5
     1     2     3     4     5
     1     2     3     4     5
     1     2     3     4     5
     1     2     3     4     5

YY =

     1     1     1     1     1
     2     2     2     2     2
     3     3     3     3     3
     4     4     4     4     4
     5     5     5     5     5
```

结果图形如图 10.5、图 10.6 所示。

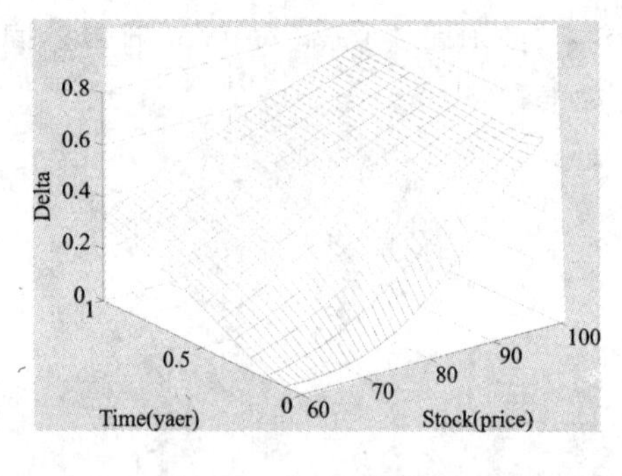

图 10.5　Delta_price_time(看涨期权)

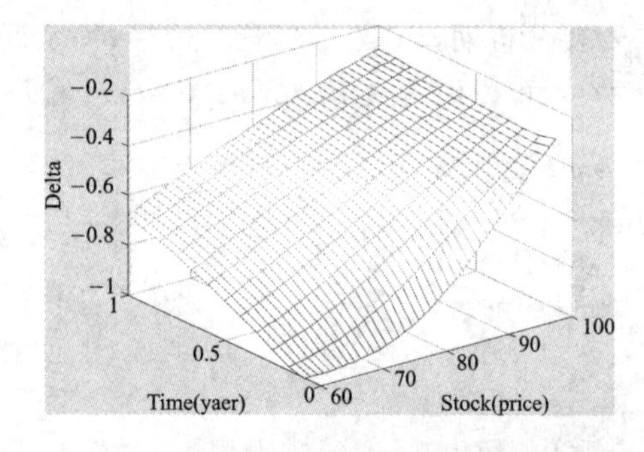

图 10.6　Delta_price_time(看跌期权)

10.3　B-S 公式隐含波动率计算

10.3.1　隐含波动率概念

如在 10.2.4 小节介绍的 Black-Scholes 期权定价公式,欧式期权理论价格的表达式:

$$c_t = S_t N(d_1) - X\mathrm{e}^{-r(T-t)} N(d_2)$$

$$p_t = X\mathrm{e}^{-r(T-t)} \times [1 - N(d_2)] - S \times [1 - N(d_1)]$$

式中:

$$d_1 = \frac{\left[\ln\left(\frac{S_t}{X}\right)+\left(r+\frac{\sigma^2}{2}\right)(T-t)\right]}{[\sigma^2(T-t)^{1/2}]}$$

$$d_2 = d_1 - \sigma^2(T-t)^{1/2}$$

Black - Scholes 期权定价模型将股票期权价格的主要因素分为五个：标的资产市场价格 S_t；执行价格 X；无风险利率 r；标的资产价格波动率 σ；距离到期时间 $T-t$。

一般情况下，已知上述五个参数即可计算出相对应的期权价格。上市的期权在交易所进行交易的，但其交易价格不一定为根据历史波动率由 B - S 公式计算出的理论价格。主要原因为投资者认为该期权标的证券的波动率与其历史波动率不一致所致。例如，期权标的证券代表的公司可能将发生合并重组、资产注入或者由于投资非理性投资造成。

隐含波动率是将市场上的期权交易价格代入权证理论价格 Black - Scholes 模型反推出来的波动率数值。由于期权定价 B - S 模型给出了期权价格与五个基本参数之间的定量关系，只要将其中前 4 个基本参数及期权的实际市场价格作为已知量代入定价公式，就可以从中解出惟一的未知量，其大小就是隐含波动率。

隐含波动率是一个重要的风险指标。历史波动率反映期权标的证券在过去一段时间的波动幅度，期权发行商与投资者在期权发行初期只能利用历史波动率作参考。一般来说，期权的隐含波动率越高，其隐含的风险也就越大。期权投资者除了可以利用期权的正股价格变化方向来买卖权证外，还可以从股价的波动幅度的变化中获利。一般来说，波动率并不是可以无限上涨或下跌，而是在一个区间内来回震荡，投资者可以采取在隐含波动率较低时买入而在较高时卖出期权的方法来获利。

如何判断一个期权的价格是否高估？主要应该看隐含波动率与其标的证券的历史波幅之间的关系。隐含波动率是市场对其标的证券未来一段时间内的波动预期，与期权价格是同方向变化。一般而言，隐含波动率不会与历史波幅相等，但在其标的证券的基本面保持稳健的条件下，应该相差不大。

10.3.2 隐含波动率计算方法

隐含波动率是把权证的价格代入 B - S 模型中反算出来的，它反映了投资者对未来标的证券波动率的预期。Black - Scholes 期权定价公式中已知 S_t（标的资产市场价格）、X（执行价格）、r（无风险利率）、$T-t$（距离到期时间）、看涨期权 c_t 或者看跌期权 p_t，根据 B - S 公式计算出与其相应的隐含波动率 σ_{yin}。

数学模型为

$$f_c(\sigma_{yin}) = S_t N(d_1) - X\mathrm{e}^{-r(T-t)}N(d_2) - c_t = 0$$

$$f_p(\sigma_{yin}) = X\mathrm{e}^{-r(T-t)} \times [1-N(d_2)] - S \times [1-N(d_1)] - p_t = 0$$

式中：

$$d_1 = \frac{\left[\ln\left(\frac{S_t}{X}\right)+\left(r+\frac{\sigma_{yin}^2}{2}\right)(T-t)\right]}{[\sigma_{yin}^2(T-t)^{1/2}]}$$

$$d_2 = d_1 - \sigma_{yin}^2(T-t)^{1/2}$$

求解方程 $f_c(\sigma_{yin})=0$，$f_p(\sigma_{yin})=0$ 的根。

10.3.3 隐含波动率计算程序

利用 fsolve 函数计算隐含波动率，fsolve 是 MATLAB 最主要内置的求解方程组的函数，具体 fsolve 的使用方法可以参看相关函数说明。

例 10.4 假设欧式股票期权，一年后，执行价格 95 元，现价为 100 元，无股利支付，股价年化波动率为 50%，无风险利率为 10%，计算期权价格。

计算结果如下：

```
>> [Call, Put] = blsprice(100, 95, 0.1, 0.25, 0.5)
>> Call = 13.6953    Put =   6.3497
```

假设目前其期权交易价格为 Call=15.00 元，Put=7.00 元，分别计算其相对应的隐含波动率。

步骤 1：建立方程函数。

看涨期权隐含波动率方程的 M 文件 ImpliedVolatitityCallObj. M，其语法如下：

f=ImpliedVolatitityCallObj(Volatility, Price, Strike, Rate, Time, Callprice)

输入参数：

- Volatility：标的资产价格波动率；
- Price：标的资产市场价格；
- Strike：执行价格；
- Rate：无风险利率；
- Time：距离到期时间；
- Callprice：看涨期权价格。

输出函数：

- f：$f_c(\sigma_{yin})$的函数值。

程序代码如下：

```
function f = ImpliedVolatitityCallObj(Volatility, Price, Strike, Rate, Time, Callprice)
 % ImpliedVolatitityCallObj
 % code by ariszheng@gmail.com 2009 - 8 - 3
[Call,Put] = blsprice(Price, Strike, Rate, Time, Volatility);
 % 存在一个波动率使得下列等式成立
 % fc(ImpliedVolatitity) = Call - Callprice = 0
f = Call - Callprice;
```

看跌期权隐含波动率方程的 M 文件为 ImpliedVolatitityPutObj. M，其语法如下：

f=ImpliedVolatitityPutObj(Volatility, Price, Strike, Rate, Time, Putprice)

输入参数：

- Volatility：标的资产价格波动率；
- Price：标的资产市场价格；
- Strike：执行价格；
- Rate：无风险利率；
- Time：距离到期时间；

➢ Putprice：看跌期权价格。

输出函数：

➢ f：$f_p(\sigma_{yin})$的函数值。

程序代码如下：

```
function f = ImpliedVolatitityPutObj(Volatility, Price, Strike, Rate, Time, Putprice)
 % ImpliedVolatitityCallObj
 % code by ariszheng@gmail.com 2009 - 8 - 3
 % 根据参数,使用 blsprice 计算期权价格
 [Call,Put] = blsprice(Price, Strike, Rate, Time, Volatility);
 % fp(ImpliedVolatitity) = Put - Putprice = 0
 % 目标使得寻找 X 使得目标函数为 0
 f = Put - Putprice;
```

步骤 2：求解方程函数。

求解方程函数的 M 文件为 ImpliedVolatility. m，其语法如下：

[Vc，Vp，Cfval，Pfval]＝ImpliedVolatility(Price，Strike，Rate，Time，CallPrice，PutPrice)

输入参数：

➢ Price：标的资产市场价格；

➢ Strike：执行价格；

➢ Rate：无风险利率；

➢ Time：距离到期时间；

➢ Callprice：看涨期权价格；

➢ Putprice：看跌期权价格。

输出函数：

➢ Vc：看涨期权的隐含波动率；

➢ Vp：看跌期权的隐含波动率；

➢ Cfval：$f_c(\sigma_{yin})$的函数值，若为 0，则隐含波动率计算正确；

➢ Pfval：$f_p(\sigma_{yin})$的函数值，若为 0，则隐含波动率计算正确。

程序代码如下：

```
function [Vc,Vp,Cfval,Pfval] = ImpliedVolatility( Price, Strike, Rate,Time, CallPrice, PutPrice)
 % ImpliedVolatility
 % code by ariszheng@gmail.com 2009 - 8 - 3
 % 优化算法初始迭代点；
 Volatility0 = 1.0;
 % CallPrice 对应的隐含波动率
 [Vc,Cfval] = fsolve(@(Volatility) ImpliedVolatitityCallObj(Volatility, Price, Strike,Rate,
              Time, CallPrice),Volatility0);
 % CallPrice 对应的隐含波动率
 [Vp,Pfval] = fsolve(@(Volatility) ImpliedVolatitityPutObj(Volatility, Price, Strike, Rate,
              Time, PutPrice),Volatility0);
```

步骤 3：函数求解。

M 文件 TestImpliedVolatility.M 代码如下：

```
%TestImpliedVolatility
%市场价格
Price = 100;
%执行价格
Strike = 95;
%无风险利率
Rate = 0.10;
%时间(年)
Time = 1.0;
CallPrice = 15.0; %看涨期权交易价格
PutPrice = 7.0;  %看跌期权交易价格
%调用 ImpliedVolatility 函数
[Vc,Vp,Cfval,Pfval] = ImpliedVolatility(Price,Strike,Rate,Time,CallPrice,PutPrice)
```

计算结果如下：

```
>> Optimization terminated: first - order optimality is less than options.TolFun.
Optimization terminated: first - order optimality is less than options.TolFun.
Vc =
    0.1417
Vp =
    0.3479
Cfval =
  3.7957e-011
Pfval =
  7.1054e-015
```

结果说明：Cfval 与 Pfval 函数值为 0，说明计算出 Vc 与 Vp 为方程的解，即期权交易价格为 Call=15.00 元，Put=7.00 元，分别计算其相对应的隐含波动率为 14.17%与 34.79%。

波动率与价格关系图像如图 10.7 所示。

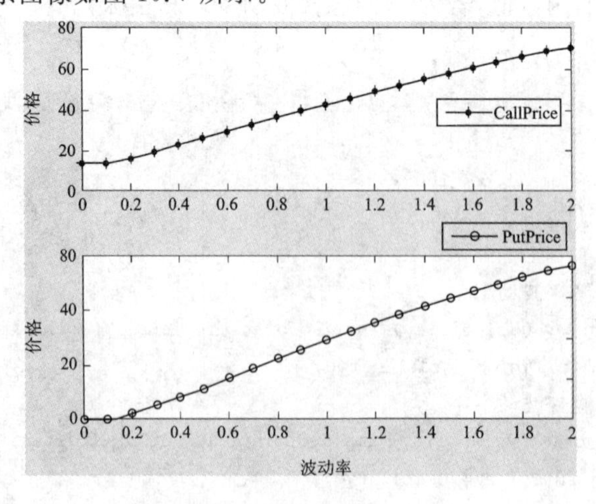

图 10.7 波动率与价格关系图

在其他条件不变的情况下，图10.7为期权价格与波动率关系图，横轴为波动率，纵轴为交易价格。

画图程序M文件VolatilityPrice.m代码如下：

```
Price = 100;
Strike = 95;
Rate = 0.10;
Time = 1.0;
%波动率从0到20%
Volatility = 0:0.1:2.0;
n = length(Volatility);
Call = zeros(n,1);
Put = zeros(n,1);
%分别计算看涨期权价格与看跌期权价格
for i = 1:n
    [Call(i),Put(i)] = blsprice(Price, Strike, Rate, Time, Volatility(i));
End
%画子图
% subplot(2,1,1)其中"2,1"表示画一个2×1的矩阵图
%最后的参数"1"表示画第一个图，顺序是从上到下，从左到右
subplot(2,1,1)
plot(Volatility,Call,'- * ');
legend('CallPrice')
subplot(2,1,2)
plot(Volatility,Put,'- o');
legend('PutPrice')
```

程序中引用[Call,Put] = blsprice(Price, Strike, Rate, Time, Volatility)函数，其参数Volatility不能为负数，在特殊情况下，某些期权价格不符合B-S公式，即某些期权价格不能使用上述公式计算出隐含波动率。

在MATLAB的finance工具箱中，自带了隐含波动率计算的函数blsimpv，上述的案例讲述了一个问题或者一个函数背后的逻辑，以便于读者开发自己的程序。blsimpv函数语法如下：

Volatility = blsimpv(Price, Strike, Rate, Time, Value, Limit, Tolerance, Class)

输入参数：

- Price：标的资产市场价格；
- Strike：执行价格；
- Rate：无风险利率；
- Time：距离到期时间；
- Value：期权的市场价格；
- Limit：(可选)可行解上界，默认为10；
- Tolerance：(可选)迭代算法的停止条件1e-6(默认)，具体参看非线性优化相关内容；
- Class：(可选)Class=1看涨期权，Class=2看跌期权，默认为看涨期权。

输出参数:

➤ Volatility:波动率。

示例代码如下:

```
%标的资产价格
Price = 100;
%执行价格
Strike = 95;
%无风险收益率(年化)
Rate = 0.1; %10 %
%剩余时间
Time = 1; % ;
%看涨期权市价10元
Value = 15;
%看涨期权 Class = 1 (默认)
Volatility = blsimpv(Price, Strike, Rate, Time, Value)
```

计算结果为0.141 7,与前面计算的结果一致。

10.4 期权二叉树模型

二叉树期权定价模型是由J. C. Cox、S. A. Ross和M. Rubinstein于1979年首先提出的,已经成为金融界最基本的期权定价方法之一。二叉树模型的优点在于其比较简单直观,不需要太多的数学知识就可以应用。

10.4.1 二叉树模型的基本理论

二叉树模型首先把期权的有效期分为很多很小的时间间隔Δt,并假设在每一个时间间隔Δt内证券价格只有两种运动的可能:从开始的S上升到原来的u倍,即到达Su;下降到原来的d倍,即Sd。其中,$u>1$,$d<1$。价格上升的概率假设为p,下降的概率假设为$1-p$。相应地,期权价值也会有所不同,分别为f_u和f_d,如图10.8所示。

在较大的时间间隔内,这种二值运动的假设当然不符合实际,但是当时间间隔非常小的时候,比如在每个瞬间,资产价格只有这两个运动方向的假设是可以接受的。因此,二叉树模型实际上是在用大量离散的小幅度二值运动来模拟连续的资产价格运动。

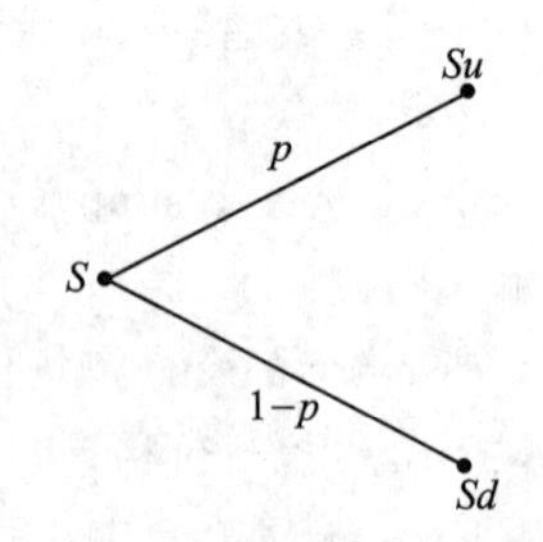

图10.8 Δt时间内资产价格的变动

无套利定价法,由于期权和标的资产的风险源是相同的,在图10.8的单步二叉树中,我们可以构造一个证券组合,包括Δ股资产多头和一个看涨期权空头。如果我们取适当的Δ值,使

$$Su\Delta - f_u = Sd\Delta - f_d$$

则无论资产价格是上升还是下跌,这个组合的价值都是相等的。也就是说,当$\Delta=\frac{f_u-f_d}{Su-Sd}$

时，无论股票价格上升还是下跌，该组合的价值都相等。显然，该组合为无风险组合，因此我们可以用无风险利率对 $Su\Delta-f_u$ 或 $Sd\Delta-f_d$ 贴现来求该组合的现值。在无套利机会的假设下，该组合的收益现值应等于构造该组合的成本，即

$$S\Delta - f = (Su\Delta - f_u)e^{-r\Delta t}$$

将 $\Delta=\frac{f_u-f_d}{Su-Sd}$ 代入上式就可得到

$$f = e^{-r\Delta t}[pf_u + (1-p)f_d]$$

式中：

$$p = \frac{e^{r\Delta t} - d}{u - d}$$

多阶段二叉树即为将单阶段二叉树进行扩展得到，如图 10.9 所示。

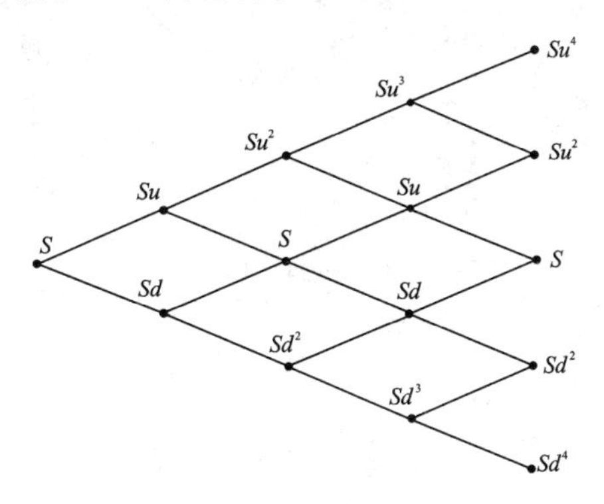

图 10.9　多阶段二叉树

10.4.2　二叉树模型的计算

在 MATLAB 的 finance 工具箱中提供二叉树模型计算期权价格的函数 binprice，其语法如下：

[AssetPrice, OptionValue] = binprice(Price, Strike, Rate, Time, Increment, Volatility, Flag, DividendRate, Dividend, ExDiv)

输入参数：

- Price：标的资产市场价格；
- Strike：执行价格；
- Rate：无风险利率；
- Time：距离到期时间；
- Increment：每个阶段的时间间隔，例如 1 年分 12 阶二叉树，每阶段时长 1 个月；
- Volatility：波动率；
- Flag：期权种类标记，flag=1 看涨期权，flag=0 看跌期权；
- DividendRate：（可选）分红率；
- Dividend：（可选）分红金额向量；
- ExDiv：（可选）额外份额金额。

输出参数：

- AssetPrice：标的资产价格；

➢ OptionValue:期权价格。

例 10.5 假设欧式股票期权,六个月后到期,执行价格 95 元,现价为 100 元,无股利支付,股价年化波动率为 50%,无风险利率为 10%,则期权价格代码如下:

```
%标的资产价格
Price = 100;
%执行价格
Strike = 95;
%无风险收益率(年化)
Rate = 0.1; %10%
%剩余时间
Time = 6/12; %;
%看涨期权
flag = 1;
%每阶段间隔 1 个月
Increment = 1/12;
%波动率
Volatility = 0.5;
%调用 binprice 函数
[AssetPrice, OptionValue] = binprice(Price, Strike, Rate, Time, Increment, Volatility, flag)
```

计算结果为:

```
%基础资产的价格路径
AssetPrice =

  100.0000   115.5274   133.4658   154.1896   178.1312   205.7904   237.7443
         0    86.5596   100.0000   115.5274   133.4658   154.1896   178.1312
         0          0    74.9256    86.5596   100.0000   115.5274   133.4658
         0          0          0    64.8552    74.9256    86.5596   100.0000
         0          0          0          0    56.1384    64.8552    74.9256
         0          0          0          0          0    48.5931    56.1384
         0          0          0          0          0          0    42.0620

%相对应的看涨期权的价格
OptionValue =

   18.7590   28.7934   42.8646   61.5351   84.7014  111.5787  142.7443
         0    9.3164   15.5932   25.4266   40.0360   59.9780   83.1312
         0         0    3.3699    6.2939   11.6477   21.3158   38.4658
         0         0         0    0.5838    1.1945    2.4439    5.0000
         0         0         0         0         0         0         0
         0         0         0         0         0         0         0
         0         0         0         0         0         0         0
```

10.5 期权定价的蒙特卡罗方法

10.5.1 模拟基本思路

蒙特卡罗(Monte Carlo)模拟要用到风险中性定价原理,其基本思路是:尽可能地模拟风险中性事件中标的资产价格的多种运动路径,计算每种路径下的期权回报均值,再贴现就可得到期权价值。

以欧式期权 $f(t,S)$(即期权价值只与两个状态变量:资产价格 S 和时间 t 有关,且利率为常数)为例,以说明蒙特卡罗模拟的基本方法:

① 从初始时刻的标的资产价格开始,直到到期 T,为 S 取在风险中性事件跨越整个有效期的一条随机路径,这就给出了标的资产价格路径的一个实现;

② 计算出这条路径下期权的回报;

③ 重复①、②,得到许多样本结果,即风险中性事件中的期权回报的值;

④ 计算这些样本回报的均值,得到风险中性事件中预期的期权回报值;

⑤ 用无风险利率贴现,得到这个期权的估计价值。

$$f(S,t)=\mathrm{e}^{-r(T-t)}E^{Q}[f(S_T,T)]$$

10.5.2 模拟技术实现

需要说明的是:蒙特卡罗方法一般只适用于欧式期权,即持有者在期权有效期内不做任何决策的衍生证券,下面以单资产的期权为例进行介绍。

根据 Black - Scholes 模型,在风险中性事件中,标的资产价格变量遵循几何布朗运动,我们用模拟的方法得到下列方程的解:

$$\begin{cases}\dfrac{\mathrm{d}S_t}{S_t}=\mu\mathrm{d}t+\sigma\mathrm{d}Z_t\\ S_t\text{ 的初始值为 }S_0\end{cases}$$

式中:μ 为股票价格的预期收益率(在风险中性事件中,为无风险利率 r)、σ 为股票价格的波动率,μ、σ 为常数,Z_t 为一标准布朗运动。常见的有三种模拟方法:

① 离散形式为

$$\frac{\Delta S}{S}=\mu\Delta t+\sigma\varepsilon\sqrt{\Delta t}$$

ΔS 为 Δt 时间后股价 S 的变化量,ε 为标准正态分布的随机抽样值,该离散方程表明 $\dfrac{\Delta S}{S}\sim N(\mu\Delta t,\sigma^2\Delta t)$,从而蒙特卡罗模拟可以通过给定 μ、σ,取合适的时间间隔 Δt,不断从 $N(\mu\Delta t,\sigma^2\Delta t)$取样来模拟股票价格的运动路径。

② 通过欧拉逼近有

$$\begin{cases}S_{n+1}=S_n(1+\mu\Delta t+\sigma\zeta_n\sqrt{\Delta t})\\ \text{初始值 }S_0\end{cases}$$

式中:$\{\zeta_n,n\geqslant 0\}$是独立的标准正态分布变量序列,可以通过模拟标准正态分布变量来实现。

③ 原方程的解析解为

$$S_{t+\Delta t} = S_t e^{\left(\mu - \frac{\sigma^2}{2}\right)\Delta t + \sigma\varepsilon\sqrt{\Delta t}} \qquad \varepsilon \sim N(0,1)$$

通过模拟布朗运动 Z_t 来实现。

由上可知,蒙特卡罗模拟方法归结为随机数的生成。下面将描述蒙特卡罗模拟方法的技术实现。模拟误差主要来源于两个方面:抽样误差和离散误差。

10.5.3 模拟技术改进

蒙特卡罗模拟精度与模拟次数密切相关,模拟次数越高其精度越高,但是次数增加又会增加计算量。实践表明,减少模拟方差可以提高稳定性,减少模拟次数。有很多种方法可以减小方差,如:对偶变量技术、控制变量技术、分层抽样、矩匹配、条件蒙特卡罗模拟等,但最简单并且应用最为广泛的是对偶变量技术和控制变量技术。

1. 方差减少技术

主要有 5 种方法,根据其应用特点可分为通用性技术与特殊性技术两类。

通用性方差减少技术有 3 种。

(1) 对偶变量技术

对偶变量技术(antithetic variable technique)在金融衍生品定价分析中应用最广泛。它是指在一次模拟运算中,计算两个期权价值:用通常方法计算得到 f_{i1},通过改变计算 f_{i1} 中所有的抽样样本的符号重新计算得到 f_{i2},这条模拟路径得到的期权价值是 f_{i1} 和 f_{i2} 的平均值 $\overline{f}_i=\frac{f_{i1}+f_{i2}}{2}$,期权的最终估计价值则是有限个 $\overline{f}_i$ 的均值。通过这种方法,当一次模拟中的一个值高于真实值时,则另一个值必然偏低,反之亦然。如果 $\overline{\omega}$ 是 $\overline{f}$ 的标准差,M 是模拟运算的次数(每一次中包含计算两个 f 值),那么估计值的标准差就是$\frac{\overline{\omega}}{\sqrt{M}}$。其值通常远远小于运算 $2M$ 次得到的标准差。从估计效率来分析,Boyle 等根据方差运算性质并考虑到模拟速度得出,只要 $\mathrm{cov}(f_{i1},f_{i2})\leqslant 0$,即 f_{i1} 和 f_{i2} 之间有负相关关系,就能保证对偶变量技术的有效性。对偶变量技术能对许多衍生证券的价格模拟有明显的改进效果,但也存在一定的局限性:首先,如果对于盈利收益与随机抽样之间不满足上述单调条件的证券,如障碍期权和两值期权,就不能保证增加其估计效率;其次,虽然序列$\left\{\frac{f_{i1}+f_{i2}}{2}\right\}$是独立的,但是 $f_{11},f_{12},f_{21},f_{22},\cdots,f_{n1},f_{n2}$ 不满足独立性,从而给置信区间的确定带来很大的困难。

(2) 控制变量技术

蒙特卡罗模拟和前述的二叉树模型中的控制方差技术是相同的,只是在蒙特卡罗模拟中,对于两个类似的期权,必须使用相同的随机数流和相同的 Δt 平行地进行两次模拟。

(3) 分层抽样技术

分层抽样技术实质上是一种匹配,即使经验概率与理论概率相匹配。首先它把样本空间划分为一些小区域,然后在每个小区域上进行随机抽样,抽样由小区域所要进行的估计值贡献的大小来确定。由于衍生证券的价格可归结为空间上某一区域内的积分,所以在此主要考虑对积分的估计。分层抽样技术的主要问题在于:如果维数比较大,上述过程实现起来很困难。

Mckay(1979)提出了基于正交试验表的拉丁超立方体随机抽样技术，其样本的分布均匀性较以前有了一定的提高；张润楚等将均匀设计与随机抽样结合起来，提出了均匀设计抽样技术，在很大程度上改进了随机模拟效率。

特殊性方差减少技术的应用在很大程度上依赖于所需估计的金融证券的结构和性质，主要包括重要性抽样技术和条件蒙特卡罗模拟两种。

(4) 重要性抽样技术

重要性抽样技术的基本思想就是用一种概率测度下的期望值代替原来概率测度下的期望值，使得在新的概率测度下对估计值的贡献大的随机抽样出现的概率也大，从而提高模拟的估计效率。这种概率测度的转换是通过似然比或 Radum－Nikodym 导数作为转换因子来加以实现的。除了深度实值期权外，重要性抽样技术还应用于利率模型模拟。Anderson(1993)对这种债券衍生证券的估计具有较好的效果。

(5) 条件蒙特卡罗模拟

条件蒙特卡罗模拟的基本思想是通过随机变量在某些特殊条件下的期望去代替该随机变量本身的期望，从而简化了模拟运算，增加估计的精确度。其改进效率的理论依据是不等式：

$$\mathrm{var}[\mathrm{E}(X \mid Y)] \leqslant \mathrm{var}(X)$$

Hull 和 White(1987)应用这一基本思想对具有随机波动率的期权价格进行模拟。假设一欧式期权的标的变量服从以下的随机过程：

$$\mathrm{d}S = S(\mu \mathrm{d}t + \sigma \mathrm{d}w_1), d\sigma^2 = \lambda\sigma^2 \mathrm{d}t + \theta\sigma^2 \mathrm{d}w_2$$

式中：w_1、w_2 相互独立。利用条件模拟就可以在一定程度上简化模拟过程。假设已知[0,1]区间上波动率 σ 的一条变化路径，则标的资产价格 S 可看作是[0,1]区间内具有确定性变化波动率的随机过程。所以，该期权在 σ_t 已知的条件下的价格可表示为

$$BS(S_0, X, \mu T, \sqrt{\sigma_T})$$

式中：$\sigma_T = \frac{1}{T}\int_0^T \sigma_t^2 \mathrm{d}t$ 为基于 σ_T 样本路径的波动率的平均值。对 σ 所变化路径上的期权价格求平均，可得在 σ_t 已知的条件下的模拟估计。

2. 其他的一些改进技术

(1) 伪蒙特卡罗模拟

拟随机序列的模拟就是用事先已经确定的抽样样本代替原来的随机抽样样本而得到的模拟。这种方法对估计效果的改进取决于拟随机序列在抽样样本空间中分布的均匀性。序列分布得越均匀，其改进效果越明显。通常用偏差率来表示这种均匀性，均匀程度越高，其偏差率越低。因此拟随机序列有时也称为低偏差率序列，拟随机序列的模拟也可称为低偏差率序列的模拟。Niederreiter(1992)对序列的分辨率的概念内涵作了较为详细的分析。

(2) 随机化的伪蒙特卡罗模拟

这种技术是在综合蒙特卡罗模拟与伪蒙特卡罗模拟的优点的基础上所发展起来的一种复合模拟技术，其基本原理是在某种伪蒙特卡罗模拟方法中引入某种随机化，并保持原伪蒙特卡罗模拟的等分布性质。体现这一思想的较早的研究工作主要有 Cranley(1976)提出的所谓的好格子点方法、Braaten(1979)提出的随机攀登的 Halton 序列和 Joe(1990)提出的随机化一般的格子点方法等。近几年来，这种技术又有了新的发展，最主要的有 Owen(1997)提出的基于攀登的(t,m,s)网与(t,s)序列的随机模拟技术。

由上述可见,蒙特卡罗模拟技术的改进方向有:减少估计方差及改进抽样技术,其中利用数论方法发展样本抽样技术是提高改进技术效率的一个关键因素。

蒙特卡罗方法的实质是模拟标的资产价格的随机运动,预测期权的平均回报值,并由此得到期权价格的一个概率解。

蒙特卡罗模拟的适用情形相当广泛,包括:期权的回报仅仅取决于标的变量的最终价值的情况;期权的回报依赖于标的变量所遵循的路径,即路径依赖情形(如:亚式期权);期权的回报取决于多个标的变量的情况(如:互换期权)。尤其当标的变量的数量增加时,蒙特卡罗模拟的运算时间近似为线性增长而不像其他方法那样以指数增长,因此该方法对依赖三种以上风险资产的多变量期权模型具有较强的处理能力。不过在处理三个以下的变量时,相对于其他方法偏慢。蒙特卡罗模拟只能为欧式期权定价,难以处理提前执行的情形。尝试使用蒙特卡罗模拟技术来为美式期权定价,是近年来这个领域的发展方向之一。

10.5.4 欧式期权蒙特卡罗模拟

用蒙特卡罗方法模拟欧式期权的价格。在风险中性定价原理下,假设股票服从几何布朗运动:

$$dS = rS\,dt + \sigma S\,dZ$$

$$S_T = S(0)\exp\left[\left(r - \frac{\sigma^2}{2}\right)T + \sigma\varepsilon\sqrt{T}\right]$$

到期日,欧式期权的现金流为

$$\max(S_T - E, 0) \qquad \text{欧式看涨期权}$$

$$\max(E - S_T, 0) \qquad \text{欧式看跌期权}$$

例 10.6 假设股票价格服从几何布朗运动,股票现在价格 $S(0)=50$ 元,执行价为 $E=52$ 元,无风险利率 $r=0.1$,股票波动的标准差 $\sigma=0.4$,期权的到期日 $T=5/12$。试用蒙特卡罗模拟方法计算该欧式期权的价格。

1. MC 模拟方法计算欧式看涨期权价格

函数语法如下:

function [Price,VarPrice,CI] = BlsMCIS(S0,K,r,T,sigma,NRepl)

输入参数:

- S0:股票当前价格;
- K:执行价;
- r:无风险利率;
- sigma:股票波动的标准差;
- NRepl:模拟次数。

输出参数:

- Price:欧式看涨期权的价格;
- VarPrice:模拟期权价格的方差;
- CI:概率 95%的期权置信区间。

BlsMCIS 函数代码如下:

```
function [Price,VarPrice,CI] = BlsMCIS(S0,K,r,T,sigma,NRepl)
 % 设置随机数状态
 randn('state',0);
 % 生成布朗运动路径
 nuT = (r - 0.5 * sigma^2) * T;
 siT = sigma * sqrt(T);
 ISnuT = log(K/S0) - 0.5 * sigma^2 * T;
 % 生成服从 N(0,1)的随机数
 Veps = randn(NRepl,1);
 VY = ISnuT + siT * Veps;
 ISRatios = exp( (2 * (nuT - ISnuT) * VY - nuT^2 + ISnuT^2)/2/siT^2);
 % 收益率计算
 DiscPayoff = exp( - r * T) * max(0, (S0 * exp(VY) - K));
 % 用正态分布函数 normfit 对模拟结果进行拟合
 [Price, VarPrice, CI] = normfit(DiscPayoff. * ISRatios);
```

调用子程序可计算欧式看涨期权的价格，代码如下：

```
>> [Price,VarPrice,CI] = BlsMCIS(50,52,0.1,5/12,0.4,1000)
Price =
    4.4791
VarPrice =
    7.8042
CI =
    3.9948
    4.9634
```

计算结果：看涨期权的模拟价格为 4.479 1 元，样本正态拟合的方差为 7.804 2，95%的置信区间为[3.9948，4.9638]，模拟波动区间很大。

欧式期权的解析公式计算如下：

```
>> [call,put] = blsprice(50,52,0.1,5/12,0.4)
call =
    5.1911
put =
    5.0689
```

为提高模拟计算效果，可增加模拟次数或设置不同的随机数初始状态。增加模拟次数，精度或许有所改善。其结果如下：

```
>> [Price,VarPrice,CI] = BlsMCIS(50,52,0.1,5/12,0.4,10000)
Price =
    5.1826
VarPrice =
    9.0272
CI =
    5.0056
    5.3596
```

2. MC 模拟方法计算欧式看涨期权价格(对偶法)

对偶法函数语法如下:

function [encall,varprice,ci]=blsmc1(s0,E,r,T,sigma,Nu)

输入参数:

- s0:股票当前价格;
- E:执行价;
- r:无风险利率;
- sigma:股票波动的标准差;
- Nu:模拟次数。

输出参数:

- encall:欧式看涨期权的价格;
- varprice:模拟期权价格的方差;
- ci:概率 95%的期权置信区间。

函数 blsmc1 的代码如下:

```
function [encall,varprice,ci] = blsmc1(s0,E,r,T,sigma,Nu)
 % 设置随机数状态
 randn('state',0);
 nuT = (r - 0.5 * sigma^2) * T;
 sit = sigma * sqrt(T);
 rand = randn(Nu,1);
 discpayoff = exp( - r * T) * max(0,s0 * exp(nuT + sit * rand) - E);
 discpayoff1 = exp( - r * T) * max(0,s0 * exp(nuT + sit * ( - rand)) - E);
 [encall,varprice,ci] = normfit([discpayoff; discpayoff1]);
```

调用子程序 blsmc1 计算,代码如下:

```
>> blsmc1(50,52,0.1,5/12,0.4,10000)
encall =
    5.1766
varprice =
    8.9035
ci =
    5.0532
    5.3000
```

模拟结果为 5.176 6 元,离精确值 5.191 1 元非常接近,说明对偶方法在 MC 计算欧式期权中效果显著,经验证明对偶方法并非对所有 MC 计算都有效。

10.5.5 障碍期权蒙特卡罗模拟

障碍期权是特殊形式的期权。例如,确定一个障碍值 S_b,在期权的存续期内有可能超越该价格,也可能低于该价格。对于敲出期权而言,如果在期权的存续期内标的资产价格触及障碍值 S_b,期权合同可以提前终止执行;相反,对于敲入期权而言,如果标的资产价格触及障碍值 S_b,期权合同才生效。

注意：障碍值 S_b 可以低于标的资产现在的价格 S_0，也可以高于 S_0。如果 $S_b > S_0$，则称为上涨期权；反之则称为下跌期权。

对于下跌敲出看跌期权，该期权首先是看跌期权，股票价格是 S_0，执行价是 E。买入看跌期权就是首先要保证以执行价 E 卖掉股票。下跌敲出障碍期权相当于在看跌期权的基础上附加提前终止执行的条款，内容是当股票价格触及障碍值 S_b 时看跌期权就提前终止执行。因为该期权对买方有利，所以其价格应低于看跌期权的价格。

下面考虑下跌敲入看跌期权，同样，该期权首先是看跌期权。下跌敲入障碍期权相当于在看跌期权的基础上附加何时生效的条款，内容是当股票价格触及障碍值 S_b 时，看跌期权开始生效。

综合看，标准的看跌期权合同可以拆分为两份产品，分别是下跌敲出看跌期权与下跌敲入看跌期权，有

$$P = P_{di} + P_{do}$$

式中：P 为标准的看跌期权价格；P_{di} 和 P_{do} 分别表示下跌敲入看跌期权与下跌敲出看跌期权的价格。如果下跌敲出看跌期权提前终止时卖方补偿一些费用给买方，上述公式表示的评价关系就不再有效。

当障碍值确定时，欧式障碍期权存在解析表达式，其形式为

$$P = \mathrm{Exp}(-rT)\left\{N(d_4) - N(d_2) - a[N(d_7) - N(d_5)]\right\} - S_0\left\{N(d_3) - N(d_1) - b[N(d_8) - N(d_6)]\right\}$$

$$a = \left(\frac{S_b}{S_0}\right)^{-1+2r/\sigma^2}$$

$$b = \left(\frac{S_b}{S_0}\right)^{1+2r/\sigma^2}$$

$$d_1 = \frac{\ln(S_0/E) + (r + \sigma^2/2)T}{\sigma\sqrt{T}}$$

$$d_2 = \frac{\ln(S_0/E) + (r - \sigma^2/2)T}{\sigma\sqrt{T}}$$

$$d_3 = \frac{\ln(S_0/S_b) + (r + \sigma^2/2)T}{\sigma\sqrt{T}}$$

$$d_4 = \frac{\ln(S_0/S_b) + (r - \sigma^2/2)T}{\sigma\sqrt{T}}$$

$$d_5 = \frac{\ln(S_0/S_b) - (r - \sigma^2/2)T}{\sigma\sqrt{T}}$$

$$d_6 = \frac{\ln(S_0/S_b) - (r + \sigma^2/2)T}{\sigma\sqrt{T}}$$

$$d_7 = \frac{\ln(S_0 E/S_b^2) - (r - \sigma^2/2)T}{\sigma\sqrt{T}}$$

$$d_8 = \frac{\ln(S_0 E/S_b^2) - (r + \sigma^2/2)T}{\sigma\sqrt{T}}$$

式中：S_0 是股票当前价格；S_b 是障碍值；E 是看跌期权执行价；T 为存续期，r 为无风险利率，σ 是波动率的标准差。

MC 模拟方法计算下跌敲出障碍期权价格的函数语法如下：

P=DownOutPut(s0,E,r,T,sigma,sb)

输入参数：

- s0：股票当前价格；
- E：执行价；
- r：无风险利率；
- sigma：股票波动的标准差；
- sb：障碍值。

输出参数：

- P：障碍期权价格。

函数 DownOutPut 的程序代码如下：

```
function P = DownOutPut(s0,E,r,T,sigma,sb)
 a = (sb/s0)^( - 1 + 2 * r/sigma^2);
 b = (sb/s0)^(1 + 2 * r/sigma^2);
 d1 = (log(s0/E) + (r + sigma^2/2) * T)/(sigma * sqrt(T));
 d2 = (log(s0/E) + (r - sigma^2/2) * T)/(sigma * sqrt(T));
 d3 = (log(s0/sb) + (r + sigma^2/2) * T)/(sigma * sqrt(T));
 d4 = (log(s0/sb) + (r - sigma^2/2) * T)/(sigma * sqrt(T));
 d5 = (log(s0/sb) - (r - sigma^2/2) * T)/(sigma * sqrt(T));
 d6 = (log(s0/sb) - (r + sigma^2/2) * T)/(sigma * sqrt(T));
 d7 = (log(s0 * E/sb^2) - (r - sigma^2/2) * T)/(sigma * sqrt(T));
 d8 = (log(s0 * E/sb^2) - (r + sigma^2/2) * T)/(sigma * sqrt(T));
 P = E * exp( - r * T) * (normcdf(d4) - normcdf(d2) - a * (normcdf(d7) - normcdf(d5))) - s0 * (norm
    cdf(d3) - normcdf(d1) - b * ( normcdf(d8) - normcdf(d6)));
```

例 10.7 考虑一个欧式看跌股票期权。股票的价格为 50 元，看跌期权的执行价为 50 元，无风险利率为 0.1，时间为 5 个月，股票年波动率的标准差为 0.4。

该期权的精确价值计算代码如下：

```
>> [call,put] = blsprice(50,50,0.1,5/12,0.4)
call =
    6.1165
put =
       4.0760
```

看跌期权价格为 4.076 0 元。对于上述看跌期权，我们考虑障碍值 $S_b=40$ 元时下跌敲出期权的价格如下：

```
>> P = DownOutPut(50,50,0.1,5/12,0.4,40)
P =
0.5424
```

由于该下跌敲出期权提供的条件过于优厚，买方承担了大量风险，作为回报，其价格较看跌期权便宜得多。

下面用 MC 方法模拟下跌敲出看跌期权价格。Nrep1 为模拟次数，每次模拟时间分为 Nsteps 步离散，障碍值为变量 S_b，其现金流为

$$\text{CashFlow} = 0 \qquad S_t < S_b$$

先模拟路径，然后让小于 S_b 路径的现金流为 0，语法如下：

function [P,aux,ci]=DownOutPutMC(s0,E,r,T, sigma,sb,Nsteps,Nrep1)

输入参数：

- s0：股票当前价格；
- E：执行价；
- r：无风险利率；
- sigma：股票波动的标准差；
- sb：障碍值；
- Nsteps：时间离散步数；
- Nrep1：模拟路径数目。

输出参数：

- P：下跌敲出看跌期权的价格；
- aux：模拟期权价格的方差；
- ci：概率 95%的期权置信区间。

函数 DownOutPutMC 的代码如下：

```
function [P,aux,ci] = DownOutPutMC(s0,E,r,T, sigma,sb,Nsteps,Nrep1)
dt = T/Nsteps;
nudt = (r - 0.5 * sigma^2) * dt;
sidt = sigma * sqrt(dt);
randn('seed',0);
rand = randn(Nrep1,Nsteps);
rand1 = nudt + sidt * rand;
% 沿列方向逐列累加
rand2 = cumsum(rand1,2);
path = s0 * exp(rand2);
% 设定现金流初值为 0
payoff = zeros(Nrep1,1);
for i = 1:Nrep1
ax = path(i,:);
if min(ax)<sb
    % 如果路径中的任意一点价格低于障碍值,现金流为 0
     payoff(i) = 0;
else
      payoff(i) = max(0,E - ax(Nsteps));
end
end
[P,aux,ci] = normfit(exp( - r * T) * payoff);
```

调用程序模拟结果如下：

```
>> [P,aux,ci] = DownOutPutMC(50,50,0.1,5/12,0.4,40,600,10000)
P =
    0.5921
aux =
    1.6687
ci =
    0.5594
    0.6248
```

10.5.6 亚式期权蒙特卡罗模拟

用蒙特卡罗方法模拟算术平均亚式期权的定价，亚式期权是一种路径依赖期权，它的收益函数依赖于期权存续期内标的资产的平均价格。平均价格可分为算术平均和几何平均两种。欧式几何平均亚式期权可以得到解析表达式。

对于离散算术平均价格定义为

$$A_{da} = \frac{1}{N}\sum_{i=1}^{N} S(t_i)$$

式中：$t_i(i=1,2,\cdots,N)$是离散时间样本点。

对于离散几何平均价格定义为

$$A_{dg} = \left[\prod_{i=1}^{N} S(t_i)\right]^{\frac{1}{N}}$$

算术平均亚式看涨期权到期现金流为

$$\max\left\{\frac{1}{N}\sum_{i=1}^{N} S(t_i) - E, 0\right\} \qquad t_i = i\Delta t, \Delta t = T/N$$

式中：E是执行价；$S(t_i)$是t_i时刻的股价。

例 10.8 股票的价格为50元，亚式看涨期权的执行价为50元，存续期为5个月，无风险利率为0.1，股票年波动率的标准差为0.4。期权到期现金流是每月均价与执行价之差。用蒙特卡罗方法计算该亚式期权价格。函数语法如下：

[P, aux ,CI] = AsianMC(S0,K,r,T,sigma,NSamples,NRepl)

输入参数：

- S0：股票当前价格；
- K：执行价；
- r：无风险利率；
- sigma：股票波动的标准差；
- NSamples：时间离散步数；
- NRepl：模拟路径数目。

输出参数：

- p：下跌敲出看跌期权的价格；
- aux：模拟期权价格的方差；
- CI：概率95%的期权置信区间。

函数 AsianMC 的代码如下：

```
function [P, aux ,CI] = AsianMC(S0,K,r,T,sigma,NSamples,NRepl)
 Payoff = zeros(NRepl,1);
 for i = 1:NRepl
     Path = AssetPaths(S0,r,sigma,T,NSamples,1);
     Payoff(i) = max(0, mean(Path(2:(NSamples + 1))) - K);
 end
 [P,aux,CI] = normfit( exp( - r * T) * Payoff);
```

调用 MATLAB 程序计算结果如下：

```
[P,CI] = AsianMC(S0,K,r,T,sigma,NSamples,NRepl)
 >> randn('state',0)
 >> [P,CI] = AsianMC(50,50,0.1,5/12,0.4,5,50000)
 P =
     3.9939
 CI =
 3.9418     4.0460
 >> CI(2) - CI(1)
 ans =
     0.1042
```

亚式期权价格为 3.993 9 元，95％的置信区间为[3.9418，4.0460]，区间长度为 0.104 2。这是一个比较粗糙的估计，我们可以用控制变量技术(Control Variables)技术提高估计精度。构造

$$Y = \sum_{i=0}^{N} S(t_i)$$

显然它和收益函数是相关的，而

$$E[Y] = E\Big[\sum_{i=0}^{N} S(t_i)\Big] = \sum_{i=0}^{N} E[S(i\Delta t)] = \sum_{i=0}^{N} S(0)\mathrm{e}^{ir\Delta t} = S(0)\,\frac{1-\mathrm{e}^{r(N+1)\Delta t}}{1-\mathrm{e}^{r\Delta t}}$$

用控制变量技术方法计算，函数语法如下：

[P, aux ,CI] = AsianMCCV (S0,K,r,T,sigma,NSamples,NRepl)

输入参数：

- S0：股票当前价格；
- K：执行价；
- r：无风险利率；
- sigma：股票波动的标准差；
- NSamples：时间离散步数；
- NRep1：模拟路径数目。

输出参数：

- p：下跌敲出看跌期权的价格；
- aux：模拟期权价格的方差；
- CI：概率 95％的期权置信区间。

函数 AsianMCCV 的代码如下：

```
function [P, aux CI] = AsianMCCV(S0,K,r,T,sigma,NSamples,NRepl,NPilot)
 % pilot replications to set control parameter
TryPath = AssetPaths(S0,r,sigma,T,NSamples,NPilot);
StockSum = sum(TryPath,2);
PP = mean(TryPath(:,2:(NSamples + 1)) , 2);
TryPayoff = exp( - r * T) * max(0, PP - K);
MatCov = cov(StockSum, TryPayoff);
c = - MatCov(1,2) / var(StockSum);
dt = T / NSamples;
ExpSum = S0 * (1 - exp((NSamples + 1) * r * dt)) / (1 - exp(r * dt));
 % MC run
ControlVars = zeros(NRepl,1);
for i = 1:NRepl
   StockPath = AssetPaths(S0,r,sigma,T,NSamples,1);
   Payoff = exp( - r * T) * max(0, mean(StockPath(2:(NSamples + 1))) - K);
   ControlVars(i) = Payoff + c * (sum(StockPath) - ExpSum);
end
[P,aux,CI] = normfit(ControlVars);
```

调用程序计算结果如下：

```
>> [P,CI] = AsianMCCV(50,50,0.1,5/12,0.4,5,45000,5000)
P =
    3.9562
CI =
    3.9336
    3.9789
>> CI(2) - CI(1)
ans =
    0.0453
```

显然，计算结果得到了较大改善。

第11章

股票挂钩结构分析

随着金融工具的多元化发展，股票挂钩产品、产品期货挂钩产品等新型的理财产品相继诞生。股票挂钩产品是一种收益与股票价格或股价指数等标的相挂钩的结构化产品(Structure Products)。本章将重点分析股票挂钩产品的产品结构、定价原则和避险方式，并配合MATLAB数值计算对此股票挂钩型产品进行数量化分析。国内银行的股票挂钩型产品，主要以港股股票挂钩为主，例如招商银行的焦点联动系列。

11.1 股票挂钩产品的基本结构

11.1.1 高息票据与保本票据

作为一种结构化产品，股票挂钩产品是由固定收益产品和衍生产品两部分组合而成，其中挂钩标的就是衍生品的基础资产，衍生品可以包括期货、期权、远期、互换等类型，但挂钩股票或股指的衍生品多为期权。根据产品组成结构，可以进一步将股票挂钩产品分成两大类，即高息票据(High-Yield Notes，简称 HYN 或 ELN)和保本票据(Principal Guaranteed Notes，简称PGN).

点睛：有需求才有会有产品，或者说产品满足投资者的某种需求情况时才能存在。金融产品也不例外，HYN 投资人看跌或看跌与高息票据挂钩的股票，通过卖出期权得到权益金增厚收益；PGN 投资人看涨或看涨与保本票据挂钩的股票，但不愿意冒损失本金的风险购买(卖出)股票或者期权，则通过投资保本票据的方式，在风险锁定的情况下，获得潜在的收益。

如图 11.1 所示，HYN 由买进债券部分加上卖出期权部分组成；PGN 由买进债券部分加上买入期权部分组成。HYN 的到期收益为“本金＋利息＋期权权利金－期权行权价值”。由于期权行权价值可能较大，因而，这类产品一般不保本，甚至可能出现投资损失。但投资者可

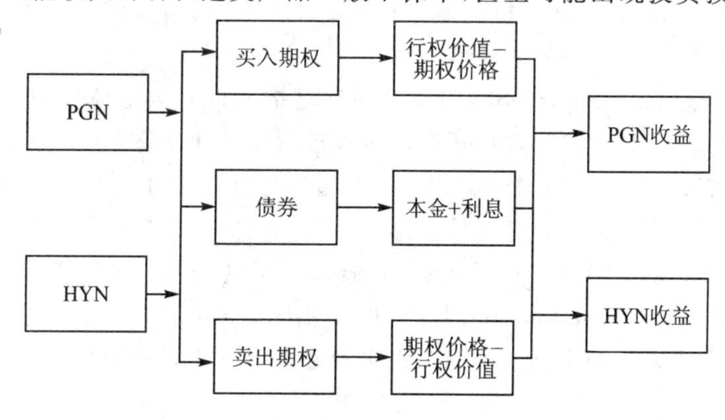

图 11.1　股票挂钩产品结构图

以获得权利金收入,在期权行权价值较小甚至到期处于价外情况时,收益率相比同类产品较高,因此称为高息票据。同时,HYN 也存在着天然的最高收益率限制,此时,期权到期处于价外状态。PGN 的到期收益为"本金+利息+期权行权价值-期权权利金"。由于期权权利金有限,通过适当组合完全可以由利息覆盖,因此,此类产品能够实现完全或部分保本,甚至承诺最低收益。当然,由于期权行权价值可能无限大,投资者的收益理论上也可能无限大,但概率小,且发行人一般会设定上限收益率加以限制。

11.1.2 产品构成要素说明

股票挂钩产品通常有固定收益部分与期权部分构成,期权收益部分为高息票据提供卖出期权保证金;为保本票据提供本金保证。期权部分为股票挂钩产品提供潜在超额收益。

1. 固定收益部分

(1) 本金保障

股票挂钩产品对投资者的本金保障可以根据客户的需求而具体设定,包括四种情况,即不保障本金安全、部分保本、完全保本以及承诺一个大于零的最低收益。一般来说,HYN 大多是不保本的,而 PGN 有本金保障要求,但提前赎回需要一定费用。

(2) 付息方式

固定收益部分的付息方式可以根据客户的需求而具体设定,主要包括四种类型,即零息债券(zero-coupon Bond)、附息债券(coupon bond)、摊销债券(amortizing bond)及浮动利率债券(floating-rate Bond)。

零息债券(zero-coupon bond):零息债券发行时按低于票面金额的价格发行,而在兑付时按照票面金额兑付,其利息隐含在发行价格和兑付价格之间。零息债券的最大特点是避免了投资者所获得利息的再投资风险。零息债券是不派息的债券,投资者购买时可获折扣(即以低于面值的价格购买),在到期时收取面值。

附息债券(coupon bond):附息债券是指在债券券面上附有息票的债券,或是按照债券票面载明的利率及支付方式支付利息的债券。息票上标有利息额、支付利息的期限和债券号码等内容。持有人可从债券上剪下息票,并据此领取利息。附息债券的利息支付方式一般会在偿还期内按期付息,如每半年或一年付息一次。

摊销债券(amortizing bond):摊销债券与附息债券不同的是,在每年的偿还金额中不仅有利息,还有本金。

浮动利率债券(floating-rate bond):浮动利率是指发行时规定债券利率随市场利率定期浮动的债券,也就是说,债券利率在偿还期内可以进行变动和调整。

为了满足投资者对期间内现金流的要求,大部分的股票挂钩产品都是给付利息的,尤其是那些期限较长的保本型产品。但零息债券形式结构比较简单、明了,便于标准化发行、交易,如香港联交所上市交易的 ELI(equity-linked instruments)就采用这种形式。

点睛:零息债券(zero-coupon bond)是构造股票挂钩产品固定收益部分的最好选择,但是国内基本没有一年期以上的零息债券。国内定期存款本质上与零息债券的结构一致,但面临利率风险。

2. 期权部分

（1）挂钩标的

股票挂钩产品挂钩标的是股票及股指，基本上都是规模大、质量好、影响大的篮筹股或指数，也可根据客户的具体需求而选择某类股票（个股或组合）或指数。对于保本票据而言，严格避险操作情况下，无论标的涨跌，发行人都可以获得无风险收益，在充分避险条件下，此类业务的风险是可测、可控的。

（2）挂钩/行权方式

股票挂钩产品到期收益与挂钩标的直接相联系，目前挂钩方式复杂了许多，除常见的欧式期权外，还包括亚式、彩虹式、障碍式等更为复杂的奇异期权。主要趋势包括：首先，挂钩标的数目增加，多种标的之间在地理位置、行业领域等方面存在较大差异，如有的挂钩多个国家的主要股指，有的挂钩股票、黄金、石油等多种商品价格；其次，挂钩多个标的的相对表现，如选择多个标的中表现最差、最好或一般的标的；最后，具有路径依赖或时间依赖等性质。挂钩方式的复杂大大增加了产品定价的难度。

（3）价内/价外程度

这是反映期权虚实度的指标。虚值期权价格较低，因而可以使得产品的参与率较大，而较大的参与率对投资者的吸引力较大。对于保本票价而言，有

参与率＝（股票挂钩产品价值－固定收益部分价值）÷隐含期权价值

可见，参与率表征的是期权投资程度，它与固定收益投资部分决定的保本率呈反向关系。

（4）可赎回条件

股票挂钩产品也可设置赎回条件，赋予发行人在预设条件下赎回股票挂钩产品的权利，这同时将限制投资者的获益程度。可赎回条件的触发一般和股价相关，处理上通常是将这类期权与股票挂钩产品内嵌的其他期权一同考虑，而保留固定收益部分单纯的债券性质。

11.1.3　产品的设计方法

股票挂钩产品设计样式极其灵活，实在难以覆盖到所有产品样式，这里只能对其一般规律加以总结，先分析固定收益和期权部分的条款设计，然后集中分析各参数之间的关系。

股票挂钩产品的设计参数包括最高收益率、最低收益率、保本率、参与率、行权价、发行价、面值、换股比例和期限。

1. 保本率

保本率（principal guaranteed rate）即本金保障程度，由固定收益部分决定，即

保本率＝到期最低收益现值/本金投资额＝固定收益部分到期现值/票据面值

通常 PGN 产品有保本率，而 HYN 不给予本金保障。习惯上，保本率一般不超过 100%，对于超出 100%的部分可以理解为最低收益率；同时，对最低保本率有限制，如台湾要求 80%以上。

2. 最低收益率

最低收益率与保本率密切相关，同样由固定收益部分决定，可理解为

最低收益率＝保本率－1

一般情况下，当保本率不足 100%时，可认为最低收益率为负；当承诺了正的最低收益率时，也可以认为是 100%保本。同样，这个参数只适用于 PGN 而不是 HYN。

3. 预期最高收益率

对 PGN，最高收益率是基于产品买进期权的结构而内在设定的。看涨式 PGN 产品的最

高收益率理论上是无限的,但实际中发行人也会通过设置上限等措施,限制最高收益率水平。看跌式 PGN 产品的最高收益率是有限的,理论上最大收益发生在标的价格降为 0 时。

对 HYN,最高收益率是基于产品卖出期权的结构而内在设定的,实现时,卖出的期权并非被行权,投资者没有遭受行权损失。

4. 参与率

参与率(participation rate)是 PGN 产品的重要参数之一,参与率越大,分享挂钩标的涨跌收益的比例就越大,一般在 50%~100%之间。HYN 产品一般不提及参与率,由于卖出期权,可理解为参与率是 100%。

参与率可用如下公式表示

参与率=(股票挂钩产品价值-固定收益部分价值)÷隐含期权价值

可见,参与率表征的是期权投资程度,它与固定收益投资部分决定的保本率呈反向关系。

5. 行权价

行权价是决定股票挂钩产品中期权部分价值的重要因素。行权价的设定直接决定了期权的虚实度,影响期权价格,最终影响股票挂钩产品结构和收益特征。行权价有时用当期标的价格的百分比表示。

发行人在设定行权价时,不仅要考虑投资者的市场判断及发行人营销方面的要求,还要从定价和避险两方面考虑行权价与隐含波动率之间的关系,即所谓"波动率微笑"的影响。尤其是不同的股票或股价指数可能由于价格分布的不同而产生微笑结构差异,相应的对行权价的设计要求也是不同的。比如,S&P500 指数期权隐含波动率随着行权价提高而降低,呈现出向右下倾斜的形状而非标准的微笑结构。

6. 发行价

PGN 通常平价发行,即发行价就是产品的面值或投资的本金。

而 HYN 通常折价发行,到期偿还面值本金,发行价就是折价发行后的实际投资金额,一般用实际投资金额和面值金额的比例来表示。如前所述,可以通过发行价求得 HYN 的预期最高收益率。

实际中也有 HYN 产品为了提高产品吸引力,在名义上按面值发行的同时,承诺到期除了可以获得与挂钩标的表现相关的投资收益外,还可以获得部分优惠利息。其本质上还是折价发行,可以通过对未来稳定预期的现金流折现来化为一般的折价发行的 HYN 产品。

7. 面　值

股票挂钩产品的票面价值对 HYN 和 PGN 有着不同意义。一般来说,HYN 产品的面值代表着未来理想状况下的偿还本金,通常是换股比例与行权价的乘积;而 PGN 产品的面值就是投资者购买时的实际投资金额,也是完全保本下的承诺最低偿还金额。股票挂钩产品,无论是 HYN 还是 PGN,一般面值较大,甚至可换算为几百万人民币,影响了其流动性。

8. 换股数

HYN 产品中有换股比例,即投资者在到期时不利条件下每份 HYN 将获得的标的股票数目。换股数是影响面值大小的要素之一,有

面值=换股数×行权价

9. 期　限

HYN 产品的期限较短,在台湾一般是 28 天到 1 年。较短的投资期限,有利于经过年华

处理后获得较高的预期收益率，从而增加 HYN 作为“高息”票据的投资吸引力。而 PGN 产品的期限相对较长，如在美国一般长达 4～10 年。

严格来说，发行人还要考虑到波动率期限结构的影响，即波动率将随着时间的变化而做出的变化，这同样关乎发行人产品定价和避险交易等方面。

11.2　股票挂钩产品案例分析

本节讨论股票挂钩产品的投资价值，但这不能简单的认为就是发行人的发行定价，发行定价必须结合发行人的避险策略与市场情况而确定。

11.2.1　产品定价分析

股票挂钩产品包含固定收益和期权两部分，对其投资价值的定价也可以由这两部分分别定价再相加而组成。当然，与合成定价相比这可能存在偏差，但只要市场有效，通过套利能够使得价格水平维持在合理水平。

因为结构不同，HYN 和 PGN 两类商品在具体定价上还有一定的差异。PGN 产品由“买进债券”和“买进期权”构成，因此，“当前价值＝固定收益部分现值＋期权部分现值”。HYN 产品由“买进债券”和“卖出期权”构成，并且权利金要延迟支付，投资者到期时才能结清权利金，因此，“当前价值＝固定收益部分现值－期权部分现值＋权利金现值”，预期收入可理解为相应的三部分。

固定收益部分定价相对简单，一般可以根据股票挂钩产品发行时的还本付息承诺，采用现金流贴现方法计算。关键是确定对未来现金流的贴现率，它不是无风险利率，一般采用与固定收益部分期限、收益率等相近的债券的贴现率。

期权部分主要根据产品条件，使用 BS 模型或蒙特卡洛模拟等方法加以计算，这是股票挂钩产品定价的关键部分。由于产品设计中的期权结构越来越复杂，如大量使用多资产选择权，强化挂钩标的之间的路径相依性质等，定价难度越来越大，必须进一步修正蒙特卡罗模拟等期权定价方法。

事实上，股票挂钩产品的市场价值大多是高于其理论价值的。这包含三方面原因。首先，发行中不可避免的发行费用。其次，产品本身的独到创新而引起的溢价，如税赋优惠，美国、香港等地投资 HYN 产品有税收优惠。最后，发行人避险操作需要的成本补偿，如交易费用、资金占用等。通常来说，发行人将通过产品溢价发行实现一定的收益。

11.2.2　产品案例要素说明

例 11.1　假设固定收益部分：一年期国债到期收益率为 10％(若发行价格等于面值为 100 元，即到期利息加本金为 110 元)。股票期权部分：招商银行(港股 3968，A 股 600036)买入期权与卖出期权。若现价每股 20 元，执行价格每股 20 元，股价波动率为 30％，无风险利率为 10％，到期时间为 1 年的欧式期权。根据 Black－Scholes 模型计算买入期权(call option)与卖出期权(put option)的价格。

M 文件 BSprice.m 代码如下：

```
%BSprice.m
Price = 20; %标的股票价格
Strike = 20; %执行价格
Rate = 0.1; %无风险利率
Time = 1; %期限1年
Volatility = 0.3; %年化波动率
%期权价格计算
[Call, Put] = blsprice(Price, Strike, Rate, Time, Volatility)
Call =
    3.3468
Put =
1.4436
```

计算结果:招商银行的买入期权(Call option)的价格为 3.346 8 元;招商银行的卖出期权(Call option)的价格为 1.443 6 元。

注释:上述价格、利率均为假设,Black－Scholes 模型计算出的价格可能与该期权的市场交易价格不同。在实际产品设计与定价中,还有考虑更多因素,如当时市场预期、产品销售费用等。

11.2.3 保本票据定价与收益

例 11.2 假设,已知产品的面值 M 元,保本率为 L,及到期保证本金 $M\times L$ 元,买入期权价格为 PC,卖出期权价格为 PP,债券利率为 R。产品价格 P,其函数为 $P(S_t,t)$,t 为时间,S_t 为 t 时刻挂钩股票的价格。

若保本挂钩股票为招商银行,M=10 000 元,L=100%,PC=3.346 8 元,PP=1.443 6 元,R=10%,根据产品到期保本的要求,则需要购买债券 $M/(1+R)$=9091 元债券,则可用于购买期权的金额为 10000 元－9091 元=909 元。

1. 看涨招商银行

若看涨招商银行,有

购入看涨期权数量=909/3.3468= 271.6027

则存续期间产品的价格为"债券的价格+期权价格",可以根据不同到期时间的标的股票的不同市场价格,计算出产品的理论价格。M 文件为 PGNCallPrice.m,其程序代码如下:

```
Price = 20;
Strike = 20;
Rate = 0.1;
Volatility = 0.3;
%%
subplot(2,1,1)
t = 1: - 0.05:0;
Num = length(t);
PGNPrice = zeros(1,Num);
for i = 1:Num;
    [Call, Put] = blsprice(Price, Strike, Rate, t(i), Volatility);
```

```
    PGNPrice(i) = 1e4 * (1.1)^(t(i) - 1) + 271.6027 * Call;
end
plot(t,PGNPrice,'- * ')
legend('PGNPrice,Price = 20')
% %
t = 0.5;
subplot(2,1,2)
Price = 10:1:30;
Num = length(Price);
PGNPrice = zeros(1,Num);
for i = 1:Num;
    [Call, Put] = blsprice(Price(i), Strike, Rate, t, Volatility);
     PGNPrice(i) = 1e4 * (1.1)^(t - 1) + 271.6027 * Call;
end
plot(Price,  PGNPrice,'- o')
legend('PGNPrice,Time = 0.5')
```

程序执行结果如图 11.2 所示。

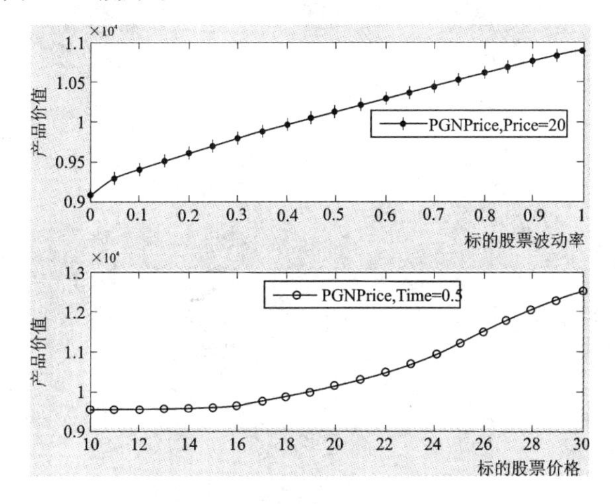

图 11.2　保本票据情景分析图

图 11.2 的上图为在标的股票价格为 20 元不变时，不同时间的产品价格曲线，下图为产品到期时间为 0.5 年，标的股票的价格从 10 元到 30 元所对应的产品价格。

若招商银行到期市场价格为 30 元，即股票涨 50%，每份看涨期权行权价值 10 元，该保本产品价格为

$$10000\text{ 元}+271.6027\times(10\text{ 元}-3.3468\text{ 元})=11807.03\text{ 元}$$

该产品收益率为 18.07%，则其参与率近似为 18.07%÷50%=36.14%。

根据上述计算公式可以计算出到期招商银行不同价格对应不同的收益率。图 11.3 为保本票据收益率与标的股票收益率关系。

2. 看跌招商银行

若看跌招商银行，有

$$\text{购入看跌期权数量}=909/1.4436=629.6758$$

则存续期间产品的价格为债券的“价格＋期权价格”，可以根据不同的到期时间的标的股票的不同市场价格，计算出产品的理论价格。MATLAB 编程 M 文件 PGNPutPrice.m 的代码如下：

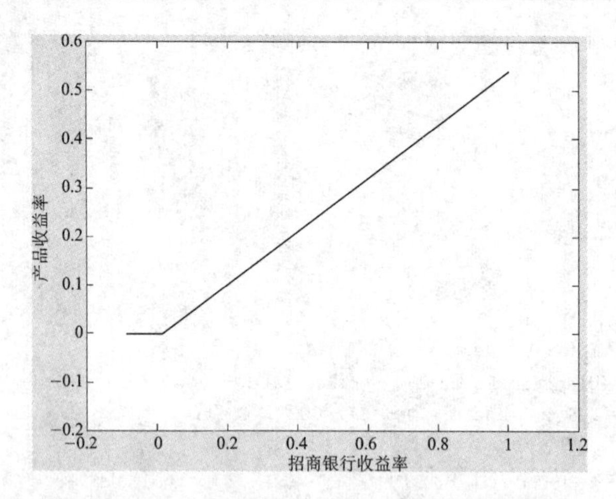

图 11.3 保本票据收益率与标的股票收益关系图

```
Price = 20;
Strike = 20;
Rate = 0.1;
Volatility = 0.3;
%%
subplot(2,1,1)
t = 1:-0.05:0;
Num = length(t);
PGNPrice = zeros(1,Num);
for i = 1:Num;
    [Call, Put] = blsprice(Price, Strike, Rate, t(i), Volatility);
    PGNPrice(i) = 1e4 * (1.1)^(t(i) - 1) + 629.6758 * Put;
end
plot(t,PGNPrice,'-*')
legend('PGNPrice,Price = 20')
%%
t = 0.5;
subplot(2,1,2)
Price = 10:1:30;
Num = length(Price);
PGNPrice = zeros(1,Num);
for i = 1:Num;
    [Call, Put] = blsprice(Price(i), Strike, Rate, t, Volatility);
    PGNPrice(i) = 1e4 * (1.1)^(t-1) + 629.6758 * Put;
end
plot(Price,  PGNPrice,'-o')
legend('PGNPrice,Time = 0.5')
```

程序执行结果如图 11.4 所示。

图 11.4 的上图为在标的股票价格为 20 元不变时,不同时间的产品价格曲线,下图为产品到期时间为 0.5 年,标的股票的价格从 10 元到 30 元所对应的产品价格。

若招商银行到期市场价格为 10 元,即股票跌 50%,每份看跌期权行权价值 10 元,该保本产品价格为

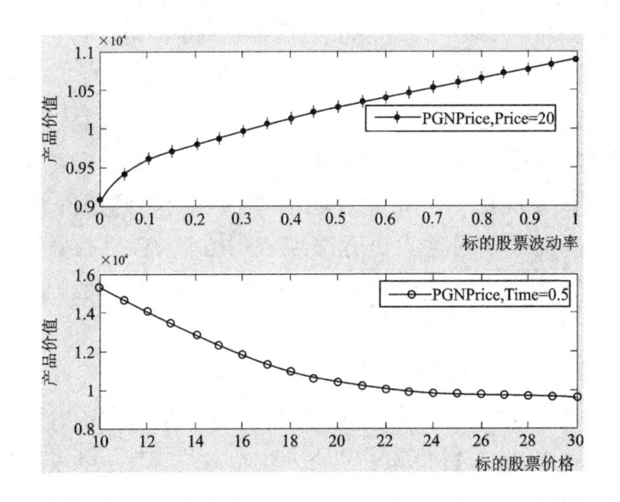

图 11.4　保本票据情景分析图

10000 元＋629.6758×(10 元－1.4436 元)＝15387.8 元

该产品收益率为 53.89％,则其参与率为 53.89％÷50％＝107.78 ％。

根据上述计算公式可以计算出到期招商银行不同价格对应不同的收益率。图 11.5 为保本票据收益率与标的股票收益关系图。

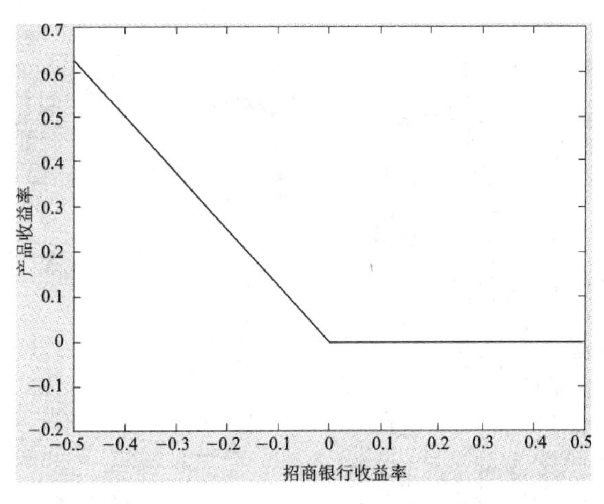

图 11.5　保本票据收益率与标的股票收益关系图

点睛:显然在上述假设下,看跌期权保本票据的参与率远大于看涨保本票据的参与率,在同等风险或风险锁定的情况下,看跌保本票据的潜在收益更大。一般而言,在同样风险的情况下,投资一般会选择潜在收益率大。本情景假设下,卖出期权(put option)价格偏低,在实际中,一般情况下卖出期权(put option)价格较高。以上计算将挂钩产品价格分拆为固定收益部分价格与期权部分价格之和,计算出来为理论价格,计算过程采用了简化计算方法,计算结果可能与市场价格存在一定偏差。

11.2.4　高息票据定价与收益

例 11.3　已知产品的面值 M 元,看涨期权价格为 PC,看跌期权价格为 PP,债券利率为 R。产品价格 P,其函数为:$P(S_t,t)$,t 为时间,S_t 为 t 时刻挂钩股票的价格。

保本挂钩股票为招商银行,M=10 000 元,PC=3.346 8 元,PP=1.443 6 元,R=10%,若折价发行,即卖出看涨或看跌期权,设卖出期权为 N 份。

高息票据如何获得高息,假设如下:

① 若看涨招商银行,则可以通过卖出看跌期权的方法,获得权益金增厚产品收益。看涨招商银行意味着投资人认为现在 1.443 6 元卖出的看跌期权,到期价值为 0。

② 若看跌招商银行,则可以通过卖出看涨期权的方法,获得权益金增厚产品收益。看跌招商银行意味着投资人认为现在 3.346 8 元卖出的看涨期权,到期价值为 0。

1. 看涨招商银行

若看涨招商银行,卖出看跌期权数量为"面值/行权价格"=10 000/20=500 份,得到期权权益金 500×1.443 6 元=721.8 元,起初卖出 500 份行权价格为 20 元的看跌期权获得 721.8 元权利金,若终值为 10 000 元,产品价格为 9 091 元-721.8 元=8 369.2 元,若到期标的股价低于 20 元,则收益率为 10 000/8 369.2-1=19.49%,相比 10%的利润,收益提高 1 倍。

则存续期间产品的价格为债券的价格减去期权价格(加上权益金价格),可以根据不同的到期时间的标的股票的不同市场价格,计算出产品的理论价格。M 文件 HYNPutPrice.m 的程序代码如下:

```
%%
Price = 20;
Strike = 20;
Rate = 0.1;
Volatility = 0.3;
%%
subplot(2,1,1)
t = 1:-0.05:0;
Num = length(t);
PGNPrice = zeros(1,Num);
for i = 1:Num;
    [Call, Put] = blsprice(Price, Strike, Rate, t(i), Volatility);
    PGNPrice(i) = 9091 * 1.1^(1 - t(i)) - 500 * Put;
end
plot(t(Num:-1:1),PGNPrice,'-*')
legend('PGNPrice,Price = 20')
%%
t = 0.5;
subplot(2,1,2)
Price = 10:1:30;
Num = length(Price);
PGNPrice = zeros(1,Num);
for i = 1:Num;
    [Call, Put] = blsprice(Price(i), Strike, Rate, t, Volatility);
     PGNPrice(i) = 9091 * 1.1 - 500 * Put;
end
plot(Price,  PGNPrice,'-o')
legend('PGNPrice,Time = 1')
```

程序执行结果如图 11.6 所示。

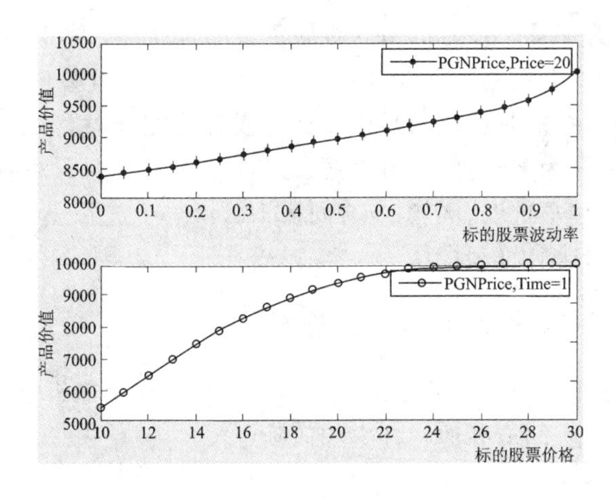

图 11.6　高息票据情景分析图

图 11.6 的上图为在标的股票价格为 20 元不变时，不同时间的产品价格曲线，下图为产品到期时，标的股票的价格从 10 元到 30 元所对应的产品价格。看涨高息票据的下限风险比较大。

2. 看跌招商银行

若看跌招商银行：看跌的高息票据，通常为标的股票的长期持有者，比如其手中 500 股票，同时看跌招商银行，但是目前不能卖出股票(例如，锁定期)，可以通过卖出看涨期权数量为“面值/行权价格”=10 000/20=500 份，得到期权的权益金 500×3.346 8 元=1673.4 元。

若股票现值为 20 元，到期为 10 元，如果未曾卖出看涨期权，其收益率为−50%，如果卖出看涨期权每股获得权益金 3.346 8 元，则损失为 10 元−3.346 8 元=6.653 2 元，其收益率为−33.28%。

若股票现值为 20 元，到期为 30 元，如果未曾卖出看涨期权，其收益率为 50%，如果卖出看涨期权每股获得权益金 3.346 8 元，则其收益率为 16.7%。

点睛：如果股票持有人看跌股票，但不能卖出股票(例如，锁定期)，且市场上没有合适的看跌期权买入，则可以使用卖出看涨期权的方法，减少损失。

11.3　分级型结构产品分析

结构性产品(structured product)包括结构性票据与结构性融资工具两大类。前者通常与衍生品交易相联系，后者指各种基于基础资产发行的资产证券化产品。结构性票据在 11.1 节、11.2 节中已经介绍，本节主要介绍结构性融资工具中的分级型结构产品。

11.3.1　分级型结构产品的组成

金融杠杆(leverage)简单地说来就是一个放大器。使用杠杆，可以放大投资的收益或者损失，无论最终的结果是收益还是损失，都会以一个固定的比例增加收入或风险。杠杆型金融产品主要利用杠杆来放大收入或者损失，以满足具有风险偏好投资者的需求。杠杆型金融产品按杠杆的来源还可以分为两类：保证金型交易与分级融资型产品。保证金型交易，例如，保证金比例为 10%，10 元保证金便可进行 100 元市价股票的买进卖出，杠杆率为 10 倍，如果某股票上涨 5%则其收益率为 10×5%=50%;分级融资型结构产品,例如,某基金规模为 100 亿元,它可以通过发行有限股或者债券的形式募集 100 亿元资金,使得基金规模达到 200 亿元,使得基金投资具有 2 倍杠杆,投资收益在满足债券利息或者优先股股利分配后其余归普通份额持有人所有。国内基金形式为契约型,则可以通过发行分级基金的方法将基金分为优先级与普通级(例如:瑞福优先与瑞福进取、同庆 A 与同庆 B),使得优先级基金具有较低的风险收益,次级具有风险较高的杠杆型投资收益。

11.3.2 分级型结构产品的结构比例

如图 11.7 所示,分级型结构产品由优先级份额与普通级份额组合而成。优先级份额与普通级份额的比例如何确定,即产品的杠杆率如何确定?

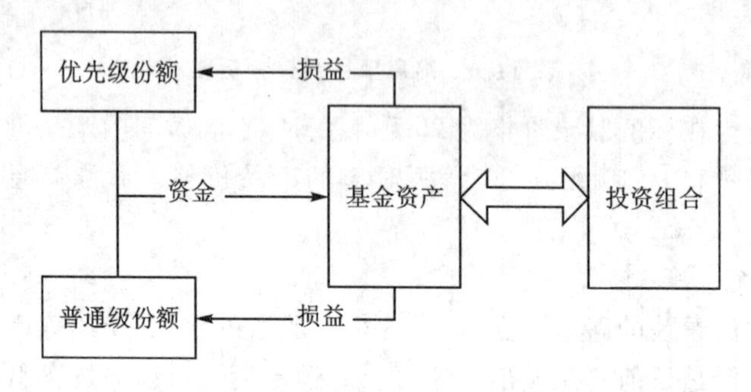

图 11.7 分级型结构产品框架

如果优先级份额与普通级份额之比较大,即产品的杠杆率较大。例如,优先级份额为 3 000万份,普通级份额为 1 000 万份,则杠杆为(3000+1000)/1000=4 倍,由于分级型结构产品一般给予优先级份额保本承诺,所以当产品亏损 25%时应该平仓,以保证优先级份额的本金不受损失。

分级型结构产品杠杆如果过小,则对风险偏好较大的投资者吸引力有限;如果杠杆过大,产品平仓线过高不宜于投资操作。

目前国内分级型基金杠杆率在 1.5~2 倍,例如:长盛同庆 B 的杠杆率为 1.6 倍,瑞福进取杠杆率为 1.8 倍。通过信托方式募集的结构型信托产品杠杆率在 2~4 倍,但允许在产品接近平仓线时,普通级份额投资人追加投资,避免触及平仓条款(注:该类信托的普通投资人一般为信托管理人)。

11.3.3 分级型结构产品的收益分配

如图 11.7 所示,分级型结构产品由优先级份额与普通级份额组合而成,优先级份额持有人主要为风险厌恶型,普通级份额持有人主要为风险偏好型。分级型结构产品通过优先份额与普通份额的不同收益分配方式将不同风险偏好的投资结合起来。分级型结构产品收益分配方式主要有以下几种:

① 优先级份额类似于债券,具有本金保障且每年收益一定,例如长盛同庆 A 在一定条件下给予优先份额固定的收益。

② 优先级份额与普通级份额风险收益比例不一样,比如,假设优先级份额与普通级份额数量比为 1:1,优先级份额与产品整体的损益比为 1:5,普通级份额与产品整体的损益比为 9:

5,即产品整体亏损1元,优先级与普通级分别承担损失为0.1元与0.9元。

③ 以上两种方式的结合,首先给予优先份额保本权利,并给予产品正收益的一部分作为优先份额的额外收益等。

分级型结构产品的收益分配策略是影响分级型产品销售效果的重要因素,如果收益分配策略使得优先级份额与普通级份额收益分配不均衡,将使得产品对客户缺乏吸引力。

11.3.4 分级型结构产品的流通方式

结构性基金的份额规模及其份额配比的稳定是基金稳定运行的内在要求,为此,适应基金份额特征的交易方式创新以及流动性解决机制设计构成了结构性基金创新设计的重要内容。

实践中可能的途径包括两个方面:

① 通过结构性基金内含机制的创新设计,提高结构性基金两级份额的可交易性,实现两级份额的分别上市交易,既可稳定产品结构,也可满足投资者的流动性需求。

② 根据结构性基金各级份额特征及其目标客户定位,对市场交易性较差的优先份额进行交易方式的创新设计,比如,允许优先份额进行定期申购/赎回交易,积极寻求通过银行柜台转让、场外转让、交易所大宗交易系统转让等方式满足优先份额的流动性需求。

例如:根据基金份额交易特性及其目标客户交易习惯与交易偏好的不同,瑞福基金的两级份额采取差异化的交易安排,其中,瑞福进取在交易所上市交易;对于市场交易性较差的瑞福优先,则通过定期申购/赎回进行交易,既适应了银行客户进行基金投资的交易习惯,也满足了投资者的流动性需求。

11.3.5 分级型结构产品的风险控制

首先,在基金的实际投资运作过程中,严格控制基金的投资范围,选择合理的投资策略,力求保持基金投资目标及投资风格的一贯性,避免盲目地追求高收益。加强基金投资的流动性风险管理,严格控制流动性较差证券的投资比例,并充分考虑到在市场极端情况下的风险应对措施。

其次,合理设置并严格控制结构性基金的杠杆运用比率。比如,结构性基金的杠杆比率(优先份额与基金资产净值的比率)不应超过0.5/1,以为优先份额提供足够的资产安全保护垫。

再次,提高基金运作的透明性。加强基金运作信息的披露与监管,对于结构性基金的投资标的、风险来源及其风险收益特征等进行充分的信息披露、充分有效地披露基金运作过程中存在的风险及其防范措施。

最后,高度重视流动性。结构性基金应针对目标客户的实际需求作出合理、有效的交易安排,满足投资者的流动性需求,并应充分考虑极端市场情况下的流动性解决方案,避免给投资者权益以及基金的稳定运作造成伤害。

综上所述,结构性产品的独特特征促使了结构性基金的创新与发展,近年来,凭借杠杆投资所带来收益放大效应及其良好的市场交易特性,杠杆基金在美国封闭式基金市场得以盛行。借鉴美国杠杆基金设计与运作经验,结构性基金须充分重视结构分级与交易方式的创新设计,在力求设计推出简洁易懂的结构性基金产品的同时,积极在专户理财业务中探索结构性产品的深化应用,并不断加强结构性基金的创新。

11.4 鲨鱼鳍期权(SharkOption)期望收益测算

11.4.1 鲨鱼鳍期权简介

鲨鱼鳍期权这个名字来源于该期权收益的形状。

产品结构的复杂化使得产品的收益非线性化,普通客户无法直接从中辨别产品优劣。

结构化产品可以通过“满足更多客户需求的”方法,降低实际的融资成本,提高产品发行证券公司的收入。

例如:某证券公司于 2014 年 10 月推出的金添利 F 系列产品(F1)约定:

产品挂钩沪深 300 指数,期限为 34 天(观测期);

如果期间沪深 300 指数收益 $R\leqslant 2\%$,产品年化收益为 3.5%;

如果期间沪深 300 指数收益 $2\%<R\leqslant 10\%$,产品年化收益率为 $3.5\%+(R-2\%)$;

如果期间任意时刻沪深 300 指数收益 $R>10\%$,产品年化收益率为 4.2%。

(任意时刻沪深 300 指数收益为 R,在模拟中简化为期间沪深 300 指数收益率)

11.4.2 鲨鱼鳍期权收益率线

鲨鱼鳍期权收益率图形如图 11.8 所示。

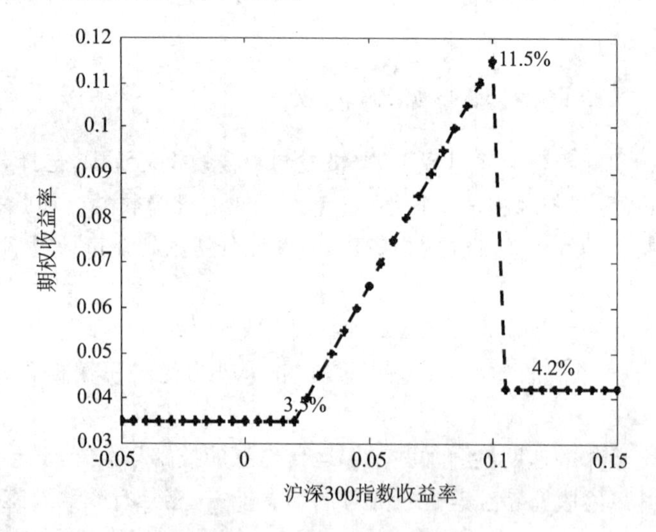

图 11.8 产品收益结构图

图形对应的 MATLAB 代码如下:

```
HS300Rate = - 0.05:0.005:0.15; % 假设沪深 300 指数收益率 - 5 % ~15 %
N = length(HS300Rate);
XRate = zeros(N,1);
fori = 1:N
    if HS300Rate(i)<0.02
        XRate(i) = 0.035;
    elseif HS300Rate(i)> = 0.02 & HS300Rate(i)≤0.1
```

若您对此书内容有任何疑问,可以凭在线交流卡登录MATLAB中文论坛与作者交流。

```
        XRate(i) = 0.035 + (HS300Rate(i) - 0.02);
    else
        XRate(i) = 0.042;
    end
end
figure;
title('鲨鱼鳍期权收益曲线')
plot(HS300Rate,XRate,'-- *','LineWidth',2);
text(0.02,0.038,'3.5%');text(0.101,0.115,'11.5%');text(0.12,0.043,'4.2%');
xlabel('沪深300指数收益率');
ylabel('期权收益');
```

11.4.3　期望收益测算(历史模拟法)

期权与沪深300指数收益挂钩的机制明确。当计算期权期望收益率时，我们缺少沪深300指数收益率的分布。

为此假设沪深300指数月度收益符合正态分布，分布均值与方差通过历史数据获取。

调取沪深300指数自2005年至今的数据(沪深300指数的基期为2004年12月31日)。沪深300指数的月度收益均值为1.27%，波动率为9.39%。

测算程序为：

```
StockCode = 'sh000300'; %代码
StartDate = '2005-1-1'; %开始日期
EndDate = '2014-10-25';  %结束日期
Freq = 'm'; %每月价格
%调用HistoryData函数,参看附录FDataInterface接口介绍
HDataTable = HistoryData(StockCode,StartDate, EndDate, Freq);
IndexPrice = HDataTable.ClosePrice;
IndexRate = price2ret(IndexPrice,[],'Periodic');
mu = mean(IndexRate);
sigma = std(IndexRate);
HS300Rate = -0.30:0.01:0.30;
Probability = normpdf(HS300Rate,mu,sigma);
N = length(HS300Rate);
XRate = zeros(N,1);
fori = 1:N
    if HS300Rate(i)<0.02
        XRate(i) = 0.035;
    elseif HS300Rate(i)> = 0.02 & HS300Rate(i)<=0.1
        XRate(i) = 0.035 + (HS300Rate(i) - 0.02);
    else
        XRate(i) = 0.042;
    end
end
figure;
plot(HS300Rate,Probability,'-- *','LineWidth',2)
xlabel('沪深300指数收益率');
```

```
ylabel('概率');
oaxes([0,0,0])
figure;
plot(HS300Rate,XRate,'r-- *','LineWidth',2)
xlabel('沪深 300 指数收益率');
ylabel('收益率');
```

生成的图形如图 11.9 所示。

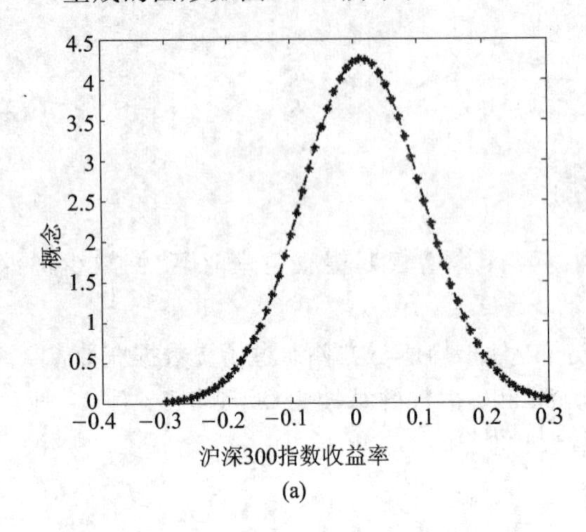

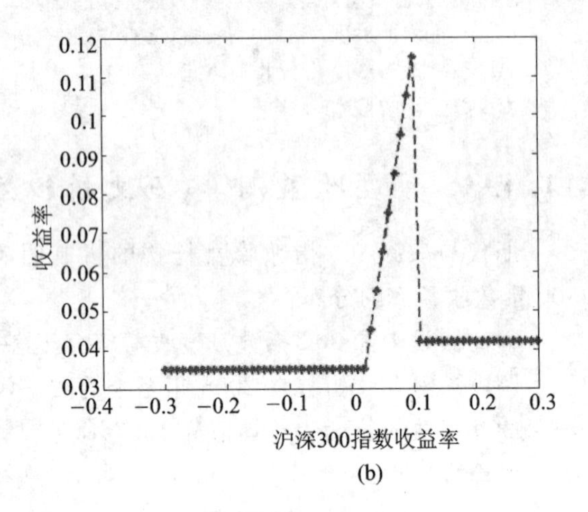

图 11.9　沪深 300 指数收益率分布与产品收益结构图

11.4.4　结果与分析

通过期望收益率=(产品收益率×收益率概率)的方式计算期望收益。

通过历史模拟方法计算出的期权期望收益率为 4.8%，低于同期一个月期银行理财产品 5.1%的收益率。

本案例中沪深 300 指数收益率的分布我们借鉴了历史数据(见图 11.10)，不同的收益率分布对应不同的期权期望收益，如果沪深指数月度收益在 3%～10%之间，客户可以获得收益的最大化。

图 11.10　同期银行理财产品收益率

不同收益率对应的概率与期权收益测算如下：

```
RateExpectation = Probability * XRate

 %收益率  概率  期权收益表

HS300Rate = HS300Rate';Probability = Probability';
T =  table(HS300Rate,Probability,XRate)
RateExpectation =
    4.8057
T =
    HS300Rate     Probability       XRate

    ____     _____     __
     - 0.3        0.016548       0.035
    - 0.29         0.023463       0.035
    - 0.28         0.032894       0.035
    - 0.27         0.045594       0.035
    - 0.26         0.062484       0.035
    - 0.25         0.084666       0.035
    - 0.24          0.11343       0.035
    - 0.23          0.15024       0.035
    - 0.22          0.19677       0.035
    - 0.21          0.25479       0.035
     - 0.2          0.32619       0.035
    - 0.19          0.41289       0.035
    - 0.18          0.51674       0.035
    - 0.17          0.63942       0.035
    - 0.16          0.78229       0.035
    - 0.15          0.94628       0.035
    - 0.14           1.1317       0.035
    - 0.13           1.3383       0.035
    - 0.12           1.5646       0.035
    - 0.11           1.8086       0.035
     - 0.1           2.0671       0.035
    - 0.09           2.3358       0.035
    - 0.08           2.6097       0.035
    - 0.07           2.8828       0.035
    - 0.06           3.1486       0.035
    - 0.05              3.4       0.035
    - 0.04           3.6301       0.035
    - 0.03           3.8321       0.035
    - 0.02           3.9996       0.035
    - 0.01           4.1273       0.035
         0           4.2111       0.035
    0.01            4.2481        0.035
    0.02            4.237         0.035
    0.03            4.1783        0.045
    0.04            4.0739        0.055
```

若您对此书内容有任何疑问，可以凭在线交流卡登录MATLAB中文论坛与作者交流。

```
    0.05        3.9273      0.065
    0.06        3.7433      0.075
    0.07        3.5276      0.085
    0.08        3.2868      0.095
    0.09        3.0279      0.105
     0.1         2.758      0.115
    0.11        2.4837      0.042
    0.12        2.2115      0.042
    0.13        1.9469      0.042
    0.14        1.6946      0.042
    0.15        1.4584      0.042
    0.16        1.2409      0.042
    0.17         1.044      0.042
    0.18       0.86835      0.042
    0.19       0.71413      0.042
     0.2       0.58068      0.042
    0.21       0.46684      0.042
    0.22       0.37108      0.042
    0.23       0.29163      0.042
    0.24       0.22661      0.042
    0.25        0.1741      0.042
    0.26       0.13224      0.042
    0.27       0.09932      0.042
    0.28       0.07375      0.042
    0.29      0.054146      0.042
     0.3      0.039304      0.042
```

第 12 章 马可维兹均值-方差模型

在丰富的金融投资理论中，投资组合理论占有非常重要的地位。现代投资组合理论试图解释获得最大期望投资收益与避免过分风险之间的基本权衡关系，也就是说投资者将不同的投资品种按一定的比例组合在一起作为投资对象，以达到在保证预定收益率的前提下把风险降到最小或者在一定风险的前提下使期望收益率最大。

从历史发展看，投资者很早就认识到了将资金分散地进行投资可以降低投资风险。但是第一个对此问题做出实质性分析的是美国经济学家马可维兹(Markowitz)。1952 年马可维兹发表了《证券组合选择》，标志着投资组合理论的正式诞生。马可维兹根据每一种证券的预期收益率、方差和所有证券间的协方差矩阵，得到证券组合的有效边界，再根据投资者的效用无差异曲线，确定最佳投资组合。马可维兹的投资组合理论在计算投资组合的收益和方差时十分精确，但是在处理含有较多证券的组合时，计算量很大。

马可维兹的后继者致力于简化投资组合模型。在一系列的假设条件下，威廉·夏普(William F. Sharp)等学者推导出了资本资产定价模型，并以此简化了马可维兹的资产组合模型。由于夏普简化模型的计算量相对于马可维兹资产组合模型大大减少，且有效程度并没有降低，所以得到了广泛应用。

12.1 模型理论

经典马可维兹均值-方差模型为多目标优化问题，有效前沿即多目标优化问题的 pareto 解(即风险一定，收益最大；收益一定，风险最小)，具体模型如下：

$$\begin{cases} \min \sigma_p^2 = \boldsymbol{X}^{\mathrm{T}} \boldsymbol{\Sigma} \boldsymbol{X} \\ \max E(r_p) = \boldsymbol{X}^{\mathrm{T}} \boldsymbol{R} \\ \text{s. t.} \sum_{i=1}^{n} x_i = 1 \end{cases}$$

式中：$\boldsymbol{R} = (R_1, R_2, \cdots, R_n)^{\mathrm{T}}$；$R_i = E(r_i)$ 是第 i 种资产的预期收益率；$\boldsymbol{X} = (x_1, x_2, \cdots, x_n)^{\mathrm{T}}$ 是投资组合的权重向量；$\boldsymbol{\Sigma} = (\sigma_{ij})_{n \times n}$ 是 n 种资产间的协方差矩阵；$R_p = E(r_p)$ 和 σ_p^2 分别是投资组合的期望回报率和回报率的方差。

点睛：马可维兹模型以预期收益率期望度量收益；以收益率方差度量风险。在教科书中通常以资产的历史收益率的均值作为未来期望收益率，可能会造成“追涨的效果”，在实际中这些收益率可能是由研究员给出；在计算组合风险值时协方差对结果影响较大，在教科书中通常以资产的历史收益率的协方差度量资产风险与相关性，这种计算方法存在预期误差，即未来实际协方差矩阵与历史协方差矩阵间的存在偏差。

例 12.1 华北制药、中国石化、上海机场三只股票，资产数据如表 12.1 所列。如何使用马可维兹模型构建投资组合模型？

表 12.1 三只股票的收益率均值、收益率标准差及协方差矩阵

股票名称	收益率均值/%	收益率标准差/%	协方差矩阵(×0.000 1)		
华北制药	0.054 0	2.30	5.27	2.80	1.74
中国石化	0.027 5	2.06	2.80	4.26	1.67
上海机场	0.023 6	1.70	1.74	1.67	2.90

注:相关股票数据可以通过sina财经的股票行情或wind数据库获得,将根据收盘价数据计算每日的收益率,根据收益率计算各个股票间的协方差矩阵,MATLAB计算协方差的函数为cov。表12.1的数据为日收益率计算的标准差与协方差。

$$年化标准差=日标准差*\sqrt{每年交易日数量}$$

在概率论和统计学中,协方差用于衡量两个变量的总体误差。而方差是协方差的一种特殊情况,即当两个变量是相同的情况,期望值分别为 $E(X)=\mu$ 与 $E(Y)=v$ 的两个实数随机变量 X 与 Y 之间的协方差定义为

$$\mathrm{cov}(x,y)=\mathrm{E}((X-\mu)(Y-v))$$

式中:E是期望值。它也可以表示为

$$\mathrm{cov}(x,y)=\mathrm{E}(X\cdot Y)-\mu v$$

直观上看,协方差表示的是两个变量总体的误差,这与只表示一个变量误差的方差不同。如果两个变量的变化趋势一致,也就是说如果其中一个大于自身的期望值,另外一个也大于自身的期望值,那么两个变量之间的协方差就是正值。如果两个变量的变化趋势相反,即其中一个大于自身的期望值,另外一个却小于自身的期望值,那么两个变量之间的协方差就是负值。

12.2 收益与风险计算函数

在MATLAB的金融工具箱中计算组合收益与风险为portstats函数。

组合收益率为组合中各证券的收益率与权重乘积的和。

$$E(r_p)=\boldsymbol{X}^{\mathrm{T}}\boldsymbol{R}$$

组合协方差为权重向量与协方差矩阵的乘积。

$$\sigma_p^2=\boldsymbol{X}^{\mathrm{T}}\boldsymbol{\Sigma}\boldsymbol{X}$$

其中,各参数含义同12.1节。

函数语法:

[PortRisk, PortReturn] = portstats(ExpReturn, ExpCovariance, PortWts)

输入参数:

- ExpReturn:资产预期收益率;
- ExpCovariance:资产的协方差矩阵;
- PortWts:资产权重。

输出参数:

- PortRisk:资产组合风险(标准差);
- PortReturn:资产组合预期收益(期望)。

例 12.2　在例 12.1 中，假设等权重配置华北制药、中国石化、上海机场三只股票，则资产组合的风险与收益为多少？

M 文件 Portstatstest.m 如下：

```
%组合中每个证券的预期收益率
ExpReturn = [0.000540 0.000275 0.000236];
%组合中证券的协方差矩阵
ExpCovariance = 0.0001 * ...
                [5.27    2.80    1.74;
                 2.80    4.26    1.67;
                 1.74    1.67    2.90 ];
%组合中每个证券的初始权重(初始投资金额)/初始总金额
PortWts = 1/3 * ones(1,3);
%调用 portstats 函数
[PortRisk, PortReturn] = portstats(ExpReturn, ExpCovariance,PortWts)
%计算结果
%风险(标准差)
>> PortRisk = 0.016617
%组合收益率
PortReturn = 3.5033e-004
```

注：ones(n,m)为生产元素都为 1 的 $n\times m$ 矩阵，ones(1,3)=[1,1,1]。PortWts=1/3 * [1,1,1]=[1/3,1/3,1/3]。示例中证券的预期收益率采用的是历史收益率的均值，但在实际中并非这样。预期收益率为研究员或投资经理对证券未来涨幅的预期。

12.3　有效前沿计算函数

马可维兹均值-方差模型为经典的带约束的二次优化问题，在给定期望收益时，方差最小解唯一(可行解域为凸)，frontcon 使用 MATLAB 优化工具箱的 fmincon 函数进行求解，fmincon 函数说明请参看 MATLAB 帮助。

frontcon 函数算法如下：

$$\begin{cases}\min\ \sigma_p = \boldsymbol{X}^{\mathrm{T}}\boldsymbol{\Sigma}\boldsymbol{X}\\ \max\ E(r_p) = \boldsymbol{X}^{\mathrm{T}}\boldsymbol{R}\\ \text{s. t.}\ \sum_{i=1}^{n} x_i = 1\end{cases} \Rightarrow \begin{cases}\min\ \sigma_p = \boldsymbol{X}^{\mathrm{T}}\boldsymbol{\Sigma}\boldsymbol{X}\\ \text{s. t.}\begin{cases}\boldsymbol{X}^{\mathrm{T}}\boldsymbol{R} = e_i\\ \sum_{i=1}^{n} x_i = 1\end{cases}\end{cases}$$

将多目标优化问题，转换为单目标优化问题。即：给定 e_i 计算相应风险最小的组合，即得到有效前沿上一点(有效组合)，给定一系列 e_i 可以有效描绘出有效前沿。组合的收益介于单个资产的最大收益与最小收益之间，例如示例中最大收益为 0.054 0%、最小收益为 0.023 6%，e_i 为根据 NumPorts 在最大收益与最小收益间进行等分即可。

函数语法：

[PortRisk, PortReturn, PortWts] = frontcon(ExpReturn, ExpCovariance, NumPorts, PortReturn, AssetBounds, Groups, GroupBounds, varargin)

输入参数：

➤ ExpReturn：资产预期收益率；

➤ ExpCovariance：资产的协方差矩阵；

➤ NumPorts：(可选)有效前沿上输出点的个数，默认为 10；可选项若无输入可用“[]”代替；

➤ PortReturn：(可选)资产组合的预期收益的向量长度决定回报点个数；

➤ AssetBounds：(可选)每种资产权重的上下限，例如，上海机场的最大持仓比例为 10%；

➤ Groups：(可选)资产分组，Groups$(i,j)=1$ 表示第 j 个资产属于第 i 个群(例如，行业)；

➤ GroupBounds：每个资产群约束(例如，某个行业配置能超过 20%)。

输出函数：

➤ PortRisk：资产组合风险(标准差)；

➤ PortReturn：资产组合预期收益(期望)；

➤ PortWts：资产组合中各资产权重。

注：投资组合的预期收益介于各个股票的最高收益(MAX)和最低收益(MIN)之间。给定 Numports，即假设预期收益在 MAX 和 MIN 之间均匀取 Numports 个。程序解出每个预期收益下的风险及投资组合权重。

例 12.3 在例 12.1 中，如何配置华北制药、中国石化、上海机场三只股票，使资产组合为有效组合？

M 文件 frontcontest.m 如下：

```
%组合中证券的预期收益率
ExpReturn = [0.000540 0.000275 0.000236];
%组合中证券的协方差矩阵
ExpCovariance = 0.0001 * [5.27    2.80    1.74;...
                          2.80    4.26    1.67;...
                          1.74    1.67    2.90 ];
%有效前沿面点的个数,默认为10,数量越多前沿面的精度越高
NumPorts = 10;
%调用 frontcon 计算
[PortRisk, PortReturn, PortWts] = frontcon(ExpReturn,ExpCovariance, NumPorts)
%不同权重组合的风险
>> PortRisk =
1.0e-002 *
    1.5653
    1.5759
    1.6074
    1.6586
    1.7277
    1.8128
    1.9129
    2.0284
    2.1567
    2.2956
%不同权重组合的收益
PortReturn =
   1.0e-003 *
    0.2843
```

```
    0.3127
    0.3411
    0.3695
    0.3980
    0.4264
    0.4548
    0.4832
    0.5116
    0.5400
%权重组合
%[0.1274    0.2456    0.6270]表示华北制药、中国石化、上海机场的权重分别为
%12.74% 、24.56%、62.70%，权重为组合中初始证券的市值/初始组合总市值。例如组合的
%初始资金为10000元,其中12.74%用来购买华北制药,组合中华北制药的股票数为12.74/证券
%初始日的价格
PortWts =
    0.1274    0.2456    0.6270
    0.2270    0.1979    0.5751
    0.3265    0.1503    0.5232
    0.4261    0.1026    0.4713
    0.5257    0.0549    0.4194
    0.6253    0.0072    0.3675
    0.7196         0    0.2804
    0.8131         0    0.1869
    0.9065         0    0.0935
    1.0000   -0.0000    0.0000
```

直接运行 frontcon(ExpReturn,ExpCovariance, NumPorts)则可画出图12.1。

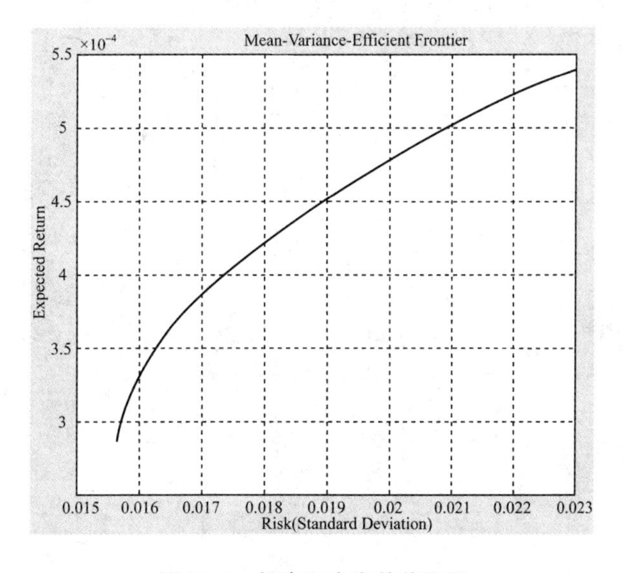

图12.1　投资组合有效前沿图

如果各个资产投资上限为50%,求解有效前沿代码如下:

```
%组合中证券的预期收益率
ExpReturn = [0.000540 0.000275 0.000236];
%组合中证券的协方差矩阵
ExpCovariance = 0.0001 * ...
                    [5.27    2.80    1.74;...
                     2.80    4.26    1.67;...
                     1.74    1.67    2.90 ];
%组合中证券的权重的约束
%下界为[0,0,0],上界为50%即[0.5,0.5,0.5]
AssetBounds = [0,0,0;0.5,0.5,0.5]
%调用frontcon函数
[PortRisk, PortReturn, PortWts] = frontcon(ExpReturn,ExpCovariance, NumPorts,[],AssetBounds)
%根据函数语法
%[PortRisk, PortReturn, PortWts] = frontcon(ExpReturn,ExpCovariance, NumPorts, PortReturn,
                                    AssetBounds)
%PortReturn为可选无制定,可用[]代替即可。
```

计算结果如下:

```
1.0e-002 *
PortRisk =
    1.5818
    1.5842
    1.5914
    1.6034
    1.6200
    1.6408
    1.6649
    1.6920
    1.7412
    1.9449
PortReturn =
  1.0e-003 *
    0.3024
    0.3140
    0.3257
    0.3374
    0.3491
    0.3608
    0.3725
    0.3841
    0.3958
    0.4075
PortWts =
    0.1768    0.3232    0.5000
    0.2209    0.2791    0.5000
```

```
0.2650    0.2350    0.5000
0.3091    0.1909    0.5000
0.3532    0.1468    0.5000
0.3954    0.1173    0.4873
0.4363    0.0977    0.4660
0.4773    0.0781    0.4446
0.5000    0.2005    0.2995
0.5000    0.5000    0.0000
```

12.4 约束条件下有效前沿

在实际构建投资组合时要考虑到合法合规或者风险管理等限制条件,这样会给组合构建带来约束,例如基金"双百分之十规则":基金投资于某一证券的市值不能超过基金资产的10%,基金投资于某一上市公司股票不能超过该公司市值的10%;MATLAB求解约束条件下有效前沿的函数为portopt。

函数语法:

[PortRisk, PortReturn, PortWts] = portopt(ExpReturn, ExpCovariance, NumPorts, PortReturn, ConSet, varargin)

输入参数:

- ExpReturn:资产预期收益率;
- ExpCovariance:资产的协方差矩阵;
- NumPorts:(可选)有效前沿上输出点的个数,默认为10;
- PortReturn:(可选)给定有效前沿上输出点回报求方差;
- ConSet:组合约束,一般通过portcons进行设置;
- varargin:主要为优化算法中的一些参数。

输出函数:

- PortRisk:资产组合风险(标准差);
- PortReturn:资产组合预期收益(期望);
- PortWts:资产组合中各资产权重。

注: portcons函数比较复杂,本书使用举例的方式进行说明:ConSet = portcons(varargin)。

例 12.4 配置华北制药、中国石化、上海机场三个资产,华北制药最大配置50%,中国石化最大配置90%,上海机场最大配置80%;华北制药为资产集合A,中国石化、上海机场组成资产计划B,集合A的最大配置为50%,集合B的最大配置为80%,集合A的配置不能超过集合B的1.5倍,应如何配置?

对应M文件为portopttest.m。

约束条件设置如下:

- NumAssets=3,资产数量3个;
- PVal = 1,配置比例,100%表示满仓配置,若80%,则设PVal = 0.8;
- AssetMin = 0,各资产最低配置;
- AssetMax = [0.5 0.9 0.8],各资产最高配置;

➤ GroupA = [1 0 0],资产集合 A(例如,行业);

➤ GroupB = [0 1 1],资产集合 B(例如,行业);

➤ GroupMax = [0.50,0.80],资产集合 A 最大配置 50%,B 最大 80%;

➤ AtoBmax = 1.5,集合 A 的配置不能超过集合 B 的 1.5 倍。

将各类约束合并到 conset 中:

ConSet = portcons ('PortValue', PVal, NumAssets, 'AssetLims', AssetMin, AssetMax, NumAssets, 'GroupComparison',GroupA, NaN,AtoBmax, GroupB,GroupMax);

求解代码如下:

```
%资产数量
NumAssets = 3;
ExpReturn = [0.000540 0.000275 0.000236];
ExpCovariance = [5.27    2.80    1.74;
                 2.80    4.26    1.67;
                 1.74    1.67    2.90 ];
NumPorts =5;
PVal = 1;
AssetMin = 0;
AssetMax = [0.5 0.9 0.8];
%第一个证券为一类
GroupA = [1 0 0];
%第二个证券为一类
GroupB = [0 1 1];
%每类的最大权重(权重上限)
GroupMax = [0.50,0.8];
%A 类的最大权重不能超过 B 类的 1.5 倍
AtoBmax = 1.5;
%无约束的项使用 NaN 代替
ConSet = portcons('PortValue', PVal, NumAssets,'AssetLims',…
         AssetMin, AssetMax, NumAssets, 'GroupComparison',GroupA, NaN,…
         AtoBmax, GroupB,GroupMax );
%调研 portopt 函数
[PortRisk, PortReturn, PortWts] = portopt(ExpReturn, ExpCovariance,…
                                  NumPorts, [], ConSet)
>> PortRisk =
1.0e-002 *
  1.5653
    1.5778
    1.6147
    1.6744
    1.9449
PortReturn =
  1.0e-003 *
    0.2843
    0.3151
    0.3459
    0.3767
```

```
    0.4075
PortWts =
    0.1274    0.2456    0.6270
    0.2353    0.1939    0.5707
    0.3433    0.1423    0.5145
    0.4512    0.0906    0.4582
    0.5000    0.5000         0
```

运行 portopt(ExpReturn, ExpCovariance,NumPorts, [], ConSet)得到图 12.2。

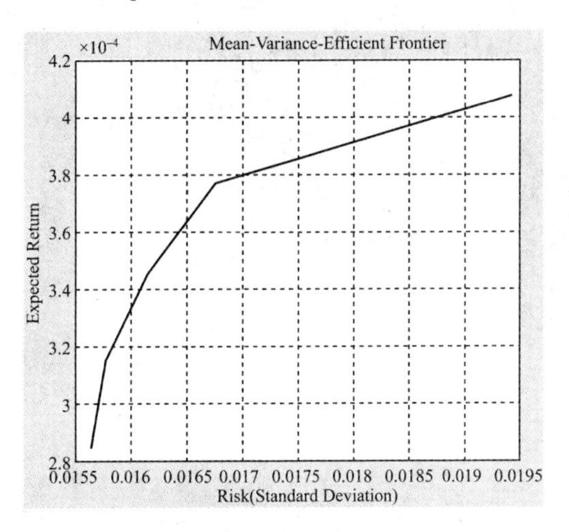

图 12.2　约束条件下投资组合有效前沿

点睛：同一组资产进行配置，无约束的有效前沿如图 12.1 所示，带约束的有效前沿如图 12.2 所示，约束使得有效前沿不再平滑。

12.5　模型年化参数计算

本章案例是以日数据为例进行计算的，在实际进行资产配置时周期常常为年，如何将日数据转换为年数据存在许多细节上的问题。

例 12.5　假设 2005 年到 2011 年上证综合指数、上证 50 指数、沪深 300 指数及深证 100 指数的主要指标如表 12.2 所列。

表 12.2　2005—2011 年指数指标(wind 数据)

指数名称	年化收益率/%	年化波动率/%	日均收益率/%	日波动率/%
上证综合指数	8.50	29.45	0.03	1.86
上证 50 指数	10.06	31.17	0.04	1.97
沪深 300 指数	13.23	31.38	0.05	1.98
深证 100 指数	18.37	32.62	0.07	2.06

其中，年化收益率使用的是 2005—2011 年累积收益率的 1/7 次方得到，年化波动率为日波动率乘以 $\sqrt{250}$得到。

$$\prod_{i=1}^{7} r_i = R^7, R = \sqrt[7]{\prod_{i=1}^{7} r_i}$$

由于市场变幻莫测,如果选取的时间长度不同,可能得到的波动率大小不同。问题是我们还会发现通过累积收益率来计算的年化收益率与日均收益率乘以每年交易日数得到的年化收益率并不相等。从某种角度证明了市场收益率分布并不是严格服从正态分布的。

马可维兹模型的预期收益率与协方差矩阵的计算方法根据读者自己对市场的理解进行选择。这里必须说明的是,不同的选择做出的有效前沿差距或许比较大。

第13章 基金评价与投资组合绩效

投资组合构建完成后，在实际运行中需要对投资组合进行绩效分析，即计算投资组合收益情况。证券投资基金是一种投资组合，基金评价主要针对基金的投资组合绩效。

13.1 资产定价(CAPM)模型

在资本市场中，影响资产价格的因素是多种多样的，学者们若想致力对资产定价的定量研究，就必须借助简化的资产定价模型，这导致资本资产定价模型(Capital Asset Pricing Model, CAPM)的产生。CAPM模型是在马可维兹现代资产组合理论的基础上发展起来的，它研究的是在不确定的条件下证券资产的均衡定价问题(这里证券资产的价格用收益率表示)，并开创了现代资产定价理论(与基本分析法中基于现值理论定价的区别)的先河。夏普(Willian F. Sharp)于1964年在《金融学学刊》上发表了《资本资产价格：在风险条件下的市场均衡理论》，第一次提出了CAPM模型，同时，林特纳(John Lintner)于1965年在《经济学和统计学评论》上发表的《风险资产评估与股票组合中的风险资产选择以及资本预算》一文，以及莫森(Jan Mossin)于1966年在《计量经济学》上发表的《资本资产市场中的均衡》一文也提出了CAPM模型。因此，资本资产定价模型也叫做夏普-林特纳-莫森模型。

资本资产定价模型是以马可维兹的现代资产组合理论和有效市场假说理论为基础的，因此该模型也基于一系列严格的假设，其假设条件如下：

① 所有的投资者都是风险厌恶者，其投资目标遵循马可维兹模型中的期望效用最大化原则。

② 资本市场是一个完全竞争市场，所有的投资者都是资产价格的接受者，单个投资者的买卖行为不会对资产的价格产生影响。

③ 资产是无限可分的，投资者可以以任意数量的资金投资于每种资产。

④ 存在无风险资产，也就是说投资者可以以无风险资产借入或贷出任意数量的资金。

⑤ 不存在卖空限制、个人所得税以及交易费用等额外成本，也就是说资本市场是无摩擦的。

⑥ 每个资产或资产组合的分析都是在单一时期进行。资本市场是有效的市场，信息可以在该市场中自由迅速地传递。

资本市场线是在托宾两基金分离定理的基础上发展起来的，它将资产组合看成是无风险资产和市场组合的组合。构造一个由市场组合和无风险资产的资产组合，其期望收益可表示如下：

$$R_P = R_f + \frac{R_m - R_f}{\sigma_m} \times \sigma_P$$

式中：R_m 和 σ_m 分别为市场组合的期望收益率和风险；R_f 为无风险收益；R_P 和 σ_P 分别为资产

组合的期望收益和风险。

资本市场线研究的是在无风险利率存在的条件下,有效资产组合的预期收益和风险的关系。而证券市场线研究的是在无风险利率存在的条件下,单个证券的预期收益与风险的关系。夏普等人经过严密的数学推导,得到均衡的单个资产预期收益率定价公式如下:

$$E(R_i) = R_f + [E(R_m) - R_f] \times \beta_i$$

式中:$\beta_i = \dfrac{COV(R_i, R_m)}{\sigma_m^2}$。这就是证券市场线(Security Market Line,SML)的表达公式,表明单个证券的预期收益率等于无风险利率再加上风险补偿。风险补偿由两部分组成,其中$[E(R_m) - R_f]$是市场组合相对于无风险利率得到的风险补偿,β_i是单个证券的风险调整系数,两者的乘积便是单个证券应获得的风险补偿。

13.2 组合绩效指标

目前国外投资基金数量众多,像晨星、理柏等很多投资资讯机构都定期发布各基金投资组合的业绩排行榜。在实际绩效中,可以用收益率作为评价投资组合绩效的尺度和标准,操作性强,但只能说明基金在某一时期的增值程度,并不能真正评价基金业绩。基金业绩是指基金管理的综合表现,因为高收益的基金一般承担高的风险,低收入的基金一般其所承受的风险也较低。因此,仅仅计算出投资组合的平均收益率是不够的,必须根据风险大小来对收益率进行调整,也即计算风险调整的收益率,如夏普比率、信息比率等。指数型基金是一种以拟合目标指数、跟踪目标指数变化为原则,实现与市场同步成长的基金品种,通常,跟踪误差主要用来测量投资效果。

例 13.1 根据 2007—2008 年两年数据,对博时主题、嘉实 300(指数型)、南方绩优成长进行投资组合绩效分析。数据在 funddata.xls 文件中,存储为 funddata.mat 文件。

```
%2012-4-24
%文件信息
[typ, desc, fmt] = xlsfinfo('funddata.xls');
%读取数据
[data,textdate,raw] = xlsread('funddata.xls');
funddata = data;
%将数据保存在 Mat 文件中
save funddata funddata
```

注:基金的收益率、波动率的计算应该采用基金的复权净值(即分红再投资净值)。由于基金存在分红,即分红前后基金净值存在较大差距,将对基金收益率与波动率计算造成影响。例如,基金 $T-1$ 日净值为 2.0 元,T 日实施每份分红 0.5 元,净值为 1.5 元,若使用基金净值计算 T 日收益率为 $-0.5/2.0=-25\%$,将造成计算错误。

图 13.1 为上述三只基金净值曲线图,其画图函数 M 文件为 Fundplot.m,代码如下:

```
%载入
load funddata
%数据列顺序为'Hs300','博时主题','嘉实 300','南方绩优'
```

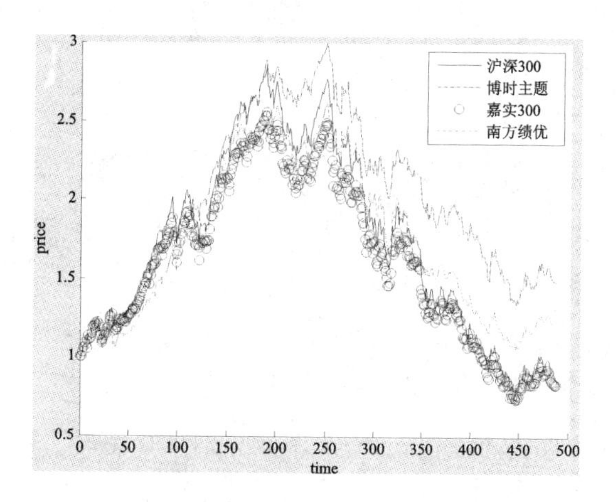

图 13.1　基金净值曲线图

```
%生成一个空白图
figure;
%在一个页面上画多个曲线,hold on
hold on
% funddata(:,1)/funddata(1,1)
%使得四条线的起点对齐,归一化,即分别以初始价格为 1.00 元
%'-.','o','--'为各种线条样式
plot(funddata(:,1)/funddata(1,1),'k')
plot(funddata(:,2)/funddata(1,2),'r-.')
plot(funddata(:,3)/funddata(1,3),'bo')
plot(funddata(:,4)/funddata(1,4),'g--')
%X 坐标轴为时间
xlabel('time')
%Y 坐标轴为价格
ylabel('price')
%线标记
legend('沪深 300','博时主题','嘉实 300','南方绩优')
```

13.2.1　Beta 与 Alpha 计算

根据 CAPM 模型的公式,beta 的计算公式为

$$\beta_i = \frac{\mathrm{COV}(R_i, R_m)}{\sigma_m^2}$$

在 MATLAB 中,没有内嵌 beta 计算的公式,根据公式可以编写一个基于 CAPM 模型的 beta 计算函数。

函数语法:

beta=portbeta(portReturn,maketReturn)

输入参数:

➢ portReturn:组合(或基金)的收益率序列;

➢ maketReturn:市场(或基准)的收益率序列。

输出参数:

➤ beta:基于 CAPM 模型的 beta 值。

M 函数 portbeta.m 如下:

```
function beta = portbeta(portReturn,maketReturn)
% code by ariszheng@gmail.com 2012-5-17
%协方差矩阵计算
temp_cov = cov(portReturn,maketReturn);
%组合与市场的协方差/市场的方差
beta = temp_cov(1,2)/temp_cov(2,2);
```

以沪深 300 作为市场收益,使用 portbeta 函数分别计算博时主题、嘉实 300、南方绩优的 beta 值。编写函数 betatest.m,代码如下:

```
%beta 计算
load funddata
%数据列顺序为'Hs300','博时主题','嘉实 300','南方绩优'
%将价格序列改为收益率序列(价格转化为增长率)
Rate = price2ret(funddata);
%博时主题
BSbeta = portbeta(Rate(:,1),Rate(:,2));
sprintf('博时主题 Beta = %3.5f',BSbeta)
%'嘉实 300'
JSbeta = portbeta(Rate(:,1),Rate(:,3));
sprintf('嘉实 300Beta = %3.5f',JSbeta)
%'南方绩优'
NFbeta = portbeta(Rate(:,1),Rate(:,4));
sprintf('南方绩优 Beta = %3.5f',NFbeta)
```

计算结果如下:

```
博时主题 Beta = 1.31592
嘉实 300 Beta = 1.04956
南方绩优 Beta = 1.21681
sprintf('南方绩优 Beta = %3.5f',NFbeta)
sprintf('南方绩优 Beta = %2.3f',NFbeta)
sprintf('南方绩优 Beta = %1.1f',NFbeta)
>>
南方绩优 Beta = 1.21681
南方绩优 Beta = 1.217
南方绩优 Beta = 1.2
```

注:sprintf 的格式为

sprintf('文字信息 % 输出格式',输出变量)

3.5f 表示浮点形式(含小数点),3 表示整数位个数,5 表示小数点后显示位数。

在 MATLAB 中,内嵌计算组合 alpha 的函数。

函数语法:

alpha = portalpha(Asset, Benchmark, Cash, Choice)

输入参数：

➢ Asset：资产收益率序列；

➢ Benchmark：基准的收益率序列；

➢ Cash：无风险收益率(日)序列，每日可不同；

➢ Choice：计算模型选择。

'xs'　Excess Return (no risk adjustment)

'sml'　Security Market Line

'capm'　Jensen's Alpha

'mm'　Modigliani & Modigliani

'gh1'　Graham - Harvey 1

'gh2'　Graham - Harvey 2

'all'　Compute all measures

输出参数：

➢ alpha：超额收益。

以沪深 300 作为市场收益，使用 portalpha 函数分别计算博时主题、嘉实 300、南方绩优的 beta 值。编写函数 portalphatest.m，代码如下：

```
%portalphatest
%载入数据
load funddata
%funddata 的数据序列
%'Hs300','博时主题','嘉实 300','南方绩优'
Rate = price2ret(funddata);
hs300 = Rate(:,1);
js300 = Rate(:,3);
bszt = Rate(:,2);
nfjy = Rate(:,4);
%每年交易日数量
%若一共 488 个数据，假设前 244 个为 2007 年数据，后 244 为 2008 年数据
%分别计算每年的 sharp 比率
daynum = fix(length(Rate)/2);
%无风险年华收益率为 3%，将其日化
Cash = (1 + 0.03)^(1/daynum) - 1;
%日收益率序列，假设每日都一样
%标准可以使用 shibor 每日利率(债券回购利率)，本示例中没有使用 shibor 利率
Cash = Cash * ones(daynum,1);
%开始计算，采用 'capm' 模型，'daynum * ' 将 alpha 年化
RatioJS2007  =  daynum * portalpha(js300(1:daynum), hs300(1:daynum), Cash, 'capm')
RatioJS2008  =  daynum * portalpha(js300(daynum + 1:2 * daynum), hs300 ( daynum + 1:2 * daynum),
                Cash,'capm')
%%
RatioBS2007  =  daynum * portalpha(bszt(1:daynum), hs300 (1:daynum) ,Cash, 'capm')
RatioBS2008  =  daynum * portalpha( bszt(daynum + 1:2 * daynum) ,hs300 (daynum + 1:2 * daynum),
                Cash,'capm')
%%
```

```
RatioNF2007 = daynum * portalpha(nfjy(1:daynum), hs300 (1:daynum), Cash,'capm')
RatioNF2008 = daynum * portalpha(nfjy(daynum + 1:2 * daynum), hs300 (daynum  + 1:2 * daynum ),
              Cash,'capm')
```

计算结果如下：

```
RatioJS2007 =  - 0.0470
RatioJS2008 = - 0.0026
RatioBS2007 = 0.3784
RatioBS2008 = 0.0898
RatioNF2007 = 0.1017
RatioNF2008 = 0.0018
```

注:采用不同的资产定价模型计算出的 beta 与 alpha 是不同的。示例中数据一共 488 个数据,假设前 244 个为 2007 年数据,后 244 个为 2008 年数据。若数据中有时间数据,可以使用 year 函数判断每个时间的年份,并分别计算。

```
% DateClassByYear
% 载入数据
% 文件信息
[typ, desc, fmt] = xlsfinfo('funddata.xls');
% 读取数据
[data,textdate,raw]= xlsread('funddata.xls');
% textdate 第一列的 4:491 行数据为时间
% datenum 将字符时间转换为数值格式
Date = datenum(textdate(4:491,1))
% 显示数据 Date(1)
datestr(Date(1))
% 数据归类
% 2007 年数据 year(Date)返回日期的年份
% 使用 find 函数,查找年份为 2007 的数据
DateIndex2007 = find(year(Date) == 2007);
Date2007 = Date(DateIndex2007);
length(Date2007)
% 2008 年数据 year(Date)返回日期的年份
% 使用 find 函数,查找年份为 2008 的数据
DateIndex2008 = find(year(Date) == 2008);
Date2008 = Date(DateIndex2008);
length(Date2008)
```

计算结果如下：

```
% 第一个交易日为 2007 - 1 - 4
ans =
04 - Jan - 2007
% 2007 年交易日个数
ans =
   242
```

```
%2008 年交易日个数
ans =
   246
```

13.2.2 夏普比率

夏普测度(Sharpe Measure)(William Sharpe,1966)是以均衡市场假定下的资本市场线(Capital Market Line,CML)作基准的一种按风险调整的绩效测度指标,也就是用投资组合的总风险即标准差去除投资组合的风险溢价,反映该投资组合所承担的每单位总风险所带来的收益。按均衡市场假设条件下资本资产定价模型中的资本市场线形式如下:

$$E(r_p) = r_f + \frac{E(r_M) - r_f}{\sigma_M} \times \sigma_p$$

式中:$E(r_p)$ 代表投资组合的期望收益率;r_f 代表无风险利率;$E(r_M)$ 代表市场组合期望收益率;σ_p 代表投资组合期望收益率的标准差,测量该投资组合的总风险;σ_M 是市场投资组合的标准差,测量市场投资组合的总风险。

所谓夏普测度,就是资本市场线中的斜率项,如果我们要考察某一投资组合(本书中的投资组合也包括仅含一种资产的组合)而不是市场组合,则夏普测度就等于该投资组合的风险收益(又称作风险报酬或风险溢价)除以它的标准差,用 S_p 表示,公式如下:

$$S_p = \frac{E(r_p) - r_f}{\sigma_p}$$

MATLAB 夏普测度计算函数语法如下:

Ratio = sharpe(Asset, Cash)

输入参数:

- Asset:资产或者组合收益率序列;
- Cash:无风险资产收益率。

输出参数:

- Ratio:夏普比率。

例 13.2　计算博时主题、嘉实 300(指数型)、南方绩优成长的夏普比率。

```
%载入数据
load funddata
%funddata 的数据序列
%'Hs300','博时主题','嘉实 300','南方绩优'
Rate = price2ret(funddata);
js300 = Rate(:,3);
bszt = Rate(:,2);
nfjy = Rate(:,4);
%每年交易日数量,
%若一共 488 个数据,假设前 244 个为 2007 年数据,后 244 为 2008 年数据
%分别计算每年的 sharp 比率
daynum = fix(length(Rate)/2);
%无风险年化收益率为 3%,将其日化
```

```
Cash = (1 + 0.03)^(1/daynum) - 1;
%开始计算
RatioJS2007 = sharpe(js300(1:daynum), Cash)
RatioJS2008 = sharpe(js300(daynum + 1:2 * daynum), Cash)
% %
RatioBS2007 = sharpe(bszt(1:daynum), Cash)
RatioBS2008 = sharpe(bszt(daynum + 1:2 * daynum), Cash)
% %
RatioNF2007 = sharpe(nfjy(1:daynum), Cash)
RatioNF2008 = sharpe(nfjy(daynum + 1:2 * daynum), Cash)
```

注:函数 fix()表示去尾取整,例如:

```
>> a = 1.9
>> fix(a)
ans =
    1
```

计算结果如下:

```
RatioJS2007 = 0.1563
RatioJS2008 =  - 0.1497
RatioBS2007 = 0.2452
RatioBS2008 = - 0.1289
RatioNF2007 = 0.1740
RatioNF2008 = - 0.1412
```

结果分析:2007 年博时主题成长的夏普比率 0.245 2 为三只基金中最高,2008 年嘉实沪深 300 的夏普比率−0.149 7 为三只基金中最低。

注:由于数据为两年数据,假设两年交易日数量相同,则一年的交易日(收益率数据)个数为 daynum=length(js300)/2;将无风险收益率交易日化,即 Cash=(0.03+1)^(1/daynum)−1;若 Cash=0.03/365 将造成计算误差。

13.2.3 信息比率

信息比率(Information Ratio)以均值方差模型为基础,用来衡量超额风险带来的超额收益,比率高说明超额收益高。它表示单位主动风险所带来的超额收益。

$$\text{InfoRatio} = \frac{\text{Mean}(r_p - r_b)}{\text{Std}(r_p - r_b)}$$

式中:r_p 为组合收益率向量;r_b 为组合业绩基准的收益率向量,例如沪深 300 指数;$\text{Mean}(r_p - r_b)$ 表示资产跟踪偏离度的样本均值;$\text{Std}(r_p - r_b)$ 为资产的跟踪误差。

MATLAB 信息比率与跟踪误差计算函数语法为:

[Ratio, TE] = inforatio(Asset, Benchmark)

输入参数:

- Asset:资产或者组合收益率序列;
- Benchmark:业绩比较基准收益率序列。

输出参数：

➤ Ratio：信息比率；

➤ TE：跟踪误差。

例 13.3　假设以沪深300指数作为业绩比较基准，计算博时主题、嘉实300（指数型）、南方绩优成长的信息比率。

```
%载入数据
load funddata
%funddata的数据序列
%'Hs300','博时主题','嘉实300','南方绩优'
Rate = price2ret(funddata);
hs300 = Rate(:,1);
js300 = Rate(:,3);
bszt = Rate(:,2);
nfjy = Rate(:,4);
%每年交易日数量
%若一共488个数据,假设前244个为2007年数据,后244为2008年数据
%分别计算每年的sharp比率
daynum = fix(length(Rate)/2);
%无风险年华收益率为3%,将其日化
RatioJS2007 = inforatio(js300(1:daynum),hs300(1:daynum))
RatioJS2008 = inforatio(js300(daynum + 1:2 * daynum), hs300 ( daynum + 1:2 * daynum))
%%
RatioBS2007 = inforatio(bszt(1:daynum), hs300(1:daynum))
RatioBS2008 = inforatio(bszt(daynum + 1:2 * daynum), hs300 (daynum + 1:2 * daynum))
%%
RatioNF2007 = inforatio(nfjy(1:daynum),hs300(1:daynum))
RatioNF2008 = inforatio(nfjy(daynum + 1:2 * daynum), hs300 (daynum + 1:2 * daynum))
```

计算结果如下：

```
RatioJS2007 = -0.2286
RatioJS2008 = 0.0939
RatioBS2007 = 0.0413
RatioBS2008 = 0.1671
RatioNF2007 = -0.0289
RatioNF2008 = 0.1270
>>
```

结果分析：2007年博时主题的信息比率－0.028 3为三只基金中最高，2008年博时主题的信息比率0.146 6同样为三只基金中最高。

点睛：不同的绩效指标是从不同的角度评价基金表现，夏普比率与信息比率计算出结果不一致，博时主题在2007与2008两年的信息比率均为最高，说明其在2007年牛市紧跟或超越沪深300指数，2008年则跌幅小于沪深300指数，两年基金收益超越沪深300指数。

13.2.4 跟踪误差

跟踪误差主要用来对指数型投资组合进行绩效分析,跟踪误差越低表示组合跟踪指数越紧。例如,指数型基金是一种以拟合目标指数、跟踪目标指数变化为原则,实现与市场同步成长的基金品种。指数基金的投资采取拟合目标指数收益率的投资策略,分散投资于目标指数的成份股,力求股票组合的收益率拟合该目标指数所代表的资本市场的平均收益率。

跟踪误差的定义有很多种,MATLAB一般使用

$$\text{TE} = \text{Std}(r_p - r_b)$$

式中:r_p 为组合收益率向量;r_b 为组合业绩基准的收益率向量,例如沪深300指数。

例13.4 计算嘉实沪深300的跟踪误差。

嘉实300的业绩比较基准=5.0%×同业存款利息率+95.0%×沪深300指数

假设同业存款利息率为1.98%。

代码如下:

```
%载入数据
load funddata
%funddata的数据序列
%'Hs300','博时主题','嘉实300','南方绩优'
Rate = price2ret(funddata);
hs300 = Rate(:,1);
js300 = Rate(:,3);
%每年交易日数量,
%若一共488个数据,假设前244个为2007年数据,后244个为2008年数据
%分别计算每年的sharp比率
daynum = fix(length(Rate)/2);
%无风险年华收益率为1.98%,将起日化
Cash = (1 + 0.0198)^(1/daynum) - 1;
%日收益率序列,假设每日都一样,标准可以使用
%shibor每日利率,债券回购利率
%业绩基准95%的沪深300+5%的同业存款利率
benchmark = 0.95 * hs300 + 0.05 * Cash;
[RatioJS2007,TEJS2007] = inforatio(js300(1:daynum),benchmark(1:daynum))
[RatioJS2008,TEJS2008] = inforatio(js300(daynum + 1:2 * daynum), benchmark (daynum + 1:2 *
                    daynum))
```

计算结果如下:

```
RatioJS2007 = -0.1868
TEJS2007 = 0.0012
RatioJS2008 = -0.0289
TEJS2008 = 0.0015
```

点睛:2007年嘉实沪深300跟踪误差为0.15%,2008年嘉实沪深300跟踪误差为0.12%,这两个计算结果差异较大,原因可能有以下几方面:

① 假定同业存款利率有问题,2007年同业存款利率高于2008年;

② 指数成分股的变化，2007 年的大盘股发行，例如：中国石油、中国人寿等；

③ 基金申购赎回可能会增大跟踪误差。

13.2.5　最大回撤

T 日组合最大回撤(maximum drawdown)的公式为

$$\text{Max Draw}(T) = \min_{T>x>y}(R(x) - R(y))$$

最大回撤是绝对收益产品非常重要的评价指标，表现投资经理获取或保持绝对收益的能力，最大回撤如图 13.2 所示。

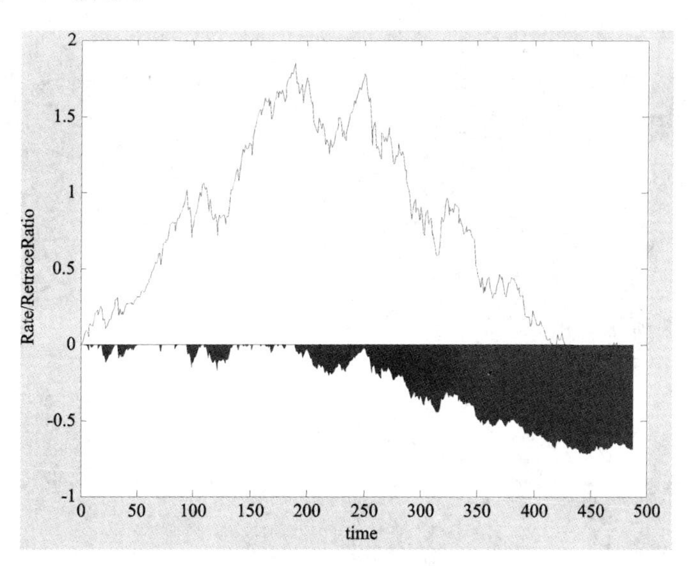

图 13.2　最大回撤

在 MATLAB 中内嵌了最大回撤的计算函数，其语法如下：

[MaxDD, MaxDDIndex] = maxdrawdown(Data, Format)

输入参数：

- Data：组合每日总收益序列；
- Format：模型类别，'return' 为收益率序列（默认），'arithmetic' 为算术布朗运动，'geometric' 为几何布朗运动。

输出参数：

- MaxDD：最大回撤值；
- MaxDDIndex：最大回撤位置。

例 13.5　根据博时主题的数据计算最大回撤。

M 文件 maxdrawdowntest.m 如下：

```
%maxdrawdowntest.m
%载入数据
load funddata
%funddata 的数据序列
%'博时主题'
```

```
%计算组合的累计收益率,即 t 日针对初始日的涨幅
TRate = funddata(:,2)/funddata(1,2) - 1;
%调用 maxdrawdown 函数
[MaxDD, MaxDDIndex] = maxdrawdown(TRate,'arithmetic')
%画出最大回撤发生的位置
plot(TRate)
hold on
plot(MaxDDIndex,TRate(MaxDDIndex),'r - o','MarkerSize',10)
%表示画出的 o 的大小
```

计算结果如下:

```
MaxDD =

    1.6587
MaxDDIndex =

   251
   447
```

结果如图 13.3 所示。

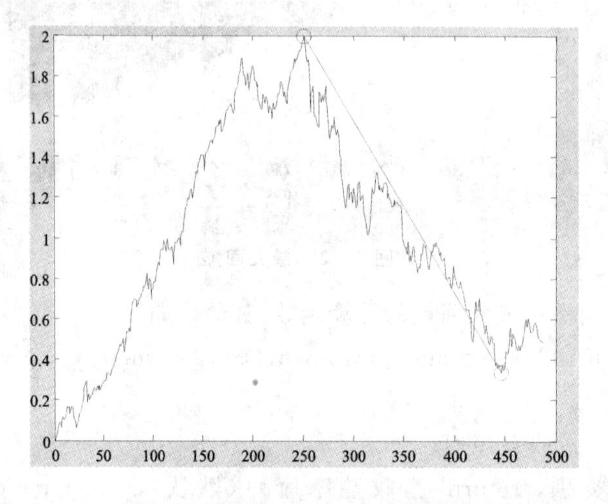

图 13.3　maxdrawdown 函数测试

注:最大回撤表示组合与最高点的亏损率,最大回撤反映的是组合管理人守住收益的能力或基金持续盈利的能力。对于对冲基金而言最大回撤越小越好。

如何画出根据市场指数变化的最大回撤图,即计算当前最大收益回撤,图 13.2 的画出程序如下:

```
%载入数据
load funddata
%funddata 的数据序列
%沪深 300 价格
HS300price = funddata(:,1);
%数据长度
```

```
N = length(HS300price);
%数据初始化
RetraceRatio = zeros(N,1);
%计算 T,交 T 之前最大收益的回撤比例
for i = 2:N
    C = max(HS300price(1:i));
    if C == HS300price(i)
    %若现在是最大,则回撤比例为 0
        RetraceRatio(i) = 0;
    else
    %当前点与之前最高点回撤比例
        RetraceRatio(i) = (HS300price(i) - C)/C;
    end
end
%画图
TRate = HS300price/HS300price(1) - 1;
f = figure;
fill([1:N,N],[RetraceRatio;0],'r')
hold on
plot(TRate);
%坐标轴设置
xlabel('time')
Ylabel('Rate/RetraceRatio')
```

13.3　业绩归因分析

投资组合的业绩归因分析,可以帮助投资者管理了解到其投资组合业绩的亏损或盈利的贡献源,例如大类资产配置因素、行业选择因素、个股选择因素、择时能力等,本节由于数据原因,仅说明计算方法。

13.3.1　大类资产配置效应、行业配置效应和个股选择效应

假设在一个考察期内,基金 p 包括了 N 类资产,基金在第 i 类资产上事先确定的正常的(政策规定的)投资比例为 w_{bi} ,而实际的投资比例为 w_{pi} 。第 i 类资产所对应的基准指数的收益率为 R_{bi} ,基金在该类资产上的实际投资收益率为 R_{pi} 。

根据投资组合收益率的计算公式,在考察期内基金 p 的实际收益率可用下面的公式表示:

$$R_p = \sum_{i=1}^{N} w_{pi} R_{pi}$$

基准组合的收益率可用下式表示:

$$R_b = \sum_{i=1}^{N} w_{bi} R_{bi}$$

$R_p - R_b$ 代表了基金收益率超过基准组合收益率的超额收益率。

资产配置效应(贡献)的计算公式如下:

$$T_p = \sum_{i=1}^{N}(w_{pi} - w_{bi})R_{bi}$$

当 $T_p > 0$,说明基金经理在资产配置上具有良好的选择能力;反之,则说明基金经理在资产配置上不具有良好的选择能力。资产配置实际上反映了基金经理对各个市场走势的预测能力和在宏观上的择时能力。

证券选择效应(贡献)可由下式给出:

$$S_p = \sum_{i=1}^{N}(R_{pi} - R_{bi})w_{pi}$$

同样,$S_p > 0$ 表示基金经理具有良好的个股选择能力。

很容易看出,$R_p - R_b = T_p + S_p$,意味着:

基金的超额收益率 = 资产配置效应 + 个股选择效应

和考察基金资产配置能力的方法类似,可以对基金在各类资产内部细类资产的选择能力进行进一步的衡量。这里仅在股票投资上对基金在行业或部门上的选择能力进行说明。

假设在一个考察期内,基金 p 在第 j 个行业上的实际投资比例为 w_{pj},而第 j 个行业在市场指数中的权重为 w_j,第 j 个行业的行业指数在考察期内的收益率为 R_j,那么,行业或部门选择能力则可以用下式加以衡量:

$$I_p = \sum_{j=1}^{N}(w_{pj} - w_j)R_j$$

如果 $I_p > 0$,说明基金经理具有行业选择的能力,则基金的行业配置效应为正。

13.3.2 基金选股与择时能力分析

1. T-M 模型

T-M 模型对市场时机把握能力作出评估,基金经理应具有在市场处于涨势时,通过提高投资组合的风险水平 β 获得高收益的能力;反之则应减少持有而降低风险水平 β。因此对于一个成功的市场选择者而言,其风险水平 β 由下式给出:

$$\beta_{ti} = \beta_i + \gamma_i(R_{tm} - R_f)$$

正值的 γ_i 可以表明,基金经理能随着市场的涨(跌)而提升(降低)其组合的系统风险。将上式代入单因素詹森指数模型,就可以得到一个带有二次项的、可以将詹森的整体衡量分解为选股能力 α 和市场时机选择能力 γ_i 的模型,公式如下

$$R_i - R_f = \alpha + \beta_i(R_m - R_f) + \gamma_i(R_m - R_f)^2 + \varepsilon_i$$

式中:R_i 为组合收益率;R_f 为无风险收益率;R_m 为跟踪指数或业绩比较基准的收益率。

对上面的等式进行非线性回归,并对回归系数进行检验。如果 α 显著大于 0,则说明基金经理具有成功选股能力,且 α 越大,基金经理的选股能力越强;反之,基金经理不具备成功的选股能力。同样,如果 γ_i 显著大于 0,则表示当市场收益率提高时,基金的收益率提高得更快;而当市场收益率降低时,基金收益率降低的幅度要小一点。这说明基金经理能够正确预测市场变化,成功地把握了市场时机;否则,就缺少市场时机的把握能力。

2. H-M 模型

基金经理预测市场收益与风险收益之间差异大小,然后根据这种差异,将资金有效地分配于证券市场;具备择时能力者可以预先调整资金配置,以减少市场收益小于无风险收益时的损

失。也就是说，假设基金经理在具有择时能力的情况下，资产组合的贝塔值只取两个值：市场上升时期取较大的值，市场下降时取较小的值。H－M 模型表达式为

$$R_i - R_f = \alpha + \beta_{i1}(R_m - R_f) + \beta_{i2}(R_m - R_f)D + \varepsilon_i$$

式中：D 是一个虚拟变量，当 $R_m > R_f$ 时，$D=1$；当 $R_m < R_f$ 时，$D=0$。于是，投资组合的 β 值在 $R_m > R_f$ 时为 $\beta_{i1}+\beta_{i2}$，在 $R_m < R_f$ 时为 β_{i1}。如果通过样本数据的回归分析，得到系数的估计值 β_{i2} 显著大于 0，则表示在市场上涨的牛市行情中，基金经理会主动调高 β 值，在市场下跌的熊市行情中会调低 β 值，这正体现了基金经理的时机选择能力。

3. C－L 模型

C－L 模型为

$$R_i - R_f = \alpha + \beta_{i1}(R_m - R_f)D_1 + \beta_{i2}(R_m - R_f)D_2 + \varepsilon_i$$

式中：D_1、D_2 都是虚拟变量，当 $R_m > R_f$ 时，$D_1 = D_2 = 1$；当 $R_m < R_f$ 时，$D_1 = D_2 = 0$。β_{i1} 为多头市场时（即市场形势看好时，买盘大于卖盘）基金的贝塔值，β_{i2} 为空头市场时（即市场形势看坏时，卖盘大于买盘）基金的贝塔值。通过 $\beta_{i2} - \beta_{i1}$ 的验定，可以判断基金经理的择时能力，若 $\beta_{i2} - \beta_{i1} > 0$，表示基金经理具备择时能力。$\alpha$ 的意义和前面两个模型相同，表示基金经理的选股能力。

第 14 章 风险价值 VaR 计算

风险管理作为商业银行维持其正常经营的重要手段,19 世纪初就已在世界范围内得到共识。西方发达国家早已建立起一套成熟的风险管理体系,其运作的依据通常都是某种统计或者数学模型。近年来,风险管理方面的研究正如火如荼地进行。中国过去的风险管理理念是建立在定性和主观经验的基础之上,因而,现阶段对定量数学模型的引进及探讨十分必要。VaR 作为风险管理最重要的模型之一,尤其受到学者和风险管理者的重视。

14.1 VaR 模型

1993 年 7 月,G30 国成员曾发表了一个关于金融衍生工具的报告,首次建议用“风险价值系统”(Value at Risk System,VaRS)来评估金融风险。1999 年的新巴塞尔协议征求意见稿中,新巴塞尔委员会又极力提倡商业银行用 VaR 模型度量其所面临的信用风险,在 2004 年发布的新巴塞尔协议中委员会把风险管理的对象扩大到市场风险、信用风险和操作风险的总和,并进一步主张用 VaR 模型对商业银行面临的风险进行综合管理。此外,委员会也鼓励商业银行在满足监管和审计要求的前提下,可以自己建立以 VaR 为基础的内部模型。此后,VaR 模型作为一个很好的风险管理工具开始正式在新巴塞尔协议中获得应用和推广,并逐步奠定了其在风险管理领域的首要地位。

14.1.1 VaR 模型的含义

VaR(Value at Risk),通译为“风险价值”,是指正常情况下,在一定时期内 Δt 内,一定的置信水平的 $1-\alpha$ 下某种资产组合面临的最大损失。统计学表达为

$$\mathrm{Prob}(\Delta p \leqslant \mathrm{VaR}) = 1-\alpha$$

式中:Δp 是指在一定的时期 Δt 内某种资产组合市场价值的变化,$1-\alpha$ 为给定的概率。即在一定的持有期 Δt 内,给定的置信水平 $1-\alpha$ 下,该资产组合的最大损失不会超过 VaR。用 VaR 进行风险衡 量时,首先要确定持有期和置信水平,巴塞尔委员会规定的持有期标准为 10 天,置信水平为 99%,但各个商业银行可以确定自己的标准。如 J. P. Morgan 公司在 1994 年的年报中,规定的持有期为 1 天,置信水平为 95%,VaR 值为 1 500 万美元。其含义即为 J. P. Morgan 公司在一天内,其所持有的风险头寸的损失小于 1 500 万的概率为 95%,超过 1 500 万的概率为 5%。当然,使用者也可以根据自己的喜好来选择持有期和置信水平,一般而言,置信水平直接反映使用者的风险偏好水平。

14.1.2 VaR 的主要性质

VaR 的主要性质如下:

- 变换不变性:$\alpha \in R$,满足 $\mathrm{VaR}(X+\alpha)=\mathrm{VaR}(X)+\alpha$。

- 正齐次性：$h<0$，满足 $\mathrm{VaR}(hX)=h\mathrm{VaR}(X)$，保证资产的风险与其持有的头寸成正比。
- 协单调可加性：$\mathrm{VaR}(X1+X2)=\mathrm{VaR}(X1)+\mathrm{VaR}(X2)$。
- 不满足次可加性和凸性。不满足前者意味着资产组合的风险不一定小于各资产风险之和。这一点是不合理的，因为它意味着，一个金融机构不能通过计算其分支机构的 VaR 来 推导整个机构的 VaR。不满足凸性意味着以 VaR 为目标函数的规划问题一般不是凸规划，其局部最优解不一定是全局最优解。所以在基于 VaR 对资产组合进行优化时，可能存在多个局部极值，也就无法求得最佳资产组合。这也是 VaR 用于资产组合风险研究时候的主要障碍。
- 满足一阶随机占优。
- VaR 关于概率水平 $1-\alpha$ 不是连续的。

Artzner(1999)指出好的风险度量方法需满足一致性，满足一致性意味着其能同时满足次可加性、正齐次性、单调性和变换不变性四个性质。显然，VaR 不具有这个特性。

14.1.3　VaR 模型的优点与缺点

VaR 模 型作为现代商业银行风险管理最重要的方法之一，存在不少优点：① VaR 使用规范的数理统计技术和现代工程方法来度量银行风险，与以往靠定性和主观经验的风险度量技术相比更具客观性；② 它使用单一指标对风险进行衡量，具有直观性，即使没有专业背景的投资者和管理者，也能通过这一指标评价风险的大小；③ 它不仅可以衡量单一的金融资产的风险，还能衡量投资组合的风险；④ 它对风险的衡量具有前瞻性，是对未来风险的衡量，不像以往对风险的衡量都是在事后进行；⑤ VaR 把对未来预期损失的规模和发生的可能性结合起来，是管理者不仅能了解损失的规模，还能了解在这一规模上损失的概率；⑥ 通过对不同的置信区间的选择可以得 到不同的最大损失规模，便于管理者了解在不同可能程度上的风险大小。

VaR 模型当然也有一些缺点，首当其冲的是，VaR 模型是对正常的市场环境中的金融资产的风险的衡量，但一旦金融环境出现动荡，即当极端情况发生时，VaR 模型所代表 的风险大小就失去了参考价值。然而，很多时候恰恰是这些极端值，决定了对所有市场状况下风险衡量的完善。因此，通常在 VaR 模型的基础上可以引入 Stress Test(即压力试验)和极值分析两种方法进行辅助。压力试验主要是在违背模型假设的极端市场情景下，对资产组合收益的不利影响进行评价；而对 VaR 进行辅助的 极值分析的方法有两种，分别是 BMM 和 POT，其中最常用的一种模型是 POT 模型。它是在当风险规模超过某一最大值的情况下进行的建模。它直接处理风险概 率分布的尾部，事先并不对数据的分布做任何假设，在利用设定参数建立的模型的基础上，对极端情况下的风险规模和概率进行衡量。另外，VaR 模型是在收益分布为正态分布的情况下的衡量。但事实表明，资产收益的尾部比正态分布的尾部更厚，通常成为厚尾性，且其与正态分布的对称性也并不一致。当这种情况出现的时候，VaR 模型就不会产生一致性度量的结果。所谓一致性风险度量，是指风险衡量得出的度量值的大小与风险的实际大小具有一致性。对风险大的金融资产衡量得出的风险值大于 对风险小的金融资产衡量得出的风险值，具有相同风险的金融资产具有相同的风险度量值，具有不同风险的金融资产具有不同的风险度量值。针对 VaR 模型度量的不一致性可以引进 ES(Expected Shortfall)或者 CVaR(Conditional Value at Risk)模型对 VaR 模型进行修正，两者是同一概念的不同说法。

CVaR 称为条件风险价值。它是当资产组合的损失超过某个给定的 VaR 时,资产组合损失的期望。用数学公式表达为

$$\mathrm{CVaR}_{\alpha} = E(-X \mid -X \leqslant \mathrm{VaR}_{\alpha}(x))$$

式中:X 表示资产的损益。根据 CVaR 的定义可以证明 CVaR 具有以下性质:

① 是一致连续的。

② 满足次可加性。$\forall X,Y$,满足 $\rho(X+Y)\leqslant\rho(X)+\rho(Y)$。

③ 满足二阶随机占优。

④ 满足单调性。$\forall X,Y$,满足若 $X\leqslant Y$,则 $\rho(X)\leqslant\rho(Y)$,。

14.2 VaR 计算方法

VaR 的计算主要有三类方法:

1. 历史模拟法

历史模拟法的基本思想是用给定历史时期上所观测到的市场因子的变化来表示市场因子的未来变化;在估计市场因子模型时,采用全值估计方法,即根据市场因子的未来价格水平对头寸进行重新估值,计算出头寸的价值变化(损益);最后,将组合的损益从最小到最大排序,得到损益分布,通过给定置信度下的分位数求出 VaR。

2. 分析方法

分析方法的基本思想是利用证券组合的价值函数与市场因子间的近似关系,推断市场因子的统计分布(方差-协方差矩阵),进而简化 VaR 的计算。分析方法的数据易于收集,计算方法简单,计算速度快,也比较容易为监管机构接受。

3. Monte Carlo 模拟方法

Monte Carlo 模拟方法基本步骤:① 选择市场因子变化的随机过程和分布,估计其中相应的参数;② 模拟市场因子的变化路径,建立市场因子未来变化的情景;③ 对市场因子的每个情景,利用定价公式或其他方法计算组合的价值及其变化;④ 根据组合价值变化分布的模拟结果,计算出特定置信度下的 VaR。

点睛:不同的计算方法,不同的计算参数,计算出来的 VaR 也不同。若某机构宣称其产品 VaR 较低,即投资风险较低。聪明的投资者还需要在购买产品前,清楚其计算方法与计算的参数。

14.3 数据读取

例 14.1 以 2011 年 11 月 1 日到 2012 年 3 月 22 日期间的沪深 300 指数成分股价格序列为分析目标,采用三种方法计算投资组合的风险价值(VaR)值。

本章将从数据提取、数据处理、模型计算等几个方面分步骤讲解 MATLAB 的编程计算。相关程序代码在 Solution1. m 与 Solution2. m 中。

14.3.1 数据提取

从 Excel 中读取沪深 300 指数成分股相关数据,文件 CSI300. xlsx 中存储有三个 Sheet 数

据，分别为成分股价格序列 CSI300、成分股自由流通股本* Portfolio Positions、沪深 300 指数价格序列 CSI300-Index。成分股价格序列格式如表 14.1 所列。

表 14.1　沪深 300 指数成分股价格序列(片段)

日期	000001.SZ	000002.SZ	000009.SZ	000012.SZ	000021.SZ	000024.SZ	000027.SZ
	深发展 A	万科 A	中国宝安	南玻 A	长城开发	招商地产	深圳能源
	收盘价/元	收盘价/元	收盘价/元	收盘价/元	收盘价/元	收盘价/元	收盘价/元
2011-11-01	16.85	7.76	16.51	12.55	6.84	17.14	6.98
2011-11-02	17.12	7.9	16.5	12.59	7.15	17.71	7.05
2011-11-03	16.88	7.76	16.57	12.77	7.87	17.43	6.9
2011-11-04	16.98	7.84	16.75	12.91	7.77	17.67	6.89
2011-11-07	16.72	7.68	16.75	12.53	7.57	17.39	6.86
2011-11-08	16.74	7.68	18.43	12.32	7.62	17.14	6.91
2011-11-09	16.94	7.67	19.48	12.35	7.76	17.2	6.9
2011-11-10	16.78	7.57	18.61	12.14	7.5	16.8	6.86
2011-11-11	16.57	7.52	19.9	12.18	7.42	16.9	6.95
2011-11-14	16.73	7.63	19.9	12.49	7.6	17.44	7.17

MATLAB 从 Excel 中读取数据的程序代码如下：

```
%% Import data from Excel
% 从 Excel 中读取数据
% 文件 CSI300.xlsx 中有三个表,分别为沪深 300 指数成分股价格序列、
% 沪深 300 指数成分股权重(股数)、沪深 300 指数价格
% 从文件 CSI300.xlsx 的 CSI300 中读取数据
[num,txt] = xlsread('CSI300.xlsx','CSI300');
CSI300Dates = txt(4:end,1); % 时间
CSI300Tickers = txt(2,2:end); % 股票名称
CSI300HistPrices = num; % 成分股历史价格
% 从文件 CSI300.xlsx 的 Portfolio Positions 中读取数据
[num,txt] = xlsread('CSI300.xlsx','Portfolio Positions');
positionsPortfolio = num; % positionsPortfolio 股票数量
% 从文件 CSI300.xlsx 的 CSI300 - Index 中读取数据
[num,txt] = xlsread('CSI300.xlsx','CSI300 - Index');
pricesIndex = num; % 指数价格
%将时间、股票名称、股票价格、自由流通股本、指数价格等数据存储到 CSI300Prices 文件中.
save CSI300Prices CSI300Dates CSI300Tickers CSI300HistPrices positionsPortfolio pricesIndex
```

运行上述程序可以发现，在 MATLAB 的工作文件中出现 CSI300Prices.mat 文件。即通过数据提取方法将 Excel 的 xlsx 格式的数据转换为 MATLAB 的 mat 格式文件。在计算中可能需要重复使用相关数据，我们只需一次性的将其存储为.mat 格式，在重复计算中只需载

* 关于自由流通股本的定义与沪深 300 指数编制方法，可以通过中证指数公司网站获得。

入 mat 文件中数据即可。

如果安装有 Datahouse 软件,可以直接从 Datahouse 中获取所需数据。在实际工作中,常常需要根据最新的市场数据进行计算分析。相比"数据源→Excel→MATLAB"或"数据源→SQL→MATLAB"的方式,"Datahouse→MATLAB"的方式更快捷。

MATLAB 从 DataHouse 中读取数据的程序代码如下:

```
%% Import data from Excel
% 沪深 300 指数成分股价格序列,
% 沪深 300 指数成分股权重(股数)、沪深 300 指数价格。
% 获取 '2011-01-01','2011-12-31' 之间的交易日时间
% 公式:DH_D_TR_DateSerial(证券代码,起始日期,截止日期)
CSI300Dates = DH_D_TR_DateSerial('000300.SH','2011-01-01','2011-12-31');
% 获取 '2011-12-31' 时刻沪深 300 指数成分股代码
% 公式:DH_E_S_IndexComps(指数代码,日期)
CSI300Tickers = DH_E_S_IndexComps('000300.SH','2011-12-31');
% 根据股票代码与时间获取历史价格序列
% 公式:DH_Q_DQ_Stock(证券代码,日期,指标名称,复权选项)
%成分股历史价格(依次获得 300 个股票的历史价格序列)
for i = 1:300
    CSI300HistPrices(:,i) = DH_Q_DQ_Stock(CSI300Tickers(i),CSI300Dates,'Close');
end
pricesIndex = DH_Q_DQ_Stock('000300.SH',CSI300Dates,'Close',1);
% 获取 '2011-12-31' 日沪深 300 指数成分股自由流通股本
% 函数格式:dhfetch('S_SHARE_FREESHARES',证券代码,日期)
positionsPortfolio = fetch('S_SHARE_FREESHARES',CSI300Tickers,'2011-12-31');
% fetch 函数返回的格式为 cell 格式,将 cell 格式转化为 mat 格式
positionsPortfolio = cell2mat(positionsPortfolio);
%将时间、股票名称、股票价格、自由流通股本、指数价格等数据存储到 CSI300Prices 文件中.
save CSI300Prices CSI300Dates CSI300Tickers CSI300HistPrices positionsPortfolio pricesIndex
```

14.3.2 数据可视化与标准化

代码如下:

```
%% Convert price series to return series and visualize historical returns
% 将数据转为收益率序列并画出历史收益曲线
%清空变量空间,避免以前计算变量影响本次计算
clear variables
% 如果数据已存储,即非第一次运行,说明当前工作文件夹中已存在 CSI300Prices.mat 文件
load('CSI300Prices.mat')
%% Visualize price series
% 可视化价格序列
% 标准化价格,初始价格为 1.00
normPrices = ret2tick(tick2ret(CSI300HistPrices));
```

```
% 绘制选定股票的标准化价格,万科 A,潍柴动力,上海能源
%选定股票
mypick = strcmpi(CSI300Tickers,'万科 A') | strcmpi(CSI300Tickers,'潍柴动力') ...
         | strcmpi(CSI300Tickers,'上海能源');
%选定股票价格序列
mypickStockPrices = CSI300HistPrices(:, mypick);
%选定股票的标准价格
mypickNormPrices = normPrices(:, mypick);
%选定股票的名称
mypickCSI300Tickers = CSI300Tickers(mypick);
%绘制图形
plot(mypickNormPrices,'DisplayName','mypickNormPrices','YDataSource','mypickNormPrices');figure
    (gcf)
%添加图示
legend(mypickCSI300Tickers)
%指数标准价格
normIndexPrice = ret2tick(tick2ret(pricesIndex));
%在上图中添加指数曲线
hold all
plot(normIndexPrice,'DisplayName','Index','YDataSource','normIndexPrice');figure(gcf)
```

结果如图 14.1 所示。

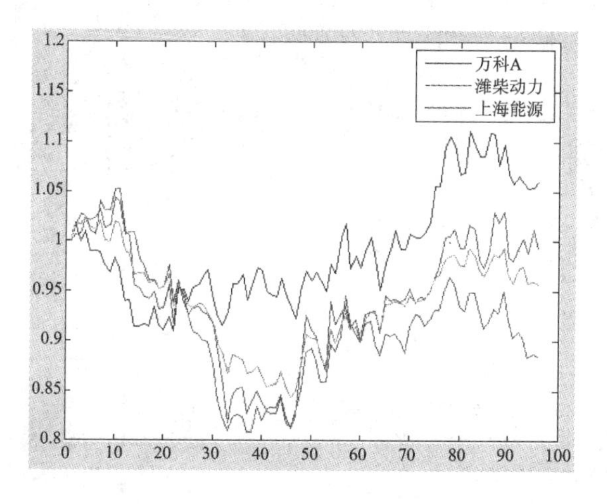

图 14.1　标准化股票价格序列图

注:如果计算样本时间周期较长,例如 1 年以上,建议在提取股票价格序列时提取复权价格数据。所谓复权就是对股价和成交量进行权息修复,按照股票的实际涨跌绘制股价走势图,并把成交量调整为相同的股本口径。例如某股票除权前日流通盘为 5 000 万股,价格为 10 元,成交量为 500 万股,换手率为 10%,10 送 10 之后除权报价为 5 元,流通盘为 1 亿股,除权当日走出填权行情,收盘于 5.5 元,上涨 10%,成交量为 1000 万股,换手率也是 10%(和前一交易日相比具有同样的成交量水平)。复权处理后股价为 11 元,相对于前一日的 10 元上涨了 10%,成交量为 500 万股,这样在股价走势图上真实反映了股价涨跌,同时成交量在除权前后也具有可比性。

另外函数中调用 strcmpi 函数,其语法如下:

- TF=strcmpi(string,string),比较两个字符串是否相同,返回一个变量;
- TF=strcmpi(string,cellstr),比较一个字符串与一组字符串是否相同,返回一个向量;
- TF=strcmpi(cellstr,cellstr),比较两组字符串是否相同,返回一个矩阵。

测试函数程序代码如下:

```
A = {'a','b','c'};
Idx1 =  strcmpi('a')
Idx1 = strcmpi('a',A)
Idx2 = strcmpi('b',A)|strcmpi('a',A)
```

运行结果如下:

```
Idx1 =
      1      0      0
 Idx2 =
      1      1      0
```

14.3.3 数据简单处理与分析

计算选中股票的均值、标准差、相关性与 Beta 等指标,代码如下:

```
% % Simple data analysis, mean, std, correlation, beta
 %样本股票价格分析,均值、标准差、相关性与 beta
 %价格转收益率
mypickRet = tick2ret(mypickStockPrices, [], 'Continuous');
mean(mypickRet) %均值
std(mypickRet) %标准差
maxdrawdown(mypickStockPrices)   %最大回撤
corrcoef(mypickRet) % 相关性
```

结算结果如下:

```
ans =
     0.0006    - 0.0013    - 0.0001
 ans =
     0.0185      0.0194      0.0214
 ans =
     0.1063      0.2317      0.2219
 ans =

     1.0000      0.7046      0.6492
     0.7046      1.0000      0.7420
     0.6492      0.7420      1.0000
```

函数中调用 tick2ret 函数与 maxdrawdown 函数。

tick2ret 函数用于计算价格序列对应的收益率序列,其语法如下:

[RetSeries, RetIntervals] = tick2ret(TickSeries, TickTimes, Method)

输入参数:

➢ TickSeries：价格序列；

➢ TickTimes：时间序列；

➢ Method：计算方法，'Continuous' 表示收益率的计算方式为 $\log(x)-\log(y)$；'Simple' 表示收益率的计算方式为 $(x-y)/y$。

输出参数：

➢ RetSeries：收益率序列；

➢ RetIntervals：收益率对应的时间间隔。

maxdrawdown 函数计算价格序列的最大回撤。T 日组合最大回撤（maximum drawdown）的公式为

$$\text{MaxDraw}(T) = \min(R(x) - R(y))$$
$$T > x > y$$

最大回撤是绝对收益产品非常重要评价指标，表现投资经理获取或保持绝对收益的能力。函数语法如下：

[MaxDD, MaxDDIndex] = maxdrawdown(Data, Format)

输入参数：

➢ Data：组合每日总收益序列；

➢ Format：模型类别，'return' 为收益率序列（默认），'arithmetic' 为算术布朗运动，'geometric' 为几何布朗运动。

输出参数：

➢ MaxDD：最大回撤值；

➢ MaxDDIndex：最大回撤位置。

要计算选中股票的 Beta，可根据 CAPM 模型关于 Beta 的定义：

$$股票收益率 = \text{Beta} * 市场收益率 + \text{Alpha}$$

通过回归的方式计算 Beta

```
% 简单 Beta 计算
IndexRet = tick2ret(pricesIndex); % 指数收益率
SZ02 = tick2ret(mypickStockPrices(:,1)); % 选中股票价格转为收益率
% 自动生成图片(cftool)
[fitresult, gof] = createFit(IndexRet, SZ02)
```

计算结果如下：

```
fitresult = % 回归结果
     Linear model Poly1:
     fitresult(x) = p1 * x + p2 % 回归模型
     Coefficients (with 95 % confidence bounds):
 % 回归结果与置信区间
       p1 =       0.9757   (0.8063, 1.145)
       p2 =      0.00113   (-0.001312, 0.003571)
```

```
%回归指标计算
gof =

           sse: 0.0134
       rsquare: 0.5847
           dfe: 93
    adjrsquare: 0.5802
          rmse: 0.0120
```

万科 A 的 Beta 计算结果如图 14.2 所示。

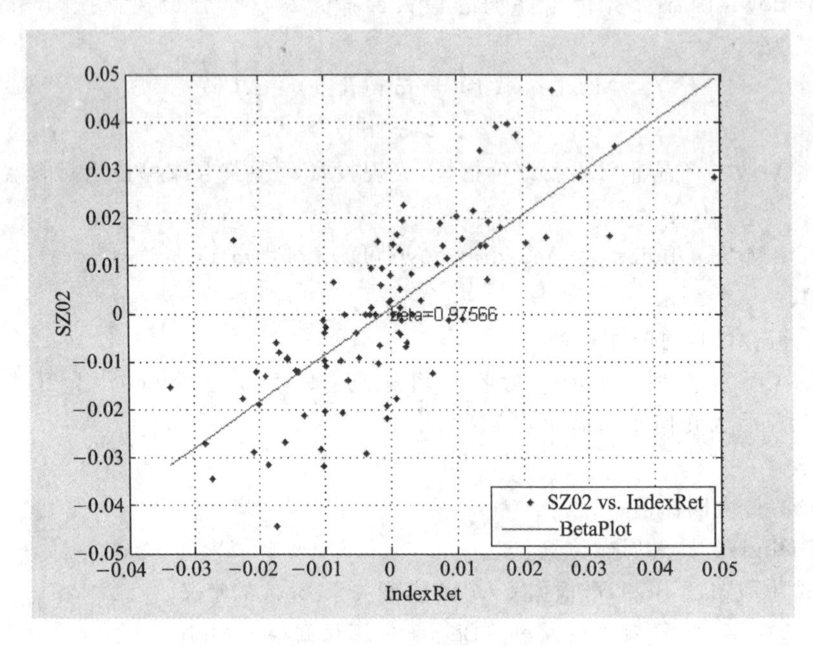

图 14.2 万科 A 的 Beta 计算结果

使用 heatmap 展示,可以通过 2D 图形,更加形象地展示市场的整体概况,或者投资组合的表现。heatmap 展示相对通常列表行情模式更加直观,信息量更大。代码如下:

```
%% Calculate return from price series
%计算价格序列的收益率
%成分股历史收益率 'Continuous' 形式
returnsSecurity = tick2ret(CSI300HistPrices,[],'Continuous');
%累计收益率
totalReturns = sum(returnsSecurity);
numDays = size(CSI300HistPrices, 1);
% 绘制股票热感图(二维)
%For more information edit the M-file "makeHeatmap.m"
makeHeatmap(totalReturns(end, :), CSI300Tickers, numDays, 'returns', 'matlab');
```

计算结果如图 14.3 所示。

程序中的 makeHeatmap 函数,其代码如下:

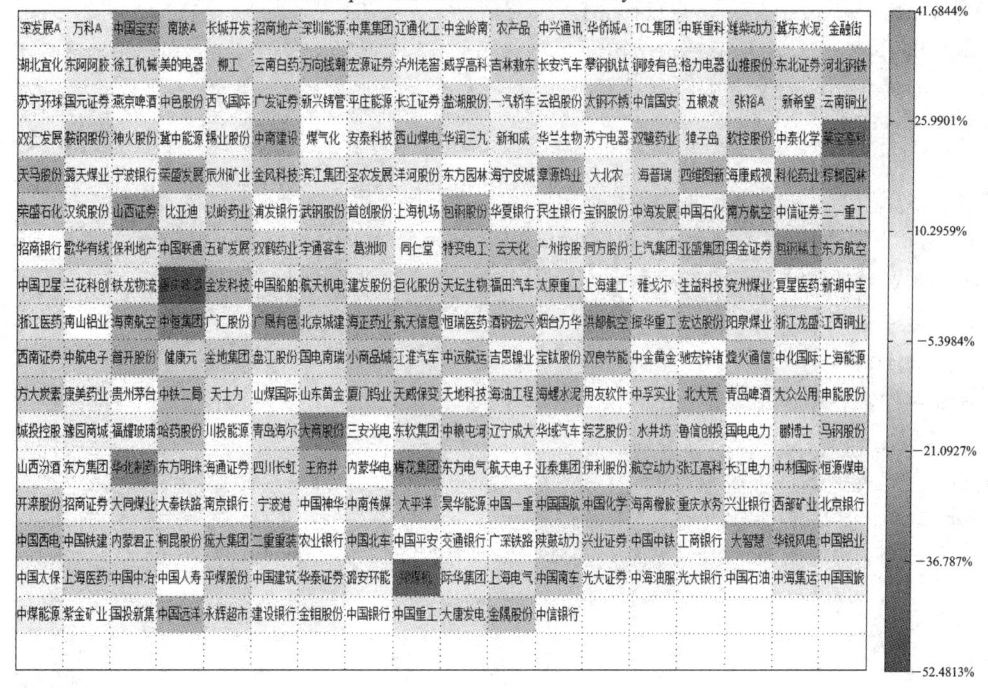

图 14.3　沪深 300 指数成分股 Heatmap 图

```
function pixels = makeHeatmap(returnsPeriod, tickerSymbols, numDays, inputType, varargin)
 % Inputs
 %    returnsPeriod  =  Row vector of values 收益率
 %    tickerSymbols  =  Row vector of lables 名称
 if strcmpi(inputType, 'prices')
     returns = tick2ret(returnsPeriod, [], 'continuous');
     returnsPeriod = sum(returns);
 end
 % Convert continuous returns to simple return percentage
 returnsPeriod = -(1 - exp(returnsPeriod)) * 100;
 % for colormap
 % zero point
 zeroPoint = round(abs(min(sort(returnsPeriod))));
 % max point
 maxPoint = max(returnsPeriod);
 % min point
 minPoint = min(returnsPeriod);
 % Determine the dimensions for the square
 mapDimensions = ceil(sqrt(size(returnsPeriod,2)));
 %颜色
 heatmap = zeros(mapDimensions);
```

```
% If the inputs aren't square, pad the vectors to be square
numZeros = mapDimensions^2 - length(returnsPeriod);
if numZeros > 0
    returnsPeriod(end + numZeros) = 0;
    tickerSymbols{end + numZeros} = '';
end
% reshape the vectors to square matrices
heatmap = reshape(returnsPeriod, size(heatmap))';
labels = reshape(tickerSymbols, size(heatmap))';
% plot the heatmap values
h = figure;
imagesc(heatmap);
% add the text for the securities
xInd = 1:mapDimensions;
for yInd = 1:mapDimensions
    text(xInd, repmat(yInd, size(xInd)), labels(yInd, :), 'FontSize',8,'HorizontalAlignment',
        'Center');
end
axis on;
grid on;
% Add the color bar to the figure
c = moneymap(zeroPoint,maxPoint);
set(gcf,'Colormap',c);
% cb   = colorbar('ytick', yt);
% Get the ticks from the colorbar to rewrite them as percentages
% yt = [-100:10:40];
yt = linspace(minPoint, maxPoint, 7);
cb   = colorbar('ytick', yt);
% set(cb, 'Ytick', yt)
percentLabels = arrayfun(@(x) [num2str(x) '%'], yt, 'uniformoutput', 0);
set(cb, 'YTickLabel', percentLabels);
set(gca,'FontSize',8);
% Add the title to the heatmap
title(['Heat Map of Portfolio Returns for ' num2str(numDays) ' Days'],'FontSize',14);
% Add the dashed lines to smaxPointarate the blocks
ticks = [0 .5:1:mapDimensions + .5];
set(gca, 'Ytick', ticks, 'Xtick', ticks, 'YTicklabel', [], 'XTicklabel', [], 'TickLength', [0 0])
% Make a copy of the image for Excel to grab
if nargin == 5
    print -dmeta;
    pixels = [];
else
```

```
% Make a webfigure for Java
    pixels = webfigure(h);
end

function cmap = moneymap(zeroPoint, maxPoint)
 % Function to make the heatmap have the green, white and red effect

colors = [1 0 0; 1 1 1;0 1 0];
 % stmaxPoints = [1 zeroPoint zeroPoint + maxPoint];

redPercentage = zeroPoint/(zeroPoint + maxPoint);
stmaxPoints = [1 redPercentage * 256 256];

cmap = zeros(256,3);
for k = 1:3
    interpMap = interp1(stmaxPoints',colors(:,k),1:256);
    cmap(:,k) = interpMap';
end
```

14.4 数据处理

将沪深 300 指数成分股作为投资组合，投资组合中股票数量为自由流通股本（positionsPortfolio），为计算投资组合的风险价值，需要计算投资组合的净值序列、收益率序列等，代码如下：

```
%数据准备
clear variables %清空变量空间
load('CSI300Prices.mat') %载入 CSI300Prices.mat 文件中的数据
 %在前面的程序中我们已经将时间、股票名称、股票价格、自由流通股本、指数价格等数据存储到
 %CSI300Prices 文件中.
 % % Calculate return from price series
 %根据价格序列计算收益率
returnsSecurity = tick2ret(CSI300HistPrices,[],'Continuous');

 % % Historical Simulation visually
 % 历史模拟方法，计算投资组合价值
 % 投资组合价值 = 股票价格 * 股票数量
pricesPortfolio = CSI300HistPrices * positionsPortfolio;
 % 投资组合的收益率
returnsPortfolio = tick2ret(pricesPortfolio, [], 'continuous');

 % 投资组合最后一日的市值
marketValuePortfolio = pricesPortfolio(end);
 %历史数据的 Hist 图
simulationResults = visualizeVar(returnsPortfolio, marketValuePortfolio);
```

结果如图 14.4 所示。

程序中调用了 visualizeVar 函数，其代码如下：

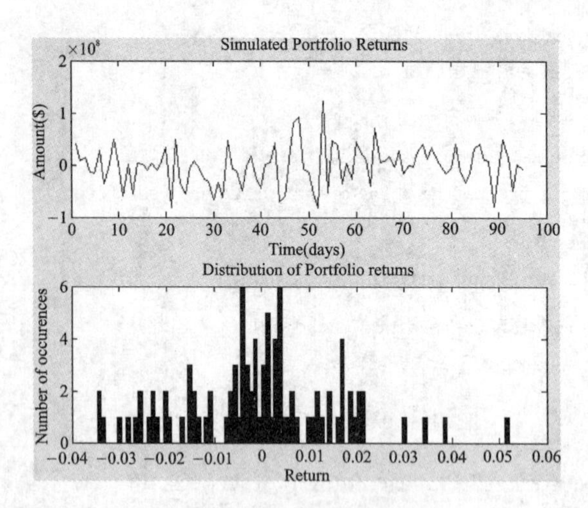

图 14.4　投资组合净值与收益率分布

```
function simulationResults = visualizeVar(returnsPortfolio, marketValuePortfolio)
 % Create a single variable and plot with subplots to allow for data
 % brushing to select returns and see dollar amount losses.
 %
 %    Copyright 2008 - 2009 The MathWorks, Inc.
 %    Edited: Jeremy Barry 02/10/2009
 pricesPortfolioSimulated = returnsPortfolio * marketValuePortfolio;
 simulationResults = [pricesPortfolioSimulated returnsPortfolio];
 subplot(2,1,1)
 plot(simulationResults(:,1))
 title('Simulated Portfolio Returns')
 xlabel('Time (days)')
 ylabel('Amount ( $ )')
 subplot(2,1,2)
 hist(simulationResults(:,2), 100)
 title('Distribution of Portfolio Returns')
 xlabel('Return')
 ylabel('Number of occurences')
```


14.5　历史模拟法程序

历史模拟法代码如下：


```
% % Historical Simulation programatically
 %历史模拟法程序
 % 收益率在 1% 与 5% 的置信水平
confidence = prctile(returnsPortfolio, [1 5]);
 % 历史模拟法的可视化
figure;
```

```
hist2color(returnsPortfolio, confidence(2), 'r', 'b');
%具体见 hist2color 程序
%历史方法 99% 与 95% 水平的风险价值
hVar = -marketValuePortfolio * confidence;
displayVar(hVar(1), hVar(2), 'hs');
```

计算结果为：

```
Value at Risk method: Historical Simulation
%置信度为 99% 的 Var 值
Value at Risk @ 99% = $82,091,887.30
%置信度为 95% 的 Var 值
Value at Risk @ 95% = $66,214,101.16
```

计算结果图如图 14.5 所示。

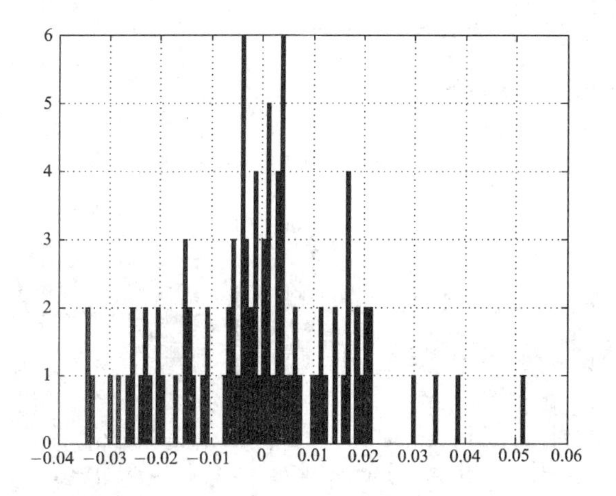

图 14.5　历史模拟法 VaR 结果

程序中调用 prctile 函数、hist2color 函数与 displayVar 函数。

prctile 函数语法如下：

Y = prctile(X,p)

给定一个向量 X 与一组分位数 p，prctile 函数返回分位数对应向量中的值。

hist2color 函数代码如下：

```
function hist2color(Y,cutoff,left_color,right_color)
% Highlight a specific set of bins in a histogram.
%
%   Copyright 2008 - 2009 The MathWorks, Inc.
%   Edited: Jeremy Barry 02/10/2009
% Organize Returns into historgram bins
[count,bins] = hist(Y,100);
% Create 2nd data set that is zero above cutoff point
count_cutoff = count.*(bins < cutoff);
% Plot full data set
bar(bins,count,right_color);
```

```
hold on;
 % Plot cutoff data set
 bar(bins,count_cutoff,left_color);
 grid on;
 hold off;
```

displayVar 函数如下：

```
function displayVar(onePercent, fivePercent, method)
 % Display the Value at Risk as with a percentage and dollar amount.
 %
 %    Copyright 2008 - 2009 The MathWorks, Inc.
 %    Edited: Jeremy Barry 02/10/2009
 switch method
     case 'hs'
         methodString = 'Historical Simulation';
     case 'p'
         methodString = 'Parametric';
     case 'mcp'
         methodString = 'Monte Carlo Simulation (portsim)';
     case 'mcg'
         methodString = 'Monte Carlo Simulation (GBM)';
     case 'mcs'
         methodString = 'Monte Carlo Simulation (SDE)';
     case 'mcsec'
         methodString = 'Monte Carlo Simulation (by security)';
 end
 outString = sprintf('Value at Risk method: %s \n', methodString);
 outString = [outString sprintf('Value at Risk @ 99%% = %s \n', ...
     formatCurrency(onePercent))];
 outString = [outString sprintf('Value at Risk @ 95%% = %s \n', ...
     formatCurrency(fivePercent))];
 disp(outString)
```

14.6 参数模型法程序

MATLAB 的风险价值计算使用 portvrisk 函数采用参数模型法计算 VaR 值。其语法如下：

ValueAtRisk = portvrisk(PortReturn, PortRisk, RiskThreshold, PortValue)

输入参数：

- PortReturn:组合收益率；
- PortRisk:组合风险(标准差)；
- RiskThreshold:(可选)置信度阈值,默认为 5%；
- PortValue:(可选)组合资产价值,默认为 1。

输出参数：

- ValueAtRisk:风险价值。

代码如下：

```
% % Parametric
%参数模型法
% 计算 99 % 与 95 % 水平的风险价值,假设收益率服从正态分布
%输入 mean(returnsPortfolio)组合收益率
%输入 std(returnsPortfolio) 组合风险(标准差)
%输入[.01 .05] 置信度阈值
%输入 marketValuePortfolio 组合资产价值
pVar = portvrisk(mean(returnsPortfolio), std(returnsPortfolio), [.01 .05],...
    marketValuePortfolio);
%画图
confidence = - pVar/marketValuePortfolio;
hist2color(returnsPortfolio, confidence(2), 'r', 'b');
displayVar(pVar(1), pVar(2), 'p')
```

计算结果如下：

```
Value at Risk method: Parametric
%置信度为 99 % 的 Var 值
Value at Risk @ 99 %  =  $ 90,981,251.06
%置信度为 95 % 的 Var 值
Value at Risk @ 95 %  =  $ 64,856,171.58
```

画图结果如图 14.6 所示。

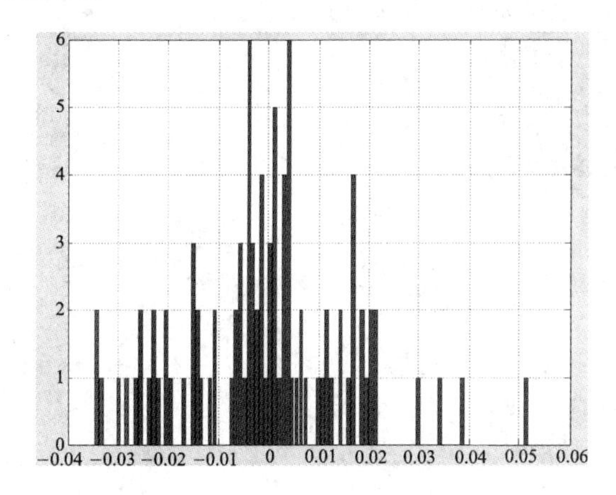

图 14.6　参数模型法 VaR 结果

14.7　蒙特卡罗模拟程序

14.7.1　基于随机收益率序列的蒙特卡罗风险价值计算

计算代码如下：

若您对此书内容有任何疑问，可以凭在线交流卡登录MATLAB中文论坛与作者交流。

```
% % Monte Carlo using portsim
%蒙特卡罗方法
%根据组合中股票价格与股票数量,计算组合资产价值与权重
[marketValuePortfolio, weightsPortfolio] = getPortfolioWeights(...
    CSI300HistPrices, positionsPortfolio);
%具体参见 getPortfolioWeights 程序
numObs = 1; % 样本个数
numSim = 10000; % 模拟次数
% 预期期望与方差
expReturn = mean(returnsSecurity);
expCov = cov(returnsSecurity);
% rng Control the random number generator
%随机生成数种子设置,数值越大越好
rng(12345)
%生成资产收益率矩阵
simulatedAssetReturns = portsim(expReturn,expCov,numObs,1,numSim, 'Exact');
%具体参见 portsim 程序
% 计算每个随机序列的收益率
simulatedAssetReturns = exp(squeeze(simulatedAssetReturns)) - 1;
% 模拟次数 numSim = 10000 个投资组合收益率
mVals = weightsPortfolio * simulatedAssetReturns;
% 计算 99%与 95%分位数的收益率
mVar = - prctile(mVals * marketValuePortfolio, [1 5]);
% 可视化模拟组合
plotMonteCarlo(mVals)
% 风险价值
displayVar(mVar(1), mVar(2), 'mcp')
```

计算结果如下：

```
Value at Risk method: Monte Carlo Simulation (portsim)
%置信度为 99%的 Var 值
Value at Risk @ 99% = $91,176,882.64
%置信度为 95%的 Var 值
Value at Risk @ 95% = $64,618,603.59
```

计算结果图如图 14.7 所示。

程序中调用 getPortfolioWeights 函数、portsim 函数及 plotMonteCarlo 函数。

1. getPortfolioWeights 函数

getPortfolioWeights 函数代码如下：

```
function [portfolioMarketValue portfolioWeights securityMarketValue lastPrice] = getPortfolio-
        Weights(prices, positions)
% Compute the portfolio market value, the security market value, the weight
% for each security in the portfolio and the last price of the security.

%   Copyright 2008 - 2009 The MathWorks, Inc.
```

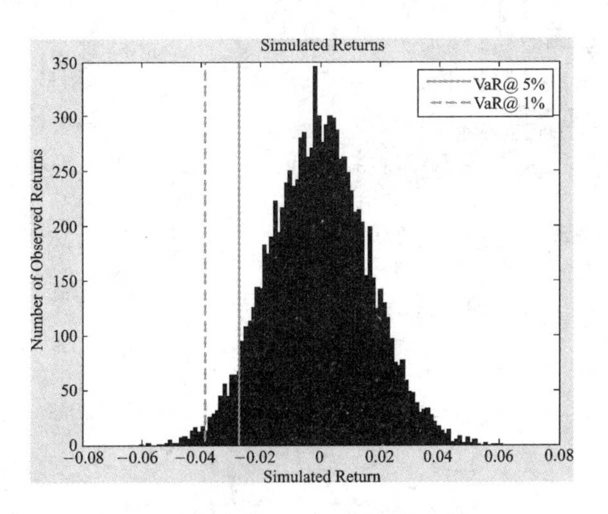

图 14.7 蒙特卡罗模拟方法(1)结果

```
%    Edited: Jeremy Barry 02/10/2009
% 根据股票最后的价格,计算投资组合最终的资产价值
portfolioMarketValue = prices(end,:) * positions;
% 根据股票最后的价格,计算投资组合中每个股票的价值
securityMarketValue = prices(end,:) .* positions';
% 计算每个股票的权重
portfolioWeights = securityMarketValue / portfolioMarketValue;
lastPrice = prices(end,:);
```

2. portsim 函数

portsim 函数功能根据随机过程

$$\frac{\mathrm{dS}}{\mathrm{S}} = \mu \mathrm{d}t + \sigma \mathrm{d}z = \mu \mathrm{d}t + \sigma \varepsilon \sqrt{\mathrm{d}t}$$

生成随机收益率序列。其语法如下:

RetSeries = portsim(ExpReturn, ExpCovariance, NumObs, RetIntervals, NumSim, Method)

输入参数:

- ExpReturn:预期收益率。
- ExpCovariance:预期协方差矩阵。
- NumObs:样本个数。
- RetIntervals:收益率间隔,一般为 1(每日)。
- NumSim:模拟次数。
- Method:模拟方法,默认为 'Expected'。

  'Exact':生成均值、方差等于 ExpReturn、ExpCovariance 的随机收益率序列。

  'Expected' :生成均值、方差统计意义上等于 ExpReturn、ExpCovariance 的随机收益率序列。

输出参数:

- RetSeries:收益率序列。

3. plotMonteCarlo 函数

plotMonteCarlo 函数代码如下：

```
function plotMonteCarlo(returnSeries)
 % Plot all of the simulation returns from the Monte Carlo simulation.
 %
 %    Copyright 2008 - 2009 The MathWorks, Inc.
 %    Edited: Jeremy Barry 02/10/2009
 percentiles = prctile(returnSeries, [1 5]) ;
 hist(returnSeries,100)
 % Var 线
 var1 = line([percentiles(2) percentiles(2)], ylim, 'color','g','linewidth',2, 'displayname', 'VaR
        @ 5 % ');
 % Var 线
 var2 = line([percentiles(1) percentiles(1)], ylim, 'linestyle', '- - ', 'color', 'g', 'linewidth', 2
       , 'displayname', 'VaR @ 1 % ');
 title('Simulated Returns')
 xlabel('Simulated Return')
 ylabel('Number of Observed Returns')
 legend([var1 var2])
```

14.7.2 基于几何布朗运动的蒙特卡罗模拟

基于几何布朗运动的蒙特卡罗模拟代码如下：

```
 % % 使用 GBM 对象进行蒙特卡罗模拟
 expReturn = mean(returnsSecurity);
 sigma = std(returnsSecurity);
 correlation = corrcoef(returnsSecurity);
 X = CSI300HistPrices(end,:)';
 dt = 1;
 numObs = 1; % Number of observation
 numSim = 10000; % Number of simulation
 rng(12345)
 GBM = gbm(diag(expReturn), diag(sigma), 'Correlation', correlation, 'StartState', X);
 % Simulate for numSim trials
 simulatedAssetPrices = GBM.simulate(numObs, 'DeltaTime', dt, 'ntrials', numSim);
 simulatedAssetReturns = tick2ret(simulatedAssetPrices, [], 'continuous');
 % simulatedAssetReturns = squeeze(simulatedAssetReturns);
 simulatedAssetReturns = exp(squeeze(simulatedAssetReturns)) - 1;
 gbmVals = weightsPortfolio * simulatedAssetReturns;
 gbmVar = - prctile(gbmVals * marketValuePortfolio, [1 5]);
 % Visualize the simulated portfolios
 plotMonteCarlo(gbmVals)
 % Value at Risk
 displayVar(gbmVar(1), gbmVar(2), 'mcg')
```

计算结果如下：

```
Value at Risk method: Monte Carlo Simulation (GBM)
 %置信度为 99%的 Var 值
Value at Risk @ 99%  =  $91,413,589.30
 %置信度为 95%的 Var 值
Value at Risk @ 95%  =  $65,665,337.55
```

计算结果如图 14.8 所示。

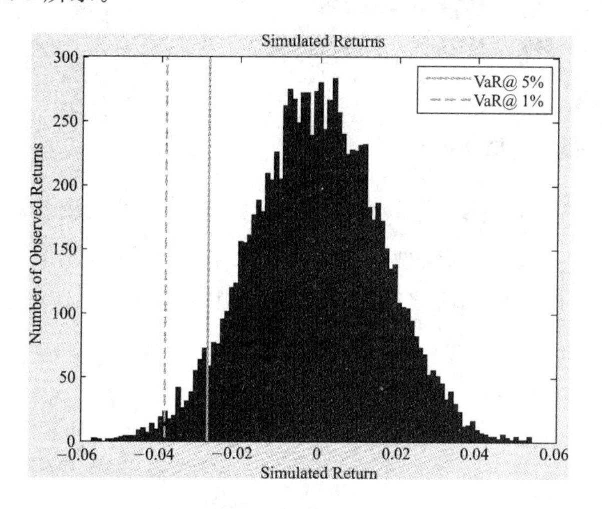

图 14.8 蒙特卡罗模拟方法(GBM)结果

几种方法的计算结果比较如表 14.2 所列。

表 14.2 风险价值计算结果

方法	历史模拟法	参数模型法	蒙特卡罗	蒙特卡罗-GBM
99% 置信度	82 091 887.30	90 981 251.06	91 176 882.64	91 413 589.30
95% 置信度	66 214 101.16	64 856 171.58	64 618 603.59	65 665 337.55

第15章 跟踪误差最小化——非线性最小二乘法 MATLAB 编程

15.1 理论与案例

15.1.1 非线性最小二乘法

在研究分析中，常常使用非线性最小二乘法对数据进行回归或归因分析。数据拟合可以发现数据自身逻辑关系，确定回归模型参数或根据已知数据进行预测分析。数据的非线性最小二乘法是用连续曲线近似地刻画或比拟空间中离散点所表示的坐标之间函数关系的数据处理方法，是一种用解析表达式逼近离散数据的方法。

非线性最小二乘法具体分为两个步骤：

① 确定拟合模型类型；

② 确定拟合模型参数。

拟合模型类型有线性方程、指数方程、微分方程、多项式方程、混合方程等。拟合方程的选择是一个复杂的问题。若拟合方程未知，通常使用反复测试的方法，即给定几种备选拟合模型，进行多次拟合，选择拟合效果最好的模型进行拟合。

若拟合模型已确定，则可以通过非线性最小二乘法确定拟合模型参数。

假设拟合数据为 x、y，非线性最小二乘法方程为

$$\min\sum_{i=1}^{n}(f(a,x_i)-y_i)^2 \tag{15.1}$$

使用优化方法求解上述问题，得到最小化问题解 a^*，即拟合模型参数。

15.1.2 跟踪误差最小化背景

指数基金(Index Fund)，是以指数成份股为投资对象的基金，即通过购买某指数所包含的部分或全部的股票，来构建指数基金的投资组合，目的就是使这个投资组合的变动趋势与该指数相一致，以取得与指数大致相同的收益。1976 年美国先锋基金管理公司(Vanguard Fund Co.)推出了世界上第一只真正意义上的指数基金——追踪标准普尔 500 指数的 Vanguard 500 指数基金，从此指数化投资开始正式登上金融舞台。复制指数的方法有两大类：即完全复制(full replication)和优化复制(optimized replication)。完全复制就是购买标的指数中的所有成份证券，并且按照每种成份证券在标的指数中的权重确定购买的比例来构建指数组合从而达到复制指数的目的。以标准普尔 500 指数为例，按市值比重购入全部 500 种成分股就可以完全复制指数。当然，实际情况要复杂得多，因为指数是一个“纸面上的组合”(paper portfolio)，每种成份证券在标的指数中的权重时时刻刻在发生变化，以某一时刻的相对权重值来确定组合的结构显然不能保证组合的走势与指数完全一致，因此实务中即便是完全复制也要根据追踪误差的偏离状况对组合进行动态调整。不过，相对于其他复制方法来讲，这种方法的思想还是比较简单明了，而且构建的指数组合与标的指数之间保持高度的一致，较好地继承了标的指数所具有的代表性和投资的分散性，较容易获得比较小的追踪误差(tracking error)。然而这种方法有其优势，但也有很多不足，比如完全复制指数，特别是成分股较多的指数，比如威尔希尔 5000 全市场指数(Wilshire 5000 Total Market Index)等，所需资金量巨大，一般的投资者根本无此实力来完全复制指数，而且完全复制指数的指数组合通常规模巨大，如果市场容量较小，市场深度不足，短时间内买入或抛出整个指数组合必然会对市场造成很大的冲击，使得构建指数组合以及随后的组合调整所承受的冲击成本(impact cost)较高。此外完全复制指数还可能面临很大的流动性风险，以及可能导致较高的调整频率和追踪成本。

因此，考虑在最少的追踪误差范围内如何用少量的成分证券(少量资产)来实现对整个标的指数的优化复制(optimized replication)问题就显得尤为重要。所谓的优化复制指的是根据预先设定的标准选择部分成分证券并对其在组合中的相对权重进行优化再配置，从而使得构建出来的指数组合的追踪成本及其与标的指数之间的跟踪误差控制在可以接受的范围之内。优化复制的方法又可以进一步细分为分层抽样(stratified sampling)和优化抽样(optimized sampling)两种。前者是两阶段优化法，即第一阶段是抽样，第二阶段则是权重的优化再配置，使得组合的表现与标的指数相一致，同时保证较小的调整频率和追踪成本。与之不同，优化抽样属于单阶段优化法，即把抽样和权重优化再配置同时进行。不过无论是哪种方法都要用到最优化算法模型来进行求解，这是进行权重优化再配置的必经步骤。目前国外所用的最优化算法模型包括二次规划(quadratic programming)、线性规划(linear programming)、鲁棒回归(robust regression)、蒙特卡洛模拟(Monte Carlo simulation)、遗传算法(genetic algorithm)、启发式算法(heuristic algorithm)等多种方法对指数组合进行优化求解。此外，研究者还尝试使用其他一些更复杂的方法来进行建模和求解，如随机控制(stochastic control)和随机规划(stochastic programming)等方法进行求解，这些最优化方法的应用使得指数追踪的效果得到了更好的改进。

15.2　模型建立

15.2.1　实际案例

例 15.1　假设以已经选定的 10 只股票跟踪沪深 300 指数为例，选择 2009-1-1—2009-6-30 为跟踪区间段。如何在 2009-1-1 优化配置这 10 只股票的权重构建积极指数化组合，使其在半年的时间内与沪深 300 跟踪误差最小。

股票选择为：苏宁电器 002024.SZ、上港集团 600018.SH、宝钢股份 600019.SH、中国石化 600028.SH、中信证券 600030.SH、招商银行 600036.SH、中国联通 600050.SH、上海汽车 600104.SH、贵州茅台 600519.SH、中国平安 601318.SH。为简易处理，从 wind 直接提取其向前复权价格。例如，假设某股票 2009 年 1 月 1 日价格为 14 元，4 月 1 日进行 10 股送 3 股，

2009 年 6 月 30 股票价格为 15 元,使用向前复权该股票 2009 年 1 月 1 日复权价格价格为 14/1.3,为 10.77 元,该股票半年投资收益率为

$$(15-10.77)/10.77=39.28\%$$

股票行情如表 15.1 所列。

表 15.1 历史行情 2009-1-1—2009-6-30 数据表

日期	000300.SH 沪深 300 收盘价/元	002024.SZ 苏宁电器 收盘价/元	600018.SH 上港集团 收盘价/元	600019.SH 宝钢股份 收盘价/元	600028.SH 中国石化 收盘价/元	600030.SH 中信证券 收盘价/元	600036.SH 招商银行 收盘价/元	…
2008-12-31	1 817.720	11.920	3.250	4.510	6.960	17.650	12.160	…
2009-1-5	1 882.960	11.770	3.370	4.850	7.130	18.530	12.590	
2009-1-6	1 942.800	11.450	3.450	4.950	7.340	19.030	13.100	
2009-1-7	1 931.180	11.520	3.480	4.940	7.190	18.830	12.870	
2009-1-8	1 887.990	11.130	3.330	4.790	7.080	18.640	12.240	…
2009-1-9	1 918.370	11.220	3.360	4.820	7.080	18.720	12.450	
⋮	⋮	⋮	⋮	⋮	⋮	⋮	⋮	⋮
2009-6-22	3 082.560	16.200	5.790	6.810	10.520	29.160	22.220	
2009-6-23	3 083.900	16.050	5.670	6.990	10.310	28.320	22.500	
2009-6-24	3 120.730	16.260	5.770	7.200	10.520	28.700	21.760	…
2009-6-25	3 117.920	16.310	5.690	7.300	10.560	28.220	21.750	…
2009-6-26	3 128.420	16.020	5.730	7.200	10.460	27.940	21.890	
2009-6-29	3 179.970	16.070	5.810	7.240	10.590	27.940	22.750	
2009-6-30	3 166.470	16.070	5.730	7.040	10.660	28.260	22.410	

15.2.2 数学模型

积极指数化(或者称作优化复制)指的是根据预先设定的标准,选择部分成分证券并对其在组合中的相对权重进行优化再配置。如前所述,优化复制的方法又可进一步细分为分层抽样(stratified sampling)和优化抽样(optimized sampling)两种,不过无论是哪种方法都要在权重的优化配置阶段用到最优化算法模型来进行求解。本节主要使用遗传算法(genetic algorithm)权重的优化配置技术。

进行指数投资组合管理中涉及很多细节问题,如成份股分红、成份股送股、成份股配股、成份股停牌或者指数成份股调整等都会造成跟踪误差扩大。在模型建立时,暂先不考虑上述因素。

积极指数化技术数学模型:

$$\mathrm{Min\ TE}(x)=\sum_{t=1}^{L}(r_{\mathrm{port}}^{t}-r_{\mathrm{index}}^{t})^{2}$$

$$\text{s. t.}\begin{cases} r_{\mathrm{port}}^{t}=\dfrac{p_{\mathrm{port}}^{t}-p_{\mathrm{port}}^{t-1}}{p_{\mathrm{port}}^{t-1}} \\ r_{\mathrm{index}}^{t}=\dfrac{p_{\mathrm{index}}^{t}-p_{\mathrm{index}}^{t-1}}{p_{\mathrm{index}}^{t-1}} \\ p_{\mathrm{port}}^{t}=\sum\limits_{i=1}^{N}v_{i}p_{i}^{t} \\ v_{i}=\dfrac{m\cdot x_{i}}{p_{i}^{0}} \\ \sum\limits_{i}^{N}x_{i}=1 \\ x_{i}\geqslant 0\qquad(i=1,2,\cdots,N) \end{cases}$$

式中：TE(x) 表示组合跟踪误差；r_{port}^{t} 表示第 t 日组合收益率，r_{index}^{t} 表示第 t 日指数收益率；v_i 表示组合中股票 i 的数量；p_i^t 表示组合中股票 i 第 t 日的价格；x_i 表示组合中股票 i 的初始权重；m 表示组合初始投资规模。积极指数化模型优化目标为跟踪误差最小，这里使用标准差定义跟踪误差。

15.3　MATLAB 实现

15.3.1　lsqnonlin 函数

MATLAB 求解非线性最小二乘法（或非线性拟合）的函数为优化工具箱中（Optimization Toolbox）的 lsqnonlin 函数。

lsqnonlin 函数目标问题模型

$$\min_{x}\|f(x)\|_{2}^{2}=\min_{x}(f_{1}(x)^{2}+f_{2}(x)^{2}+\cdots+f_{n}(x)^{2})$$

式中：

$$f(x)=\begin{pmatrix} f_{1}(x) \\ f_{2}(x) \\ \vdots \\ f_{n}(x) \end{pmatrix}$$

函数语法：

```
x = lsqnonlin(fun,x0)
x = lsqnonlin(fun,x0,lb,ub)
x = lsqnonlin(fun,x0,lb,ub,options)
x = lsqnonlin(problem)
[x,resnorm] = lsqnonlin(…)
[x,resnorm,residual] = lsqnonlin(…)
[x,resnorm,residual,exitflag] = lsqnonlin(…)
```

[x,resnorm,residual,exitflag,output] = lsqnonlin(…)

[x,resnorm,residual,exitflag,output,lambda] = lsqnonlin(…)

[x,resnorm,residual,exitflag,output,lambda,jacobian] = lsqnonlin(…)

输入参数:

- fun:目标函数,一般用M文件形式给出;
- x0:优化算法初始迭代点;
- lb:变量下界;
- ub:变量上界;
- options:参数设置。

输出参数:

- x:最优点输出(或最后迭代点);
- resnorm:残差范数;
- residual:残差向量;
- exitflag:函数停止信息。
  - 1 函数收敛于解 x;
  - 2 x小于函数特定阈值;
  - 3 残差改变小于函数阈值;
  - 4 搜索方向小于函数特定阈值;
  - 0 函数达到最大迭代次数;
  - −1 异常停止,请查看 output 信息;
  - −2 目标问题异常,lb与ub矛盾;
  - −4 搜索方程无法使得残差变小。
- output:函数基本信息,包括迭代次数、目标函数最大计算次数、使用的算法名称、计算规模;
- lambda:拉格朗日乘子;
- jacobian:Jacobian矩阵。

注:优化算法通常通过迭代的方式进行最优解的搜索,理论与过程都比较复杂,上述 exitflag 信息在此就不再详述。由于跟踪误差最小问题是一个典型的凸优化,凸优化解唯一使得跟踪误差最小化的权重相对较简单。

15.3.2 建立目标函数

目标函数为

$$\mathrm{TE}_t(x) = (r_{\mathrm{port}}^t - r_{\mathrm{index}}^t)$$

$$\mathrm{TE}_t(x) = \frac{p_{\mathrm{port}}^t - p_{\mathrm{port}}^{t-1}}{p_{\mathrm{port}}^{t-1}} - \frac{p_{\mathrm{index}}^t - p_{\mathrm{index}}^{t-1}}{p_{\mathrm{index}}^{t-1}}$$

$$p_{\mathrm{port}}^t = \sum_{i=1}^{N} \frac{m \cdot x_i}{p_i^0} p_i^t$$

式中:TE_t 表示 t 日组合跟踪误差;r_{port}^t 表示第 t 日组合收益率;r_{index}^t 表示第 t 日指数收益率;p_i^t 表示组合中股票 i 第 t 日的价格;x_i 表示组合中股票 i 的初始权重;m 表示组合初始投资规模。

目标函数程序 M 文件为 TEobj. m。

函数语法：

f＝TEobj(x, DataX)

输入参数：

➢ x:初始投资权重；

➢ DataX:拟合数据；

➢ DataX . IndexPrice:指数价格时间序列；

➢ DataX. StockPrice:成份股时间序列；

➢ DataX. Money:投资总额。

注:DataX 使用了结构的概念，相对于 f＝TEobj(x, IndexPrice,StockPrice,Money)函数输入，f＝TEobj(x, DataX)，将 IndexPrice、StockPrice、Money 存储在了结构数据 DataX 中，结构数据 DataX 包含了 DataX . IndexPrice 、DataX. StockPrice、DataX. Money 三个子数据。

输出参数：

➢ f:年化跟踪误差。

M 文件 TEobj. m 如下：

```
function f = TEobj(x, DataX)
 % tracking error function
 % code by ariszheng@gmail.com 2010 - 9 - 1
 % 使用结构传入拟合参数
 % 指数数据
IndexPrice =  DataX.IndexPrice;
 % 股票价格数据
StockPrice =  DataX.StockPrice;
 % 投资组合初始资金
Money =  DataX.Money;
N = length(x);
 % 个股购买数量
StockV = zeros(N,1);
L = length(IndexPrice);
PortPrice = zeros(L,1);
StockV = Money * x./StockPrice(1,:)';
 % 计算组合价值
for i = 1:L
    PortPrice(i) = StockPrice(i,:) * StockV;
End
 % 根据资产价值计算收益率
IndexReturn = price2ret(IndexPrice);
PortReturn = price2ret(PortPrice);
 % 跟踪误差
f = IndexReturn - PortReturn
```

程序测试 M 文件为 test. m。

十只股票各投 10%，x＝[0.1,0.1,…,0.1]；指数价格时间序列 IndexPrice、成份股时间序列 StockPrice 在 stockdata. xlsx 文件中;投资总额 Money 为 1 亿元。

代码如下:

```
% test
% 读取矩阵
load StockData
% 指数数据
DataX.IndexPrice = IndexPrice;
% 股票价格数据
DataX.StockPrice = StockPrice;
% 初始投资金额为 1 亿
DataX.Money = Money
% 股票数据 10 个
StockNum = 10;
初始投资比例各个都为 10 %
x = ones(StockNum,1)/StockNum;
f = TEobj(x, DataX)
% 残差平方和
norm(f)
```

跟踪误差为:

```
X =

    IndexPrice: [119x1 double]
    StockPrice: [119x10 double]
         Money: 100000000
f =

    0.0012
    0.0067
    0.0010
    0.0102
    0.0083
      ⋮
    - 0.0045
    - 0.0034
     0.0092
    - 0.0025
% 残差范数
0.0675
```


15.3.3 模型求解

我们的目标问题函数为

$$\min_x \| TE(x) \|_2^2 = \min_x (TE_1(x)^2 + TE_2(x)^2 + \cdots + TE_n(x)^2)$$

$$\text{s.t.} \qquad \text{sum}(x_i) = 1 \qquad x_i \geqslant 0$$

上述目标函数中含有约束项，lsqnonlin 的标准模型中不含有约束处理，可以通过阈函数方法将约束函数放入目标函数中，使得 lsqnonlin 求解出的解同时满足约束条件。

$$TE(x) = \begin{pmatrix} 10000 * (1 - \text{sum}(x)) \\ TE_1(x) \\ TE_2(x) \\ \vdots \\ TE_n(x) \end{pmatrix}$$

$$\text{s.t.} \qquad x_i \geqslant 0$$

只有当 $x_i \geqslant 0$，$1-\text{sum}(x)$ 为 0 时，目标函数平方和最小。对目标函数 f=TEobj(x,DataX)进行修改完善。

注： 简单的阈函数方法可能会造成约束条件的误差，建议在计算完成后将数值解进行检验，比如权重和是否为 1。若目标函数的约束为简单线性约束，则可以使用阈函数法简单处理（并不是所有约束都可这样处理）。

M 文件 TEobj.m 如下：

```
function f = TEobj(x, DataX)
 % tracking error function
 % code by ariszheng@gmail.com 2010 - 9 - 1
 ⋮
 % 根据资产价值计算收益率
IndexReturn = price2ret(IndexPrice);
PortReturn = price2ret(PortPrice);
 % 跟踪误差
f = IndexReturn - PortReturn;
 % % % 添加阈函数项 % % %
f = [10000 * (1 - sum(x));f];
```

求解目标函数 M 文件 Solve.m 如下：

```
 % % tracking error function
 % code by ariszheng@gmail.com 2010 - 9 - 1
 % 求解函数
 % 读取数据
load StockData
 % 股票数据
DataX.StockPrice = StockPrice;
 % 初始投资额
DataX.Money = Money;
 % 指数数据
DataX.IndexPrice = IndexPrice;
 % 股票品种
```

```
StockNum = 10;
%初始迭代点
b0 = ones(StockNum,1)/StockNum;
%变量下界为[0,0,…,0],即所有变量大于 0
lb = zeros(StockNum,1);
%调用函数计算
[x,resnorm,residual,exitflag,output,lambda,jacobian]...
    = lsqnonlin(@(b) TEobj(b,DataX),b0,lb)
%验证是否符合约束
sum(x)
```

函数运行结果如下：

```
Optimization terminated: first - order optimality less than OPTIONS.TolFun,
and no negative/zero curvature detected in trust region model.
优化计算最优解
x =

    0.0390
    0.0624
    0.1341
    0.1073
    0.1408
    0.1189
    0.0434
    0.0838
    0.1679
    0.1023

残差范数
resnorm =

    0.0039

残差
residual =

   - 0.0000
   - 0.0020
     0.0059
     0.0028
     0.0041
     0.0102
     0.0061
   - 0.0074
     0
     0.0032
   - 0.0019
```

```
    0.0005
  - 0.0015
  - 0.0059
    0.0081
  - 0.0063
    0.0021

% 正常停止迭代
exitflag =

    1

output =

    firstorderopt: 1.1581e-007
       iterations: 4
        funcCount: 55
     cgiterations: 0
        algorithm: 'large-scale: trust-region reflective Newton'
          message: [1x137 char]

lambda =

    lower: [10x1 double]
    upper: [10x1 double]
% 变量和为 1
ans =

    1.0000
```

投资组合配置结果如表 15.2 所列。最优解对应的残差范数为 0.003 9，相比等权重条件下的残差范数 0.067 5 小很多，说明优化效果显著，且变量和为 1 符合约束。

表 15.2 十股票优化复制沪深 300 跟踪误差最优的投资比例

股票	002024.SZ 苏宁电器	600018.SH 上港集团	600019.SH 宝钢股份	600028.SH 中国石化	600030.SH 中信证券
投资比例/%	3.90	6.24	13.41	10.73	14.08
股票	600036.SH 招商银行	600050.SH 中国联通	600104.SH 上海汽车	600519.SH 贵州茅台	601318.SH 中国平安
投资比例/%	11.89	4.34	8.38	16.79	10.23

15.4 扩展问题

跟踪误差最小化使用过去的信息制定最优的权重组合，问题是这个权重在未来是否最优很难判断，为了控制未来跟踪误差通常量化策略采用的方法是行业中性，即保证组合中每个行业的权重与指数中该行业权重一致，可在原问题中添加行业中性约束。对于行业中性约束，将约束方程分析处理，并对上述程序进行修改即可解决。

第 16 章

分形技术——移动平均 Hurst 指数计算

Hurst 指数是分形技术在金融量化分析中的典型应用。分形是以非整数维形式充填空间的形态特征。分形可以说是来自于一种思维上的理论存在。1973 年，曼德勃罗（B. B. Mandelbrot）在法兰西学院讲课时，首次提出了分维和分形几何的设想。分形（Fractal）一词，是曼德勃罗创造出来的，其原意具有不规则、支离破碎等意义，分形几何学是一门以非规则几何形态为研究对象的几何学。由于不规则现象在自然界是普遍存在的，因此分形几何又称为描述大自然的几何学。分形几何建立以后，很快就引起了许多学科的关注，这是由于它不仅在理论上，而且在实用上都具有重要价值。

16.1 Hurst 指数简介

基于重标极差（R/S）分析方法基础上的 Hurst（赫斯特）指数（H）研究是由英国水文专家 H. E. Hurst（1900—1978）在研究尼罗河水库水流量和贮存能力的关系时，发现用有偏的随机游走（分形布朗运动）能够更好地描述水库的长期贮存能力，并在此基础上提出了用重标极差（R/S）分析方法来建立 Hurst 指数，作为判断时间序列数据遵从随机游走还是有偏的随机游走过程的指标。

Hurst 指数有三种形式：

① 如果 $H=0.5$，表明时间序列可以用随机游走来描述；

② 如果 $0.5<H\leqslant 1$，表明黑噪声（持续性），即暗示长期记忆的时间序列；

③ 如果 $0\leqslant H<0.5$，表明粉红噪声（反持续性），即均值回复过程。

也就是说，只要 $H\neq 0.5$，就可以用有偏的布朗运动（分形布朗运动）来描述该时间序列数据。

Mandelbrot 在 1972 年首次将 R/S 分析应用于美国证券市场，分析股票收益的变化，Peters 把这种方法作为其分形市场假说最重要的研究工具进行了详细的讨论和发展，并做了很多实证研究。经典的金融理论一般认为股票市场是有效的，已有的信息已经充分在股价上得到了反映，无法帮助预测未来走势，下一时刻的变动独立于历史价格变动。因此股市变化没有记忆。实际上中国股市并非完全有效，在一定程度上表现出长期记忆性（Long TermMemory）。中国股市的牛熊交替（2001—2008），伴随着对股市趋势的记忆的加强和减弱的轮换，分形理论中的重标极差法导出的 Hurst 指数可以反映股市的长期记忆性的强弱。用移动时间区间的 Hurst 指数来对照股指的变化，可以分析 Hurst 指数的高低与市场指数走势的关系。赫斯特指数预测股票市值走势的三种形式：

① 如果 $H=0.5$，表明时间序列可以用随机游走来描述。股市未来方向（上涨或者下跌）无法确定，市场处于震荡行情中。

② 如果 $0.5<H\leqslant 1$，表明黑噪声（持续性），即暗示长期记忆的时间序列。股市将保持原

有方向，若时间周期序列长度为 120，当最近半年市场上涨（横盘、下跌），则市场很可能将继续上涨（横盘、下跌），H 值越大市场保持原有趋势的惯性越大。

③ 如果 $0 \leqslant H < 0.5$，表明粉红噪声（反持续性），即均值回复过程。股市将改变原有方向，若时间周期序列长度为 120，当最近半年市场上涨（横盘、下跌），则市场很可能将继续下跌或者横盘（上涨或下跌、横盘或上涨），H 值越小市场改变原有趋势的可能性越大。

中国的证券市场随着金融产品丰富、监管效率的提高，未来的中国证券市场的有效性将越来越高。

16.2　R/S 方法计算 Hurst 指数

R/S 分析方法的基本内容是：对于一个时间序列（例如指数的价格序列）$\{x_t\}$，把它分为 A 个长度为 n 的等长子区间，对于每一个子区间，比如第 a 个子区间（$a=1,2,\cdots,A$），若时间序列长度为 240，$A=[4,6,\cdots]$，$n=[60,40,\cdots]$等。假设

$$X_{t,a} = \sum_{u=1}^{t}(x_{u,a} - M_a) \qquad t = 1,2,\cdots,n$$

式中：M_a 为第 a 个区间内 $x_{u,a}$ 的平均值。$X_{t,a}$ 为第 a 个区间内第 t 个元素的累计离差，令极差

$$R_a = \max(X_{t,a}) - \min(X_{t,a})$$

若以 S_a 表示第 a 个区间的样本标准差，则可定义重标极差 R_a/S_a，把所有 A 个这样的重标极差平均计算得到均值

$$(R/S)_n = \frac{1}{A}\sum_{a=1}^{A} R_a/S_a$$

而子区间长度 n 是可变的，不同的分段情况对应着不同的 $(R/S)_n$，Hurst 通过对尼罗河水文数据长时间的实践总结，建立了如下关系：

$$(R/S)_n = Kn^H$$

式中 K 为常数，H 即为相应的 Hurst 指数。将上式两边取对数得到

$$\log(R/S)_n = \log K + H\log n$$

因此对 $\log n$ 和 $\log(R/S)_n$ 进行最小二乘法回归分析便可以计算出 H 的近似值。

注：在 MATLAB 中，log 与 ln 等价。

16.3　移动平均 Hurst 指数计算程序

16.3.1　时间序列分段

子区间长度 n 是可变的，如果回归分析需要将时间序列进行分段，例如若时间序列长度为 240，则其可以分解成 4 段长度为 60 的等长子区间，或者 6 段长度为 40 的等长子区间……

时间序列分段函数（除因子 2 外，例如 240 分为 2 与 120 或者 120 与 2，因数据段数太少或者子区间长度太短将影响回归效果）语法如下：

[FactorMatrix,FactorNum]=HurstFactorization(x)

输入参数：

➤ x:时间序列长度。

输出参数:

➤ FactorMatrix:时间序列分段方案;

➤ FactorNum:时间序列分段方案数量。

M 文件 HurstFactorization. m 如下:

```
function  [FactorMatrix,FactorNum] = HurstFactorization(x)
 % hurstFactorization
 % code by ariszheng@gmail.com
 % 2008 - 10 - 07
 % 因子分解, 以 4 开始以 X/4 结束
 % floor 函数表示四舍五入
N = floor(x/4);
 % 方案数量初始为 0
FactorNum = 0;
 % 因子分解, 以 4 开始以 X/4 结束
for i = 4:N
     % i 可以被 x 整除,即得到一组分解方案
     if mod(x,i) == 0
        % 方案数量 + 1
         FactorNum = FactorNum + 1;
          % 将可行方案存储到 FactorMatrix 中
         FactorMatrix(FactorNum,:) = [i,x/i];
     end
end
```

函数测试 240 共有 14 个分段方案:

```
 >> X = 240
 % 调用 HurstFactorization 函数
 >> [FactorMatrix,FactorNum] = HurstFactorization(x)
 % 分解方案序列
FactorMatrix =
      4    60
      5    48
      6    40
      8    30
     10    24
     12    20
     15    16
     16    15
     20    12
     24    10
     30     8
     40     6
     48     5
```

```
   60      4
FactorNum =
14
```

16.3.2　Hurst 指数计算

时间序列 Hurst 指数计算函数语法如下：

HurstExponent＝HurstCompute(Xtimes)

输入参数：

➢ Xtimes：时间序列数据。

输出参数：

➢ HurstExponent：为二元向量，第一元素为时间序列的 Hurst 指数，第二元素为回归分析常数项。

注：回归模型 $\log((R/S)_n) = \log(K) + H\log(n)$。

M 文件 HurstCompute.m 如下：

```
function HurstExponent = HurstCompute(Xtimes)
 % HurstCompute
 % code by ariszheng@gmail.com
 % 2008 - 10 - 07
 % example HurstExponent = HurstCompute(rand(1,240))
 % 输入参数为 Xtimes
LengthX = length(Xtimes);
 % 进行因式分解
[FactorMatrix,FactorNum] = HurstFactorization(LengthX);
 % 定义 LogRS,为方便计算变量的初始一般为 0
LogRS = zeros(FactorNum,1);
 % 定义 LogN
LogN = zeros(FactorNum,1);
 % 分组计算
for i = 1:FactorNum
     % 根据因式分解方案,将数量进行分组
     % 例如 FactorMatrix(i,:) = [8     30]
     % 将 240 个元素的列向量,转换为 8X30 的矩阵
    dataM = reshape(Xtimes,FactorMatrix(i,:));
     % 计算矩阵每列的均值
    MeanM = mean(dataM);
```

%执行 $X_{t,a} = \sum_{u=1}^{t}(X_{u,a} - M_a) \qquad t = 1,2,\cdots,n$

```
    SubM  = dataM  -  repmat( MeanM,FactorMatrix(i,1),1) ;
    RVector = zeros(FactorMatrix(i,2),1);
    SVector = zeros(FactorMatrix(i,2),1);
   % 计算(R/S)n 的累加
    for j = 1:FactorMatrix(i,2)
```

```
        % SubVector = zeros(FactorMatrix(i,1),1);
        SubVector = cumsum( SubM(:,j));
        RVector(j) = max(SubVector) - min(SubVector);
        SVector(j) = std( dataM(:,j) );
    End
    % 分别计算 LogRS、LogN
    LogRS(i) = log( sum( RVector./SVector)/ FactorMatrix(i,2) );
    LogN(i) = log( FactorMatrix(i,1) );
end
% 使用最小二乘法进行回归,计算赫斯特指数 HurstExponent
HurstExponent = polyfit(LogN,LogRS,1);
```

函数测试的M文件test HurstCompute.m如下测试方法生成一组布朗运动序列,计算布朗运动序列对数序列的Hurst指数,共测试10次:

```
% test HurstCompute
% 测试 10 次
testNum = 10;
% 并将结果存储在 result 中
result  = zeros(testNum,2);
for i = 1:testNum
    n = 120 * i;
    dt = 1;
    % 生存长度不同的布朗运动序列
    y = cumsum(dt^0.5. * randn(1,n)); %  standard Brownian motion
    % 计算每组序列的 Hurst 值
    result(i,:) = HurstCompute(log(y));
end
% 画图
plot(1:testNum,result(:,1),'*')
```

测试结果图像如图16.1所示。

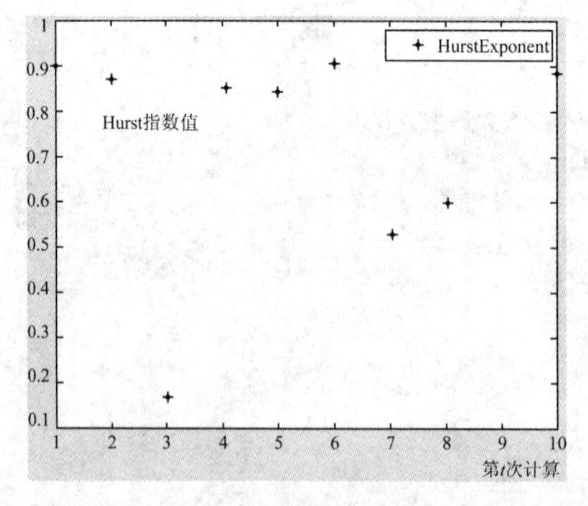

图16.1 Hurst指数计算测试结果图

结果说明:图16.1横轴表示1～10共10次计算测试,纵轴表示每次测试计算出的Hurst指数值。

16.3.3 移动平均 Hurst 指数计算

使用上证指数 1991-9-9 至 2008-10-8 上证综指时间序列数据，计算其给定移动平均长度的 Hurst 指数。编写 MoveHurst.m 函数，其中 cyclength 为计算周期，用户可根据需求进行修改。

例如计算 120 个交易日的 Husrt 指数，使用的数据为[$t-119$,t]的价格数据，移动平均的意思为根据 t 的向前移动，计算指数的数据为[$t-119$,t]的价格数据，同时根据 t 进行移动。

代码如下：

```
 % MoveHurst
 % code by ariszheng  2011-5-3
 % 读取数据
[Prices, dates] = xlsread('shindex.xls');
 % 数据长度
DataLength = length(Prices);
cyclength = 120;   % 计算周期
 % 数据长度是否大于计算周期,若只有 100 个数据
 % 不可能计算出 120 计算周期的 Hurst 指数的
if cyclength > DataLength
    plot(1:100,1:100,'r * ',1:100,100: - 1:1,'ro');
    text(10,50,'Number of data must biger than Cycle Length','FontSize',28);
else
    plot(1:0.1:10,sin(1:0.1:10),'r * ',1:0.1:10, - sin(1:0.1:10),'ro');
    logData = log(Prices);
     % 将价格数据转换为对数数据
    logData = logData(DataLength: - 1:1);
     % 计算价格的对数数据对应的每日收益率
    IndexReturn = [0;logData(2:DataLength) - logData(1:DataLength - 1)];
    hurstE = zeros(DataLength,1);
    hurstE(1:cyclength - 1) = NaN; % 前 cyclength - 1 个日的 Hurst 指数为 NaN
     % 计算移动的 hurst 指数
    for i = 1:( DataLength - cyclength + 1 )
        HurstExponent = HurstCompute(  IndexReturn (i:i + cyclength - 1) );
        hurstE(cyclength + i - 1) = HurstExponent(1);
    end
  % 将数据转换为时间序列,进行时间序列数据的画图
    fts  =  fints (dates, [ hurstE (DataLength: - 1: 1)  logData  (DataLength:  - 1  : 1)],
            {'HurstExponent','logIndex'});
   chartfts(fts);
end
```

为了使计算操作简易化，使用 MATLAB 的 GUI 方法编写用户使用界面，如图 16.2 所示。

使用方法将时间序列放在 Excel 文件中，如附带文件中 shindex.xls 的格式，时间序列使用时间格式"1991-9-9"，数据使用数值格式"189.24"。

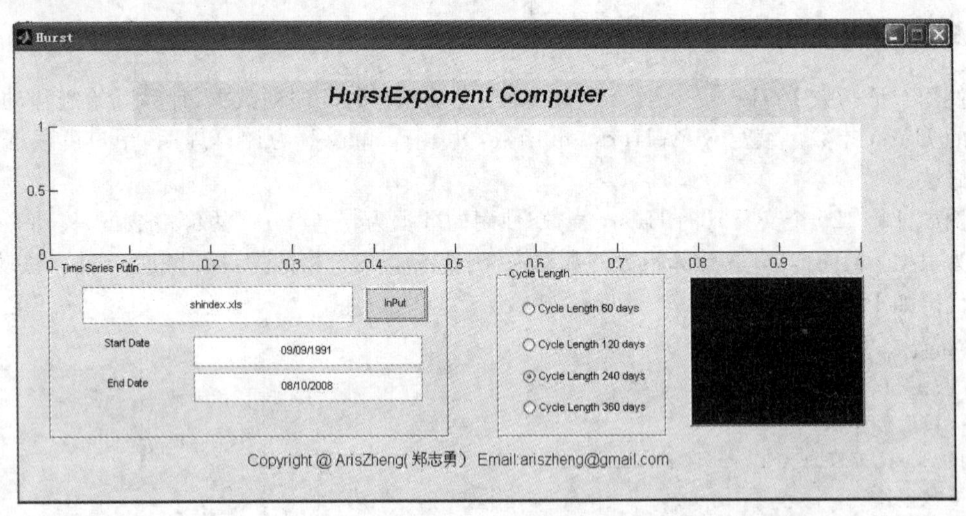

图 16.2　Hurst 指数计算 GUI 界面

注意: Excel 文件中数据无需标题行,请不要在文件中出现汉字,MATLAB 在读取时候可能会不识别汉字。

使用方法如图 16.3 所示。

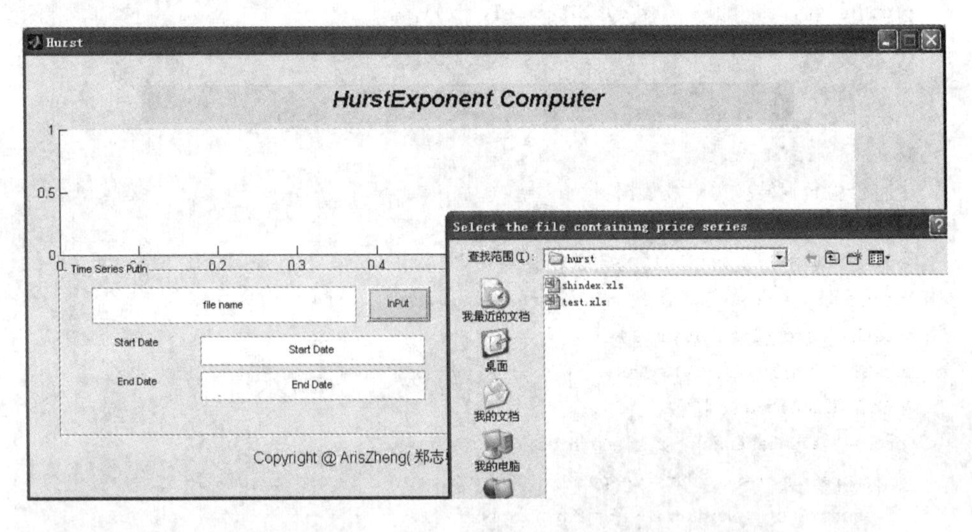

图 16.3　Hurst 指数计算使用方法

选择移动平均长度为 240,计算出的移动平均 Hurst 指数结果如图 16.4 所示。

结果说明:如图 16.4 所示,在市场早期,1991—1995 年上证综指快速上涨走势,Hurst 指数保持在 0.78 左右高位,在 2007 年 10 月市场反转时刻,Hurst 基本保持在 0.6 历史低位水平。以上仅从图像比较分析,关于 Hurst 指数预测正确率的问题不再详细介绍。为了大家更直观理解 Hurst 指数,下面截取了券商研究报告中的图像(如图 16.5 所示),仅供参考。

注:相关文件在附带程序文件"\chapter6\hurst"文件目录下由相关 GUI 程序提供。由于 GUI 实现涉及 MATLAB 的 GUI 编程以及 MATLAB 读取 Excel 文件数据的函数使用方法,这里不再详细讲解。如有兴趣请参考 MATLAB gui 编程相关书籍。

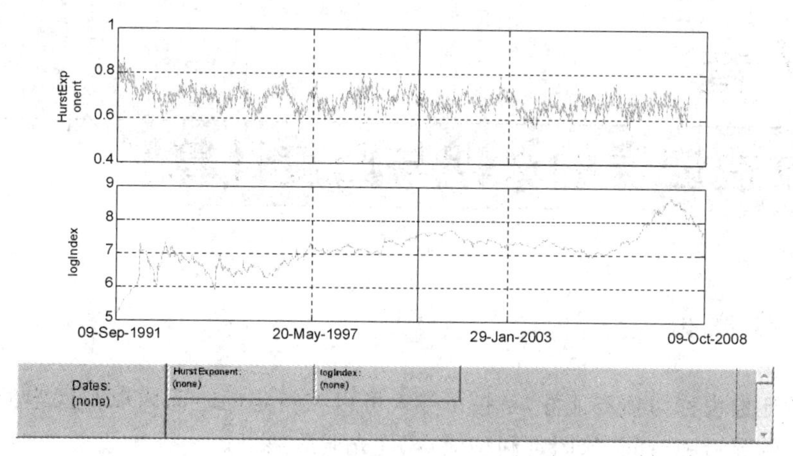

图 16.4　Hurst 指数计算结果

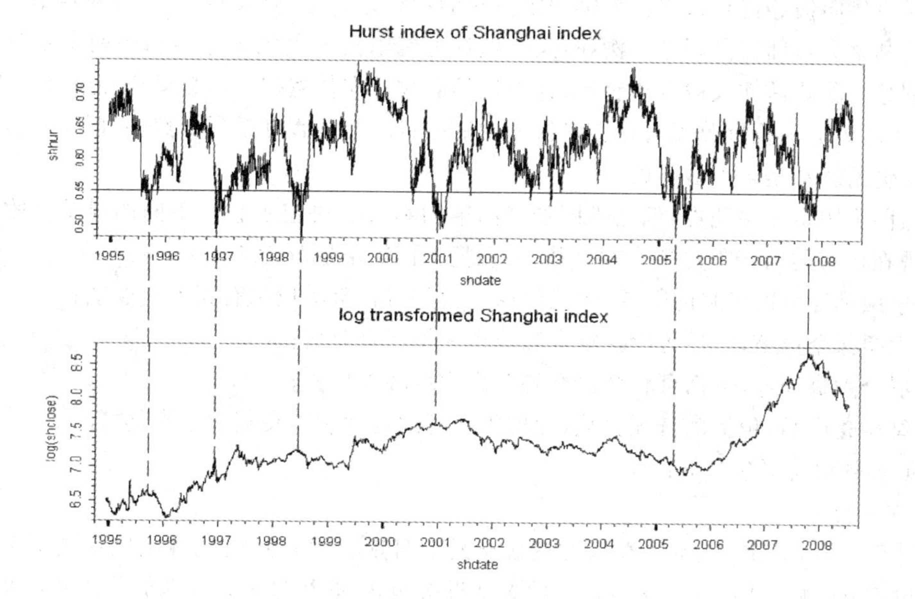

图 16.5　Hurst 指数与上证综指关系图

第 17 章

固定收益证券的久期与凸度计算

17.1 基本概念

固定收益证券也称为债务证券,是指持券人可以在特定的时间内取得固定的收益并预先知道取得收益的数量和时间,如固定利率债券、优先股股票等。

固定收益证券能提供固定数额或根据固定公式计算出的现金流。例如,公司债券的发行人将承诺每年向债券持有人支付一笔固定数额的利息。其他所谓的浮动收益债券则承诺以当时的市场利率为基础支付利息。例如,某一债券可能以高于美国国库券利率两个百分点的利率支付利息。除非借款人被宣布破产,这类证券的收益支付将按一定数额或一定公式进行,因此,固定收益证券的投资收益与债券发行人的财务状况相关程度最低。然而,固定收益证券的期限及支付条款却是多种多样的。

虽然同为固定收益证券,但是不同的产品结构和属性决定了它们不同的风险和收益。按照我国现在已有的固定收益证券的品种,可以把他们简单地分为 4 类:

① 信用风险可以忽略的债券,包括国债、央行票据、金融债和有担保企业债;

② 无担保企业债,包括短期融资券和普通无担保企业债;

③ 混合融资证券,包括可转换债券和分离型可转换债券;

④ 结构化产品,包括信贷证券化,专项资产管理计划和不良贷款证券化。

固定收益相关概念如下:

1. 交易日

交易日(trade date)就是买卖双方达成交易的日期。但实际情况可能比这更复杂。如果是通过拍卖方式购入的证券,交易日是拍卖结果被确认、购买者被告知他们分摊数量及价格的日期;如果固定收益证券由一承购集团成员所购买,交易日与牵头者最终将承销证券分配给成员的日期一致。

2. 结算日

结算日(settlement date)指买入方支付价格和卖出方交割证券的日期。美国国债交割日为交易之后第一个营业日(T+1)。交割日也可以由交易者之间商定,如果交割日刚好支付利息,则债券当天出售者获得当天的利息支付,而债券的购买者获得其余款项。有时通过 Fed Wine 机构交割证券,交易日即为交割日。

3. 到期日

到期日(maturity)指固定收益证券债务合约终止的日期。到期日发行人应还清所有本息。很多固定收益证券如定期存款、短期国库券、商业票据、再回见协议、外汇掉期、零息票债券等,只有一个到期日,日期计算都以这个到期日为基准。

4. 本金

本金(principal)有时称面值(par value),是指固定收益票面金额。一般情况下,债券的面值为 100 元。

5. 票面利率

票面利率(Coupon rate)即发行人支付给持有人的利息,有时也称名义利率(nominal rate)。票面利率一般指按照单利计算的年利息率,利息支付的频率不同,实际利率当然就不同。

6. 月末法则

月末法则(end of month ruler)指当债券到期日在某月的最后一天,如果该月天数小于 30 天,这时有两种情况:

① 到期日在每月固定日期支付;

② 票息在每月的最后一天支付。

MATLAB 默认的是第②种情况。

比如:2011 年 2 月 28 日,半年付息制,下一次发息日可能是 2011 年 8 月 28 日,也可能是 2011 年 8 月 31 日,如果不用月末法则就是前者,如果用月末法则就是后者。

7. 起息日到交割日的天数

起息日到交割日的天数(Days from Coupon to Settlement,DCS)是指从计息日(含)到交割日(不含)之间的天数。

注意:付息日作为下一个利息期限的第一天而不计入 DCS。

8. 交割日距离到期日的天数

交割日距离到期日的天数(Days from Settlement to Maturity,DSM):其一般规则是包括交割日而不包括到期日。这样买方有动力尽早交易,获得当天收益;卖方在交割当天就获得资金的使用权。

截至 2011 年 12 月 31 日,国内债券市场存量规模已达 21.33 万亿元,各类债券品种发展迅速。表 17.1 列出了国内各类固定收益产品的市场容量情况。

表 17.1　国内债券市场情况一览

类　别	债券数量/只	债券数量比重/%	票面总额/亿元	票面总额比重/%
国债	155	4.62	64 233.45	30.11
地方政府债	76	2.27	6 000.00	2.81
央行票据	82	2.44	19 430.00	9.11
金融债	490	14.61	71 470.46	33.51
政策银行债	316	9.42	61 376.66	28.77
商业银行债	24	0.72	861.50	0.40
商业银行次级债	125	3.73	8 760.30	4.11
保险公司债	4	0.12	40.00	0.02
证券公司债	1	0.03	15.00	0.01
其他金融机构债	20	0.60	417.00	0.20
企业债	793	23.64	13 093.65	6.14
一般企业债	786	23.43	13 065.49	6.13

续表 17.1

类　别	债券数量/只	债券数量比重/%	票面总额/亿元	票面总额比重/%
集合企业债	7	0.21	28.16	0.01
公司债	165	4.92	2 813.60	1.32
中期票据	858	25.58	19 995.10	9.37
一般中期票据	821	24.48	19 887.70	9.32
集合票据	37	1.10	107.40	0.05
短期融资券	602	17.95	8 311.30	3.90
一般短期融资	596	17.77	7 861.30	3.69
超短期融资债	6	0.18	450.00	0.21
国际机构债	7	0.21	100.00	0.05
政府支持机构债	52	1.55	5 810.00	2.72
资产支持证券	16	0.48	12.27	0.01
可转债	39	1.16	1 163.19	0.55
可分离转债存债	19	0.57	871.15	0.41
合　计	3 354	100.00	213 304.17	100.00

数据截至2011年12月31日,数据来源:WIND资讯。

17.2 价格与收益率的计算

17.2.1 计算公式

1. 一次还本付息债券的定价公式

债券的价格等于来自债券的预期货币收入按某个利率贴现的现值。在确定债券价格时,需要估计预期货币收入和投资者要求的适当收益率(称必要收益率)。对于一次还本付息的债券来说,其预期货币收入是期末一次性支付的利息和本金,必要收益率可参照可比债券得出。如果一次还本付息债券按复利计息、按复利贴现,其价格决定公式为

$$P=\frac{M(1+i)^n}{(1+r)^n}$$

式中:P为债券的价格;M为票面价值;i为每期利率;n为剩余时期数;r为必要收益率。

贴现债券也是一次还本付息债券,只不过利息支付是以债券贴现发行并到期按面值偿还的方式,于债券发行时发生。所以可把面值视为贴现债券到期的本息和。参照上述一次还本付息债券的估价公式可计算出贴现债券的价格。

2. 附息债券的定价公式

对于按期付息的债券来说,其预期货币收入有两个来源:到期日前定期支付的息票利息和票面额。其必要收益率也可参照可比债券确定。为清楚起见,下面分别以一年付息一次和半年付息一次的附息债券为例,说明附息债券的定价公式。对于一年付息一次的债券来说,按复利贴现的价格决定公式为

$$P=\frac{C}{1+r}+\frac{C}{(1+r)^2}+\cdots+\frac{C}{(1+r)^n}+\frac{M}{(1+r)^n}=\sum_{t=1}^{n}\frac{C}{(1+r)^t}+\frac{M}{(1+r)^n}$$

式中：P 为债券的价格；C 为每年支付的利息；M 为票面价值；n 为所余年数；r 为必要收益率；t 为第 t 次。

对于半年付息一次的债券来说，由于每年会收到两次利息支付，因此，在计算其价格时，要对公式进行修改。第一，贴现利率采用半年利率，通常是将给定的年利率除以 2；第二，到期前剩余的时期数以半年为单位予以计算，通常是将以年为单位计算的剩余时期数乘以 2。于是得到半年付息一次的附息债券按复利贴现的定价公式为

$$P = \sum_{t=1}^{n} \frac{C}{(1+r)^t} + \frac{M}{(1+r)^n}$$

其按单利贴现的定价公式为

$$P = \sum_{t=1}^{n} \frac{C}{1+r \cdot t} + \frac{M}{1+n \cdot r}$$

式中：C 为半年支付的利息；n 为剩余年数乘以 2；r 为半年必要收益率；P 为债券的价格；M 为票面价值。

3. 期收益率

一般地讲，债券收益率有多种形式，以下仅简要介绍债券的内部到期收益率的计算。内部到期收益率在投资学中被定义为把未来的投资收益折算成现值使之成为购买价格或初始投资额的贴现率。对于一年付息一次的债券来说，可用下列公式得出到期收益率。

$$P = \frac{C}{1+Y} + \frac{C}{(1+Y)^2} + \cdots + \frac{C}{(1+Y)^n} + \frac{F}{(1+Y)^n}$$

式中：P 为债券价格；C 为每年利息收益；F 为到期价值；n 为时期数(年数)；Y 为到期收益率。

当已知 P、C、F 和 n 的值并代入上式，在计算机上用数值算法便可算出 Y 的数值解。

17.2.2 债券定价计算

1. bndprice 函数

MATLAB 的 Financial Toolbox 提供计算债券价格的 bndprice 函数。

函数语法：

```
[Price,AccruedInt]=bndprice(Yield,CouponRate,Settle,Maturity,Period,Basis,
                    EndMonthRule,IssueDate,FirstCouponDate,
                    LastCouponDate,StartDate,Face)
```

输入参数：

- Yield：半年为基础的到期收益。
- CouponRate：分红利率。
- Settle：结算日期，时间向量或字符串，必须小于等于到期日。
- Maturity：到期日，日期向量。
- Period：(选择项)，年分红次数，默认值 2，可为 0、1、2、3、4、6、12。
- Basis：(选择项)，债券的天数计算法。默认值为 0(实际值/实际值)，具体如下：

0 actual/actual；	1 30/360 (SIA)；	2 actual/360；
3 actual/365；	4 30/360 (PSA)；	5 30/360 (ISDA)；
6 30/360 (European)；	7 actual/365 (Japanese)；	8 actual/actual (ISMA)；

9 actual/360 (ISMA)； 10 actual/365 (ISMA)； 11 30/360E (ISMA)；
12 actual/365 (ISDA)； 13 BUS/252。

➤ EndMonthRule：(可选项)月末规则，应用在到期日是在小于等于 30 天的月份。0 代表债券的红利发放日总是固定的一天，默认 1 代表是在实际的每个月末。
➤ IssueDate：(可选项)发行日期。
➤ FirstCouponDate：(可选项)第一次分红日。当 FirstCouponDate 和 LastCouponDate 同时出现时，FirstCouponDate 优先决定红利发放结构。
➤ LastCouponDate：(可选项)到期日的最后一次红利发放日。当 FirstCouponDate 没标明时，LastCouponDate 决定红利发放结构。红利发放结构无论 LastCouponDate 是何时，都以其为准，并且紧接着债权到期日。
➤ StartDate：(可选项)债权实际起始日(现金流起始日)。当预计未来的工具时，用它标明未来的日期，如果没有特别说明 StartDate，起始日是 settlement date。
➤ Face：(面值)默认值是 100 元。

输出参数：

➤ Price：价格(净价)，全价＝净价＋结算日利息。
➤ AccruedInt：结算日的利息。

注：① 上面所有的参数必须是 1 * NUMBONDS(所要计算的债券数量)或是 NUMBONDS * 1 的向量。本函数表明给定日期和半年收益后，计算价格和利息。

② 净价只反映本金市值的变化，利息按票面利率以天计算，债券持有人享有持有期的利息收入。而实际买卖价格和结算交割价格为全价。银行间债券市场已于 2001 年 7 月开始实行净价交易，沪深交易所市场也于 2002 年开始实行净价交易。

$$净价 = 全价 - 应付利息$$

$$全价 = 净价 + 应付利息$$

$$应计利息额 = 票面利率 \div 365 天 \times 已计息天数$$

在净价交易条件下，由于交易价格不含有应计利息，其价格形成及变动能够更加准确地体现债券的内在价值、供求关系及利率的变动趋势。通过净价交易，有利于投资者对于市场利率走势和债券交易决策做出更为理性的判断。

例 17.1 三种固定收益证券，到期利率分别为 4%、5%、6%，票面利率为 5%，结算日(或交割日)为 1997 年 1 月 20 日，到期日为 2002 年 6 月 15 日，每年付息 2 次(6 月底与 12 月底)，计息方式为实际值/实际值，分别计算三种证券的价格及结算日的利息。

代码如下：

```
%三种债券的到期收益率
Yield = [0.04;0.05;0.06];
%表面利率都为 5 %
CouponRate = 0.05;
%交割日为 1997 - 1 - 20
Settle = '20 - Jan - 1997'
%到期日为 2002 - 6 - 15
Maturity = '15 - Jun - 2002'
```

```
%利息分配为一年两次
Period = 2;
%计息方式为(实际值/实际值)
Basis = 0;
%调用 bndprice 函数
[Price,AccruedInt] = bndprice(Yield,CouponRate,Settle,Maturity,Period,Basis)
```

计算结果如下：

```
Price =
  104.8106
   99.9951
   95.4384
AccruedInt =
    0.4945
    0.4945
    0.4945
```

注:在债券计算时,使用的时间都为字符格式。MATLAB 在计算时,将日期转变为数值格式,并计算两个日期间的天数。上述的计算结果为理论价格,可以帮助投资者衡量债券价格的偏离情况。

```
>> %交割日为 1997-1-20
Settle = '20-Jan-1997'
%到期日为 2002-6-15
Maturity = '15-Jun-2002'
%将日期转换为数值格式,即 '20-Jan-1997' 到 '00-00-0000' 之间的天数
>> A = datenum(Settle)
A =
      729410
%将日期转换为数值格式,即 '15-Jun-2002' 到 '00-00-0000' 之间的天数
>> B = datenum(Maturity)
B =
      731382
'20-Jan-1997' 与 '15-Jun-2002' 之间的天数
>> B-A
ans =
        1972
```

2. prdisc 函数

MATLAB 的 Financial Toolbox 提供计算折价债券价格的 prdisc 函数。

函数语法：

Price=prdisc(Settle,Maturity,Face,Discount,Basis)

输入参数

- Settle:作为序列时间号或日期串进入,必须早于或等于到期日；
- Maturity:作为日期串进入；

➤ Face:票面价值;

➤ Discount:债券的银行折现率,是分数;

➤ Basis:计算日期的基础。

输出参数:

➤ Price:价格(净价)。

注:本函数返回债券的价格,它的收益率是银行要求的折现率。

例 17.2 固定收益证券,折旧率为 8.7%,结算日(或交割日)为 1997 年 1 月 20 日,到期日为 2002 年 6 月 15 日,每年付息 2 次(6 月底与 12 月底),计息方式为实际值/实际值,计算证券的价格。

代码如下:

```
%交割日为 1997 - 1 - 20
Settle = '20 - Jan - 1997'
%到期日为 2002 - 6 - 15
Maturity = '15 - Jun - 2002'
%利息分配为一年两次
Period = 2;
%计息方式为(实际值/实际值)
Basis = 0;
%票面价格
Face = 100;
%折价率
Discount = 8.7/100;
%调用 prdics 函数
price = prdisc(Settle,Maturity,Face,Discount,Basis)
```

计算结果为:

```
price =
   52.9962
```

17.2.3 债券收益率计算

MATLAB 的 Financial Toolbox 提供固定利率债券的到期收益率的 bndyield 函数,函数语法为:

Yield=bndyield(Price,CouponRate,Settle,Maturity,Period,Basis,EndMonthRule,
IssueDate,FirstCouponDate,LastCouponDate,StartDate,Face)

输入参数:

➤ Price:债券净价,全价=净价+结算利息。

➤ CouponRate:分红利率或票面利率。

➤ Settle:结算日期。时间向量或字符串,必须小于等于到期日。

➤ Maturity:到期日,日期向量。

➤ Period:(选择项)年分红次数,默认值 2,可为 0、1、2、3、4、6、12。

➤ Basis:(选择项)债券的天数计算法。默认值为 0(实际值/实际值),可为 1(30/360)、

2(实际值/360)、3(实际值/365)。

- EndMonthRule:(可选项)月末规则,应用在到期日实际小于等于 30 天的月份。0 代表债券的红利发放日总是固定的一天,默认 1 代表是在实际的每个月末。
- IssueDate :(可选项)债券发行日期。
- FirstCouponDate:(可选项)第一次分红日。当 FirstCouponDate 和 LastCouponDate 同时出现时,FirstCouponDate 优先决定红利发放结构。
- LastCouponDate:(可选项)到期日的最后一次红利发放日。当 FirstCouponDate 没标明时,LastCuponDate 决定红利发放结构。红利发放结构无论 LastCouponDate 是何时,都以其为准,并且紧接着债权到期日。
- StartDate:(可选项)债权实际起始日(现金流起始日)。当预计未来的工具时,用它标明是个未来的日期,如果没有特别说明 StarDate,起始日是 settlement date。
- Face:(可选项)面值。默认值是 100 元。

输出参数:

- Yield:到期收益率。

注:上面所有的参数必须是 1 * NUMBONDS 或是 NUMBONDS * 1 的向量。本函数表明给定日期和半年收益后,计算价格和利息。

例 17.3　三种固定收益证券,净价分别为 104.810 6 元、99.995 1 元、95.438 4 元,票面利率为 5%,结算日(或交割日)为 1997 年 1 月 20 日,到期日为 2002 年 6 月 15 日,每年付息 2 次(6 月底与 12 月底),计息方式为实际值/实际值,分别计算三种证券的到期收益率。

```
 %表面利率都为 5%
CouponRate = 0.05;
 %交割日为 1997 - 1 - 20
Settle = '20 - Jan - 1997'
 %到期日为 2002 - 6 - 15
Maturity = '15 - Jun - 2002'
 %利息分配为一年两次
Period = 2;
 %计息方式为(实际值/实际值)
Basis = 0;
 %债券价格为(列向量)
Price = [104.8106;99.9951;95.4384]
 %调用 bndyield 函数
Yield = bndyield(Price,CouponRate,Settle,Maturity,Period,Basis)
```

计算结果如下:

```
Yield =
    0.0400
    0.0500
    0.0600
```

注:价格为 104.810 6 元、99.995 1 元、95.438 4 元,到期收益率为 4%、5%、6%,bndyield 计算结果与 bndprice 计算结果相互印证。

例 17.4 固定收益证券,票面利率为 5%,结算日(或交割日)为 1997 年 1 月 20 日,到期日为 2002 年 6 月 15 日,每年付息 2 次(6 月底与 12 月底),计息方式为实际值/实际值,计算到期收益率与净价的关系图。

代码如下:

```
%表面利率都为 5%
CouponRate = 0.05;
%交割日为 1997 - 1 - 20
Settle = '20 - Jan - 1997'
%到期日为 2002 - 6 - 15
Maturity = '15 - Jun - 2002'
%利息分配为一年两次
Period = 2;
%计息方式为(实际值/实际值)
Basis = 0;
%债券价格为(列向量)
%债券价格为 60 到 140,间隔为 0.1 元
Price = 60:0.1:140;
%行向量转为列向量
Price = Price';
%调用 bndyield 函数
Yield = bndyield(Price,CouponRate,Settle,Maturity,Period,Basis);
%画图
plot(Price,Yield,'. - ');
xlabel('Price')
ylabel('Yield')
title('FixIncome Price - Yield')
```

结果如图 17.1 所示。

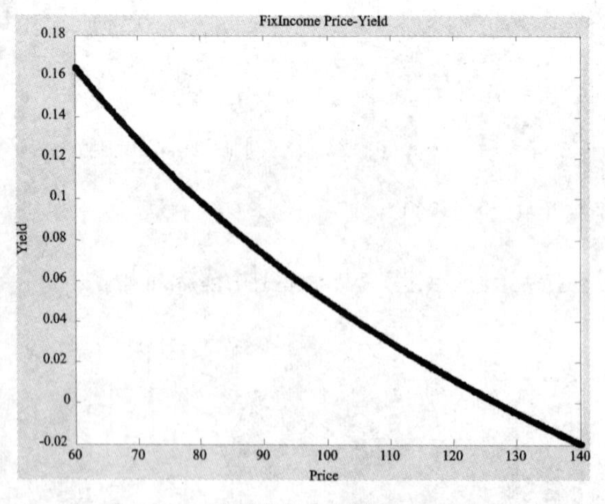

图 17.1 债券价格与到期收益率关系

注: 在其他条件一定的情况下,债券的价格与到期收益率的关系并非线形关系,但在固定价格附近为近似线形关系,可以用修正的麦考利估计价格与收益率的关系。

17.3 久期与凸度的计算

17.3.1 债券久期计算

久期的概念最早是麦考利(Macaulay)在1938年提出来的,所以又称麦考利久期(简记为D)。麦考利久期是使用加权平均数的形式计算债券的平均到期时间。它是债券在未来产生现金流的时间的加权平均,其权重是各期现金值在债券价格中所占的比重。

具体的计算将每次债券现金流的现值除以债券价格,得到每一期现金支付的权重,并将每一次现金流的时间同对应的权重相乘,最终合计出整个债券的久期。

$$D=\frac{\sum_{t=1}^{T}\mathrm{PV}(c_t)\times t}{B}=\sum_{t=1}^{T}\left[\frac{\mathrm{PV}(c_t)}{P_0}\times t\right]$$

式中:D是麦考利久期;B是债券当前的市场价格;$\mathrm{PV}(c_t)$是债券未来第t期现金流(利息或资本)的现值;T是债券的到期时间。需要指出的是在债券发行时以及发行后,都可以计算麦考利久期。计算发行时的麦考利久期,T(到期时间)等于债券的期限;计算发行后的麦考利久期,T(到期时间)小于债券的期限。

麦考利久期与债券价格的关系,对于给定的收益率变动幅度,麦考利久期越大,债券价格的波动幅度越大。

$$\frac{\Delta P}{P}\approx -D\times\frac{\Delta Y}{1+Y}$$

式中:P为债券价格;ΔP为债券价格变化;Y为到期收益率;ΔY为到期收益率变化;D为债券久期。

到期时间、息票率、到期收益率是决定债券价格的关键因素,与久期存在以下的关系:

① 零息票债券的久期等于它的到期时间;

② 到期日不变,债券的久期随息票据利率的降低而延长;

③ 息票据利率不变,债券的久期随到期时间的增加而增加;

④ 其他因素不变,债券的到期收益率较低时,息票债券的久期较长。

1. 根据价格计算久期

MATLAB的Financial Toolbox提供了给定债券期限与价格计算久期的bnddurp函数。

函数语法:

[ModDuration, YearDuration, PerDuration] = bnddurp(Price, CouponRate, Settle, Maturity, Period, Basis, EndMonthRule, IssueDate, FirstCouponDate, LastCouponDate, StartDate, Face)

输入参数:

- Price:净价(相对全价,全价=净价+结算利息)。
- CouponRate:分红利率(票面利率)。
- Settle:结算日期。时间向量或字符串,必须小于等于到期日。
- Maturity:到期日,日期向量。
- Period:(选择项)年分红次数,默认值2,可为0、1、2、3、4、6、12。

➤ Basis:(选择项)债券的天数计算法。默认值为 0(实际值/实际值),可为 1(30/360)、2(实际值/360)、3(实际值/365)。

➤ EndMonthRule:(可选项)月末规则。应用在到期日实际小于等于 30 天的月份。0 代表债券的红利发放日总是固定的一天,默认 1 代表是在实际的每个月末。

➤ IssueDate:(可选项)债权发行日期。

➤ FirstCouponDate:(可选项)发行日期,第一次分红日。当 FirstCouponDate 和 LastCouponDate 同时出现时,FirstCouponDate 优先决定红利发放结构。

➤ LastCouponDate:(可选项)到期日的最后一次红利发放日。当 FirstCouponDate 没标明时,LastCouponDate 决定红利发放结构。红利发放结构无论 LastCouponDate 是何时,都以其为准,并且紧接着债权到期日。

➤ StartDate:(可选项)债权实际起始日(现金流起始日)。当预计未来的工具时,用它标明是个未来的日期,如果没有特别说明 StartDate,起始日是 settlement date。

➤ Face:(可选项)面值,默认值是 100 元。

输出参数:

➤ ModDuration:修正的麦考利久期。

➤ YearDuration:麦考利久期。

➤ PerDuration: periodic Macaulay duration。

例 17.5 三种固定收益证券,净价分别为 104.810 6 元、99.995 1 元、95.438 4 元,票面利率为 5%,结算日(或交割日)为 1997 年 1 月 20 日,到期日为 2002 年 6 月 15 日,每年付息 2 次(6 月底与 12 月底),计息方式为实际值/实际值,分别计算三种证券的久期。

代码如下:

```
%三种债券的价格(必须)列向量
Price = [104.8106;99.9951;95.4384];
%表面利率都为 5%
CouponRate = 0.05;
%交割日为 1997 - 1 - 20
Settle = '20 - Jan - 1997'
%到期日为 2002 - 6 - 15
Maturity = '15 - Jun - 2002'
%利息分配为一年两次
Period = 2;
%计息方式为(实际值/实际值)
Basis = 0;
%调用 bnddurp 函数
[ModDuration, YearDuration, PerDuration] = bnddurp(Price, CouponRate, Settle, Maturity, …
Period, Basis)
```

计算结果如下:

```
%修正的麦考利久期
ModDuration =
    4.7009
    4.6606
    4.6204
```

```
%麦考利久期
YearDuration =
    4.7949
    4.7771
    4.7590
PerDuration =
    9.5898
    9.5543
    9.5180
```

2. 根据收益率计算久期

MATLAB的 Financial Toolbox 提供了给定债券期限与收益率计算久期的 bnddury 函数。

函数语法：

[ModDuration,YearDuration,PerDuration]=bnddury(Yield,CouponRate,Settle,Maturity,Period,Basis,EndMonthRule,IssueDate,FirstCouponDate,LastCouponDate,StartDate,Face)

将 bnddury 函数中的 Price 参数修改为 Yield 即可。

例 17.6　三种固定收益证券，到期利率分别为 4%、5%、6%，票面利率为 5%，结算日(或交割日)为 1997 年 1 月 20 日，到期日为 2002 年 6 月 15 日，每年付息 2 次(6 月底与 12 月底)，计息方式为实际值/实际值，分别计算三种证券的久期。

代码如下：

```
%三种债券的到期收益率
Yield = [0.04;0.05;0.06];
%表面利率都为5%
CouponRate = 0.05;
%交割日为1997-1-20
Settle = '20-Jan-1997';
%到期日为2002-6-15
Maturity = '15-Jun-2002';
%利息分配为一年两次
Period = 2;
%计息方式为(实际值/实际值)
Basis = 0;
%调用bnddurp函数
[ModDuration, YearDuration, PerDuration] = bnddurp(Yield,CouponRate, Settle, ...
Maturity, Period, Basis)
```

计算结果如下：

```
ModDuration =
    0.0585
    0.0598
    0.0612
YearDuration =
```

```
      0.4718
      0.4734
      0.4750
  PerDuration =
      0.9437
      0.9469
      0.9501
```

17.3.2 债券凸度计算

凸度是指在某一到期收益率下,到期收益率发生变动而引起的价格变动幅度的变动程度。凸度是对债券价格曲线弯曲程度的一种度量。凸度的出现是为了弥补久期本身也会随着利率的变化而变化的不足。因为在利率变化比较大的情况下久期就不能完全描述债券价格对利率变动的敏感性。凸度越大,债券价格曲线弯曲程度越大,用修正久期度量债券的利率风险所产生的误差越大。

$$\frac{\mathrm{d}^2 p}{\mathrm{d}y^2} = \sum \frac{t(t+1)c_t}{(1+y)^{t+2}}$$

凸度的性质有:

① 凸度随久期的增加而增加。若收益率、久期不变,票面利率越大,凸度越大。利率下降时,凸度增加;

② 对于没有隐含期权的债券来说,凸度总大于0,即利率下降,债券价格将以加速度上升;当利率上升时,债券价格以减速度下降;

③ 含有隐含期权的债券的凸度一般为负,即价格随着利率的下降以减速度上升,或债券的有效持续期随利率的下降而缩短,随利率的上升而延长。因为利率下降时买入期权的可能性增加了。

1. 根据价格计算凸度

MATLAB 的 Financial Toolbox 提供了给定债券期限与价格计算凸度的 bndconvp 函数。

函数语法:

[YearConvexity,PerConvexity]=bndconvp(Price,CouponRate,Settle,Maturity,Period,Basis,EndMonthRule,IssueDate,FirstCouponDate,LastCouponDate,StarDate,Face)

输入参数:

- Price:净价(不包括利息)。
- CouponRate:分红利率。
- Settle:结算日期。时间向量或字符串,必须小于等于到期日。
- Maturity:到期日,日期向量。
- Period:(选择项)年分红次数,默认值 2,可为 0、1、2、3、4、6、12。
- Basis:(选择项)债券的天数计算法。默认值为 0(实际值/实际值),可为 1(30/360)、2(实际值/360)、3(实际值/365)。
- EndMonthRule:(可选项)月末规则。应用在到期日实际小于等于 30 天的月份。0 代表债券的红利发放日总是固定的一天,默认 1 代表是在实际的每个月末。
- IssueDate:(可选项)发行日期。

- FirstCouponDate:(可选项)第一次分红日。当 FirstCouponDate 和 LastCouponDate 同时出现时,FirstCouponDate 优先决定红利发放结构。
- LastCouponDate:(可选项)到期日的最后一次红利发放日。当 FirstCouponDate 没标明时,LastCouponDate 决定红利发放结构,红利发放结构无论 LastCouponDate 是何时,都以其为准,并且紧接着债权到期日。
- StartDate:(可选项)债权实际起始日(现金流起始日)。当预计未来的工具时,用它标明是个未来的日期,如果没有特别说明 StartDate,起始日是 settlement date。
- Face:(可选项)面值,默认值是 100 元。

输出参数:

- YearConvexity:债券凸度。
- PerConvexity: periodic Convexity。

注:当给定每一个债券的价格时,计算固定收益 NUMBONDS 的凸度,无论红利结构中的最先或最后的红利期长或短(即红利结构是否和到期日一致)。该函数也决定零收益债券的凸度。YearConvexity 按照年(PerConvexity 按照半年)计算,符合 SIA 的协议。所有的输出是 NUMBONDS×1 的向量。

例 17.7　三种固定收益证券,净价分别为 104.810 6 元、99.995 1 元、95.438 4 元,票面利率为 5%,结算日(或交割日)为 1997 年 1 月 20 日,到期日为 2002 年 6 月 15 日,每年付息 2 次(6 月底与 12 月底),计息方式为实际值/实际值,分别计算三种证券的凸度。

代码如下:

```
%三种债券的价格(必须)列向量
Price = [104.8106;99.9951;95.4384];
%表面利率都为5%
CouponRate = 0.05;
%交割日为1997-1-20
Settle = '20-Jan-1997';
%到期日为2002-6-15
Maturity = '15-Jun-2002';
%利息分配为一年两次
Period = 2;
%计息方式为(实际值/实际值)
Basis = 0;
%调用bndconvp函数
[YearConvexity, PerConvexity] = bndconvp(Price,CouponRate, Settle, ...
                                Maturity, Period, Basis)
```

计算结果如下:

```
YearConvexity =
   26.1227
   25.7461
   25.3730
PerConvexity =
```

```
    104.4909
    102.9844
    101.4919
```

2. 根据收益率计算凸度

MATLAB 的 Financial Toolbox 提供了给定债券期限与收益率计算凸度的 bndconvy 函数。

函数语法:

[YearConvexity,PerConvexity] = bndconvy(Yield,CouponRate,Settle,Maturity,Period,Basis,EndMonthRule,IssueDate,FirstCouponDate,LastCouponDate,StarDate,Face)

将 bndconvp 函数中的 Price 参数修改为 Yield 即可。

例 17.8 三种固定收益证券,到期利率分别为 4%、5%、6%,票面利率为 5%,结算日(或交割日)为 1997 年 1 月 20 日,到期日为 2002 年 6 月 15 日,每年付息 2 次(6 月底与 12 月底),计息方式为实际值/实际值,分别计算三种证券的凸度。

代码如下:

```
%三种债券的到期收益率
Yield = [0.04;0.05;0.06];
%表面利率都为5%
CouponRate = 0.05;
%交割日为1997-1-20
Settle = '20-Jan-1997';
%到期日为2002-6-15
Maturity = '15-Jun-2002';
%利息分配为一年两次
Period = 2;
%计息方式为(实际值/实际值)
Basis = 0;
%调用bndconvy函数
[YearConvexity, PerConvexity] = bndconvy(Yield,CouponRate, Settle,...
                                Maturity, Period, Basis)
```

结算结果如下:

```
YearConvexity =
    0.0077
    0.0080
    0.0084
PerConvexity =
    0.0307
    0.0321
    0.0336
```

17.4 债券组合久期免疫策略

如果市场利率的未来变动很难预测和把握,银行应当选择被动的证券组合管理,也就是使

得投资组合处于不受利率变化影响的“免疫”(immunization)状态。市场利率变化对银行的证券投资带来两种风险：利率风险和再投资风险，前者是利率升高导致证券价格下降的风险，后者恰恰相反，是利率降低使得从证券所收到的现金流必须以越来越低的利率再投资的风险。这两种风险恰好呈现反向运动，我们可以利用久期的概念来使投资组合获得免疫。

证券的久期是从现金流动的角度考虑证券投资的本金与利息的实际回收时间，它表现为投资者真正收到该投资所产生的所有现金流量的加权平均时间。如果我们使得单个证券或证券组合的久期等于银行计划持有该证券或证券组合的期间长度，银行的投资组合就获得了免疫性。

债券组合的久期计算公式为

$$\text{ProtfolioDury} = \sum_{k=1}^{n} W_k * \text{Dury}_k$$

Dury_k 为第 k 个债券的久期；W_k 为第 k 个债券市值占比权重。

债券组合凸度的计算公式

$$\text{ProtfolioConvp} = \sum_{k=1}^{n} W_k * \text{Convp}_k$$

Convp_k 为第 k 个债券的凸度；W_k 为第 k 个债券市值占比权重。

例 17.9　根据债券投资组合中债券基本信息，采用久期免疫策略构建组合久期为 4 年的债权组合，同时要求债券组合的凸度尽量小。债券信息如表 17.2 所列。

表 17.2　债券基本信息

债　券	净价/元	票面利率/%	到日期	付息模式	付息频率
1	98.04	5	2025/1/1	实际天/实际天	每年 2 次
2	100.05	6	2018/7/1	实际天/实际天	每年 2 次
3	101.3	6.20	2014/7/1	实际天/实际天	每年 2 次
4	95.6	4.50	2016/7/1	实际天/实际天	每年 2 次
5	103.6	6.30	2020/9/1	实际天/实际天	每年 2 次

① 根据基本信息计算每个债券的到期收益率、久期与凸度。

代码如下：

```
%债券的价格(必须)列向量
Price = [98.04;100.05;101.3;95.6;103.6];
%表面利率列向量
CouponRate = [0.05;0.06;0.062;4.50;6.30];
%交割日为 2012 - 5 - 29
Settle = '2012 - 5 - 29';
%到期日为
Maturity = ['2025 - 1 - 1';'2018 - 7 - 1';'2014 - 7 - 1';'2016 - 7 - 1';'2020 - 9 - 1'];
%利息分配为一年两次
Period = 2;
%计息方式为(实际值/实际值)
Basis = 0;
%调用 bnddurp 函数
```

```
[~, YearDuration, ~] = bnddurp(Price,...
CouponRate, Settle, Maturity, Period, Basis);
%调用 bndconvp 函数
[YearConvexity, ~] = bndconvp(Price,...
CouponRate, Settle, Maturity, Period, Basis)
%显示结果
[YearDuration,YearConvexity]
```

计算结果如下：

```
ans =
    9.2641  103.6602
    5.0680   29.7515
    1.9461    4.6949
    0.3471    0.0561
    0.4917    0.0668
```

计算结果列表如表 17.3 所列。

表 17.3 债券久期与凸度计算结果

债 券	净价/元	票面利率/%	到日期	付息模式	付息频率	久 期	凸 度
1	98.04	5	2025/1/1	实际天/实际天	每年 2 次	9.26	103.66
2	100.05	6	2018/7/1	实际天/实际天	每年 2 次	5.07	29.75
3	101.3	6.20	2014/7/1	实际天/实际天	每年 2 次	1.95	4.69
4	95.6	4.50	2016/7/1	实际天/实际天	每年 2 次	0.35	0.06
5	103.6	6.30	2020/9/1	实际天/实际天	每年 2 次	0.49	0.07

② 建立线形优化问题模型。

$$\text{Min ProtfolioConvp} = \sum_{k=1}^{n} W_k \times \text{Convp}_k$$

$$\text{s.t. ProtfolioDury} = \sum_{k=1}^{n} W_k \times \text{Dury}_k = 4$$

$$\sum_{k=1}^{n} W_k = 1$$

Dury_k 为第 k 个债券的久期；Convp_k 为第 k 个债券的凸度；W_k 为第 k 个债券市值占比权重。代码如下：

```
%%进行线性规划求解
%目标函数组合凸度最小,系数为每个债券的凸度
%YearConvexity 为列向量,'表示转置为行向量
f = YearConvexity';
%优化模型没有线性不等式约束
A = [];
b = [];
%优化模型等式约束,久期为 4 且系数和为 1
```

```
%Aeq 等式约束系数为 YearDuration 为列向量,'表示转置为行向量
%Aeq*x=beq
Aeq=[YearDuration';ones(1,5)];
beq=[4;1];
%变量上下界
lb=[0,0,0,0,0];
ub=[1,1,1,1,1];
%给定搜索初始向量
x0=[0;0;0;0;0];
%调用 linprog 求解线性规划
x = linprog(f,A,b,Aeq,beq,lb,ub,x0)
```

计算结果为：

```
Optimization terminated.

x =

    0.0000
    0.6579
    0.3421
    0.0000
    0.0000
```

计算结果列表如表 17.4 所列。

表 17.4　债券权重计算结果

债　券	净价/元	票面利率/%	到日期	付息模式	付息频率	久　期	凸　度	权　重
1	98.04	5	2025/1/1	实际天/实际天	每年 2 次	9.26	103.66	0.00%
2	100.05	6	2018/7/1	实际天/实际天	每年 2 次	5.07	29.75	65.79%
3	101.3	6.20	2014/7/1	实际天/实际天	每年 2 次	1.95	4.69	34.21%
4	95.6	4.50	2016/7/1	实际天/实际天	每年 2 次	0.35	0.06	0.00%
5	103.6	6.30	2020/9/1	实际天/实际天	每年 2 次	0.49	0.07	0.00%

第18章 利率期限结构与利率模型

18.1 利率理论与投资策略

18.1.1 利率的期限结构理论

由于存在着期限长短不同、种类多样、资金时间价值不等，从而使不同偿还期的债券所要求的收益率是不同的。利率的期限结构描述的是收益率的高低与时间的关系。可以用来解释利率的期限结构的理论有：合理预期理论、流动性偏好理论、市场分割理论与习惯偏好理论。

① 纯粹的合理预期理论。该理论认为金融市场的参与者决定证券的收益率，以至于持有 N 期债券的收益等于持有一年期债券 N 年所获得的收益。也就是说长期债券的利率实际上是对持有一系列短期债券利率的预期的平均值。而且作为债券持有者对短期债券或长期债券并无特别偏好，而几个类债券是完全可以替代的。

② 流动性偏好理论。该理论认为利率反映了短期利率与预期短期利率的总和，正如合理预期理论加上流动性风险溢价。因为随着时间的延长，不确定性会增加，投资者更偏爱短期债券，而融资者更偏爱长期债券，以确保资金的供应，投资者可以获得流动性补偿，从而借出长期资金。而投资于短期债券，则需要支付价格补偿，这种理论实际上是指长期债券获得较高的收益。

流动性偏好理论与合理预期理论的最大区别是利率的预期是不确定的，风险厌恶者将会因这种不确定性索要额外的补偿。远期利率与预期的远期利率是不一样的，他们因为流动性的补偿不同而不同。

③ 市场分割理论。这种理论认为不同的机构投资者，因为他们自己的投资偏好，从而拥有不同到期日的证券，正因为如此，才使他们局限于具体的不同的市场分割部门，为了把握出现的每个机会，投资者将不会转变他们所持有证券的类别。在市场分割理论中，收益率曲线的形状是由对多种类别证券的需求与供给力量对比实现的。

④ 习惯性偏好理论。与市场分割理论相似，但又不完全一致。在这种理论下，投资者有偏好证券类别或习惯，例如，一个拥有五年期大额可转让订单的机构，将不会愿意承受投资于一年期国库券的再投资利率风险。

18.1.2 利用利率结构投资策略

投资者在进行债券投资的过程中，需要面对很多复杂的因素。宏观上来说，投资者在投资于债券的时候不仅需要考虑本国的经济是处于经济周期的萧条期还是繁荣期，而且还要考虑国外的经济形势，因为在一个市场经济国家里，一国往往不是孤立存在，其经济政策以及经济发展会受到国外经济的影响。在本国投资者还要考虑本国政府机构的财政货币政策,以及本国央行的提高商业银行存款准备金率以及国家的加息政策。微观上来说,投资者投资于债券的时候需要考虑其他投资者的预期,因为收益率曲线的形状在很大程度上也受到人们预期的影响。

因此,投资者如果希望在其债券投资过程中实现投资收益最大化,就必须考虑各种宏观微观因素。但是,由于受这些众多因素影响所形成的收益率曲线最能反映这些因素,所以债券投资者有必要详细了解收益率曲线以及各种债券投资管理技巧,从而达到有效运用收益率曲线来进行债券投资管理,取得收益最大化。

有关债券投资管理策略主要有两大类:被动型债券投资管理策略和主动型债券投资管理策略。被动型债券投资管理策略是一种较为简单的债券投资方法,而主动型债券投资管理策略比较复杂。以下将分别对这两种投资方法进行较为简单的分析。

1. 被动投资策略

被动型债券投资管理技巧也可称为保守型投资策略,是一种依赖市场变化来保持平均收益的一种投资方法。其目的不在于获得超额收益,而是获取债息收益和本金。被动型债券投资策略一般有三种形式:购买持有策略、利率免疫策略和债券指数化策略。

2. 主动投资策略

主动型债券投资策略也可称为积极的债券投资策略,其含义主要是债券投资者根据其所知道的各种市场信息,来预测利率的变化,从而频繁买卖债券以获得最大限度的资本利得,来赚取超额收益的方法。要成功使用这种策略需要债券投资者有丰富的专业知识和敏感的市场嗅觉,通过正确预测利率变化来获得价差。运用这种策略的方法主要有:利率预测法、价值分析法和信用分析法。

① 利率预测法。利率预测法是一种主要用于国债投资的主动型投资策略。投资者通过主动预测市场利率的变化,采用抛售一种债券并购买另一种债券的方式来获得差价收益。这种投资策略着眼于债券市场价格变化所带来的资本损益,其关键在于能够准确预测市场利率的变化方向及幅度,从而能准确预测出债券价格的变化方向和幅度,并充分利用市场价格变化来取得差价收益。这种方法要求投资者具有丰富的投资知识及市场操作经验,并且要支付相对比较多的交易成本。

利率预测法的具体操作:投资者通过对利率的研究,获得有关未来一段时期内利率变化的预期,然后利用这种预期来调整其持有的债券,以期在利率按其预期变动时能够获得高于市场平均的收益率。因此,正确预测利率变化的方向及幅度是利率预测投资法的前提,而有效地调整所持有的债券,就成为利率预测投资法的主要手段。

利率预测法是风险性较大的一种投资方法,因为利率预测是一项非常复杂的工作。如前所述,利率作为宏观经济运行中的一个重要变量,其变化受到多方面因素的影响,并且这些影响因素对利率作用的方向、大小都很难判断。而一旦对利率变动方向的预测发生错误,投资者的损失将是巨大的。

② 价值分析法。价值分析法是指通过分析债券的内在价值,用以挑选债券。通过比较各种各样债券的持续期、收益率及是否为附息债券等因素,发现市场上同类债券中哪些是被市场低估的,哪些是被市场高估的,然后进行相应的投资。

③ 信用分析法。信用分析法主要是参考债券评级机构对债券的评级变化。一般来说,债

券的信用等级越高,其市场价格就越高,投资收益率就较低。如果投资者是风险厌恶者,则可以投资于信用级别高的债券,其代价是收益率较低;如果投资者偏向于获取较高的收益,则可以投资于级别低的债券,其代价是风险大。

18.2 利率期限结构

18.2.1 建立利率期限结构的方法

在固定收益定价的过程中,利率期限结构起着重要的作用,固定收益的计算中有很大一部分工作是如何构建一个完整并且合理的利率期限结构。

一般来说,由于市场上存在众多的固定收益证券,利率期限结构应当是众多点的一个拟合结果。但从计算过程上来讲,假设特定期限的利率只对应着一个固定收益证券会为计算带来方便,并且不会影响其核心的计算过程。

基于如上假设,利用市场的实际数据,通过举例计算生成利率期限结构。

例 18.1 国债市场交易示例数据如表 18.1 所列。

表 18.1 国债市场交易示例数据

本金/元	年份/年	息票率	价格/元
100	0.25	0.08	97.5
100	0.5	0.09	94.9
100	1	0.08	90
100	1.5	0.08	96
100	2	0.12	101.6

债券的计算采用连续计息方式。首先应当明确,对于前三个到期期限,除了到期本金支付,没有任何现金流。

步骤 1:求出 $T=0.25$ 时的收益率。

根据公式

$$\mathrm{PV} = \mathrm{FV} \times \mathrm{e}^{-rT}$$

对于第一个债券

$$97.50 = 100 \times \mathrm{e}^{-r_{0.25} \times 0.25}$$

因此,得到 $r_{0.25} = 0.101\,271\,23$

步骤 2:重复步骤 1 计算出第二个债券和第三个债券的到期收益率。

$$r_{0.5} = 0.104\,692\,96$$

$$r_1 = 0.105\,360\,52$$

对于以上三种债券,由于是贴现债券,所以得到的到期收益率就是零息债券贴现率,下面将计算 1.5 年期的零息债券利率。

步骤 3:$T=1.5$ 年期零息债券利率。

由于 1.5 年的债券,在 0.5 年和 1 年的时候,有相应的 4 元的现金流,所以 1.5 年的债券可以看做是由以下三个零息债券构成的：

➢ 0.5 年的 4 元零息债券；

➢ 1 年的 4 元零息债券；

➢ 1.5 年的 100+4 元零息债券。

对于前两个 4 元零息债券，应当用前面计算出来的零息债券到期收益率计算，后面的 1.5 年的零息债券到期收益率就是需要求出的。

根据公式

$$4 \times e^{r_{0.5} \times 0.5} + 4 \times e^{r_1 \times 1} + (100 + 4) \times e^{r_{1.5} \times 1.5}$$

代入相应的数据，得到

$$r_{1.5} = 0.106\,809\,32$$

同理可以得到

$$r_2 = 0.108\,080\,30$$

至此，得到了一个 0～2 年的利率期限结构(如图 18.1 所示)。

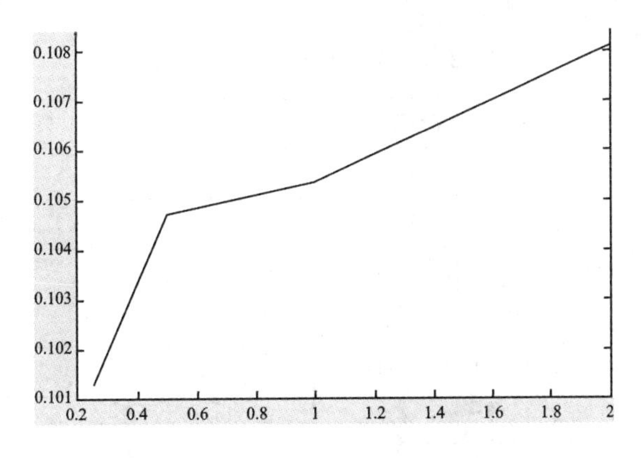

图 18.1　0～2 年利率期限结构

18.2.2　利率期限结构的计算

鉴于利率期限结构的重要性，MATLAB 的 Financial Toolbox 提供了两个函数，可以根据市场数据直接计算利率期限结构，分别为 zbtyield 和 zbtprice。zbtyield 根据到期收益率、息票率、结算日、到期日计算利率期限结构；zbtprice 根据价格、息票率、结算日、到期日计算利率期限结构。根据价格息票率、结算日和到期日可以得到到期收益率，因而两者是等价的。

1. zbtprice 函数

函数语法：

[ZeroRates, CurveDates] = zbtprice(Bonds, Prices, Settle, OutputCompounding)

输入变量：

➢ Bonds：Bonds 是一个矩阵，为 $N\times6$ 或者 $N\times2$ 的矩阵，具体根据可选项数量。若无可选项为 $N\times2$ 矩阵。若选择输入 EndMonthRule，则

```
Bonds = [ Maturity CouponRate,[],[],[],EndMonthRule]
%可选项为空,使用[]代替
%[Maturity CouponRate Face Period Basis EndMonthRule]
```

```
%Maturity债券到期日,一个N维列向量
%CouponRate对应债券息票率
%Face(可选)债券面值
%Period(可选)债券付息频次,默认为2
%Basis(可选)计息天数
%EndMonthRule(可选)月末法则
```

➢ Prices:债券价格向量。

➢ Settle:债券结算日期,一般为当前日。

➢ OutputCompounding:(可选)零息票利率集的计息频次,不同于Period,默认为2。

输出变量:

➢ ZeroRates:零息票利率集。

➢ CurveDates:对应日期。

例18.2 银行间市场2012年5月30日的国债交易数据如表18.2所列,使用zbtprice函数计算当日国债的利率期限结构。

表18.2 银行间市场国债报价数据

序 号	代 码	名 称	剩余年限	到期日	票面利率/%	付息频率	净 价/元
1	090022.IB	09附息国债22	0.282 2	2012/9/10	2.18	每半年1次	99.982 1
2	120001.IB	12附息国债01	0.621 9	2013/1/11	2.78	每半年1次	100.347 7
3	120002.IB	12附息国债02	0.695 9	2013/2/8	2.87	每半年1次	100.449 8
4	100006.IB	10附息国债06	0.8	2013/3/18	2.23	每半年1次	99.968 5
5	110013.IB	11附息国债13	2.008 2	2014/6/1	3.26	每半年1次	101.546 7
6	110025.IB	11附息国债25	2.526	2014/12/7	2.82	每半年1次	100.569 8
7	120007.IB	12附息国债07	2.906 8	2015/4/25	2.91	每半年1次	100.908 8
8	100039.IB	10附息国债39	3.509 6	2015/12/2	3.64	每半年1次	102.789
9	110004.IB	11附息国债04	3.720 5	2016/2/16	3.6	每半年1次	102.776 3
10	110014.IB	11附息国债14	4.030 1	2016/6/8	3.44	每半年1次	102.403 1
11	110022.IB	11附息国债22	4.394 5	2016/10/19	3.55	每半年1次	102.920 5
12	120003.IB	12附息国债03	4.720 5	2017/2/15	3.14	每半年1次	101.914 6
13	100022.IB	10附息国债22	5.147 9	2017/7/21	2.76	每半年1次	99.194 5
14	110003.IB	11附息国债03	5.665 8	2018/1/27	3.83	每半年1次	104.248 5
15	110017.IB	11附息国债17	6.106 8	2018/7/6	3.7	每半年1次	102.809 9
16	110021.IB	11附息国债21	6.375 3	2018/10/12	3.65	每半年1次	102.600 5
17	120005.IB	12附息国债05	6.775 3	2019/3/7	3.41	每半年1次	101.341 6
18	100012.IB	10附息国债12	7.958 9	2020/5/12	3.25	每半年1次	98.276 6
19	100019.IB	10附息国债19	8.074	2020/6/24	3.41	每半年1次	100.208 6
20	110002.IB	11附息国债02	8.649 3	2021/1/19	3.94	每半年1次	104.161 3
21	110008.IB	11附息国债08	8.802 7	2021/3/16	3.83	每半年1次	103.318 6

续表 18.2

序 号	代 码	名 称	剩余年限	到期日	票面利率/%	付息频率	净 价/元
22	110015.IB	11 附息国债 15	9.052 1	2021/6/16	3.99	每半年 1 次	104.717 9
23	110019.IB	11 附息国债 19	9.224 7	2021/8/18	3.93	每半年 1 次	104.24
24	110024.IB	11 附息国债 24	9.474	2021/11/17	3.57	每半年 1 次	101.364 6
25	120004.IB	12 附息国债 04	9.742 5	2022/2/23	3.51	每半年 1 次	101.066 7

使用 zbtprice 构造利率期限结构，zbtpriceTest.m 文件如下：

```
%Test zbtprice
%到期日
%从 bond.xls 文件的 'Data'sheet 中读取
[~,Maturity,~] = xlsread('bond.xls','Data','E3:E27');
%票面利率
[Couponrate,~,~] = xlsread('bond.xls','Data','F3:F27');
%票面利率转换为小数
Couponrate = Couponrate/100;
%债券价格
[Price,~,~] = xlsread('bond.xls','Data','H3:H27');
%将字符日期转为数值格式
Maturity = datenum(Maturity);
%构建 zbtprice 参数 Bonds
bonds = [Maturity, Couponrate];
%调用 zbtprice 函数,求利率期限结构(买方)
[zerorates1 dates1] = zbtprice(bonds, Price,'2012-5-30');
plot(dates1, zerorates1 * 100,'--r');
hold on
%读入卖方报价数据
[Price,~,~] = xlsread('bond.xls','Data','N3:N27');
%调用 zbtprice 函数,求利率期限结构(卖方)
[zerorates2 dates2] = zbtprice(bonds, Price,'2012-5-30');
plot(dates2, zerorates2 * 100,'b');
dateaxis('x')
%X 轴坐标
xlabel('time')
%Y 轴坐标
ylabel('yield(%)')
%线型标记
legend('Buy','Sell')
```

计算结果如图 18.2 所示。

注：图形锯齿较多，原因可能是数据点较少并且未使用平滑技术，数据采用的报价数据（非成交数据）也可能带来一定偏差。

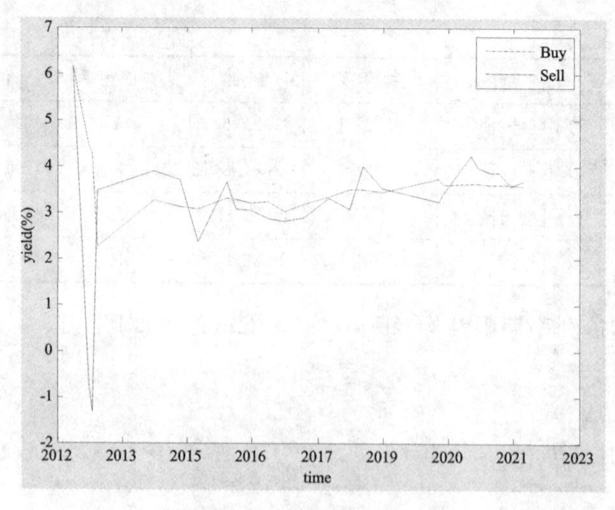

图 18.2　利率期限结构图

2. zbtyield 函数

函数语法：

[ZeroRates, CurveDates] = zbtyield(Bonds, Yields, Settle, OutputCompounding)

输入变量：

➢ Bonds：Bonds 是一个矩阵，为 $N\times6$ 或者 $N\times2$ 的矩阵。

```
%[Maturity CouponRate Face Period Basis EndMonthRule]
%Maturity 债券到期日,一个 N 维列向量
%CouponRate 对应债券息票率
%Face(可选)债券面值
%Period(可选)债券付息频次,默认为 2
%Basis(可选)计息天数
%EndMonthRule(可选)月末法则
```

➢ Yields：债券到期收益率。

➢ Settle：债券结算日期，一般为当前日。

➢ OutputCompounding：(可选)零息票利率集的计息频次，不同于 Period，默认为 2。

输出变量：

➢ ZeroRates：零息票利率集。

➢ CurveDates：对应日期。

例 18.3　银行间市场 2012 年 5 月 30 日的国债交易数据如表 18.2 所列，使用 zbtyield 函数计算当日国债的利率期限结构。

步骤 1：数据中没有到期收益率，可以先试用价格代入 bndyield 函数计算到期收益率。

```
%Test zbtprice
%到期日
%从 bond.xls 文件的 'Data'sheet 中读取
[~,Maturity,~] = xlsread('bond.xls','Data','E3:E27');
%票面利率
[Couponrate,~,~] = xlsread('bond.xls','Data','F3:F27');
```

```
%票面利率转换为小数
Couponrate = Couponrate/100;
%债券价格
[Price,~,~] = xlsread('bond.xls','Data','H3:H27');
%将字符日期转为数值格式
Maturity = datenum(Maturity);
%构建 zbtyield 参数 Bonds
bonds = [Maturity, Couponrate];
%使用 bndyield 根据价格计算到期收益率
Yield = bndyield(Price,Couponrate,'2012 - 5 - 30',Maturity)
plot(Maturity,Yield)
dateaxis('x')
%X 轴坐标
xlabel('time')
%Y 轴坐标
ylabel('yield( % )')
```

步骤 2:使用到期收益率调用 zbtyield 函数计算利率期限结构。

zbtyieldTest 函数如下:

```
%Test zbtprice
%到期日
%从 bond.xls 文件的 'Data'sheet 中读取
[~,Maturity,~] = xlsread('bond.xls','Data','E3:E27');
%票面利率
[Couponrate,~,~] = xlsread('bond.xls','Data','F3:F27');
%票面利率转换为小数
Couponrate = Couponrate/100;
%债券价格
[Price,~,~] = xlsread('bond.xls','Data','H3:H27');
%将字符日期转为数值格式
Maturity = datenum(Maturity);
%构建 zbtyield 参数 Bonds
bonds = [Maturity, Couponrate];
%使用 bndyield 根据价格计算到期收益率
Yield = bndyield(Price,Couponrate,'2012 - 5 - 30',Maturity)
%调用 zbtyield 函数,求利率期限结构(买方)
[zerorates1 dates1] = zbtyield(bonds, Yield,'2012 - 5 - 30');
plot(dates1, zerorates1 * 100,'-- r');
hold on
%读入卖方报价数据
[Price,~,~] = xlsread('bond.xls','Data','N3:N27');
%使用 bndyield 根据价格计算到期收益率
Yield = bndyield(Price,Couponrate,'2012 - 5 - 30',Maturity)
%调用 zbtprice 函数,求利率期限结构(卖方)
[zerorates2 dates2] = zbtyield(bonds, Yield,'2012 - 5 - 30');
plot(dates2, zerorates2 * 100,'b');
dateaxis('x')
```

```
%X轴坐标
xlabel('time')
%Y轴坐标
ylabel('yield(%)')
%线型标记
legend('Buy','Sell')
```

计算结果如图 18.3 所示。

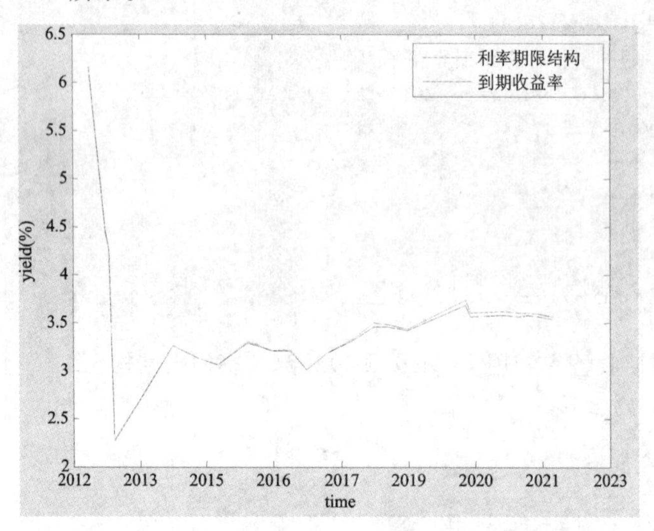

图 18.3 利率期限结构与到期收益率比较

18.2.3 利率期限结构的平滑

利率期限结构曲线的构建是建立在市场交易债券的基础之上,由于债券发行的不连续性,市场上并不存在所有时间点上的零息票利率集,市场中常见的是 1 m、3 m、6 m、1 y、2 y、3 y、5 y、10 y、20 y 和 30 y 这样几个利率期限结构。但时间的数据到期日或剩余期限基本没有规律。可以使用曲线拟合工具箱对计算得到的利率曲线进行拟合或平滑。

```
%计算剩余期(年)
Year = (Maturity - datenum('2012 - 5 - 30'))/365;
cftool(Year,Yield)
```

选择 'Smooth' 对曲线进行平衡处理,如图 18.4 所示。cftool 使用方法请参看本书相关章节。

18.3 利用利率期限结构计算远期利率

利率远期是指,在当前约定未来某个时间段内,按照约定利率拆入或拆除一定量资金,一般交易所产品经过标准化后,变量只有未来某段时期的远期利率 FRA。

FRA 的确定并不是对未来利率的预测,而是根据当前利率期限结构进行套利活动导致的套利均衡,其定价应满足无套利均衡关系。

按照连续计息方式,FRA 应满足的关系为

$$e^{r_{T_1} * T_1} e^{r_{FRA} * (T_2 - T_1)} = e^{r_{T_2} * T_2}$$

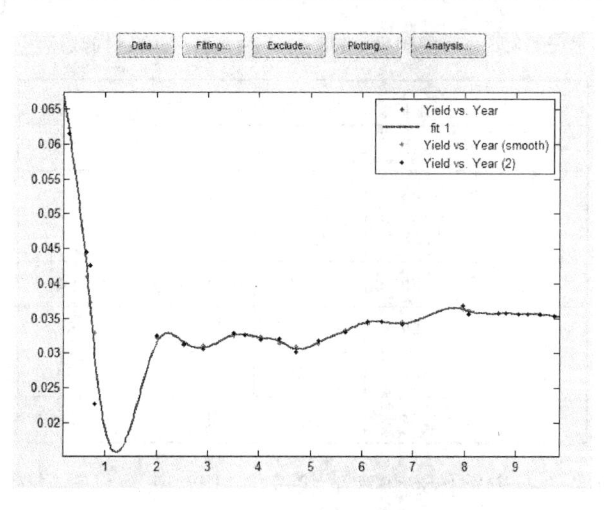

图 18.4 利率期限结构曲线平滑

化简后得

$$r_{\mathrm{FRA}} = \frac{r_{T_2} T_2 - r_{T_1} T_1}{T_2 - T_1}$$

在 MATLAB 中计算 FRA 的函数是 zero2fwd。函数语法为

[ForwardRates,CurveDates]=zero2fwd(ZeroRates,CurveDates,Settle,Compounding,Basis)

输入参数：

- ZeroRates：利率期限结构表示的零息票利率集；
- CurveDates：相应的日期；
- Settle：当前结算日期，一般是作为利率期限结构曲线的起点；
- Compunding：（可选）计息方式，默认值为半年计息。
- Basis：（选择项）债券的天数计算法。默认值为 0(actual/actual)，具体如下：

0 = actual/actual	1 = 30/360 (SIA)	2 = actual/360
3 = actual/365	4 = 30/360 (PSA)	5 = 30/360 (ISDA)
6 = 30/360 (European)	7 = actual/365 (Japanese)	8 = actual/actual (ISMA)
9 = actual/360 (ISMA)	10 = actual/365 (ISMA)	11 = 30/360E (ISMA)
12 = actual/365 (ISDA)	13 = BUS/252	

输出参数：

- ForwardRates：远期利率（曲线）；
- CurveDates：相应的远期利率日期。

MATLAB 中计算远期利率的函数 zero2fwd，其返回值 ForwardRates 的第一项（即远期利率），等于输入变量 ZeroRates 的第一项。

例 18.4 美国国债市场 2008-4-24 的利率期限结构数据，以及一天前、一周前和一个月以前的历史交易数据如表 18.3 所列，请计算不同期限的 FRA，给出套利策略。

表 18.3　美国国债 2008-4-24 利率期限结构数据

期　限	当　前	一天前	一周前	一月前
3 m	1.19	1.17	1.19	1.20
6 m	1.62	1.57	1.53	1.50
2 y	2.38	2.19	2.10	1.77
3 y	2.29	2.13	2.04	1.64
5 y	3.09	2.95	2.89	2.60
10 y	3.82	3.73	3.73	3.50
30 y	4.54	4.49	4.52	4.30

步骤 1:需要对利率的一个整体走势和形状做出判断,从而将数据图表化。

```
%Step1
%%
%数据第一列为时间,2-5 列为不同日期的利率期限结构
Data=[0.2500    1.1900    1.1700    1.1900    1.2000
      0.5000    1.6200    1.5700    1.5300    1.5000
      2.0000    2.3800    2.1900    2.1000    1.7700
      3.0000    2.2900    2.1300    2.0400    1.6400
      5.0000    3.0900    2.9500    2.8900    2.6000
     10.0000    3.8200    3.7300    3.7300    3.5000
     30.0000    4.5400    4.4900    4.5200    4.3000];
%时间
Year=Data(:,1);
%利率结构
bonds=Data(:,[2 3 4 5])
%做出相应的利率期限结构图,并用不同的线型表示
figure %生成空白画布
plot(Year,bonds(:,1),'k+--');
hold on; %在一个页面上画多图(
plot(Year,bonds(:,2),'k*--');
plot(Year,bonds(:,3),'kx--');
plot(Year,bonds(:,4),'ko--');
%X,Y 坐标轴
xlabel('time')
ylabel('yield')
%标记
legend('Today','Day ago','Week ago','Month ago')
```

计算结果如图 18.5 所示。

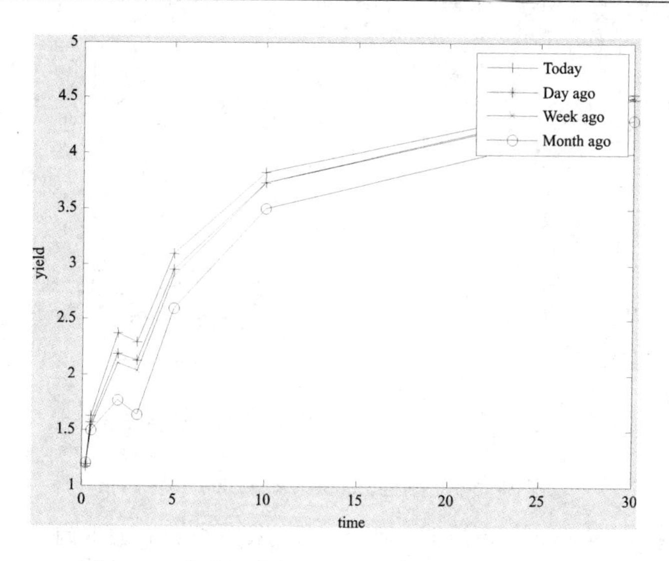

图 18.5 美国国债利率期限结构图(2008-4-24)

步骤 2:利用上述数据,作出 4 个不同日期的 FRA 结构图。

```
% Step2:
%%
% 输入远期时间点,数值格式变为字符格式
% 注意日期输入前方的 0 不能省略,如 '07-23-2008' 不可写成 '7-23-2008',字符长度一致
% 分别为 3 个月后、6 个月后、1 年后……
curvedates = datenum(['07-23-2008';'10-24-2008';'04-23-2010';'04-23-2011';'04-23-
            2013';'04-23-2018';'04-23-2028']);
% 调用 zero2fwd 函数分别求出来对应的 FRA 值
fwdone = zero2fwd(bonds(:,1),curvedates, '4-23-2008');
fwdtwo = zero2fwd(bonds(:,2),curvedates, '4-23-2008');
fwdthree = zero2fwd(bonds(:,3),curvedates, '4-23-2008');
fwdfour = zero2fwd(bonds(:,4),curvedates, '4-23-2008');
% 做出相应的利率期限结构图,并用不同的线型表示
figure % 生成空白画布
plot(curvedates,fwdone,'k+--');hold on;
plot(curvedates,fwdtwo,'k*--');
plot(curvedates,fwdthree,'kx--');
plot(curvedates,fwdfour,'ko--');
% x 轴为时间序列
dateaxis('x');
% X,Y 坐标轴
xlabel('time')
ylabel('yield')
% 标记
legend('Today','Day ago','Week ago','Month ago')
```

计算得到美国国债市场 FRA 期限结构图(2008-4-24)如图 18.6 所示。

步骤 3:根据上述计算结果,分析应当如何做套利。

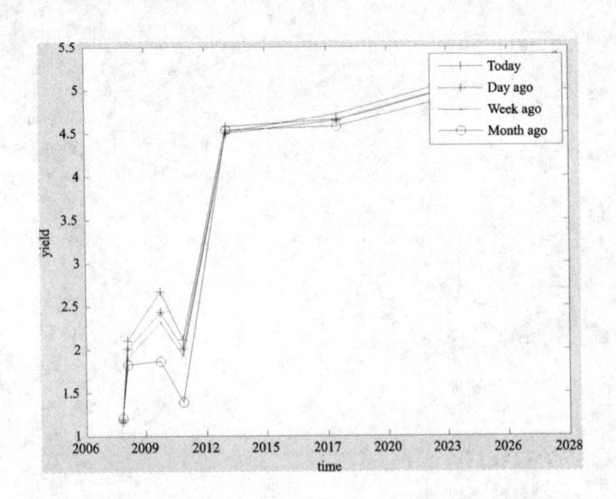

图 18.6 美国国债市场 FRA(2008-4-24)

根据利率期限结构和计算出的 FRA 期限结构图,应当完成如下两步套利:

① 买入 FRA(2～3 y);

② 卖出 FRA(3～5 y)。

注:此例仅仅揭示了利率曲线的一个应用,即如何根据曲线判读出市场的无效率,进而进行套利活动。这种套利活动是有风险的。利率期限结构除了能正确地为不含权债券进行定价外,还可从中解读出宏观经济趋势。

在图 18.5 中,可以看到最近一个月来,在 2～3 y 的时点处,曲线有一个大的向下凸出,但是凸出在逐渐回归,这意味着套利的作用使得市场逐渐的回归均衡。利率期限结构曲线之所以会有凸出,原因在于美国次贷危机导致的流动性和信用风险。利率曲线的上移,意味着市场认为当前利率水平过低,将来很可能面临一系列的加息过程。

18.4 利率模型

18.4.1 利率模型分类

利率模型对未来利率的预测,采用随机过程来描述利率的未来变动,分为均衡模型和套利模型两种:

① 均衡模型。均衡模型属于规范模型,是关于利率"应该怎样"的描述,在均衡模型中,当期的利率期限结构是输出变量。

② 套利模型。套利模型是实证模型,根据市场情况,告诉市场关于利率"不应该怎样",这是与均衡模型的根本不同之处。在套利模型中,当期利率期限结构是输入变量。

从应用上看,套利模型的应用要远远超过均衡模型。套利模型的前提是存在即合理,如何使得利率波动符合当前的利率期限结构,是模型的核心,包括趋势的符合和波动率的符合。

单因素均衡模型的随机微分数学形式如下:

$$\mathrm{d}r = m(r)\mathrm{d}t + s(r)\mathrm{d}z$$

式中:r 是短期利率。根据 $m(r)$ 和 $s(r)$ 的具体表示形式不同,可分为不同的模型,但是两者都只与利率 r 相关,与时间无关。

- 当 $m(r)=\mu r, s(r)=\sigma r$，此模型称为 Rendleman and Bartter 模型。
- 当 $m(r)=a(b-r), s(r)=\sigma$，此模型是著名的 Vasicek 模型。
- 当 $m(r)=a(b-r), s(r)=\sigma\sqrt{r}$，此模型为 CIR 模型。

关于均衡模型，在此并不做详细介绍，有兴趣的读者可以参考相关书籍。本书主要介绍无套利模型。本章关注如下模型：

- Ho－Lee(HL)模型；
- Hull－White(HW)模型；
- Black－Karasinski(BK)模型；
- Black－Derman－Toy(BDT)模型；
- Heath－Jarrow－Morton(HJM)模型。

其中，BK 模型是 HW 模型的对数正态分布形式；BDT 模型是 HL 模型的一个自然延伸；HJM 模型是应用广泛的一个模型，具有良好的性质。

在 MATLAB 的金融衍生品工具箱里，支持的模型为 HW、BK、BDT 和 HJM 四类，其核心是叉树(二叉树或三叉树)的构建。在定价和应用的过程中，应用风险中性定价方法。

MATLAB 里支持的利率模型有 BDT、HW、BK、HJM。本节首先介绍一下各个函数的基本参数形式，在后面的每一小节，都会针对每个模型给出详细的推导和 MATLAB 中的实现方法。

在 MATLAB 中，构建 4 种模型叉树的函数分别如下：

- BDTTree = bdttree(VolSpec, RateSpec, TimeSpec)
- HWTree = hwtree(VolSpec, RateSpec, TimeSpec)
- BKTree = bktree(VolSpec, RateSpec, TimeSpec)
- HJMTree = hjmtree(VolSpec, RateSpec, TimeSpec)

其中，bdttree 和 hjmtree 是二叉树模型，而 hwtree 和 bktree 是三叉树模型。

从上面的语法格式可以看出，4 种模型的输入形式是一样的，参数为：

- VolSpec：波动率说明；
- RateSpec：即时利率说明；
- TimeSpec：时间说明。

但需要注意的是，参数的详细结构是不同的，在后续的介绍过程中会一一介绍。这些参数都是 struct 型的数据，而且对应每一个参数都有相应的专有函数构建相应的 struct 型数据。

18.4.2　Ho－Lee 模型

Ho－Lee 模型是 T. S. Y Ho 同 S. B. Lee 在其 1986 年的著名论文 Term Structure Movements and Pricing Interest Rate Contingent Claims, Journal of Finance 中介绍的一个随机模型。其模型的形式为

$$dr=\theta(t)dt=\sigma dz$$

式中：σ 是短期利率的即时波动率，为不变常量；$\theta(t)$ 是时间的函数，通过对 $\theta(t)$ 的调整使得模型符合初始的利率期限结构。

模型里 r 代表的含义，是下面构建二叉树的关键。在 HL 模型中 r 的定义是即期利率的随机过程。比如，r 代表一年期的即期利率，则上述方程描述的是，在未来任何一个时点 t 到 $t+1$ 的零息利率。

在后面的 HL 模型二叉树构建过程中希望读者能仔细体会,利率期限结构模型的复杂,在于将一条曲线,拆解成了多个零息票利率的集合。

HL 模型的构建思想是将利率期限结构曲线分解,由于利率期限结构曲线是描述不同期限的零息票债券的即期利率的一个集合,这样 HL 将不同期限的即期利率作为研究对象,HL 模型描述的是不同期限的即期利率的随机过程。

即期利率的漂移量 $\theta(t)$ 是随着时间改变的,以便于其符合当前利率期限结构曲线,即两年后的一年期即期利率漂移量可能就不同于现在的漂移量,但是其方差 σ 是不变的。

在这里,首先讨论 σ 为常量的情况,然后再将 σ 推广到是时间函数的情况。当前市场观察到的零息票利率集合。假设零息债券数据如表 18.4 所列。

表 18.4　零息票利率债券数据

到　期	零息票利率/%	零息票债券价格/元
1	5.78	94.54
2	6.20	88.66

将 HL 模型 $dr = \theta(t)dt + \sigma dz$ 改写为离散形式,这里取 $\Delta t = 1$,σ=1.5%,为方便接下来的讨论,如果没有特别指出,风险中性概率都为 0.5。

由于利率在市场上并不是可以直接买卖的变量,而相对应的可以买卖的金融工具是债券,所以在构建 HL 模型时,将采用价格树和利率数相互比较,以方便读者理解,如图 18.7 所示的价格二叉树图。

这里,读者应当注意,图 18.7 表示的是两年期的零息债券的价格二叉树图,在 t=2 时,债券返回本金 100 元。从 t=0 时开始计时,过一年以后的价格应该是多少?即图 18.7 中的 P_u 和 P_d。

为计算得到这个价格,就需要知道相应的一年以后一年期即期利率的值是多少,用这个一年后的一年期即期利率折现得到相应的 P_u 和 P_d。所以需要构建一个相应的一年期即期利率的二叉树图来进行定价,如图 18.8 所示。

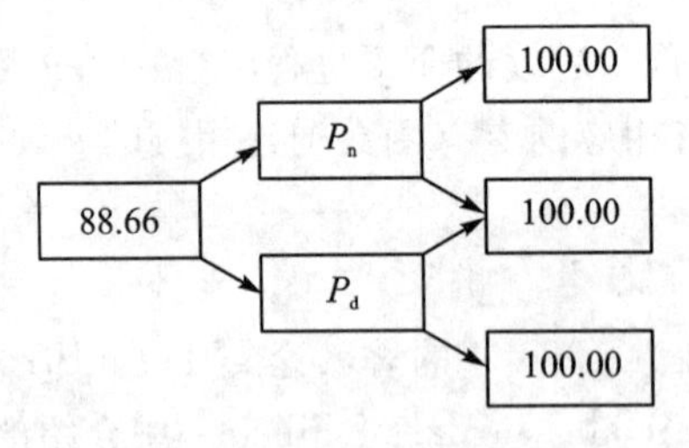

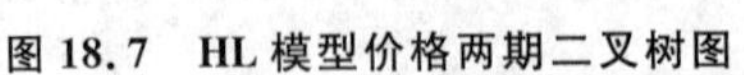
图 18.7　HL 模型价格两期二叉树图

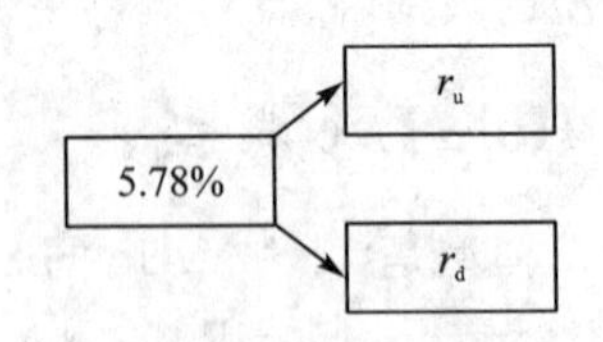

图 18.8　HL 模型利率单期二叉树图

设定,其风险中性概率为 0.5-0.5,则可知利率二叉树图 18.8 中

$$r_u = 5.78\% + \mu(1)\Delta t + \sigma\sqrt{\Delta t}$$

$$r_d = 5.78\% + \mu(1)\Delta t - \sigma\sqrt{\Delta t}$$

r_u 和 r_d 是一年以后的一年期即期利率的可能取值。其对应的是目前 t=2 时点上的现金流的折现率,因此,有如下公式:当前两年期零息债券的价格应当是 P_u 和 P_d 按照风险中性概率求得的平均

值，以当前无风险利率 5.78%折现的结果。而风险中性概率为 0.5－0.5，因而，如下公式成立：

$$88.66=\frac{\frac{1}{2}P_{\mathrm{u}}+\frac{1}{2}P_{\mathrm{d}}}{1+5.78\%}$$

将当前两年期零息债券在一年后的可能价格 P_{u} 和 P_{d} 用一年后的一年期即期利率表示（由于当前的两年期零息债券在一年后，就是一个一年期零息债券，因而其折现应当用一年后的一年期即期利率），根据风险中性定价技术，有如下结果：

$$P_{\mathrm{u}}=\frac{\frac{100}{2}+\frac{100}{2}}{1+r_{\mathrm{u}}},P_{\mathrm{d}}=\frac{\frac{100}{2}+\frac{100}{2}}{1+r_{\mathrm{d}}}$$

因而有

$$88.66=\frac{\frac{1}{2}\left(\frac{100}{1+r_{\mathrm{u}}}+\frac{100}{1+r_{\mathrm{d}}}\right)}{1+5.78\%}=$$

$$\frac{\frac{1}{2}\left[\frac{100}{1+5.78\%+\mu(1)\Delta t+\sigma\sqrt{\Delta t}}+\frac{100}{1+5.78\%+\mu(1)\Delta t-\sigma\sqrt{\Delta t}}\right]}{1+5.78\%}=$$

$$\frac{\frac{1}{2}\left[\frac{100}{1+7.28\%+\mu(1)}+\frac{100}{1+4.28\%+\mu(1)}\right]}{1+5.78\%}$$

由此可以得到 $\mu(1)=0.87\%$。

从上面的分析过程可以看到，为了构建一个和当前利率期限结构符合的二叉树图，$\mu(1)$是用来调整二叉树，以使其符合当前利率期限结构。这里所说的符合是指不存在套利机会。利率期限结构在这里隐含在零息票债券的价格中。

因而可以得到 HL 模型对应的价格和利率二叉树图，分别如图 18.9 和图 18.10 所示。

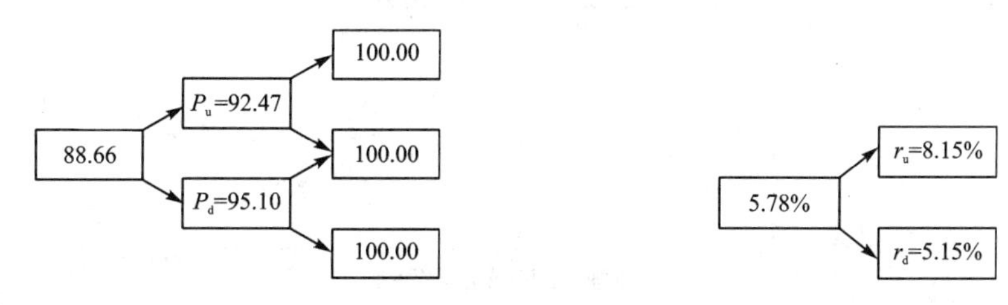

图 18.9　HL 模型价格两期二叉树图　　　　**图 18.10　HL 模型利率单期二叉树图**

现在市场上存在一个三年期零息债券，其价格为 82.78 元，对应的零息票利率为 6.5%，将上述两期的一年期即期利率二叉树图推广到两期。

首先，需要明确 HL 模型中 $\sigma=1.5\%$代表的是：任何期限的即期利率的标准差都是 $\sigma=1.5\%$，不管是一年期的即期利率，还是两年期的即期利率，亦或是三年期的即期利率。

为此，一个在当前时点 $t=0$ 的角度看来是三年期零息债券，在一年后就只是一个两年期零息债券；两年后，就是一个一年期零息债券。问题的核心是确定其一年以后的状态价格。首先画出三年期零息债券的价格二叉树图（如图 18.11 所示）和两年期的利率二叉树图（如图 18.12 所示）。

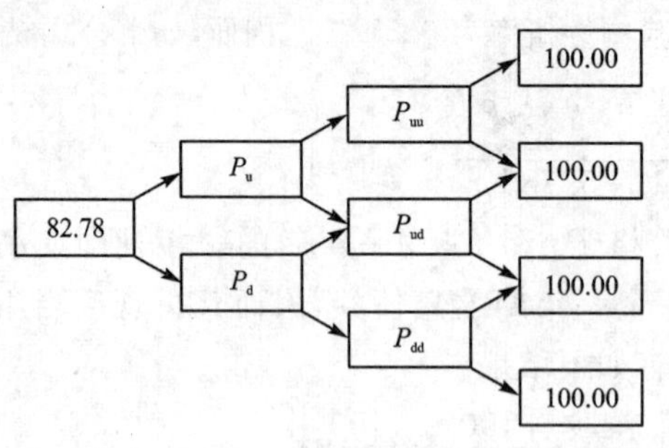

图 18.11　HL 模型价格三期二叉树图(一)

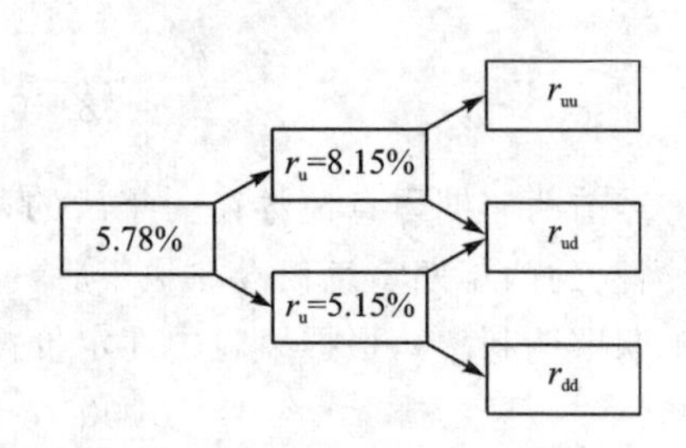

图 18.12　HL 模型利率两期二叉树图

图 18.12 中 $r_{ud}=r_{du}$，这样使得利率先上升后下降同先下降后上升得到同样的结果，称为“二叉树图重构”技术(recombine)。在后面的 HJM 模型中会发现，其二叉树并不是重构的。

有如下方程式成立：

$$r_{uu}=r_u+\mu(2)+\sigma$$
$$r_{ud}=r_{du}=r_u+\mu(2)-\sigma=r_d+\mu(2)+\sigma$$
$$r_{dd}=r_d+\mu(2)-\sigma$$

将 r_u 和 r_d 代入，显然上式是成立的，因而图 18.11 是重构的。

在图 18.11 中，三年期零息债券现在的价格，应该等于 P_u 和 P_d 在风险中性概率下的期望，用当前一年期的无风险利率折现 $r_0=5.78\%$；而相应的 P_u 和 P_d 应该用 P_{uu}、P_{ud} 和 P_{dd} 在风险中性概率下的期望分别用 r_u 和 r_d 折现，这里 r_u 和 r_d 的值已经知道；P_{uu}、P_{ud} 和 P_{dd} 是债券到期时的定额 100 元支付，分别用 r_{uu}、r_{ud} 和 r_{dd} 进行折现得到结果。

$$82.78=\frac{\frac{1}{2}P_u+\frac{1}{2}P_d}{1+r_0}=\frac{\frac{1}{2}\left(\frac{\frac{1}{2}P_{uu}+\frac{1}{2}P_{ud}}{1+r_u}\right)+\frac{1}{2}\left(\frac{\frac{1}{2}P_{ud}+\frac{1}{2}P_{dd}}{1+r_d}\right)}{1+r_0}$$

其中：

$$P_{uu}=\frac{100}{1+r_{uu}}=\frac{100}{1+r_u+\mu(2)+\sigma}$$
$$P_{ud}=\frac{100}{1+r_{ud}}=\frac{100}{1+r_u+\mu(2)-\sigma}=\frac{100}{1+r_d+\mu(2)+\sigma}$$
$$P_{dd}=\frac{100}{1+r_{dd}}=\frac{100}{1+r_d+\mu(2)-\sigma}$$

如此一来，代入相关数据之后得到二叉树图，如图 18.13、图 18.14 所示。

如果市场上存在更多期限的数据，则可将上述模型继续推广到多期结果。HL 模型是第一个无套利模型，有别于其他的均衡模型。在构建无套利利率二叉树模型的过程中，重要的两个方面是：

① 同当前利率期限结构符合，因而无套利；

② 同当前波动率期限结构符合。

这两个符合是构建二叉树模型的基础。

一般来说，波动率期限结构最好是从当前市场上交易的金融工具的隐含波动率计算出来，这样完全符合无套利的基本思想。当然也可通过 GARCH 等模型得到波动率。

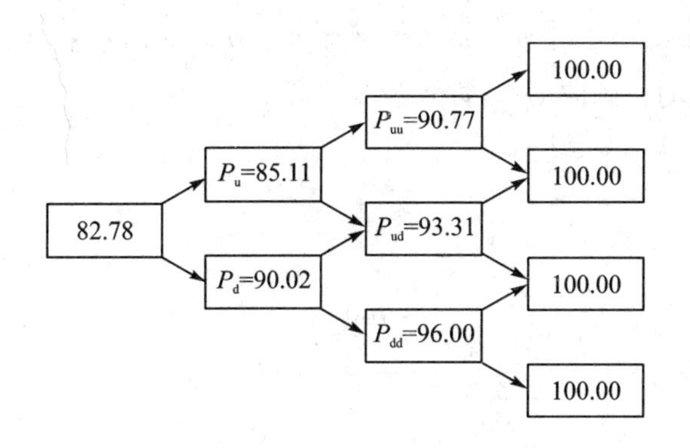

图 18.13 HL 模型价格三期二叉树图(二)

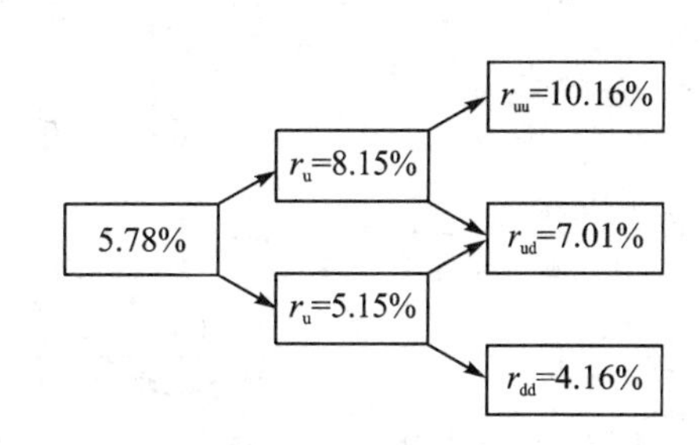

图 18.14 HL 模型利率二期二叉树图

后面将继续讲解 MATLAB 中提供的利率期限结构模型,在实例讲解过程中,读者会发现,其他模型多多少少是从 HL 模型衍生出来的,或者说是 HL 模型的某种改进。

比如图 18.13 中存在的问题是 $r_{ddd}=-1.05\%<0$,而实际情况是不可能小于 0 的;因此,BDT 模型通过一个小的改进,修正了 HL 模型。

18.4.3 BDT 二叉树的构建

BDT 模型是 Black - Derman - Toy 提出的一种对 HL 模型的改进。

例 18.5 假设债券数据见表 18.5 所列。

表 18.5 BDT 模型数据

期　限	即期利率	正则波动率
1	0.10	0.20
2	0.11	0.19
3	0.12	0.18
4	0.125	0.17

表中,0.20 代表的是一年期即期利率的波动率,依此类推,0.19 代表的是两年期即期利率的波动率,等等。

注:本题采用的数据是 MATLAB 自带的数据集,在文件 deriv.mat 中,使用 load deriv 命令可以将文件中包含的所有变量导入到 MATLAB 工作空间。其中本例采用的是 deriv.mat 文件中的 BDTTree 这个 struct 结构型数据集中的数据。便于将这里讲解的 BDT 模型同 MATLAB 标准算法进行比较。

BDT 模型和前面介绍的 HL 模型是相同的,即风险中性概率都假设为 0.5 - 0.5。这里也是一样的。不同的是由于 BDT 模型假设了利率服从对数正态分布后,导致的正则波动率是利率取自然对数之后的波动率。因此有

$$\sigma(\ln r)=\frac{\ln r_u-\ln r_d}{2}=\frac{\ln(r_u/\mathrm{r}_d)}{2}$$

除此之外,其余同 HL 模型完全一样。

步骤 1:构建第一阶段利率二叉树。

二叉树的根部数据就是 0.1,因此,不用做任何修改。对于第一阶段二叉树的两个端点 r_u 和 r_d 需要使用两年期的即期利率和其对应的正则波动率,方程为

$$P_2 = \frac{\frac{1}{2}P_u^2 + \frac{1}{2}P_d^3}{1 + r_0}$$

代入数据有

$$\frac{100}{(1+0.11)^2} = \frac{\frac{1}{2} \times \frac{100}{1+r_u} + \frac{1}{2} \times \frac{100}{1+r_d}}{1+0.1}$$

同时正则波动率方程有

$$\frac{\ln(r_u/r_d)}{2} = 0.19$$

$$r_u = 0.143\,180\,47 \qquad r_d = 0.097\,915\,60$$

步骤 2:构建第二阶段利率二叉树。

需要使用三年期即期利率及其相应的波动率。首先需要解决的是当前的三年期即期利率在 1 年后变成两年期即期利率 R_u 和 R_d。

风险中性定价方程和正则波动率方程分别为

$$\frac{100}{(1+12\%)^3} = \frac{\frac{1}{2}P_u + \frac{1}{2}P_d}{1+10\%} = \frac{\frac{1}{2} \times \frac{100}{(1+R_u^3)^2} + \frac{1}{2} \times \frac{100}{(1+R_d^3)^2}}{1+10\%}$$

$$\frac{\ln(R_u^3/R_d^3)}{2} = 0.18$$

求得结果

$$R_u^2 = 0.154\,159\,02 \qquad R_d^2 = 0.107\,553\,10$$

求得对应的 P_u 和 P_d 为

$$P_u = 75.070\,394\,29 \qquad P_d = 81.521\,260\,23$$

所以对应的有方程

$$P_u = \frac{\frac{1}{2} \times \frac{100}{1+r_{uu}} + \frac{100}{1+r_{ud}}}{2}$$

$$P_d = \frac{\frac{1}{2} \times \frac{100}{1+r_{ud}} + \frac{100}{1+r_{dd}}}{2}$$

注意到上述方程在这里直接利用了二叉树重构的条件,因而 $r_{ud}=r_{du}$。

正则波动率方程为

$$r_{ud}^2 = r_{uu}r_{dd}$$

方程组的解为

$$r_{uu} = 0.194\,141\,74$$

$$r_{ud} = 0.137\,672\,00$$

$$r_{dd} = 0.976\,275\,33$$

步骤 3:构建第三阶段利率二叉树图。

需要使用四年期的零息债券和其对应的正则波动率 0.17 构建方程。

$$\frac{100}{(1+12.5\%)^3}=\frac{\frac{1}{2}P_u+\frac{1}{2}P_d}{1+10\%}=\frac{\frac{1}{2}\times\frac{100}{(1+R_u^4)^3}+\frac{1}{2}\times\frac{100}{(1+R_d^4)^3}}{1+10\%}$$

$$\frac{\ln(R_u^4/R_d^4)}{2}=0.17$$

得到结果

$$R_u^4=0.156\,984\,67\qquad R_d^4=0.111\,737\,03$$

因而得到

$$P_u=64.567\,977\,33\qquad P_d=72.776\,938\,67$$

由此有

$$P_u=\frac{0.5\times P_{uu}+0.5\times P_{ud}}{2}=$$

$$\frac{0.5\times[(0.5\times(P_{uuu}+P_{uud}))/(1+r_{uu})]+0.5\times[(0.5\times(P_{uud}+P_{udd}))/(1+r_{ud})]}{2}=$$

$$\frac{0.5\times\left[\left(0.5\times\left(\frac{100}{1+r_{uuu}}+\frac{100}{1+r_{uud}}\right)\right)/(1+r_{uu})\right]}{2}+$$

$$\frac{0.5\times\left[\left(0.5\times\left(\frac{100}{1+r_{uud}}+\frac{100}{1+r_{udd}}\right)\right)/(1+r_{ud})\right]}{2}$$

$$P_d=\frac{0.5\times P_{ud}+0.5\times P_{dd}}{2}=$$

$$\frac{0.5\times[(0.5\times(P_{udu}+P_{udd}))/(1+r_{ud})]+0.5\times[(0.5\times(P_{ddu}+P_{ddd}))/(1+r_{dd})]}{2}=$$

$$\frac{0.5\times\left[\left(0.5\times\left(\frac{100}{1+r_{uud}}+\frac{100}{1+r_{udd}}\right)\right)/(1+r_{ud})\right]}{2}+$$

$$\frac{0.5\times\left[\left(0.5\times\left(\frac{100}{1+r_{udd}}+\frac{100}{1+r_{ddd}}\right)\right)/(1+r_{dd})\right]}{2}$$

上述两个方程构成的方程组中，存在 4 个变量。由于波动率同利率水平无关，有如下两个方程成立：

$$r_{uud}^2=r_{uuu}r_{udd}\qquad r_{udd}^2=r_{uud}r_{ddd}$$

上述方程组的解为

$$r_{uuu}=0.217\,774\,99\qquad r_{uud}=0.160\,513\,23$$

$$r_{udd}=0.118\,307\,87\qquad r_{ddd}=0.087\,200\,00$$

以上根据正则波动率和当前利率期限结构，构建了 BDT 模型的二叉树。下面介绍 bdttree 函数，读者将会发现，bdttree 和上述方法得到的结果是一样的。

函数语法：

BDTTree = bdttree(VolSpec, RateSpec, TimeSpec)

输入参数：

➢ VolSpec：波动率期限结构说明；

➤ RateSpec:利率期限结构说明;

➤ TimeSpec:时间点说明。

输出参数:

➤ BDTTree:二叉树,为一个 struct 型结构。

参看附录的数据结构。在 MATLAB 命令窗口中输入命令 load deriv 显示载入的数据。输入 BDTTree,则显示 BDTTree 结构如下:

```
>> load deriv
>> BDTTree
```

输出结果为:

```
   FinObj: 'BDTFwdTree'
 VolSpec: [1x1 struct]
 TimeSpec: [1x1 struct]
 RateSpec: [1x1 struct]
     tObs: [0 1 2 3]
     TFwd: {[4x1 double]  [3x1 double]  [2x1 double]  [3]}
   CFlowT: {[4x1 double]  [3x1 double]  [2x1 double]  [4]}
 FwdTree: {[1.1000]  [1.0979 1.1432]  [1.0976 1.1377 1.1942]  [1.0872...
          1.1183 1.1606 1.2179]}
```

可见返回的 BDTTree 结构中包含了输入的 3 个参数 VolSpec、TimeSpec 和 RateSpec。同时 BDTTree 中最重要的就是 FwdTree,即远期短期利率树。

在命令窗口中用 treeviewer 命令查看生成的利率二叉树如图 18.15 所示。

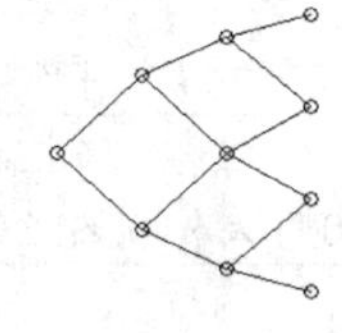

图 18.15　BDTTree 二叉树图

18.4.4　HJM 模型的构建

在 MATLAB 中,HJM 模型是采用二叉树的方式表示的,且风险概率是等概率的模型。HJM 模型在 MATLAB 中最多只支持 3 个变量。

在实践中,超过 3 个变量的模型也是没有意义的,由于利率期限结构只是一个二维平面上的曲线,其变动因子也只有 3 个,因此 3 个变量就足够吻合任何形状的曲线了。

在 MATLAB 中用以实现 HJM 模型的函数是 hjmtree。

函数语法:

HJMTree = hjmtree(VolSpec, RateSpec, TimeSpec)

输入参数:

➤ VolSpec:波动率期限结构说明,为 struct 型数据;

➤ RateSpec:利率期限结构说明,为 struct 型数据;

➤ TimeSpec:时间说明,为 struct 型数据。

输出参数:

➤ HJMTree:输出 HJM 利率树,为 struct 型数据。

例 18.6　按照连续计息规范,当前估值日期为 01 - 01 - 2000。描述利率期限结构的数据:开始的日期分别为 01 - 01 - 2000、01 - 01 - 2001、01 - 01 - 2002、01 - 01 - 2003、01 - 01 - 2004;结束日期为 01 - 01 - 2001、01 - 01 - 2002、01 - 01 - 2003、01 - 01 - 2004、01 - 01 - 2005;对应的远期利率分别为 0.1、0.11、0.12、0.125、0.13;对应的波动率分别为 0.2、0.19、0.18、0.17、0.16。根据以上数据生成 HJM 模型下的二叉树。

利用 hjmtree 生成二叉树,需要三个参数,分别是对波动率的说明、利率期限结构的说明和时间的说明。在 M 文件编辑器中输入如下代码:

```
Compounding = 1; % 连续计息规范
ValuationDate = '01 - 01 - 2000'; % 估值日期
StartDate = ['01 - 01 - 2000'; '01 - 01 - 2001'; '01 - 01 - 2002'; '01 - 01 - 2003'...
    ; '01 - 01 - 2004']; % 开始日期
EndDates = ['01 - 01 - 2001'; '01 - 01 - 2002'; '01 - 01 - 2003'; '01 - 01 - 2004'; ...
    '01 - 01 - 2005']; % 结束日期
Rates = [.1; .11; .12; .125; .13]; % 远期利率说明
Volatility = [.2; .19; .18; .17; .16]; % 波动率说明
CurveTerm = [1; 2; 3; 4; 5]; % 期限
% 利用 hjmvolspec 函数创建波动率结构说明
HJMVolSpec = hjmvolspec('Stationary', Volatility , CurveTerm);
% 创建利率期限结构说明
RateSpec = intenvset('Compounding', Compounding,...
            'ValuationDate', ValuationDate,...
            'StartDates', StartDate,...
            'EndDates', EndDates,...
            'Rates', Rates);
% 创建时间结构说明
HJMTimeSpec = hjmtimespec(ValuationDate, EndDates, Compounding);
% 生成 HJM 模型二叉树
HJMTree = hjmtree(HJMVolSpec, RateSpec, HJMTimeSpec);
treeviewer(HJMTree)
```

运行以上代码得到 HJM 模型二叉树结果如图 18.16 所示。

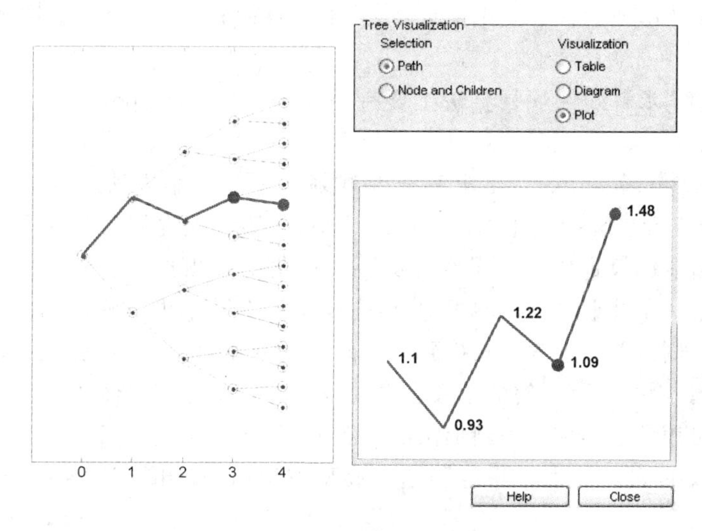

图 18.16　HJM 模型二叉树图

若您对此书内容有任何疑问,可以凭在线交流卡登录MATLAB中文论坛与作者交流。

第19章 线性优化理论与方法

线性规划最早建立起的优化理论，求解线性规划的单纯形法是20世纪十大数学算法之一，但随着非线性理论的发展，很多线性问题都可用非线性方法求解（本质上，线性是非线性的特例）。线性理论的学习有助于读者加深对数学算法的理解、有助于读者编写自己的算法。

19.1 案例背景

19.1.1 线性规划应用

线性规划是运筹学中研究较早、发展较快、应用广泛、方法较成熟的一个重要分支，它是辅助人们进行科学管理的一种数学方法。在经济管理、交通运输、工农业生产等经济活动中，提高经济效果是人们不可缺少的要求，而提高经济效果一般通过两种途径：一是技术方面的改进，例如改善生产工艺，使用新设备和新型原材料；二是生产组织与计划的改进，即合理安排人力物力资源。线性规划所研究的是：在一定条件下，合理安排人力物力等资源，使经济效果达到最好。一般的，求线性目标函数在线性约束条件下的最大值或最小值的问题，统称为线性规划问题。满足线性约束条件的解叫做可行解，由所有可行解组成的集合叫做可行域。

19.1.2 线性规划的求解方法

求解线性规划问题的基本方法是单纯形法，随着线性优化算法的发展，为了提高解题速度，相继出现了改进单纯形法、对偶单纯形法、原始对偶方法、分解算法和各种多项式时间算法。

目前MATLAB求解线性规划算法主要有内点法(interior - point methods)与单纯形法(simplex method)。

单纯形法 (simplex method)是求解线性规划问题的通用方法。单纯形是美国数学家G. B. 丹齐格于1947年首先提出来的。它的理论根据是：线性规划问题的可行域是n维向量空间R_n中的多面凸集，其最优值如果存在必在该凸集的某顶点处达到。顶点所对应的可行解称为基本可行解。单纯形法的基本思想是：先找出一个基本可行解，对它进行鉴别，看是否是最优解；若不是，则按照一定法则转换到另一改进的基本可行解，再鉴别；若仍不是，则再转换，按此重复进行。因基本可行解的个数有限，故经有限次转换必能得出问题的最优解。如果问题无最优解也可用此法判别。单纯形法的一般解题步骤可归纳如下：

① 把线性规划问题的约束方程组表达成典型方程组，找出基本可行解作为初始基本可行解。

② 若基本可行解不存在，即约束条件有矛盾，则问题无解。

③ 若基本可行解存在，从初始基本可行解作为起点，根据最优性条件和可行性条件，引入

非基变量取代某一基变量，找出目标函数值更优的另一基本可行解。

④ 按步骤③进行迭代，直到对应检验数满足最优性条件（这时目标函数值不能再改善），即得到问题的最优解。

⑤ 若迭代过程中发现问题的目标函数值无界，则终止迭代。

具体算法本章不再详述，若有兴趣可阅读相关的文献。

19.2 线性模型建立

线性规划的标准数学模型为

$$\min f(\boldsymbol{x})$$

$$\text{s.t.}\begin{cases}\boldsymbol{A}\cdot\boldsymbol{x}\leqslant\boldsymbol{b}\\ \mathbf{Aeq}\cdot\boldsymbol{x}=\mathbf{beq}\\ \mathbf{lb}\leqslant\boldsymbol{x}\leqslant\mathbf{ub}\end{cases}$$

式中：$\boldsymbol{A}$ 为不等式约束的系数矩阵，$\boldsymbol{b}$ 为不等式约束值向量，**Aeq** 为等式约束的系数矩阵，**beq** 为等式约束值向量，**lb** 为 $\boldsymbol{x}$ 取值下限，**ub** 为 $\boldsymbol{x}$ 取值上限。

19.3 线性优化 MATLAB 求解

19.3.1 linprog 函数

MATLAB 求解线性优化的函数为 linprog。在优化工具箱 Optimization - Toolbox 中 linprog 针对线性函数模型见 19.2 节。

linprog 的计算方法主要有两个，分别为内点法（interior - Point Methods）与单纯形法（simplex method）。

函数语法：

[x,fval,exitflag,output,lambda] = linprog(f,A,b,Aeq,beq,lb,ub,x0,options)

输入参数：

- A：不等式约束系数矩阵；
- b：不等式约束常数向量；
- Aeq：等式约束系数矩阵；
- beq：等式约束常数向量；
- lb：x 的可行域下界；
- ub：x 的可行域上界；
- x0：初始迭代点（与 linprog 使用的算法有关）；
- options：优化参数设置。

输出参数：

- x：最优点（或者结束迭代点）。
- fval：最优值（或者结束迭代点对应的函数值）。
- exitflag：迭代停止标识。

1　算法收敛于解 x,即 x 是线性规划的最优解;

0　算法达到最大迭代次数停止迭代,即 x 不一定是线性规划的最优解;

－2　算法没有找到可行解,即算法求解失败,问题的可行解集合为空;

－3　原问题无解,即最有解可能为正(负)无穷大;

－4　在算法中出现除零问题或其他问题导致变量中出现非数值情况;

－5　线性规划的原问题与对偶问题都不可解;

－7　可行搜索方向向量过小,无法再提高最优解质量。

➢ output:算法输出(算法计算信息等)。

Algorithm　计算时使用的优化算法;

Cgiterations　共轭梯度迭代次数(只有大规模算法时有);

iterations　算法迭代次数;

Exit message　返回结束信息。

➢ lambda:　最优点(或者结束迭代点)拉格朗日乘子。

Lower　求得的解越下界;

Upper　求得的解越上界;

Neqlin　求得的解不满足不等式约束;

Eqlin　求得的解不满足等式约束。

19.3.2　线性规划目标函数

线性规划目标函数如下:

$$\min f = -x_1 - x_2 - x_3$$

$$\text{s.t.}\begin{cases} 7x_1 + 3x_2 + 9x_3 \leqslant 1 \\ 8x_1 + 5x_2 + 4x_3 \leqslant 1 \\ 6x_1 + 9x_2 + 5x_3 \leqslant 1 \\ x_1, x_2, x_3 \geqslant 0 \end{cases}$$

使用[x,fval,exitflag,output,lambda] = linprog(f,A,b,Aeq,beq,lb,ub)

目标函数系数矩阵如下:

```
%目标函数系数
f = [-1,-1,-1]
```

不等式约束矩阵如下:

```
%不等式约束的系数矩阵
A= [7, 3, 9; 8, 5, 4; 6, 9, 5];
%不等式约束的 b
b= [1, 1, 1]
```

等式约束矩阵(该问题无等式约束矩阵为空)如下:

```
%等式约束的系数矩阵(该问题无等式约束 Aeq 为空)
Aeq = []
%等式约束的 beq(该问题无等式约束 beq 为空)
beq = []
```

变量 x 的上、下界如下：

```
%变量的下界
lb=[0, 0, 0]
%变量得上界(无上界约束,ub为空)
ub=[]
```

19.3.3　内点法求解

调用 linprog 使用默认算法(linprog 的默认算法为内点法)计算线性规划问题,M 文件为 linprogtest1. m。

```
[x,fval,exitflag,output,lambda] = linprog(f,A,b,Aeq,beq,lb,ub)
```

计算结果 Command window 输出。

```
Optimization terminated.(优化算法计算结束)
x= [0.0870,  0.0356,  0.0316](最优解)
fval = -0.1542  (最优解对应的函数值)
exitflag =1(算法收敛于解 x,即 x 是线性规划的最优解)
output =
      iterations: 7  (算法迭代 7 次)
      algorithm: 'large-scale: interior point'(使用的算法是内点法)
      cgiterations: 0(共轭梯度迭代 0 次,没有使用共轭梯度迭代)
      message: 'Optimization terminated.'(算法正常停止)
lambda =
      ineqlin: [3x1 double]
      eqlin: [0x1 double]
      upper: [3x1 double]
      lower: [3x1 double]
lambda.ineqlin=[0.0593,0.0079,0.087](符合约束条件)
```

19.3.4　单纯形法求解

设置 linprog 使用单纯形法,且显示每次迭代计算结果。

```
%设置 optimset
%'Simplex', 'on'表示使用单纯形算法
%'Display','iter'显示迭代过程
options = optimset('LargeScale', 'off', 'Simplex', 'on','Display','iter');
```

调用 linprog 进行计算。

```
[x,fval,exitflag,output,lambda] = linprog(f,A,b,Aeq,beq,lb,ub,[],options )
```

计算结果 Command window 输出。

```
he default starting point is feasible, skipping Phase 1.
%显示的迭代过程
Phase 2: Minimize using simplex.
      Iter            Objective                     Dual Infeasibility
                        f'*x                           A'*y+z-w-f
       0                  0                              1.73205
       1              -0.125                               0.625
       2            -0.142857                           0.357143
       3             -0.15415                                  0
Optimization terminated.
%数值解 X
x =[ 0.0870,   0.0356,    0.0316]
%数值解 X 对应的函数值
fval =    -0.1542
exitflag =     1
output =
      iterations: 3 ( 算法迭代 3 次)
       algorithm: 'medium scale: simplex'(使用的是中规模的单纯行法)
       cgiterations: []
       message: 'Optimization terminated.'
lambda =
      ineqlin: [3x1 double]
      eqlin: [0x1 double]
      upper: [3x1 double]
      lower: [3x1 double]
```

19.4 含参数线性规划

在研究工作中,常常有不同的背景假设或参数假设,不同的参数假设会有不同的模型。例如:

$$\min f = -a_1x_1 - a_2x_2 - a_3x_3$$

$$\text{s. t.} \begin{cases} 7x_1 + 3x_2 + 9x_3 \leqslant 1 \\ 8x_1 + 5x_2 + 4x_3 \leqslant 1 \\ 6x_1 + 9x_2 + 5x_3 \leqslant 1 \\ x_1, x_2, x_3 \geqslant 0 \end{cases}$$

对应不同参数 $a=[a_1,a_2,a_3]$,上述优化问题有不同的解。当参数变化时候,为便于优化问题的求解,可以将上述问题写成参数优化问题,在每次新的计算前,只需修改参数 $a=[a_1,a_2,a_3]$ 即可。

编程求解:M 文件 linprogwithpara.m 如下:

```
%code by ariszheng@gmail.com
%2010-8-16
f0 = [-1,-1,-1];   %目标函数系数
```

```
a=[1,2,3]; % 参数,每次新的计算只需修改 a 即可
f=a.*f0; % 生产新的目标函数系数
A= [7, 3, 9; 8, 5, 4; 6, 9, 5]; % 不等式约束的系数矩阵
b= [1, 1, 1]    % 不等式约束的 b
Aeq=[]          % 等式约束的系数矩阵(该问题无等式约束 Aeq 为空)
beq=[]          % 等式约束的 beq(该问题无等式约束 beq 为空)
lb=[0, 0, 0]    % 变量的下界
ub=[]           % 变量得上界(无上界约束,ub 为空)
options = optimset('Display','iter');显示迭代过程
[x,fval,exitflag,output,lambda] = linprog(f,A,b,Aeq,beq,lb,ub)
```

计算结果如下:

```
Optimization terminated.
%数值解
x =
    0.0000
    0.0606
    0.0909
%数值解对应的函数值
fval =

  -0.3939

exitflag =
%循环计算正常结束
     1
output =

      iterations: 7 %迭代次数
       algorithm: 'large-scale: interior point'
    cgiterations: 0
         message: 'Optimization terminated.'

lambda =

    ineqlin: [3x1 double]
      eqlin: [0x1 double]
      upper: [3x1 double]
      lower: [3x1 double]
```

第 20 章

非线性优化理论与方法

在金融与经济量化分析中，KMV 方程组求解、均值方差模型的计算、非线性回归分析、期权隐含波动率的计算、指数优化复制的权重计算等许多问题都是通过非线性优化方法进行求解的。本章主要介绍非线性优化的理论与方法，便于读者对金融与经济量化分析中的非线性优化问题从理论层次上理解，也便于读者利用非线性优化方法解决自己的非线模型。

20.1 理论背景

20.1.1 非线性问题

对于非线性的理解，可以借助于对线性概念的掌握。线性是指两个量之间所存在的正比关系，在直角坐标系上呈直线；而非线性是指两个量不成正比关系，在直角坐标系中呈曲线。最简单的非线性函数是一元二次函数，其图像是抛物线。可以说，一切含有二次项以上的多项式函数都是非线性的。线性函数关系描述的系统叫线性系统，非线性函数描述的系统称为非线性系统。

线性作为非线性的特例，有且只有一种简单的比例关系，并且线性系统中的各要素彼此独立，各尽其职，而非线性是对这种简单关系的偏离。非线性关系千变万化、举不胜举，可以一因多果，也可以一果多因。在非线性系统中，各要素彼此影响，相互耦合，一个变量的微小变化对其他变量有不成比例的、甚至灾难性的影响。因此，非线性问题错综复杂，处理起来相当棘手。

在非线性科学大规模涌现之前，人们普遍认为自然界的任何问题都可以线性地加以解决。现在看来，线性只是局部的，非线性才是普遍存在的，因而直接面对非线性是不可避免的。然而，非线性科学并非是包罗万象的科学。

20.1.2 非线性优化

非线性优化的一个重要理论是 1951 年 Kuhn - Tucker 最优条件（简称 KT 条件）的建立。此后的 50 年代主要是对梯度法和牛顿法的研究。以 Davidon（1959）、Fletcher 和 Powell（1963）提出的 DFP 方法为起点，60 年代是研究拟牛顿方法的活跃时期，同时对共轭梯度法也有较好的研究。在 1970 年由 Broyden、Fletcher、Goldfarb 和 Shanno 从不同的角度共同提出的 BFGS 方法是目前为止最有效的拟牛顿方法。Broyden、Dennis 和 More 的工作使得拟牛顿方法的理论变得很完善。70 年代是非线性优化飞速发展时期，约束变尺度（SQP）方法（Han 和 Powell 为代表）和 Lagrange 乘子法（代表人物是 Powell 和 Hestenes）是这一时期的主要研究成果。计算机的飞速发展使非线性优化的研究如虎添翼。80 年代开始研究信赖域法、稀疏拟牛顿法、大规模问题的方法和并行计算，90 年代研究解非线性优化问题的内点法和有限储存法。可以毫不夸张地说，这半个世纪是最优化发展的黄金时期。

已有大量解非线性优化问题的软件，其中有相当一部分可从互联网上免费下载。例如：LANCELOT、MINPAC、TENMIN、SNOPT 等，本章将主要介绍 MATLAB 的优化(Optimization)工具箱中涉及非线性优化问题函数的使用方法。

20.2　理论模型

20.2.1　无约束非线性优化

无约束优化的一般形式为

$$\min f(x) \qquad x \in R^n$$

其中，f 为非线性函数。

优化形式转换，无约束非线性最大化可以通过转换，将其转化为标准的无约束非线性优化的一般形式：

$$\max f(x) \qquad x \in R^n$$
$$\Rightarrow \min -f(x) \qquad x \in R$$

例如，常用的 BenchMark 函数 Banana function(函数图像近似一个香蕉，如图 20.1 所示)。

$$f(x) = 100 \times (x_2 - {x_1}^2)^2 - (1 - x_1)^2$$

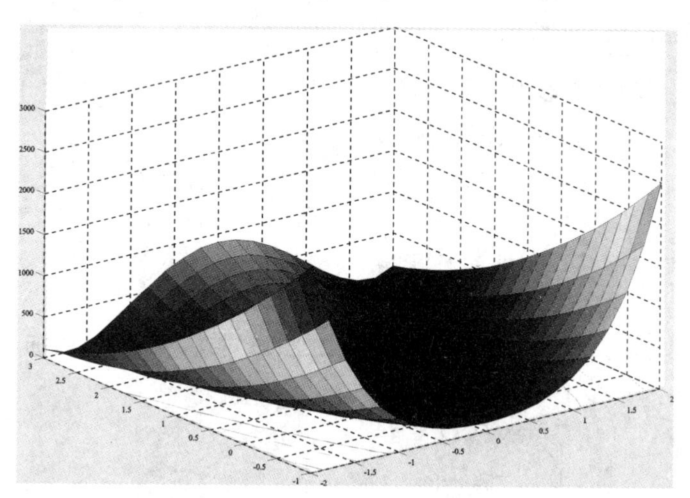

图 20.1　Banana 函数图像

图像对应的 MATLAB 程序如下：

```
%关闭坐标轴
axis off;
x = -2:.2:2; %x的取值范围
y = -1:.2:3; %y的取值范围
[xx,yy] = meshgrid(x,y); %将x,y网格化
zz = 100 * (yy - xx.^2).^2 + (1 - xx).^2; %计算每个(xx,yy)对应zz的函数值
```

```
surfc(xx,yy,zz); %(三维图)
或者
surface(x,y,zz,'EdgeColor',[.8 .8 .8]); %(俯视图)
```

注:所谓非线性函数,即除线性函数外的其他函数形式,例如指数函数、三角函数、对数函数、积分函数、微分函数等。

[XX,YY]=meshgrid(X,Y)函数功能如下:

```
>> X = 1:5;
>> Y = 1:5;
>> [XX,YY] = meshgrid(X,Y)
XX =
     1     2     3     4     5
     1     2     3     4     5
     1     2     3     4     5
     1     2     3     4     5
     1     2     3     4     5
YY =
     1     1     1     1     1
     2     2     2     2     2
     3     3     3     3     3
     4     4     4     4     4
     5     5     5     5     5
```

20.2.2 约束非线性优化

约束非线性优化的一般形式为

$$\min f(x)$$
$$\text{s.t.}\begin{cases} g_i(x) \leqslant 0 & i=1,2,\cdots,m \\ h_j(x)=0 & j=1,2,\cdots,l \end{cases}$$

$f,g_i,h_j:R^n$ 其中有一个为非线性函数,$g_i(x) \leqslant 0$ 为不等式约束,$h_j(x)=0$ 为等式约束。

优化形式可以转换。约束非线性最大化可以通过转换,将其转化为标准的约束非线性优化的一般形式:

$$\max f(x)$$
$$\text{s.t.}\begin{cases} g_i(x) \geqslant 0 & i=1,2,\cdots,m \\ h_j(x)=0 & j=1,2,\cdots,l \end{cases}$$
$$\Rightarrow \min -f(x)$$
$$\text{s.t.}\begin{cases} -g_i(x) \leqslant 0 & i=1,2,\cdots,m \\ h_j(x)=0 & j=1,2,\cdots,l \end{cases}$$

例如,非线性约束优化问题实例:

$$\min f(x) = -x_1x_2 - x_2x_3 - x_1x_3$$

$$\text{s.t.}\begin{cases} x_1+x_1+x_1-1=0 \\ x_1^2+x_2^2+x_3^2-3 \leqslant 0 \end{cases}$$

20.3　MATLAB 实现

20.3.1　fminunc 函数(无约束优化)

fminunc 函数是 MATLAB 求解无约束优化问题的主要函数，函数主要使用 BFGS 拟牛顿算法(BFGS Quas-Newton method)、DFP 拟牛顿算法(DFP Quasi-Newton method)、最速下降法等。

函数语法：

x = fminunc(fun,x0)

x = fminunc(fun,x0,options)

[x,fval] = fminunc(...)

[x,fval,exitflag] = fminunc(...)

[x,fval,exitflag,output] = fminunc(...)

[x,fval,exitflag,output,grad] = fminunc(...)

[x,fval,exitflag,output,grad,hessian] = fminunc(...)

输入参数：

- fun：目标函数一般用 M 文件形式给出；
- x0：优化算法初始迭代点；
- options：参数设置。

输出参数：

- x：最优点输出(或最后迭代点)；
- fval：最优点(或最后迭代点)对应的函数值；
- exitflag：函数结束信息 (具体参见 MATLAB help)；
- output：函数基本信息，包括迭代次数、目标函数最大计算次数、使用的算法名称、计算规模；
- grad：最优点(或最后迭代点)的导数；
- hessian：最优点(或最后迭代点)的二阶导数。

例 20.1　Banana function 最优化(函数图像近似一个香蕉)：

$$f(x) = 100 \times (x_2 - {x_1}^2)^2 - (1 - x_1)^2$$

在优化算法中一般都要使用到函数的导数，在调用 MATLAB 函数时，我们可以将目标函数的导数以函数的形式输入到 MATLAB 函数中。若用户没有提供目标函数导数的函数形式，优化算法一般采用差分的方法计算目标函数的导数值。而差分方法计算出的导数函数值与真实由导数函数计算出的函数值存在误差。所以，若能为 MATLAB 提供目标函数的导数函数信息，更便于 MATLAB 的计算。

方法一　无导数信息最优化。

① 目标函数程序 BanaFun.m 如下：

```
function f = BanaFun(x)  (不含导数解析式)
% code by ariszheng@gmail.com  2010 - 7 - 19
f = 100 * (x(2) - x(1)^2)^2 + (1 - x(1))^2;
```

② 求解目标函数使用 M 文件 SolveBanaFun_1. m。

```
% code by ariszheng@gmail.com
OPTIONS = optimset('display','iter'); % 显示迭代过程
x=[-1.9,2]; % 初始迭代点
% 调用 fminunc 函数
[x,fval,exitflag,output] = fminunc(@BanaFun,x,OPTIONS)
```

函数计算结果如下：

```
Warning: Gradient must be provided for trust-region method;
  using line-search method instead.
% 提示:信赖域搜索算法必须要求给目标函数导数,这里使用线性方法替代
> In fminunc at 356
  In SolveBanaFun_1 at 4
% 迭代次数      目标函数计算次数      函数值                  一阶导数值
                                                         First-order
Iteration  Func-count        f(x)        Step-size        optimality
     0          3            267.62                       1.23e+003
     1          6           214.416      0.000813405           519
     2          9           54.2992                1           331
     3         15           5.90157         0.482557          1.46
     4         21           5.89006               10          2.58
   ……                        ……
    33        147       6.24031e-006               1         0.0863
    34        150       4.70753e-008               1       0.000385

Local minimum found. % 选找到局部最优点
Optimization completed because the size of the gradient is less than
the default value of the function tolerance.

 < stopping criteria details >

x =

    0.9998    0.9996
 % 最优函数值对于的 X
fval =
   4.7075e-008
 % 最优函数值
exitflag =

     1   % 成功结束,通常情况下得到最优解
output =
        iterations: 34
         funcCount: 150
          stepsize: 1
    firstorderopt: 3.8497e-004
```

```
algorithm: 'medium - scale: Quasi - Newton line search'
  message: [1x468 char]
```

方法二　使用导数信息最优化。

① 目标函数与导数 BanaFunWithGrad.m 如下：

```
function [f,g] = BanaFunWithGrad(x) (含导数解析式)
% code by ariszheng@gmail.com   2010 - 7 - 19
% 目标函数
f = 100 * (x(2) - x(1)^2)^2 + (1 - x(1))^2;
% 目标函数导数
g = [100 * (4 * x(1)^3 - 4 * x(1) * x(2)) + 2 * x(1) - 2; 100 * (2 * x(2) - 2 * x(1)^2)];
```

② 求解目标函数使用 M 文件 SolveBanaFun_2.m。

```
% code by ariszheng@gmail.com
OPTIONS = optimset('HessUpdate','bfgs','gradobj','on','display','iter');
% 参数设置说明
% 'HessUpdate','bfgs' 使用 BFGS 方法更新 Hess 矩阵
% 'gradobj','on' 使用目标函数导数函数
% 'display','iter' 显示迭代过程
x = [ - 1.9,2]; % 初始迭代点
% 调用 fminunc 函数
[x,fval,exitflag,output] = fminunc(@BanaFunWithGrad,x,OPTIONS)
```

函数计算结果如下：

```
% 迭代次数      目标函数计算次数      函数值                一阶导数值
                                Norm of        First - order
Iteration          f(x)           step          optimality   CG - iterations
     0              267.62                       1.23e + 003
     1          8.35801          1.57591          5.84          1
     2          8.35801          11.1305          5.84          1
     3          8.35801              2.5          5.84          0
     4          7.48794            0.625          18.8          0
     5          7.13462             1.25          71.9          1
     6          5.21948         0.164958          9.06          1
     7          5.21948             1.25          9.06          1
                 ……               ……            ……
    28      0.000252904        0.0721423         0.399          1
    29    5.18433e - 006       0.0224316        0.0334          1
    30    3.18152e - 009      0.00462862       0.00158          1
    31    1.23343e - 015   8.92144e - 005   5.21e - 007         1

Local minimum found.

Optimization completed because the size of the gradient is less than
the default value of the function tolerance.
< stopping criteria details >
```

```
x = %最优点
    1.0000    1.0000
fval = %最优的对应的函数值
  1.2334e-015

exitflag =

     1 %成功结束,通常情况下得到最优解
output =
       iterations : 31
         funcCount: 32
     cgiterations : 26
    firstorderopt : 5.2070e-007
        algorithm: 'large-scale: trust-region Newton'
          message: [1x539 char]
```

算法比较:方法一(无导数信息最优化)迭代次数34次,计算得到最优点(0.999 8,0.999 6)函数值4.707 5e-008;方法二(使用导数信息最优化)迭代次数31次,计算得到最优点(1.000 0,1.000 0)函数值1.233 4e-015。在无约束最优化中使用导数信息,优化算法迭代次数相对较少,计算结果质量相对较高。

但是,一般情况下,有些函数的导数形式比较复杂且无导数信息最优化结果可以接受,就可以使用无导数信息最优化方法进行优化计算。

20.3.2 fminsearch 函数

fminsearch是MATLAB中求解无约束的函数之一,其使用的算法为可变多面体算法(Neldero-Mead Simplex)*。

函数语法:

x = fminsearch(fun,x0)

x = fminsearch(fun,x0,options)

[x,fval] = fminsearch(...)

[x,fval,exitflag] = fminsearch(...)

[x,fval,exitflag,output] = fminsearch(...)

输入参数:

- fun:目标函数;
- x0:迭代初始点;
- options:函数参数设置。

输出参数:

- x:最优点(算法停止点);
- fval:最优点对应的函数值;

* Lagarias, J. C., J. A. Reeds, M. H. Wright, and P. E. Wright, "Convergence Properties of the Nelder-Mead Simplex Method in Low Dimensions," SIAM Journal of Optimization, Vol. 9 Number 1, pp. 112-147, 1998.

➤ exitflag：函数停止信息。

　　1　函数收敛正常停止；

　　0　迭代次数，目标函数计算次数达到最大数；

　　−1　算法被输出函数停止(output)。

➤ Output：函数运算信息。

例 20.2　fminsearch 函数使用示例。

① 目标函数程序 BanaFun.m 如下：

```
function f = BanaFun(x)  (不含导数解析式)
 % code by ariszheng@gmail.com  2010 - 7 - 19
f = 100 * (x(2) - x(1)^2)^2 + (1 - x(1))^2;
```

(Nelder - Mead Simplex)算法不需要导数信息。

② 算法函数调用 M 文件 simplexUnc.m。

```
 % code by ariszheng@gmail.com 2010 - 7 - 19
OPTIONS = optimset('display','iter');
 % 参数设置,显示迭代过程
x = [ - 1.9,2]; % 初始迭代点
 % 调用 fminsearch 函数
[x,fval,exitflag,output] = fminsearch(@BanaFun,x,OPTIONS)
```

函数计算结果如下：

```
 % 计算的迭代过程,初始值向最优点行进的过程
Iteration    Func - count     min f(x)        Procedure
     0             1           267.62
     1             3           236.42         initial simplex
     2             5          67.2672         expand
     3             7          12.2776         expand
     4             8          12.2776         reflect
     5            10          12.2776         contract inside
     6            12          6.76772         contract inside
     7            13          6.76772         reflect
     8            15          6.76772         contract inside
     9            17          6.76772         contract outside
    10            19          6.62983         contract inside
    11            21          6.55249         contract inside
    12            23          6.46084         contract inside
    13            24          6.46084         reflect
    14            26          6.46084         contract inside
    15            28          6.45544         contract outside
    16            30          6.42801         expand
    17            32          6.40994         expand
    18            34          6.32449         expand
    19            36          6.28548         expand
    20            38          6.00458         expand
```

```
……      ……      ……

  83        152        0.0217142         contract inside
 113        208     5.53435e-010         reflect
 114        210     4.06855e-010         contract inside

Optimization terminated:
the current x satisfies the termination criteria using OPTIONS.TolX of 1.000000e-004
and F(X) satisfies the convergence criteria using OPTIONS.TolFun of 1.000000e-004
x =
%最优解
    1.0000    1.0000



fval =
%最优函数值
  4.0686e-010

exitflag =


     1
output =
     iterations: 114   %迭代次数
      funcCount: 210   %目标函数计算次数
      algorithm: 'Nelder-Mead simplex direct search'
        message: [1x196 char]
```

注:无约束优化问题,本章以 Banana 函数为例,使用了 3 种不同的算法或方法进行优化计算,通过实际的计算结果与过程,发现不同算法或方法对同一个问题的计算效果是不同的。在实际优化问题的求解过程中,如何选择对于待解问题较有效的方法,的确是我们需要考虑的重点。

20.3.3 fmincon 函数

fmincon 是 MATLAB 最主要内置的求解约束最优化的函数,该函数的优化问题的标准形式为

$$\min f(x)$$

$$\text{s.t.}\begin{cases} c(x) \leqslant 0 \\ \text{ceq}(x) = 0 \\ A \cdot x \leqslant b \\ \text{Aeq} \cdot x = \text{beq} \\ \text{lb} \leqslant x \leqslant \text{ub} \end{cases}$$

这里 x、b、beq、lb、ub 为向量,A 与 Aeq 为矩阵,$f(x)$ 为目标函数,$c(x)$、ceq(x) 为非线性约束,$A \cdot x \leqslant b$、$\text{Aeq} \cdot x = \text{beq}$ 为线性约束,$\text{lb} \leqslant x \leqslant \text{ub}$ 为可行解的区间约束。

fmincon 函数使用的约束优化算法都是目前比较普适的有效算法。对于中等的约束优化问题使用序列二次规划(sequential quadratic programming,SQP)算法;对于大规模约束优化问题使用基于内点反射牛顿法的信赖域算法(subspace trust region method and is based on the interior - reflective Newton method);对于大规模的线性系统使用共轭梯度算法(preconditioned conjugate gradients,PCG)。由于这些算法都具有一定的复杂性,这里不再详述。

函数语法:

```
x = fmincon(fun,x0,A,b)
x = fmincon(fun,x0,A,b,Aeq,beq)
x = fmincon(fun,x0,A,b,Aeq,beq,lb,ub)
x = fmincon(fun,x0,A,b,Aeq,beq,lb,ub,nonlcon)
x = fmincon(fun,x0,A,b,Aeq,beq,lb,ub,nonlcon,options)
[x,fval] = fmincon(...)
[x,fval,exitflag] = fmincon(...)
[x,fval,exitflag,output] = fmincon(...)
[x,fval,exitflag,output,lambda] = fmincon(...)
[x,fval,exitflag,output,lambda,grad] = fmincon(...)
[x,fval,exitflag,output,lambda,grad,hessian] = fmincon(...)
```

输入参数:

- fun:目标函数名称;
- x0:初始迭代点;
- A:线性不等式约束系数矩阵;
- b:线性不等式约束的常数向量;
- Aeq:线性等式约束系数矩阵;
- beq:线性等式约束的常数向量;
- lb:可行区域下界;
- ub:可行区域上界;
- nonlcon:非线性约束;
- options:优化参数设置。

输出参数:

- x:最优点(或者结束迭代点);
- fval:最优点(或者结束迭代点对应的函数值);
- exitflag:迭代停止标识;
- output:算法输出(算法计算信息等);
- lambda:拉格朗日乘子;
- grad:一阶导数向量;
- hessian:二阶导数矩阵。

例 20.3 说明 fmincon 的具体使用方法,在示例中还将对 fmincon 的使用细节加以说明。

例 20.3　优化问题为

$$\min f(x) = -x_1 \cdot x_2 \cdot x_3$$

$$\text{s.t.} \quad 0 \leqslant x_1 + 2x_2 + 2x_3 \leqslant 72$$

通过转变将公式转换为 fmincon 函数的标准模型为

$$\min f(x) = -x_1 \cdot x_2 \cdot x_3$$

$$\text{s.t.} \begin{cases} -x_1 - 2x_2 - 2x_3 \leqslant 0 \\ x_1 + 2x_2 + 2x_3 \leqslant 72 \end{cases}$$

① 目标函数程序 M 文件 confun_1.m 如下：

```
function f = confun_1(x)
% Code by ariszheng@gmail.com   2010 - 7 - 20
f = - x(1) * x(2) * x(3);
```

② 算法函数调用。

```
options = optimset('LargeScale','off','display','iter');
% Code by ariszheng@gmail.com   2010 - 7 - 20
%参数设置使用中等规模算法,显示迭代过程
A = [ - 1, - 2, - 2; %线性不等式约束系数矩阵
    1, 2, 2];
b = [0;72]; %线性不等式约束常量向量
x0 = [10,10,10]; %初始迭代点
%调用 fmincon 函数
[x,fval,exitflag,output] = fmincon(@confun_1,x0,A,b,[],[],[],[],[],options)
% x = fmincon(fun,x0,A,b,Aeq,beq,lb,ub,nonlcon,options)
%函数输入中,Aeq,beq(等式线性约束矩阵),lb,ub(变量上下界),nonlcon(非线性约束)为空,在函数
%输入中使用[]代替。
```

函数计算结果如下：

```
Warning: Options LargeScale = 'off' and Algorithm = 'trust - region - reflective'
conflict.
%提示:大规模算法为"关闭",算法为信赖域算法
Ignoring Algorithm and running active - set method. To run trust - region - reflective, set
LargeScale = 'on'. To run active - set without this warning, use Algorithm =
'active - set'. %使用有效集算法
 > In fmincon at 412
   In Solveconfun_1 at 8

                                 Max   Line search  Directional  First - order
Iter  F - count        f(x)  constraint   steplength   derivative     optimality  Procedure
  0        4       - 1000        - 22
  1        9    - 1587.17        - 11          0.5        - 72.2           584
  2       13    - 3323.25           0            1         - 236           161
  3       21    - 3324.69           0       0.0625        - 13.6          58.2
                                ......       ......
  9       45       - 3456           0            1         - 6.6          1.18
 10       49       - 3456           0            1       - 0.237        0.0487
 11       53       - 3456           0            1     - 0.00943       0.00247
```

```
Local minimum possible. Constraints satisfied.
%得到满足约束局部最优解
fmincon stopped because the predicted change in the objective function
is less than the default value of the function tolerance and constraints
were satisfied to within the default value of the constraint tolerance.

< stopping criteria details >

Active inequalities (to within options.TolCon = 1e-006):
  lower      upper      ineqlin   ineqnonlin
                           2

x = %计算得到的最优解

   24.0000   12.0000   12.0000

fval = %最优解对应的函数值

-3.4560e+003
exitflag =
     5
%注释:Magnitude of directional derivative in search direction was less than 2 * options.TolFun
%and maximum constraint violation was less than options.TolCon.
%算法计算中导数函数值小于设置的阈值
output =

         iterations: 12 %迭代次数
          funcCount: 53 %函数计算次数
      lssteplength: 1
           stepsize: 4.6550e-005 %迭代步长
          algorithm: 'medium-scale: SQP, Quasi-Newton, line-search'
%算法为中等规模的 SQP 拟牛顿法,搜索方法使用线性方法
      firstorderopt: 4.7583e-004
    constrviolation: 0
            message: [1x843 char]
```

例 20.4　优化问题为

$$\min f(x) = x_1^2 + x_2^2 + x_3^2$$

$$\text{s.t.} \begin{cases} -x_1 - x_2 - x_3 + 72 \leqslant 0 \\ x_i \geqslant 0 \qquad i = 1,2,3 \end{cases}$$

① 目标函数程序 M 文件 confun_2.m 如下：

```
function f = confun_2(x)
% Code by ariszheng@gmail.com   2010-7-20
f = x(1)^2 + x(2)^2 + x(3)^2;
```

② 约束函数程序 M 文件 noncon_2.m 如下：

```
function [c,ceq] = noncon_2(x)
% code by ariszheng@gmail.com 2010-7-20
c = x(1) + x(2) + x(3) - 72;  % 关于x非线性不等式约束
ceq = []; % 关于x非线性等式约束
```

③ 算法函数调用。

```
options = optimset('LargeScale','off','display','iter');
% Code by ariszheng@gmail.com  2010-7-20
% 参数设置使用中等规模算法,显示迭代过程
x0 = [10,10,10]; % 初始迭代点
lb = [0,0,0]; % 变量下限
[x,fval,exitflag,output] = fmincon(@confun_2,x0,[],[],[],[],lb,[],@noncon_2,options)
% x = fmincon(fun,x0,A,b,Aeq,beq,lb,ub,nonlcon,options)
% 注释@noncon_2 为非线性约束
```

调用函数计算结果如下:

```
     Max     Line search  Directional  First-order
Iter F-count         f(x)   constraint   steplength   derivative   optimality Procedure
   0           4                             300                          42
Infeasible start point
   1      8      1728            0            1          34.6             14

Local minimum found that satisfies the constraints.
% 找到满足优化条件的局部最优解
Optimization completed because the objective function is non-decreasing in
feasible directions, to within the default value of the function tolerance,
and constraints were satisfied to within the default value of the constraint tolerance.

<stopping criteria details>

Active inequalities (to within options.TolCon = 1e-006):
  lower       upper      ineqlin   ineqnonlin
                                        1

x =  % 优化问题最优解

   24.0000   24.0000   24.0000

fval =  % 最优解对应的函数值

  1.7280e+003

exitflag =

     1 % 算法正常结束,函数计算得到最优点

output =
         iterations: 2
          funcCount: 8
```

```
      lssteplength：1
          stepsize：5.1911e-007
         algorithm：'medium-scale：SQP，Quasi-Newton，line-search'
     firstorderopt：4.2386e-007
    constrviolation：0
           message：[1x834 char]
```

20.4　扩展问题

20.4.1　大规模优化问题

现在计算大规模的无约束问题时候，都会对原有算法采用一些有效的数值处理技术，由于该类数值计算比较复杂，这里不再详述，仅仅介绍具体的使用方法。

测试函数(含 100 个变量)为

$$\min f=\sum_{i=1}^{200}\left[x(i)-\frac{1}{i}\right]^2 \qquad n=100$$

应用 MATLAB 大规模算法的方法如下：

```
OPTIONS = optimset('LargeScale','on')
%'LargeScale','on'：为算法函数开启大规模计算功能
```

例 20.5　大规模算法使用实例。

① 目标函数程序 M 文件 LargObjFun.m 如下：

```
function f = LargObjFun(x)
% code by ariszheng@gmail.com 2010-7-20
f = 0;
for i = 1:200
    f = f + (x(i) - 1/i)^2;
end
%为方便读者阅读函数的累加过程用循环的方式编程
%但循环计算的效率没有矩阵计算的效率高，若优化中计算目标函数次数较多将影响计算效率
%上述循环可以使用矩阵计算的 f = (X - 1./1:100)^2 代替
```

② 算法函数调用 M 文件 largUnc.m 如下：

```
% code by ariszheng@gmail.com 2010-7-20
x0 = 10 * ones(1,100) %初始迭代点
PTIONS = optimset('LargeScale','on','display','iter','TolFun',1e-8);
%参数设置
%'LargeScale','on' 开启大规模计算
%'display','iter' 显示迭代过程
%'TolFun',1e-8 设置松弛变量，松弛变量越小，解的精度越高；但如果太小，计算无法终止。通常为
%1e-8 或者 1e-6
[x,fval,exitflag,output] = fminunc(@LargObjFun,x0,PTIONS)
```

函数计算结果如下：

```
Iteration  Func-count        f(x)          Step-size        optimality
     0        101          9897.89                               20
     1        202           8015.5       0.0500501               18
     2        303     1.10643e-007               1         0.000149
     3        404     5.56491e-015               1        1.04e-010

Local minimum found.

Optimization completed because the size of the gradient is less than
the selected value of the function tolerance.

<stopping criteria details>

x =
  Columns 1 through 8
    1.0000    0.5000    0.3333    0.2500    0.2000    0.1667    0.1429    0.1250

  Columns 9 through 16

    0.1111    0.1000    0.0909    0.0833    0.0769    0.0714    0.0667    0.0625

……  Columns 89 through 96

    0.0112    0.0111    0.0110    0.0109    0.0108    0.0106    0.0105    0.0104

  Columns 97 through 100

    0.0103    0.0102    0.0101    0.0100

fval =

  5.5649e-015

exitflag =

     1
output =

         iterations: 3
          funcCount: 404
           stepsize: 1
      firstorderopt: 1.0435e-010
          algorithm: 'medium-scale: Quasi-Newton line search'
            message: [1x471 char]
```

20.4.2 含参数优化问题

在实际问题种，优化常常在一定参数给定的情况下，对变量函数进行优化，有时这种含参数的优化问题还会在其他算法的迭代过程中出现，例如一般约束算法中都会有以无约束算法为单元的迭代过程。

例 20.6 函数为

$$\min_{x} f(x,a) = a_1 x_1^2 + a_2 x_2^2$$

在参数 a 给定的条件下，计算函数 $f(x,a)$ 的最小点。

① 目标函数程序 M 文件 ObjFunWithPara.m 如下：

```
function f = ObjFunWithPara(x,a)
% code by ariszheng@gmail.com 2010 - 7 - 20
f = a(1) * sin( x(1) ) + a(2) * x(2)^2
```

② 算法函数调用 M 文件 FunWithPara.m 如下：

```
% FunWithPara
a = [1,1]; % 设置参数
x0 = [0,0]; % 初始迭代点
[x,fval,exitflag,output] = fminsearch(@(x) ObjFunWithPara(x,a),x0)
% 目标函数输入形式@(x) ObjFunWithPara(x,a)表示其中 x 为变量
```

函数计算结果如下：

```
x =  % 最优解

   - 1.5708    0.0000

fval =  % 最优解对应的函数值
   - 1.0000

exitflag =

    1  % 算法正常结束,通常得到的为最优解

output =

     iterations : 61 % 算法迭代次数
      funcCount : 113 % 目标函数计算次数
      algorithm : 'Nelder - Mead simplex direct search' % 使用的算法名称
        message : [1x196 char]
```

第 21 章

资产收益率分布的拟合与检验

在统计推断中，通常假定总体服从一定的分布(例如正态分布)，然后在这个分布的基础上，构造相应的统计量，根据统计量的分布作出一些统计推断，而统计量的分布通常依赖于总体分布的假设，也就是说总体所服从的分布在统计推断中是至关重要的，会影响到结果的可靠性。从这个意义上来说，由样本观测数据去推断总体所服从的分布是非常必要的。指数与基金的收益率，介绍根据样本观测数据拟合总体的分布，并进行分布的检验。

本章主要内容包括：数据的描述性统计、分布的检验、核密度(kernel density)估计。其中，数据的描述性统计又包括均值、标准差、最大值、最小值、极差、中位数、众数、变异系数、偏度和峰度等描述性统计量，以及箱线图、经验分布函数图、频率直方图和正态概率图等统计图；分布的检验主要介绍 chi2gof、jbtest、kstest、kstest2、lillietest 等函数的用法。

21.1 案例描述

为使得整个分析过程更贴近实际，选取 2007—2008 年沪深 300 指数价格与博时主题(复权)净值数据(如图 21.1 所示)作为分析对象进行分布的拟合与检验。

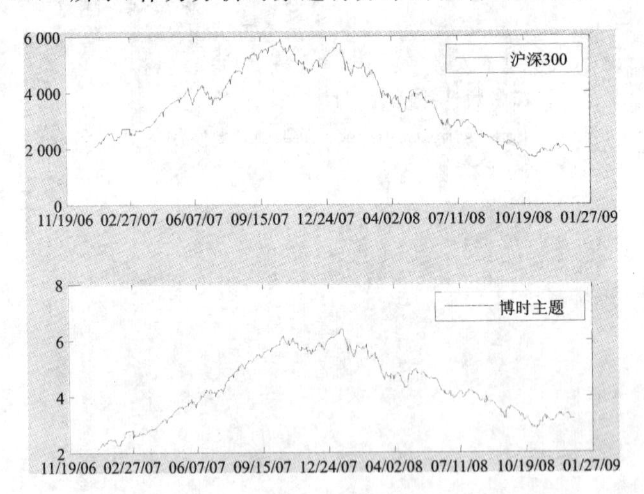

图 21.1　2007—2008 年沪深 300 指数与博时主题

首先，将数据从 Excel 文件中读取并以 Mat 格式存储，以便分析时使用。ReadData.m 函数如下：

```
%读取数据并存储数据
filename = 'funddata.xls'
%num 为数值格式的净值
```

```
%txt 为字符格式
[num,txt,raw] = xlsread(filename);
Date = datenum(txt(4:491,1));
%Hs300 指数为第一列
Hs300 = num(:,1);
%博时主题为第二列
BSZT = num(:,2);
%将沪深 300 指数、博时主题净值(复权)、
%日期数据存储在 TestData 中
save TestData Hs300 BSZT Date
%画图
subplot(2,1,1)
plot(Date,Hs300,'k');
%将时间轴的 数值日期转变为 月/年 格式
dateaxis('x',2)
legend('沪深 300')
subplot(2,1,2)
plot(Date,BSZT,'b--');
%将时间轴的 数值日期转变为 月/年 格式
dateaxis('x',2)
legend('博时主题')
```

21.2　数据的描述性统计

21.2.1　描述性统计量

在进行数据分析之前,先从几个特征数字上认识一下它们,也就是说计算几个描述性统计量,包括均值、标准差、最大值、最小值、极差、中位数、众数、变异系数、偏度和峰度。

1. 均　值

mean 函数用来计算样本均值,样本均值描述了样本观测数据取值相对集中的中心位置。下面用 mean 函数计算平均成绩。

```
load TestData
Hs300Rate = price2ret(Hs300);
m = mean(Hs300Rate)
>>
m = -2.6398e-004
```

2. 标准差

样本标准差描述了样本观测数据变异程度的大小,它有如下两种定义:

$$S=\sqrt{\frac{1}{n-1}\sum_{i=1}^{n}(X_i-\overline{X})^2} \tag{21.1}$$

$$S=\sqrt{\frac{1}{n}\sum_{i=1}^{n}(X_i-\overline{X})^2} \tag{21.2}$$

std 函数用来计算上述两种形式的标准差。

```
%收益率的日标准差 默认使用公式 1
s1 = std(Hs300Rate)
%标准差使用公式 1
s2 = std(Hs300Rate,0)
%标准差使用公式 2
s3 = std(Hs300Rate,1)
>>
s1 =

    0.0275
s2 =

    0.0275
s3 =

    0.0275
```

3. 最大值

max 函数用来计算样本最大值。

```
% 计算样本最大值
RateMax = max(Hs300Rate)
>>
%沪深 300 最大的单日涨幅为 0.0893
RateMax =

    0.0893

%最大值,最大值的位置
[RateMax,Idx] = max(Hs300Rate);
%最大值日期
Datestr(Date(Idx))
%最大值在数组的第 419 个
Idx =

   419
%日期为 2008 年 9 月 18 日
ans =
18 - Sep - 2008
```

4. 最小值

min 函数用来计算样本最小值。

```
% 计算样本最小值
RateMin = min(Hs300Rate)
%沪深 300 的最大跌幅为 9.7%
RateMin =
   - 0.0970
```

5. 极　差

range 函数用来计算样本的极差，极差可以作为样本观测数据变异程度大小的一个简单度量。

```
% 计算样本极差 = 最大值 - 最小值
RateRange = range(Hs300Rate)
RateRange1 = max(Hs300Rate) - min(Hs300Rate)
RateRange =
    0.1863
RateRange1 =
    0.1863
```

6. 中位数

将样本观测值从小到大依次排列，位于中间的那个观测值，称为样本中位数，它描述了样本观测数据的中间位置。median 函数用来计算样本的中位数。

```
% 计算样本中位数
RateMedian = median(Hs300Rate)
%沪深 300 收益率的中位数为 0.3 %
RateMedian =
    0.0030
```

与样本均值相比，中位数不受异常值的影响，具有较强的稳定性。

7. 众　数

mode 函数用来计算样本的众数，众数描述了样本观测数据中出现次数最多的数。

```
% 计算样本众数
RateMode = mode(Hs300Rate)
%沪深 300 指数收益率没有相同的数据，显示的是最小值
ans =

   - 0.0970
```

8. 变异系数

变异系数是衡量数据资料中各变量观测值变异程度的一个统计量。当进行两个或多个变量变异程度的比较时，如果单位与平均值均相同，可以直接利用标准差来比较。如果单位和(或)平均值不同时，比较其变异程度就不能采用标准差，而需采用标准差与平均数的比值(相对值)来比较。标准差与平均值的比值称为变异系数。MATLAB 中没有专门计算变异系数的函数，可以利用 std 和 mean 函数的比值来计算。

```
% 计算变异系数
>> RateCvar = std(Hs300Rate)/mean(Hs300Rate)

RateCvar =

 - 104.3280
```

9. 偏　度

skewness 函数用来计算样本的偏度,样本偏度反映了总体分布密度曲线的对称性信息,偏度越接近于 0,说明分布越对称,否则分布越偏斜。若偏度为负,说明样本服从左偏分布(概率密度的左尾巴长,顶点偏向右边);若偏度为正,样本服从右偏分布(概率密度的右尾巴长,顶点偏向左边)。

```
% 计算样本偏度
>> RateSkewness = skewness(Hs300Rate)

RateSkewness =

   - 0.3145
%2007 - 2008 年沪深 300 收益率为左偏分布
```

10. 峰　度

kurtosis 函数按 $\gamma = B_4/B_2^2$ 来计算样本的峰度,其中 B_2 为样本的 2 阶中心矩,B_4 为样本的 4 阶中心矩。样本峰度反映了总体分布密度曲线在其峰值附近的陡峭程度。正态分布的峰度为 3,若样本峰度大于 3,说明总体分布密度曲线在其峰值附近比正态分布来得陡;若样本峰度小于 3,说明总体分布密度曲线在其峰值附近比正态分布来得平缓。也有一些统计教材中定义峰度为 $\gamma = \frac{B_4}{B_2^2} - 3$,在这种定义下,正态分布的峰度为 0。

```
% 计算样本峰度
RateKurtosis = kurtosis(Hs300Rate)

RateKurtosis =

    3.7490
%2007 - 2008 年沪深 300 收益率为"尖峰分布"
```

21.2.2　统计图

1. 箱线图

箱线图非常直观的反映了样本数据的分散程度以及总体分布的对称性和尾重,利用箱线图还可以直观地识别样本数据中的异常值。

MATLAB 统计工具箱中提供了 boxplot 函数,用来绘制箱线图。

```
figure;      % 新建图形窗口
% 箱线图的标签
boxlabel = {'沪深 300 指数'};
% 绘制带有刻槽的水平箱线图
boxplot(Hs300Rate,boxlabel,'notch','on','orientation','horizontal')
% 为 X 轴加标签
xlabel('收益率');
```

绘制箱线图如图 21.2 所示。

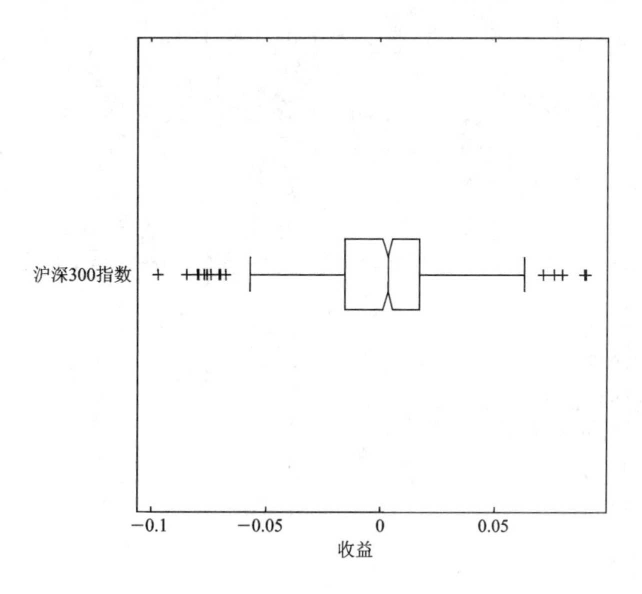

图 21.2　沪深 300 指数的箱线图

图 21.2 中箱子的左右边界分别是样本 0.25 分位数 $m_{0.25}$ 和 0.75 分位数 $m_{0.75}$，箱子中间刻槽处的标记线位置是样本中位数 $m_{0.5}$。默认情况下，从箱子的左边界引出的虚线延伸至 $m_{0.25}-1.5(m_{0.75}-m_{0.25})$ 位置，从箱子的右边界引出的虚线延伸至 $m_{0.75}+1.5(m_{0.75}-m_{0.25})$ 位置，而落在区间 $[m_{0.25}-1.5(m_{0.75}-m_{0.25}),m_{0.75}+1.5(m_{0.75}-m_{0.25})]$ 之外的样本点被作为异常点（或称离群点），用红色的“+”号标出。

2. 经验分布函数图

MATLAB 统计工具箱中提供了 cdfplot 和 ecdf 函数，用来绘制样本经验分布函数图。可以把经验分布函数图和某种理论分布的分布函数图叠放在一起，以对比它们的区别。

```
% 载入数据并计算沪深 300 收益率
load TestData
% 指数价格转化为收益率
Hs300Rate = price2ret(Hs300);
figure;      % 新建图形窗口
% 绘制经验分布函数图，并返回图形句柄 h 和结构体变量 stats
% 结构体变量 stats 有 5 个字段，分别对应最小值、最大值、平均值、中位数和标准差
[h,stats] = cdfplot(Hs300Rate)
% 设置线条颜色为黑色，线宽为 2
set(h,'color','k','LineWidth',2);
% 产生一个新的横坐标向量 x
x = -0.1:0.001:0.1;
% 计算均值为 stats.mean，标准差为 stats.std 的正态分布在向量 x 处的分布函数值
y = normcdf(x,stats.mean,stats.std);
hold on
% 绘制正态分布的分布函数曲线，并设置线条为品红色虚线，线宽为 2
plot(x,y,':m','LineWidth',2);
% 添加标注框，并设置标注框的位置在图形窗口的左上角
```

```
legend('经验分布函数','理论正态分布','Location','NorthWest');

计算结果
>>
h =

  347.0088
% 结构体变量 stats 有 5 个字段,分别对应最小值、最大值、平均值、中位数和标准差
stats =

       min :- 0.0970
       max :0.0893
      mean :- 2.6398e - 004
    median :0.0030
       std :0.0275
```

绘图如图 21.3 所示。

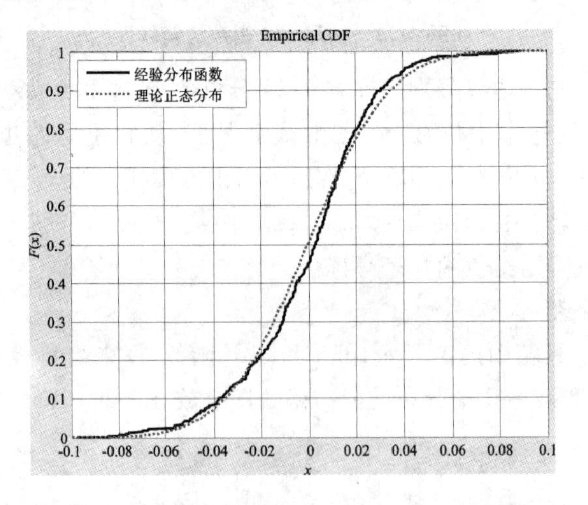

图 21.3　经验分布函数和理论正态分布函数图

如图 21.3 所示,将经验分布函数图和均值为－2.639 8e－004,标准差为 0.027 5 的正态分布的分布函数图叠放在一起,可以看出它们附和得比较好,也就是说沪深 300 的收益率数据更近似服从正态分布。

3. 频率直方图

代码如下:

```
利用 MATLAB 统计工具箱中的 ecdf 和 ecdfhist 函数,可以绘制频率直方图
%载入数据并计算沪深 300 收益率
load TestData
%将指数价格转换为收益率
Hs300Rate = price2ret(Hs300);
figure;      % 新建图形窗口
[f, xc] = ecdf(Hs300Rate);    % 调用 ecdf 函数计算 xc 处的经验分布函数值 f
ecdfhist(f, xc, 20);     % 绘制频率直方图
xlabel('沪深 300 收益率');   % 为 X 轴加标签
```

```
ylabel('f(x)');   % 为 Y 轴加标签
 % 产生一个新的横坐标向量 x
x = - 0.1:0.001:0.1;
 % 计算均值为 stats.mean,标准差为 stats.std 的正态分布在向量 x 处的密度函数值
y = normpdf(x,stats.mean,stats.std);
hold on
plot(x,y,'k','LineWidth',2) % 绘制正态分布的密度函数曲线,并设置线条为黑色实线,线宽为 2
 % 添加标注框,并设置标注框的位置在图形窗口的左上角
legend(' 频率直方图 ',' 正态分布密度曲线 ','Location','NorthWest');
```

以上代码作出的频率直方图如图 21.4 所示,也可看出频率直方图与均值为－2.639 8e －004,标准差为 0.027 5 的正态分布的密度函数图附和得比较好。

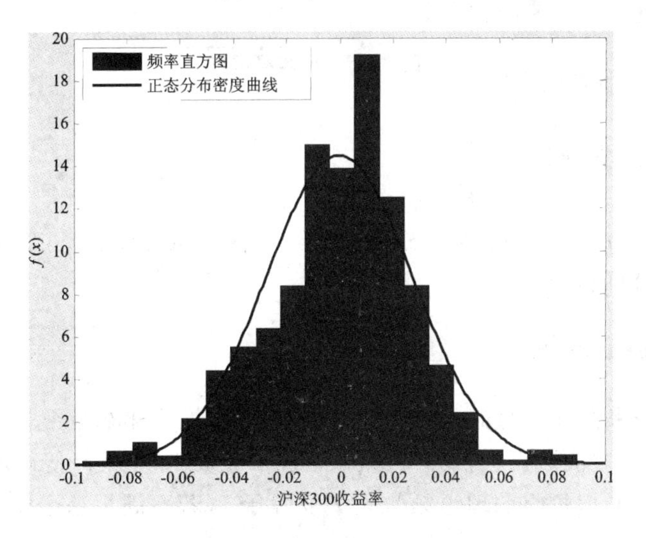

图 21.4　频率直方图和理论正态分布密度函数图

4. 正态概率图

MATLAB 统计工具箱中提供了 normplot 函数,用来绘制正态概率图。

```
 %载入数据并计算沪深 300 收益率
load TestData
 %将指数价格转换为收益率
Hs300Rate = price2ret(Hs300);
figure;                    % 新建图形窗口
normplot(Hs300Rate);       % 绘制正态概率图
```

绘制的正态概率图如图 21.5 所示。

从图 21.5 所示的正态概率图可以看出,数据与正态分布存在一定的差异,具有明显的“厚尾”效应。

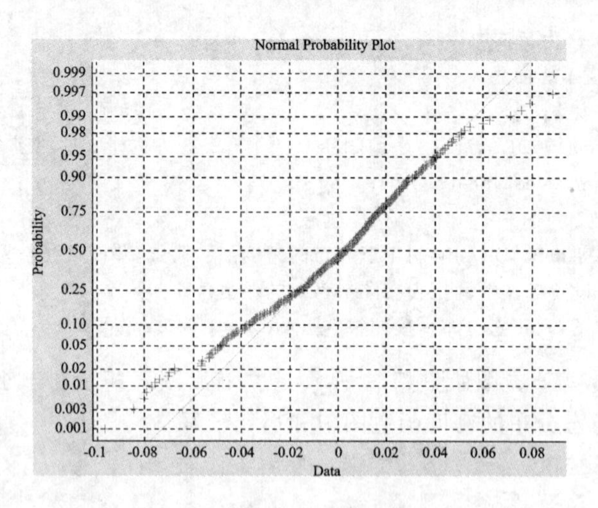

图 21.5 正态概率图

21.3 分布的检验

MATLAB 统计工具箱中提供了 chi2gof、jbtest、kstest、kstest2、lillietest 函数，用来进行分布的检验，下面分别介绍。

21.3.1 chi2gof 函数

chi2gof 函数用来作分布的 χ^2(卡方)拟合优度检验，检验样本是否服从指定的分布。它用若干个小区间把样本观测数据进行分组(默认情况下分成 10 个组)，使得理论上每组(或区间)包含 5 个以上的观测，即每组的理论频数大于或等于 5，若不满足这个要求，可以通过合并相邻的组来达到这个要求。根据分组结果计算的 χ^2 检验统计量，当样本容量足够大时，该统计量近似服从自由度为 nbins－1－nparams 的 χ^2 分布，其中 nbins 为组数，nparams 为总体分布中待估参数。当 χ^2 检验统计量的观测值超过临界值 χ^2_α(nbins－1－nparams)时，在显著性水平 α 下即可认为样本不服从指定的分布。

chi2gof 函数的语法如下：

```
h = chi2gof(x)
[h,p] = chi2gof(…)
[h,p,stats] = chi2gof(…)
[…] = chi2gof(X,name1,val1,name2,val2, …)
```

1. h = chi2gof(x)

进行 χ^2 拟合优度检验，检验样本 x(一个实值向量)是否服从正态分布，原假设为样本 x 服从正态分布，其中分布参数由 x 进行估计。输出参数 h 等于 0 或 1，若为 0，则在显著性水平 0.05 下接受原假设，认为 x 服从正态总体；若为 1，则在显著性水平 0.05 下拒绝原假设。

2. [h,p] = chi2gof(…)

返回检验的 p 值。当 p 值小于或等于显著性水平 α 时，拒绝原假设，否则接受原假设。

3. [h,p,stats] = chi2gof(…)

返回一个结构体变量 stats,它包含以下字段:

- chi2stat　χ^2 检验统计量;
- df　自由度;
- edges　合并后各区间的边界向量;
- O　落入每个小区间内观测的个数,即实际频数;
- E　每个小区间对应的理论频数。

以沪深 300 收益率数据为例,有以下结果。

```
%载入数据并计算沪深300收益率
load TestData
%将指数价格转换为收益率
Hs300Rate = price2ret(Hs300);
% 进行卡方拟合优度检验
[h,p,stats] = chi2gof(Hs300Rate)

h =

    1
p =

    0.0129
stats =

    chi2stat :14.4682
          df :5
       edges :[1x9 double]
           O :[11 30 54 106 150 95 32 9]
           E :[1x8 double]
```

由于 $h = 1$,在显著性水平 0.05 下,可以认为数据不服从均值为−2.639 8e−004,标准差为 0.027 5 的正态分布。结构体变量 stats 的值表明通过合并相邻区间,初始的 10 个小区间最终被合并成 8 个小区间,从 stats.edges 的值查看区间端点,从 stats.O 的值查看每个小区间实际包含的观测个数,从 stats.E 的值查看每个小区间对应的理论频数。

21.3.2 jbtest 函数

jbtest 函数用来作 Jarque - Bera 检验,检验样本是否服从正态分布,调用该函数时不需要指定分布的均值和方差。由于正态分布的偏度为 0,峰度为 3,若样本服从正态分布,则样本偏度应接近于 0,样本峰度应接近于 3,基于此,Jarque - Bera 检验利用样本偏度和峰度构造检验统计量为

$$\mathrm{JB} = \frac{n}{6}\left[s^2 + \frac{(k-3)^2}{4}\right]$$

式中:n 为样本容量;s 为样本偏度;k 为样本峰度。当样本容量 n 足够大时,Jarque - Bera 公式的检验统计量近似服从自由度为 2 的 χ^2 分布。

jbtest 函数中内置了一个临界值表(33 行 17 列),其中前 32 行是由蒙特卡洛模拟法计算得出,对应 32 种样本容量(均在 2 000 及以下),最后一行是自由度为 2 的 χ^2 分布的分位数表,对应的样本容量为 inf(无穷),这个临界值表的 17 列分别对应从 0.001~0.5 的 17 种不同的显著性水平。在调用 jbtest 函数作分布的检验时,jbtest 函数会根据实际的样本容量和用户指定的显著性水平,在内置的临界值表上利用样条插值计算临界值,如果用户指定的显著性水平不在 0.001~0.5 范围内,jbtest 函数会利用蒙特卡洛模拟法计算临界值。当 Jarque-Bera 公式的检验统计量的观测值大于或等于这个临界值时,jbtest 函数会作出拒绝原假设的推断,其中原假设表示样本服从正态分布。

jbtest 函数的语法如下:

```
h = jbtest(x)
h = jbtest(x,alpha)
[h,p] = jbtest(…)
[h,p,jbstat] = jbtest(…)
[h,p,jbstat,critval] = jbtest(…)
[h,p,…] = jbtest(x,alpha,mctol)
```

1. h = jbtest(x)

检验样本 x 是否服从均值和方差未知的正态分布,原假设是 x 服从正态分布。当输出 $h=1$时,表示在显著性水平 $\alpha=0.05$ 下拒绝原假设;当 $h=0$ 时,则在显著性水平 $\alpha=0.05$ 下接受原假设。jbtest 函数会把 x 中的 NaN 作为缺失数据而忽略它们。

2. h = jbtest(x,alpha)

指定显著性水平 alpha 进行分布的检验,原假设和对立假设同上。alpha 的取值范围是[0.001, 0.50],若 alpha 的取值超出了这个范围,请用 jbtest 函数的最后一种调用方式。

3. [h,p] = jbtest(…)

返回检验的 p 值,当 p 值小于或等于给定的显著性水平 α 时,拒绝原假设。p 值是通过在内置的临界值表上反插值计算得到,若在区间[0.001, 0.50]上找不到合适的 p 值,jbtest 函数会给出一个警告信息,并返回区间的端点,此时应该用 jbtest 函数的最后一种调用方式,计算更精确的 p 值。

4. [h,p,jbstat] = jbtest(…)

返回检验统计量的观测值 jbstat。

5. [h,p,jbstat,critval] = jbtest(…)

返回检验的临界值 critval。当 jbstat $\geqslant$ critval 时,在显著性水平 α 下拒绝原假设。

6. [h,p,…] = jbtest(x,alpha,mctol)

指定一个终止容限 mctol,利用蒙特卡洛模拟法计算 p 值的近似值。当 alpha 或 p 的取值不在区间[0.001, 0.50]上时,就需要利用这种调用方式。jbtest 函数会进行足够多次的蒙特卡洛模拟,使得 p 值的蒙特卡洛标准误差满足

$$\sqrt{\frac{p(1-p)}{\text{mcreps}}} < \text{mctol}$$

式中:mcreps 为重复模拟次数。

注:jbtest 函数只是基于样本偏度和峰度进行正态性检验,结果受异常值的影响比较大,

可能会出现比较大的偏差。例如以下代码：

```
>> randn('seed',0)   % 指定随机数生成器的初始种子为 0
>> x = randn(10000,1);   % 生成 10000 个服从标准正态分布的随机数
>> h = jbtest(x)   % 调用 jbtest 函数进行正态性检验
h =
     0
>> x(end) = 5;   % 将向量 x 的最后一个元素改为 5
>> h = jbtest(x)   % 再次调用 jbtest 函数进行正态性检验
h =
     1
```

从以上结果可以看出，对于一个包含 10 000 个元素的标准正态分布随机数向量，只改变它的最后一个元素的取值，就导致检验的结论完全相反，这就充分反映了 jbtest 函数的局限性。

对于沪深 300 指数收益率数据，调用 jbtest 函数进行正态性检验的命令与结果如下：

```
%载入数据并计算沪深 300 收益率
load TestData
%将指数价格转换为收益率
Hs300Rate = price2ret(Hs300);
% 调用 jbtest 函数进行 Jarque - Bera 检验
[h,p,jbstat,critval] = jbtest(Hs300Rate)
>>

h =

     1

p =

    0.0016

jbstat =

   19.4131

critval =

    5.8545
```

由于 $h = 1$，所以在显著性水平 0.05 下拒绝原假设，认为总成绩数据不服从正态分布。鉴于 jbtest 函数的局限性，这个结论仅作为参考，还应结合其他函数的检验结果，作出综合的推断。

21.3.3 kstest 函数

kstest 函数用来作单个样本的 Kolmogorov - Smirnov 检验，它可以作双侧检验，检验样本是否服从指定的分布；也可以作单侧检验，检验样本的分布函数是否在指定的分布函数之上或之下，这里的分布是完全确定的，不含有未知参数。kstest 函数根据样本的经验分布函数 $F_n(x)$ 和指定的分布函数 $G(x)$ 构造检验统计量

$$\mathrm{KS} = \max(|F_n(x) - G(x)|)$$

kstest 函数中也有内置的临界值表,这个临界值表对应 5 种不同的显著性水平。对于用户指定的显著性水平,当样本容量小于或等于 20 时,kstest 函数通过在临界值表上作线性插值来计算临界值;当样本容量大于 20 时,通过一种近似方法求临界值。如果用户指定的显著性水平超出了某个范围(双侧检验是 0.01~0.2,单侧检验是 0.005~0.1)时,计算出的临界值为 NaN。kstest 函数把计算出的检验的 p 值与用户指定的显著性水平 α 作比较,从而作出拒绝或接受原假设的判断。对于双侧检验,当 $p \leqslant \frac{\alpha}{2}$ 时,拒绝原假设;对于单侧检验,当 $p \leqslant \alpha$ 时,拒绝原假设。

kstest 函数的语法如下:

h = kstest(x)

h = kstest(x,CDF)

h = kstest(x,CDF,alpha)

h = kstest(x,CDF,alpha,type)

[h,p,ksstat,cv] = kstest(…)

1. h = kstest(x)

检验样本 x 是否服从标准正态分布,原假设是 x 服从标准正态分布,对立假设是 x 不服从标准正态分布。当输出 $h = 1$ 时,在显著性水平 $\alpha = 0.05$ 下拒绝原假设;当 $h = 0$ 时,则在显著性水平 $\alpha = 0.05$ 下接受原假设。

2. h = kstest(x,CDF)

检验样本 x 是否服从由 CDF 定义的连续分布。这里的 CDF 可以是包含两列元素的矩阵,也可以是概率分布对象,如 ProbDistUnivParam 类对象或 ProbDistUnivKernel 类对象。当 CDF 是包含两列元素的矩阵时,它的第 1 列表示随机变量的可能取值,可以是样本 x 中的值,也可以不是,但是样本 x 中的所有值必须在 CDF 的第 1 列元素的最小值与最大值之间。CDF 的第 2 列是指定分布函数 $G(x)$ 的取值。如果 CDF 为空(即[]),则检验样本 x 是否服从标准正态分布。

3. h = kstest(x,CDF,alpha)

指定检验的显著性水平 alpha,默认值为 0.05。

4. h = kstest(x,CDF,alpha,type)

用 type 参数指定检验的类型(双侧或单侧)。type 参数的可能取值如下:

- 'unequal'　双侧检验,对立假设是总体分布函数不等于指定的分布函数。
- 'larger'　单侧检验,对立假设是总体分布函数大于指定的分布函数。
- 'smaller'　单侧检验,对立假设是总体分布函数小于指定的分布函数。

其中,后两种情况下算出的检验统计量不用绝对值。

5. [h,p,ksstat,cv] = kstest(…)

返回检验的 p 值、检验统计量的观测值 ksstat 和临界值 cv。

针对沪深 300 指数收益率数据,调用 kstest 函数检验总成绩是否服从均值为−2.639 8e−004,标准差为 0.027 5 的正态分布,代码和运行结果如下:

```
%计算均值
m = mean(Hs300Rate);
%计算方差
```

```
s = std(Hs300Rate);
% 生成 cdf 矩阵,用来指定分布:均值为 m,标准差为 s 的正态分布
cdf = [Hs300Rate, normcdf(Hs300Rate, m, s)];
% 调用 kstest 函数,检验总成绩是否服从由 cdf 指定的分布
[h,p,ksstat,cv] = kstest(Hs300Rate,cdf)
>>
h =

    0
p =

    0.0663
ksstat =

    0.0588
cv =

    0.0612
```

由于 $h = 0$,但显著性水平高于 0.05,不接受原假设,数据不服从均值为 $-2.639\,8e-004$,标准差为 0.027 5 的正态分布。

21.3.4 kstest2 函数

kstest2 函数用来作两个样本的 Kolmogorov - Smirnov 检验,它可以作双侧检验,检验两个样本是否服从相同的分布,也可以作单侧检验,检验一个样本的分布函数是否在另一个样本的分布函数之上或之下,这里的分布是完全确定的,不含有未知参数。kstest2 函数对比两样本的经验分布函数,构造检验统计量。

$$\mathrm{KS} = \max(|F_1(x) - F_2(x)|)$$

式中:$F_1(x)$ 和 $F_2(x)$ 分别为两样本的经验分布函数。

kstest2 函数把计算出的检验的 p 值与用户指定的显著性水平 α 作比较,从而作出拒绝或接受原假设的判断,具体见函数的调用说明。

kstest2 函数的语法如下:

h = kstest2(x1,x2)

h = kstest2(x1,x2,alpha)

h = kstest2(x1,x2,alpha,type)

[h,p] = kstest2(…)

[h,p,ks2stat] = kstest2(…)

1. h = kstest2(x1,x2)

检验样本 x1 与 x2 是否具有相同的分布,原假设是 x1 与 x2 来自相同的连续分布,对立假设是来自于不同的连续分布。当输出 $h = 1$ 时,在显著性水平 $\alpha = 0.05$ 下拒绝原假设;当 $h = 0$时,则在显著性水平 $\alpha = 0.05$ 下接受原假设。这里并不要求 x1 与 x2 具有相同的长度。

2. h = kstest2(x1,x2,alpha)

指定检验的显著性水平 alpha,默认值为 0.05。

3. h = kstest2(x1,x2,alpha,type)

用 type 参数指定检验的类型(双侧或单侧)。type 参数的可能取值如下:

- 'unequal'　双侧检验,对立假设是两个总体的分布函数不相等。
- 'larger'　单侧检验,对立假设是第 1 个总体的分布函数大于第 2 个总体的分布函数。
- 'smaller'　单侧检验,对立假设是第 1 个总体的分布函数小于第 2 个总体的分布函数。

其中,后两种情况下算出的检验统计量不用绝对值。

4. [h,p] = kstest2(…)

返回检验的渐近值 p,当 p 值小于或等于给定的显著性水平 α 时,拒绝原假设。样本容量越大,p 值越精确,通常要求

$$\frac{n_1 n_2}{n_1 + n_2} \geqslant 4$$

其中,n_1、n_2 分别为样本 x_1、x_2 的样本容量。

5. [h,p,ks2stat] = kstest2(…)

还返回检验统计量的观测值 ks2stat。

针对沪深 300 收益率的数据,调用 kstest2 函数检验 2007 年和 2008 年的收益率数据是否服从相同的分布,代码及运行结果如下:

```
%载入数据并计算沪深 300 收益率
load TestData
%计算 2007 年沪深 300 指数的收益率数据
%日期年份为 2007 的数据
Idx2007 = find(year(Date) == 2007);
IndexPrice2007 = Hs300(Idx2007);
%将价格序列转换为收益率序列
IndexRate2007 = price2ret(IndexPrice2007);
%计算 2008 年沪深 300 指数的收益率数据
%日期年份为 2008 的数据
Idx2008 = find(year(Date) == 2008);
IndexPrice2008 = Hs300(Idx2008);
%将价格序列转换为收益率序列
IndexRate2008 = price2ret(IndexPrice2008);
% 调用 kstest2 函数检验两组收益率是否服从相同的分布
[h,p,ks2stat] = kstest2(IndexRate2007,IndexRate2008)
>>
h =

     1


p =

   5.1238e-006


ks2stat =

    0.2275
```

由于 $h = 1$，所以在显著性水平 0.05 下，不接受原假设，认为 2007 和 2008 年的数据不服从相同的分布。下面作出两组收益率的经验分布函数图，如图 21.6 所示。从图上也可直观地看出分布的异同。

```
figure;     % 新建图形窗口
% 绘制 2007 年收益序列经验分布函数图
F1 = cdfplot(IndexRate2007);
% 设置线宽为 2，颜色为红色
set(F1,'LineWidth',2,'Color','r')
hold on
% 绘制 2008 年收益序列经验分布函数图
F2 = cdfplot(IndexRate2008);
% 设置线型为点划线，线宽为 2，颜色为黑色
set(F2,'LineStyle','-.','LineWidth',2,'Color','k')
% 为图形加标注框，标注框的位置在坐标系的左上角
legend('2007 年','2008 年',...
       'Location','NorthWest')
```

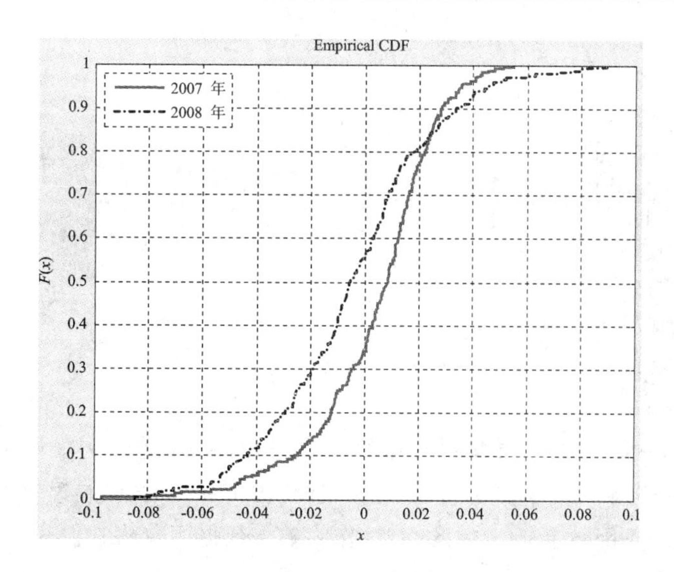

图 21.6 两组收益率的经验分布函数图

可以看出，沪深 300 指数 2007 年收益序列明显的优于 2008 年的收益性，直观地验证了调用 kstest2 函数得出的检验结果，可认为两组收益率服从不相同的分布。

注：利用 kstest2 函数还能检验单个样本是否服从指定的分布。将要检验分布的样本作为第 1 个样本，然后产生足够多的服从指定分布的随机数作为第 2 个样本，最后调用 kstest2 函数检验两样本是否服从相同的分布即可。

21.3.5 lillietest 函数

当总体均值和方差未知时，Lilliefors(1967)提出用样本均值 $\bar{x}$ 和标准差 s 代替总体的均值 μ 和标准差 σ，然后使用 Kolmogorov - Smirnov 检验，这就是所谓的 Lilliefors 检验。

lillietest 函数用来作 Lilliefors 检验，检验样本是否服从指定的分布，这里分布的参数都

是未知的,需根据样本作出估计。可用的分布有正态分布、指数分布和极值分布,它们都属于位置尺度分布族(分布中包含位置参数和尺度参数),lillietest 函数不能用于非位置尺度分布族分布的检验。

Lilliefors 检验是双侧拟合优度检验,它根据样本经验分布函数和指定分布的分布函数构造检验统计量。

$$\mathrm{KS} = \max_{x} \mid \mathrm{SCDF}(x) - \mathrm{CDF}(x) \mid$$

式中:SCDF (x) 是样本经验分布函数;CDF (x) 是指定分布的分布函数。

针对正态分布、指数分布和极值分布,lillietest 函数中分别内置了一个临界值表,是由蒙特卡洛模拟法计算得出的,这个临界值表的各列分别对应 0.001~0.5 的 12 种不同的显著性水平,各行对应 4~20 以及 20 以上共 18 种不同的样本容量。在调用 lillietest 函数作分布的检验时,lillietest 函数会根据实际的样本容量和用户指定的显著性水平,在内置的临界值表上利用样条插值计算临界值,如果用户指定的显著性水平不在 0.001~0.5 范围内,lillietest 函数会利用蒙特卡洛模拟法计算临界值。当 Lilliefors 公式的检验统计量的观测值大于或等于这个临界值时,lillietest 函数会作出拒绝原假设的推断,其中原假设表示样本服从指定的分布。

lillietest 函数的语法如下:

```
h = lillietest(x)
h = lillietest(x,alpha)
h = lillietest(x,alpha,distr)
[h,p] = lillietest(…)
[h,p,kstat] = lillietest(…)
[h,p,kstat,critval] = lillietest(…)
[h,p,…] = lillietest(x,alpha,distr,mctol)
```

1. h = lillietest(x)

检验样本 x 是否服从均值和方差未知的正态分布,原假设是 x 服从正态分布。当输出 $h=1$时,表示在显著性水平 $\alpha=0.05$ 下拒绝原假设;当 $h=0$ 时,则在显著性水平 $\alpha=0.05$ 下接受原假设。lillietest 函数会把 x 中的 NaN 作为缺失数据而忽略它们。

2. h = lillietest(x,alpha)

指定显著性水平 alpha 进行分布的检验,原假设和对立假设同上。alpha 的取值范围是[0.001, 0.50],若 alpha 的取值超出了这个范围,请用 lillietest 函数的最后一种调用方式。

3. h = lillietest(x,alpha,distr)

检验样本 x 是否服从参数 distr 指定的分布,distr 为字符串变量,可能的取值为 'norm'(正态分布,默认情况)、'exp'(指数分布)、'ev'(极值分布)。

4. [h,p] = lillietest(…)

返回检验的 p 值,当 p 值小于或等于给定的显著性水平 α 时,拒绝原假设。p 值是通过在内置的临界值表上反插值计算得到,若在区间[0.001, 0.50]上找不到合适的 p 值,lillietest 函数会给出一个警告信息,并返回区间的端点,此时应该用 lillietest 函数的最后一种调用方式,计算更精确的 p 值。

5. [h,p,kstat] = lillietest(…)

返回检验统计量的观测值 kstat。

6. [h,p,kstat,critval] = lillietest(…)

返回检验的临界值 critval。当 kstat ≥ critval 时，在显著性水平 α 下拒绝原假设。

7. [h,p,…] = lillietest(x,alpha,distr,mctol)

指定一个终止容限 mctol，直接利用蒙特卡洛模拟法计算 p 值的近似值，而不是插值法。当 alpha 或 p 的取值不在区间[0.001, 0.50]上时，就需要利用这种调用方式。lillietest 函数会进行足够多次的蒙特卡洛模拟，使得 p 值的蒙特卡洛标准误差满足

$$\sqrt{\frac{p(1-p)}{\text{mcreps}}} < \text{mctol}$$

式中：mcreps 为重复模拟次数。

针对沪深 300 指数收益率数据，调用 lillietest 函数进行正态性检验的代码及运行结果如下：

```
% 载入数据并计算沪深 300 收益率
load TestData
% 将指数价格转换为收益率
Hs300Rate = price2ret(Hs300);
% 调用 lillietest 函数进行 Lilliefors 检验，检验总成绩数据是否服从正态分布
[h,p,kstat,critval] = lillietest(Hs300Rate)
>>

h =

     1
p =

  1.0000e-003
kstat =

    0.0588
critval =

    0.0408
```

由于 $h=1$，所以在显著性水平 0.05 下，不能接受原假设，沪深 300 收益序列不服从正态分布，由于 Lilliefors 检验用样本均值 $\bar{x}$ 和标准差 s 代替总体的均值 μ 和标准差 σ，故正态分布的均值为 −2.639 8e−004，标准差为 0.027 5。

21.3.6　最终的结论

前面介绍了 chi2gof、jbtest、kstest、kstest2、lillietest 等函数的用法，并分别调用这些函数对 2007—2008 年沪深 300 指数收益率中的总成绩数据进行了正态性检验（如表 21.1 所列），原假设是总成绩数据服从均值为 −2.639 8e−004，标准差为 0.027 5。

表 21.1 正态性检验的结果(显著性水平为 0.05)

函数名	检验结论	检验的 p 值
chi2gof	拒绝原假设	0.012 9
jbtest	拒绝原假设	0.001 6
kstest	拒绝原假设	0.066 3
kstest2	拒绝原假设	5.123 8e−006
lillietest	拒绝原假设	1.000 0e−003

从表 21.1 可以看出,在显著性水平 $\alpha=0.05$ 下,2007—2008 年沪深 300 指数收益率序列不服从正态分布。

21.4 投资组合分布图比较

通常比较资产组合的方法是投资组合绩效指标,例如累积收益率、波动率、夏普比率等指标。换一个角度,或许可以使用分布图对不同的投资组合进行比较。在分布图中,可以更直观地看到两个组合差异的原因,在收益率高或低的时候与基准的收益差距。

例 将 2007—2008 年博时主题与沪深 300 指数的组合收益率分别进行分布图比较。

步骤 1:通过累计收益率的进行直接的比较。

```
%载入数据并计算沪深 300 收益率
load TestData
figure %画图
plot(Date,Hs300/Hs300(1),'k',Date,BSZT/BSZT(1),'b--');
%将时间轴的 数值日期转变为 年 格式
dateaxis('x')
%标记
legend('沪深 300','博时主题')
xlabel('date')
ylabel('price')
```

结果如图 21.7 所示。

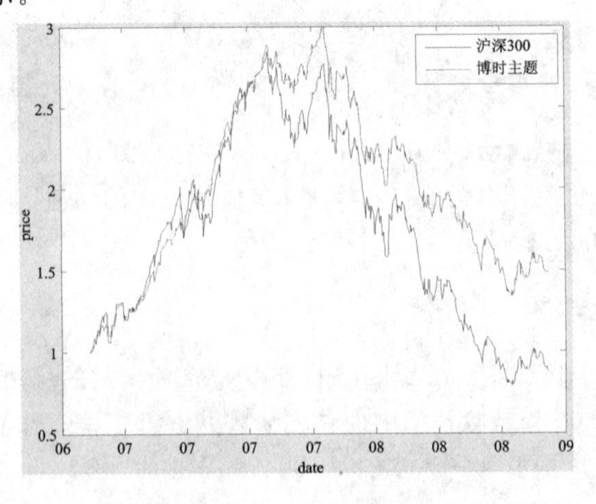

图 21.7 组合净值比较图

注:从净值或累计图比较,可以直观发现博时主题在 2007 年的时候紧跟沪深 300 的涨幅,但在 2008 年,市场下跌的过程博时主题的跌幅明显小于沪深 300 的跌幅。

步骤 2:组合收益率进行分布图比较。

```
%载入数据并计算沪深 300 收益率
load TestData
%将指数价格转换为收益率
Hs300Rate = price2ret(Hs300);
BSZTRate = price2ret(BSZT);
figure;       % 新建图形窗口
% 沪深 300 收益序列经验分布函数图
F1 = cdfplot(Hs300Rate);
% 设置线宽为 2,颜色为红色
set(F1,'LineWidth',2,'Color','r')
hold on
% 博时主题收益序列经验分布函数图
F2 = cdfplot(BSZTRate);
% 设置线型为点划线,线宽为 2,颜色为黑色
set(F2,'LineStyle','-.','LineWidth',2,'Color','k')
% 为图形加标注框,标注框的位置在坐标系的左上角
legend('沪深 300','博时主题',...
       'Location','NorthWest')
```

结果如图 21.8 所示。

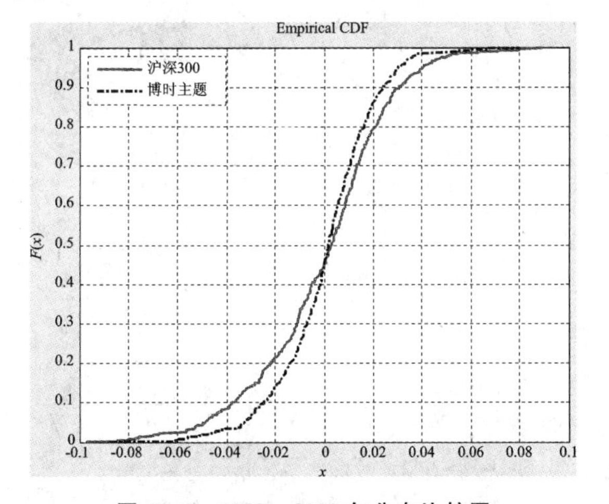

图 21.8　2007—2008 年分布比较图

通过 2007—2008 年博时主题与沪深 300 指数资产收益率的分布图比较,可以直观地发现博时主题收益率的平均值高于沪深 300 指数,同时收益率的波动率低于沪深 300 指数。

步骤 3:将 2007 年与 2008 年组合收益率分别进行分布图比较。

```
%载入数据并计算沪深 300 收益率
load TestData
%将指数价格转换为收益率
figure;       % 新建图形窗口
%2007 年的比较图
idx2007 = find(year(Date) == 2007)
```

```
Hs300Rate1 = price2ret(Hs300(idx2007));
BSZTRate1 = price2ret(BSZT(idx2007));
subplot(2,1,1)
% 沪深 300 收益序列经验分布函数图
F1 = cdfplot(Hs300Rate1);
% 设置线宽为 2,颜色为红色
set(F1,'LineWidth',2,'Color','r')
hold on
% 博时主题收益序列经验分布函数图
F2 = cdfplot(BSZTRate1);
% 设置线型为点划线,线宽为 2,颜色为黑色
set(F2,'LineStyle','-.','LineWidth',2,'Color','k')
% 为图形加标注框,标注框的位置在坐标系的左上角
legend('沪深 300','博时主题',...
        'Location','NorthWest')
title('2007 年')
%%
idx2008 = find(year(Date) == 2008)
Hs300Rate2 = price2ret(Hs300(idx2008));
BSZTRate2 = price2ret(BSZT(idx2008));
subplot(2,1,2)
% 沪深 300 收益序列经验分布函数图
F1 = cdfplot(Hs300Rate2);
% 设置线宽为 2,颜色为红色
set(F1,'LineWidth',2,'Color','r')
hold on
% 博时主题收益序列经验分布函数图
F2 = cdfplot(BSZTRate2);
% 设置线型为点划线,线宽为 2,颜色为黑色
set(F2,'LineStyle','-.','LineWidth',2,'Color','k')
% 为图形加标注框,标注框的位置在坐标系的左上角
legend('沪深 300','博时主题',...
        'Location','NorthWest')
title('2008 年')
```

结果如图 21.9 所示。

通过 2007 年与 2008 年博时主题与沪深 300 指数资产收益率的分布图比较,可以直观地发现无论在 2007 年还是 2008 年博时主题的收益率平均值高于沪深 300 指数,同时收益率波动率低于沪深 300 指数。在 2008 年图中更明显地发现沪深 300 指数的“左后尾”十分明显,而博时主题的“左后尾”较沪深 300 指数的较小,表明在市场下跌过程中,博时主题的抗跌性显著。

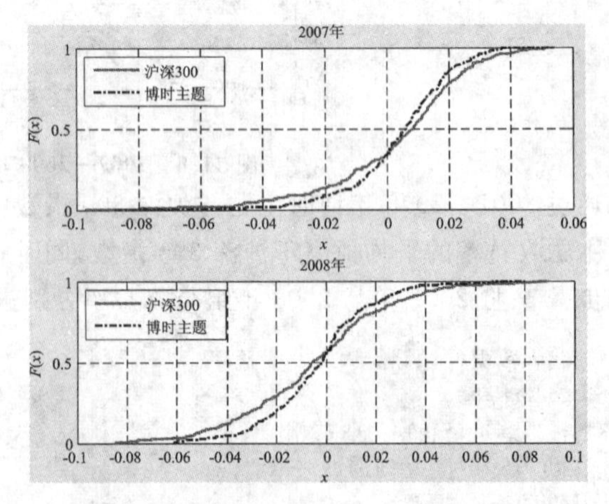

图 21.9　2007 年与 2008 年分布比较图

第22章

技术分析——指标计算与绘图

证券市场的价格是复杂变化的，投资者在这个市场上进行投资时都要有一套方法来制定或选择投资策略进行投资。股票技术分析是以预测市场价格变化的未来趋势为目的，通过分析历史图表对市场价格的运动进行分析的一种方法。股票技术分析是证券投资市场中非常普遍应用的一种分析方法。本章将使用 MATLAB 函数计算主要技术分析指标并绘图。

22.1 理论简介

股票基本分析的目的是为了判断股票现行股价的价位是否合理并描绘出它长远的发展空间，而股票技术分析主要是预测短期内股价涨跌的趋势。通过基本分析我们可以了解应购买何种股票，而技术分析则让我们把握具体购买的时机。在时间上，技术分析法注重短期分析，在预测旧趋势结束和新趋势开始方面优于基本分析法，但在预测较长期趋势方面则不如后者。大多数成功的股票投资者都是把两种分析方法结合起来加以运用。他们用基本分析法估计较长期趋势，而用技术分析法判断短期走势和确定买卖的时机。

股票技术分析和基本分析都认为股价是由供求关系所决定。基本分析主要是根据对影响供需关系种种因素的分析来预测股价走势，而技术分析则是根据股价本身的变化来预测股价走势。技术分析的基本观点是：所有股票的实际供需量及其背后起引导作用的种种因素，包括股票市场上每个人对未来的希望、担心、恐惧等，都集中反映在股票的价格和交易量上。

股票技术分析的理论基础是空中楼阁理论。空中楼阁理论是美国著名经济学家凯恩斯于1936年提出的，该理论完全抛开股票的内在价值，强调心理构造出来的空中楼阁。投资者之所以要以一定的价格购买某种股票，是因为他相信有人将以更高的价格向他购买这种股票。至于股价的高低，这并不重要，重要的是存在更大的“笨蛋”愿以更高的价格向你购买。精明的投资者无须去计算股票的内在价值，他所须做的只是抢在最大“笨蛋”之前成交，即股价达到最低点之前买进股票，而在股价达到最高点之后将其卖出。

22.2 行情数据的K线图

22.2.1 数据读取

技术分析的指标计算与绘图分析，以2010—2011年沪深300指数行情数据（如图22.1所示）为例进行函数的编程与绘图。

沪深300指数存储在 Hs300.xls 文件中，通过使用 xlsread 函数进行数据的读取。

剪贴板 字体 对齐方式

K16

	A	B	C	D	E	F
1		000300.SH	000300.SH	000300.SH	000300.SH	000300.SH
2		沪深300	沪深300	沪深300	沪深300	沪深300
3	日期	开盘价	最高价	最低价	收盘价	成交量
4	2010/1/4	3,592.470	3,597.750	3,535.230	3,535.230	6,610,108,000.000
5	2010/1/5	3,545.190	3,577.530	3,497.660	3,564.040	8,580,964,000.000
6	2010/1/6	3,558.700	3,588.830	3,541.170	3,541.730	7,847,312,800.000
7	2010/1/7	3,543.160	3,558.560	3,452.770	3,471.460	8,035,004,000.000
8	2010/1/8	3,456.910	3,482.080	3,426.700	3,480.130	6,079,025,200.000
9	2010/1/11	3,593.110	3,594.530	3,465.320	3,482.050	8,998,017,600.000
10	2010/1/12	3,477.840	3,535.410	3,437.660	3,534.920	9,374,328,000.000
11	2010/1/13	3,448.290	3,490.110	3,415.690	3,421.140	11,245,790,400.000
12	2010/1/14	3,433.470	3,470.320	3,411.810	3,469.050	8,335,324,800.000
13	2010/1/15	3,472.520	3,500.070	3,448.660	3,482.740	7,254,310,400.000
14	2010/1/18	3,471.780	3,501.260	3,458.040	3,500.680	8,285,430,400.000
15	2010/1/19	3,506.810	3,528.390	3,497.090	3,507.480	7,488,323,200.000
16	2010/1/20	3,512.250	3,515.450	3,387.820	3,394.430	9,249,514,400.000
17	2010/1/21	3,397.040	3,425.180	3,364.720	3,408.570	7,059,507,200.000

图 22.1　沪深 300 指数 2010—2011 年数据

```
%读取数据
filename = 'HS300.xls';
[num,txt,raw] = xlsread(filename);
%txt的第一列为日期数据
Date = datenum(txt(4:length(txt),1));
%num列依次为{'开盘价','最高价','最低价','收盘价','成交量';}
OpenPrice = num(:,1);
HighPrice = num(:,2);
LowPrice = num(:,3);
ClosePrice = num(:,4);
Vol = num(:,5);
%存储数据在HS300Data.mat文件中
save HS300Data Date OpenPrice HighPrice LowPrice ClosePrice Vol
```

22.2.2　蜡烛图(K 线)

MATLAB 的 Financial Toolbox 的蜡烛图通过 candle 函数实现。candle 图中,“阳线”为空心,“阴线”为实心。

函数语法:

candle(HighPrices, LowPrices, ClosePrices, OpenPrices, Color, Dates, Dateform)

输入参数:

- HighPrices:最高价序列;
- LowPrices:最低价序列;
- ClosePrices:收盘价序列;
- OpenPrices:开盘价序列;
- Color:(可选)蜡烛图颜色,默认为蓝色;
- Dates:(可选)日期;
- Dateform:(可选)时间格式。

函数输出为蜡烛(K 线)图,程序 candleTest.m 如下:

```
%读取数据
load HS300Data
%画两个蜡烛图,一个是 2010 年的,一个 2010 年 6 月的
subplot(2,1,1)
%2010 年的数据,根据时间数据的年份判断
Idx2010 = find(year(Date) == 2010);
candle(HighPrice(Idx2010), LowPrice(Idx2010), ClosePrice(Idx2010),...
      OpenPrice(Idx2010),[],Date(Idx2010),12); %时间格式为"月/年"
title('2010 年 K 线 ')
%2010 年 6 月的 K 线
subplot(2,1,2)
%在 2010 年的时间数据中选取月份为 6 的数据
Idx = find(month(Date(Idx2010)) == 6);
Idx2010_06 = Idx2010(Idx);
candle(HighPrice(Idx2010_06),LowPrice(Idx2010_06) ,ClosePrice(Idx2010_06), ...
                  OpenPrice(Idx2010_06),[],Date(Idx2010_06),12); %时间格式为"月/年"
title('2010 年 6 月 K 线 ')
```

所绘图如图 22.2 所示。

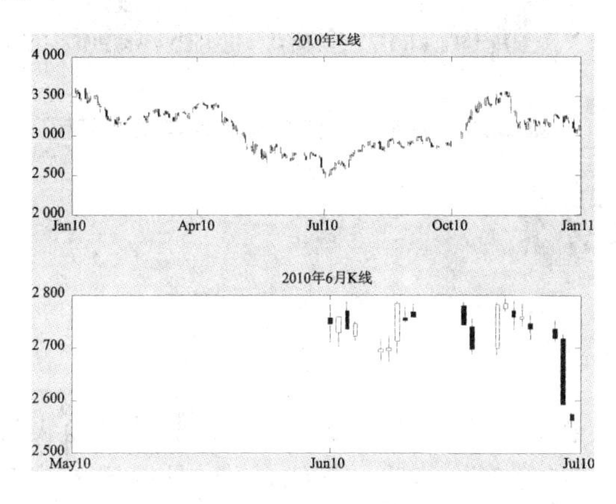

图 22.2　沪深 300 指数 K 线图

注:如同行情软件一样,当 K 线图的密度较大的时候,日 K 线的"阳阴"难以分别,如何实现周 K 线、月 K 线,需要原数据根据新的时间周期进行处理。

交易量数据可以使用 bar()函数绘图,candleTest2. m 如下:

```
%读取数据
load HS300Data
%画两个蜡烛图,一个是 2010 年的,一个 2010 年 6 月的
subplot(2,1,1)
%2010 年的数据,根据时间数据的年份判断
Idx2010 = find(year(Date) == 2010);
candle(HighPrice(Idx2010), LowPrice(Idx2010), ClosePrice(Idx2010),...
      OpenPrice(Idx2010),[],Date(Idx2010),12); %时间格式为"月/年"
title('2010 年 K 线 ')
```

```
%2010 年交易量
subplot(2,1,2)
bar(Date(Idx2010),Vol(Idx2010))
dateaxis('x',12)
%设置数据使得两个子图的 X 轴对齐
axis([Date(Idx2010(1)), Date(Idx2010(end)), 0, max(Vol(Idx2010))])
title('2010 年交易量')
```

结果图如图 22.3 所示。

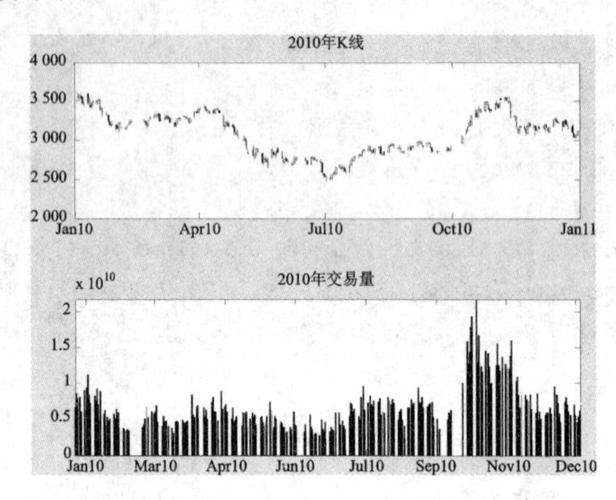

图 22.3 沪深 300 指数 K 线图与交易量图

22.3 技术指标计算

22.3.1 移动平均线

移动平均线是应用最普遍的技术指标之一,它帮助交易者确认现有趋势,判断将出现的趋势,发现过度延生即将反转的趋势。移动平均线(MA)是以道·琼斯的“平均成本概念”为理论基础,采用统计学中“移动平均”的原理,将一段时期内的股票价格平均值连成曲线,用来显示股价的历史波动情况,进而反映股价指数未来发展趋势的技术分析方法。它是道氏理论的形象化表述。

在 MATLAB 中计算移动平均线的函数为 movavg。

函数语法:

- movavg(Asset, Lead, Lag, Alpha) 画图;
- [Short, Long] = movavg(Asset, Lead, Lag, Alpha) 返回数据不画图。

输入参数:

- Asset:资产价格序列;
- Lead:Short 移动平均线的周期,例如 3 天;
- Lag:Long 移动平均线的周期,例如 20 天;
- Alpha:平均的方法,0(默认)为算术平均值,0.5 为平方根权重加权平均值,1 为线性加权平均值,2 为平方加权平均值。

输出参数：

➤ Short：Short 移动平均线；

➤ Long：Long 移动平均线。

例 22.1　以沪深 300 指数收盘价，Lead＝3、Lag＝20 计算移动平均线。

程序 movavgTest.m 如下：

```
%%读取数据
load HS300Data
%计算移动平均值
Lead = 3;
lag = 20;
Alpha = 0;
[Short, Long] = movavg(ClosePrice, Lead, lag, Alpha);
%画图
plot(Date,ClosePrice);
hold on
plot(Date(Lead:end),Short(Lead:end),'r--');
plot(Date(lag:end),Long(lag:end),'b.-');
dateaxis('x',12)
%标记线型
legend('ClosePrcie','ShortMovavg','LongMovavg')
%X轴名称
xlabel('date')
%Y轴名称
ylabel('price')
%标题
title('Movavg')
```

结果如图 22.4 所示。

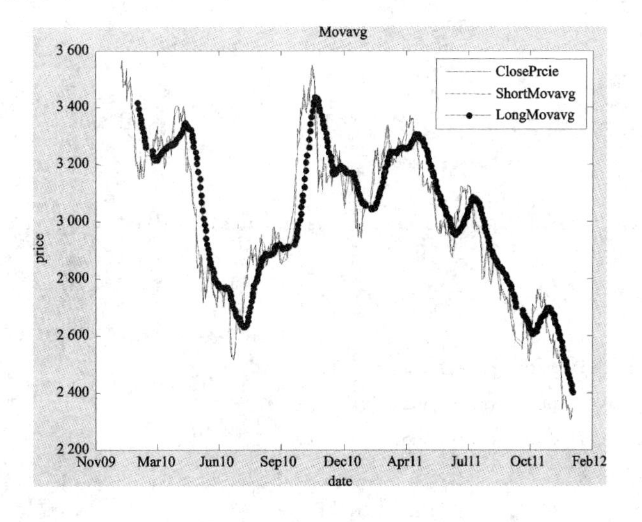

图 22.4　沪深 300 移动平均线

若您对此书内容有任何疑问，可以凭在线交流卡登录MATLAB中文论坛与作者交流。

22.3.2 布林带

布林带由布林格 (Bollinger) 发明,也叫布林通道,是各种投资市场广泛运用的路径分析指标。一般价格的波动是在一定的区间内的,区间的宽度代表价格的变动幅度,越宽表示价格变动幅度越大,越窄表示价格变动幅度越小。布林带由支撑线(LOWER)、阻力线(UPER) 和中线(MID) 三者组成,当价格突破阻力线(或支撑线)时,表示卖出(或买入)时机。SD()为计算标准差。

$$\text{中间线} = 20\ \text{日均线}$$
$$\text{Up 线} = 20\ \text{日均线} + 2\text{SD}(20\ \text{日收市价})$$
$$\text{Down 线} = 20\ \text{日均线} - 2\text{SD}(20\ \text{日收市价})$$

在 MATLAB 中计算布林带的函数为 bollinger。

函数语法:

[mid, uppr, lowr] = bollinger(data, wsize, wts, nstd)

输入参数:

- data:时间序列数据;
- wsize:(可选)窗口大小(数据长度),默认为 20;
- wts:(可选)权重因子,默认为 0;
- nstd:(可选)上下界的标准差倍数,默认为 2。

输出参数:

- mid:布林带的中值;
- uppr:布林带的上界;
- lowr:布林带的下界。

例 22.2 以沪深 300 指数收盘价,计算布林带。

程序 bollingerTest.m 如下:

```
%%读取数据
load HS300Data
%计算移动平均值
wsize = 20;
wts = 0;
nstd = 2;
[mid, uppr, lowr] = bollinger(ClosePrice, wsize, wts, nstd);
%画图
plot(Date,ClosePrice,'k');
hold on
plot(Date(wsize:end),mid(wsize:end),'b-');
plot(Date(wsize:end),uppr(wsize:end),'r.-');
plot(Date(wsize:end),lowr(wsize:end),'r.-');
dateaxis('x',12)
%标记线型
legend('ClosePrcie','mid','uppr','lowr')
%X轴名称
```

```
xlabel('date')
%Y 轴名称
ylabel('price')
%标题
title('bollinger')
```

计算结果如图 22.5 所示。

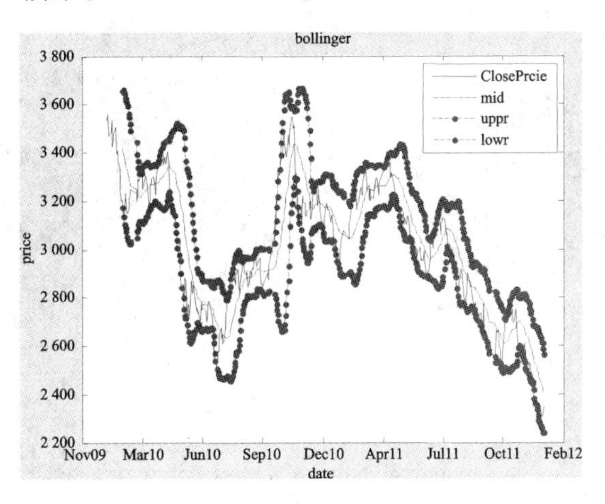

图 22.5　沪深 300 布林带

22.3.3　平滑异同移动平均线

MACD 称为指数平滑异同移动平均线，是从双移动平均线发展而来的，由快的移动平均线减去慢的移动平均线，MACD 的意义和双移动平均线基本相同，但阅读起来更方便。当 MACD 从负数转向正数，是买的信号。当 MACD 从正数转向负数，是卖的信号。当 MACD 以大角度变化，表示快的移动平均线和慢的移动平均线的差距非常迅速地拉开，代表了一个市场大趋势的转变。

- DIF 线(Difference)：短期移动平均线和长期移动平均线的离差值；
- DEA 线(Difference Exponential Average)：DIF 线的 M 日指数平滑移动平均线 ；
- MACD 线：DIF 线与 DEA 线的差。

在 MATLAB 中计算 MACD 的函数为 macd。

函数语法：

[macdvec, nineperma] = macd(data)

输入参数：

- data：价格序列。

输出参数：

- macdvec：MACD 线；
- nineperma：the nine - period exponential moving average。

例 22.3　以沪深 300 指数收盘价，计算 MACD 线。

程序 MACDTest.m 如下：

```
%%%读取数据
load HS300Data
%计算 MACD
[macdvec, nineperma] = macd(ClosePrice);
%画图
subplot(2,1,1) %沪深 300 收盘价图
plot(Date,ClosePrice);
legend('ClosePrice')
dateaxis('x',12);
subplot(2,1,2); %沪深 300MACD 指标
plot(Date,macdvec,'r');
hold on
plot(Date,nineperma,'b--');
legend('Macdvec','Nineperma')
dateaxis('x',12);
```

结果图如图 22.6 所示。

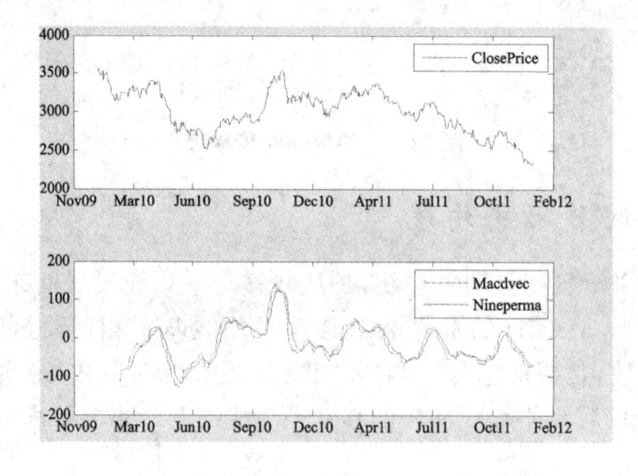

图 22.6 沪深 MACD

注:函数的演示案例以沪深 300 日行情为例,若使用高频数据则将数据代入函数即可。

22.3.4 其他技术指标

其他技术指标与函数对应关系如表 22.1 所列。

表 22.1 其他技术指标与函数

MATLAB 函数	指标名词	释 义
adline	Accumulation/Distribution line	累积/派发线(Accumulation/Distribution Line)指标由 Marc · Chaikin 提出,是一种非常流行的平横交易量指标。其原理与 OBV 类似,但是只以当日的收盘价位来估算成交流量,用于估定一段时间内该证券累积的资金流量
adosc	Accumulation/Distribution oscillator	累积/派发线震荡指标

续表 22.1

MATLAB 函数	指标名词	释 义
bollinger	Time series Bollinger band	布林带由布林格 (Bollinger) 发明，也叫布林通道，是各种投资市场广泛运用的路径分析指标。一般价格的波动是在一定区间内的，区间的宽度代表价格的变动幅度，越宽表示价格变动幅度越大，越窄表示价格变动幅度越小。布林带由支撑线(LOWER)、阻力线(UPER) 和中线(MID) 三者组成，当价格突破阻力线(或支撑线)时，表示卖出(或买入)时机
chaikosc	Chaikin oscillator	蔡金摆动指标由三个主要部分组成。如果股票或指数高于一天之内的平仓价(你可以用[max+min]/2 计算出平均值)，就意味着一天的积累。越接近股票的平仓指数或最大指数，积累就越活跃。相反，如果股票的平仓价低于一天的平均值，就意味着分布带来的位置。越接近最低值，分布就越活跃
chaikvolat	Chaikin volatility	蔡金波动性指标用于计算最高价和最低价之间的价差。蔡金波动指标以在最大和最小之间的振幅为基础来断定波动价值。与真实范围平均数不同，蔡金波动指标在账户中没有间隔。根据 Chaikin 的诠释，指标价值的增长直接关系到短的时间空隙，就是说价格接近它们的最小值(相当惊慌卖出)，在长时间里指标波动减缓，表明价格处于繁忙状态(例如，条件成熟牛市的状态)
macd	MovingAverage Convergence/Divergence (MACD)	MACD 称为指数平滑异同移动平均线，是从双移动平均线发展而来的，由快的移动平均线减去慢的移动平均线，MACD 的意义和双移动平均线基本相同，但阅读起来更方便。当 MACD 从负数转向正数，是买的信号。当 MACD 从正数转向负数，是卖的信号。当 MACD 以大角度变化，表示快的移动平均线和慢的移动平均线的差距非常迅速地拉开，代表了一个市场大趋势的转变
onbalvol	On - Balance Volume (OBV)	OBV 的英文全称是 On Balance Volume，中文名称可翻译为“平衡交易量”，是由美国的投资分析家 Joe Granville 所创。该指标通过统计成交量变动的趋势来推测股价趋势。OBV 以“N”字形为波动单位，并且由许许多多“N”形波构成了 OBV 的曲线图，对一浪高于一浪的“N”形波，称其为“上升潮”(UP TIDE)，至于上升潮中的下跌回落则称为“跌潮”(DOWN FIELD)
pvtrend	Price and Volume Trend (PVT)	价量趋势指标 (PVT)类似能量潮指标，显示增长交易成交量总和计算平仓价的改变。在 OBV 的情况下，如果平仓价处于高水平，我们添加当前成交量到当前指标值并且减去其余的价值。在 PVT 的情况下，只有部分当前成交量被添加到 PVT 值，你必须指出前一个当前价格和平仓价之间的差别
rsindex	Relative Strength Index (RSI)	分析 RSI 指标最为普遍的方法是：寻找这样一个分离的情况，在那点上，证券的价格是创新高的，但 RSI 指标并未能超过它以前的那个高度。这样的分离暗示着一个迫近的相反趋势。当 RSI 指标开始反转，并且下降到它最近的低谷，人们称之为“失败摇摆”，“失败摇摆”被看作是即将到来的一个相反趋势的确认
stochosc	Stochastic oscillator	随机震荡技术指标比较一定时段里，价格的范围同证券价格收市值的相关情况。该振荡指标以双线来显示。主线被称为%K 线，第二根线被称为%D 线，它的数值是主线%K 的移动平均线。%K 线通常显示为一个固定的曲线，而%D 线则显示为点状曲线

续表 22.1

MATLAB函数	指标名词	释　义
willad	Williams Accumulation/Distribution line	通常摆动指标是比较金融工具的平均价格和之前n周期它的价值。一次，Larry Williams注意到这种指标的效率有所不同，它取决于你需要计算的单周期数。所以他创建了终极摆动指标，能够使用大强度的三个摆动指标计算不同周期
willpctr	Williams %R	威廉%R指标是一个动态技术指标，由它来决定市场是否过度买入或买进。威廉的%R曲线和与随机震荡指标非常类似。唯一的区别在与%R曲线有上下运动的标尺，而随机震荡指标有振动指数，有内部的舒张

22.4 动态技术指标

在实际应用中，技术分析指标都根据实时行情进行计算与绘图。历史的指标计算与绘图大多用来复盘(总结经验)，实时动态的技术指标作为投资决策的依据。如何使用MATLAB进行实现动态指标是本节需解决的主要内容。

技术分析型的投资者为提高判断的准确性，通常使用多个技术指标。如图22.7所示，使用MATLAB实现的多指标的动态计算与绘图，程序为movieTest.m，代码如下：

```
%%读取数据
load HS300Data
%K线图 移动平均线 布林带 MACD
%使用循环方式画图(也可以采用触发的方式)
%画2010-2011年前100个交易日的动态图,将这100个数据视作Tick数据(6秒)
%从第51个数据开始绘图(一般绘图需要历史数据)
%画图
```

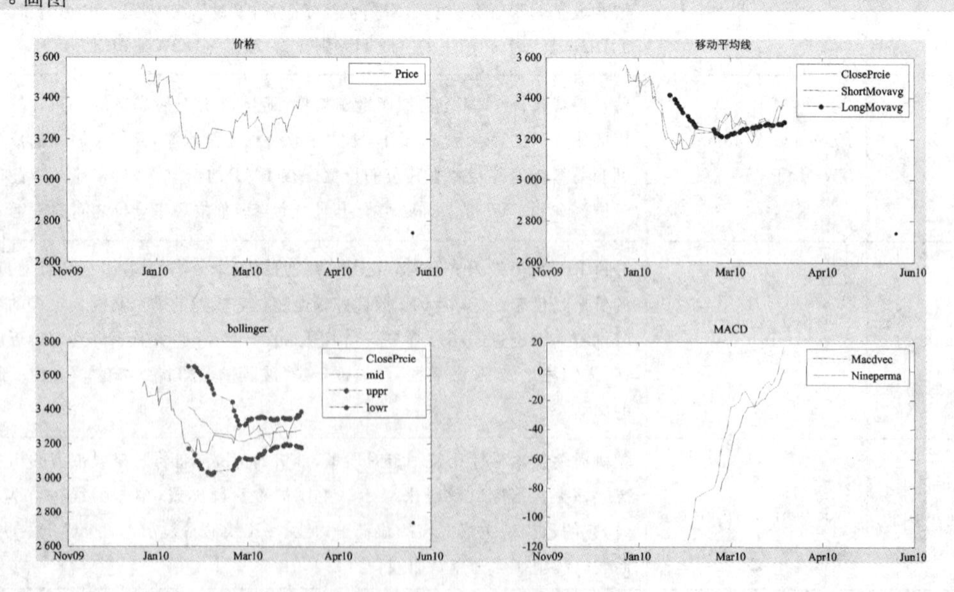

图 22.7　多指标动态图

若您对此书内容有任何疑问，可以凭在线交流卡登录MATLAB中文论坛与作者交流。

```
figure

for i = 51:100
    % 价格
    subplot(2,2,1)
    plot(Date(1:i),ClosePrice(1:i),'b');
    hold on
    % 将图像的长度设定为 100 个数据点
    % 可根据实际情况调整,3 个小时若每 6 秒一个数据,数据长度为 1800
    plot(Date(100),ClosePrice(100));
    dateaxis('x',12)
    title('价格')
    legend('Price')
    drawnow
    % 移动平均线
    subplot(2,2,2)
    [Short, Long] = movavg(ClosePrice(1:i), 3, 20, 0);
    % 画图
    plot(Date(1:i),ClosePrice(1:i));
    hold on
    plot(Date(3:i),Short(3:i),'r--');
    plot(Date(20:i),Long(20:i),'b.-');
    plot(Date(100),ClosePrice(100));
    dateaxis('x',12)
    % 将图像的长度设定为 100 个数据点
    % 可根据实际情况调整,3 个小时若每 6 秒一个数据,数据长度为 1800

    % 标记线型
    legend('ClosePrcie','ShortMovavg','LongMovavg')
    title('移动平均线')
    drawnow
    % 布林带
    subplot(2,2,3)
    wsize = 20;
    [mid, uppr, lowr] = bollinger(ClosePrice(1:i), 20, 0, 2);
    plot(Date(1:i),ClosePrice(1:i),'k');
    hold on
    plot(Date(wsize:i),mid(wsize:i),'b-');
    plot(Date(wsize:i),uppr(wsize:i),'r.-');
    plot(Date(wsize:i),lowr(wsize:i),'r.-');
    % 将图像的长度设定为 100 个数据点
    % 可根据实际情况调整,3 个小时若每 6 秒一个数据,数据长度为 1800
    plot(Date(100),ClosePrice(100));
    dateaxis('x',12)
    % 标记线型
    legend('ClosePrcie','mid','uppr','lowr')
```

```
        title('bollinger')
        drawnow
        % MACD
        subplot(2,2,4)
        [macdvec, nineperma] = macd(ClosePrice(1:i));
        plot(Date(1:i),macdvec(1:i),'r');
        hold on
        plot(Date(1:i),nineperma(1:i),'b--');
        legend('Macdvec','Nineperma')
        % 将图像的长度设定为 100 个数据点
        % 可根据实际情况调整,3 个小时若每 6 秒一个数据,数据长度为 1800
        plot(Date(100),0);
        dateaxis('x',12);
        title('MACD')
        drawnow

        % 暂停 6S
        pause(6)
        % 显示运行阶段
        sprintf('Now run %d',i)
end
```

注:动态画图的触发机制有两种,一种是每个固定时间进行画图一次,另一种是若有新数据画图一次。对于证券市场来说,每个 Tick(交易所发送数据的间隔时间)都有新的行情数据。获取实时数据的方式有多种,例如:从 API 接口获取,从实时 DBF 文件读取等。

第 23 章 编程实用技巧

在实际的编程中，从理论到代码的转变以及图像的优化往往需要一些编程技巧，才能使得程序的运行更有效、图像更符合要求。

23.1 变量的初始化

程序的本质就是变量之间的计算，变量的初始化对于程序的有效运行至关重要。变量的初始化主要为变量的命名与变量空间的初始化。

变量的命名规则模式有很多种，各种规则的基本原则是变量名称易于识别与判断，即从变量名称可以知道变量代表的含义。例如，Price 变量表示价格；但是如果计算中存在多个价格相关的变量，可以根据其标的的属性进行命名，IndexPrice 表示指数价格、StockPrice 表示股票价格等；根据变量的存储形式进行扩展命名，IndexPriceMatrix 表示指数价格矩阵、StockPriceMatrix 表示股票价格矩阵。关于变量的命名必须要注意的是，变量的名称不要与函数的名称重合，否则将导致编译器无法计算，同时错误还很难查找。

```
%生存随机数 rand 为均匀的 10 * 10 的随机数
rand = rand(10)
% rand 矩阵的[10,10]元素
rand(10,10)
>>
%执行错误，rand 不知道是矩阵还是函数
%但给出的错误提示是 index 超越了矩阵的大小(行列数)
??? Index exceeds matrix dimensions.
Error in ==> NameTest at 1
rand = rand(10)
```

变量空间的初始化及根据变量的大小进行变量的存储空间的预先分配，变量空间的初始化的意义为：提高程序的循行效率与避免程序计算错误。变量空间的初始化一般采用 Zeros 函数与 NaN * Ones 函数进行。内存分配示意图如图 23.1 所示。

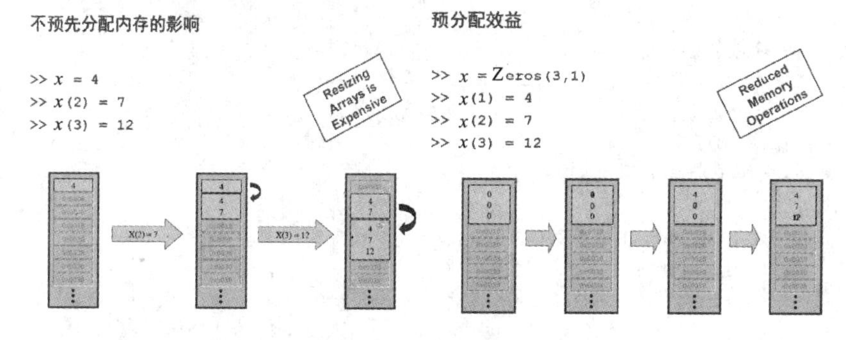

图 23.1 分配内存的影响比较

Zeros 函数,即根据变量的行列数进行 Zeros(M,N)的初始化,将变量初始化为 0 值,若程序中引用了未赋值的变量元素,则计算结果为 0.0,便于排错。

```
%初始化与不初始化的程序效率
%采用 tic toc 计时
%未初始化计算时间
clear
N = 1000000;
tic
for i = 1:N
    X(i) = i;
end
toc
clear
%初始化计算时间
N = 1e7;
tic
X = zeros(N,1);
for i = 1:N
    X(i) = i;
end
toc
```

运行结果如下:

```
%未初始化计算时间为
>> Elapsed time is 0.261862 seconds.
%初始化计算时间为
>> Elapsed time is 0.066206 seconds.
```

NaN * Ones 函数,即根据变量的行列数进行 NaN * Ones (M,N)的初始化,将变量初始为 NaN,若程序中引用了未赋值的变量元素,则计算结果为 NaN,便于排错,而且若数据未参与任何(有效的)计算,变量仍然保持为 NaN,便于缺失数据的标记(例如,退市的股票数据)。

在数据画图中,数值为 0 的数据将展现,而数值为 NaN 的数据将不进行展现。例如,展现 $Y=\sin(x)>0$ 的图形。

```
%画 Y = sin(x)>0 的图形
%变量 X 为 0 到 10 间隔为 0.1 的向量
X = 0:0.1:10;
%根据 X 的大小,对 Y 进行初始化
N = length(X);
%使用 Zeros 函数初始化
Y = zeros(1,N);
%使用 NaN * Ones 函数初始化
YY = NaN * ones(1,N);
%循环计算(为便于理解未使用矩阵方式)
for i = 1:N
    if sin(X(i))>0
        Y(i) = sin(X(i));
        YY(i) = sin(X(i));
    end
end
```

```
%画图
subplot(2,1,1)
plot(X,Y,'*');
subplot(2,1,2);
plot(X,YY,'*');
```

结果如图 23.2 所示。

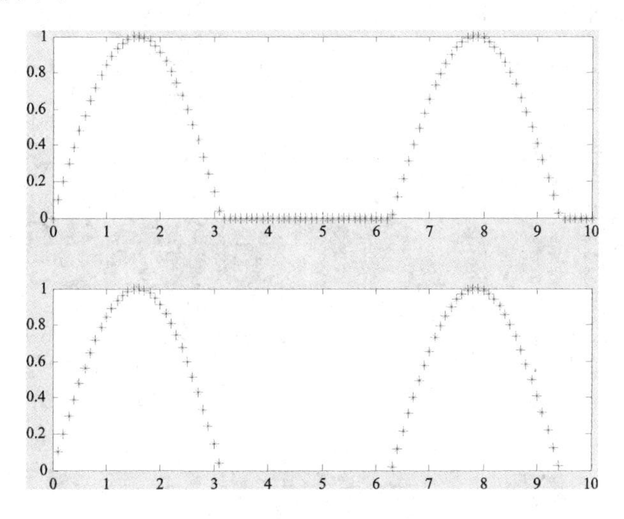

图 23.2　Zeros 与 NaN 初始化比较

从图像结果而言,NaN 初始化得到的图更符合要求。

23.2　集合交并函数

集合的交并运算是集合的基本运算,在数据筛选中,集合的运算将有效提高编程效率。MATLAB 中集合的运算函数如下:

(1) 交集函数 intersect

函数语法:

➤ C = intersect(A,B)　返回 A 和 B 的交集(相同元素),C 中的元素将会从小到大排序。如果 A 和 B 都是向量,那么返回 A、B 中的相同素;如果 A 和 B 都是矩阵,intersect(A,B,'rows') 将返回 A、B 中的相同列。

➤ [C,IA,IB] = intersect(A,B)　C 为 A,B 的交集;IA 和 IB 分别为这些元素在 A 和 B 中的位置(Index)。

(2) 并集函数 union

函数语法:

➤ C =union (A,B)　返回 A 和 B 的并集,C 中的元素将会从小到大排序。
如果 A 和 B 都是向量,那么返回 A、B 中的全部且不重复元素;如果 A 和 B 都是矩阵,union (A,B,'rows') 将返回 A、B 中列的并集合。

➤ [C,IA,IB] = union (A,B)　C 为 A,B 的并集;IA 和 IB 分别为这些元素在 A 和 B 中

的位置(Index)。

(3) 元素判断 ismember

函数语法：

➤ C = ismember(A,b)　判断 b 是否是 A 的元素。

ismember 返回一个和 A 长度相同的向量，如果 b 与 A 中某个元素相等，这个返回的向量中相应的位置就是 1，其余位置为 0。

(4) 非重复元素 unique

函数语法：

➤ C = unique(A)　返回 A 中没有重复的元素。

使用函数的代码如下：

```
%集合函数运算示例
A=[1 2 3 4 5 6];
B=[4 5 6 7 8 9];
%交集
C=intersect(A,B)
%并集
C =union (A,B)
%元素识别
b=4;
C = ismember(A,b)
%非重复元素
C = unique([A,B])
计算结果
>>
%交集
C =
    4    5    6
%并集
C =
    1    2    3    4    5    6    7    8    9
%元素识别
C =
    0    0    0    1    0    0
%非重复元素
C =
    1    2    3    4    5    6    7    8    9
```

例 23.1　有沪深 300 指数 2005 年到 2011 年的数据存储在 Mat 文件中，分别计算 2006—2007 年的波动率。

将 2006—2007 年的数据从时间序列中提取出来进行波动率计算。代码如下：

```
%读取沪深 300 数据
load Hs300
Date=Hs300.Date;
IndexPrice=Hs300.Price;
%进行数据选取
%AIndex 标记数据中年份大于 2005 的数据
```

```
% year(Date)返回数据的年份
AIndex = find(year(Date)>2005);
% AIndex 标记数据中年份小于 2008 的数据
BIndex = find(year(Date)<2008);
% 交集 2006 - 2007
CIndex = intersect(AIndex,BIndex);
% 根据标识筛选出 2006 - 2007 的数据
Date2006_2007 = Date(CIndex);
Price2006_2007 = IndexPrice(CIndex);
subplot(2,1,1)
plot(Date2006_2007,Price2006_2007)
subplot(2,1,2)
plot(Date2006_2007,Price2006_2007)
% 将坐标轴时间化
dateaxis('x', 6)
```

结果如图23.3所示。

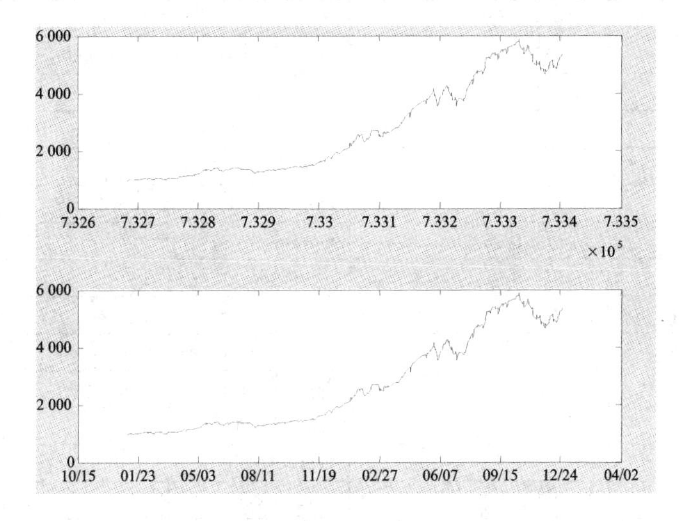

图 23.3 2006—2007 年的沪深 300 指数

注:year 函数返回日期的年份,同样有 month、weekday、day 函数,使用这些日期处理函数,根据策略要求对数据进行筛选。

```
% 系统今天的日期
>> d = today()
d =
      735038
% 日前的字符形式
>> datestr(d)
ans =
18 - Jun - 2012
% 日期的年 月 星期 日
>> [year(d) month(d) weekday(d) day(d)]
ans =
        2012          6          2          18
```

23.3 坐标轴时间标记

MATLAB 计算的都是数值,坐标轴的标记方式也是数值,如何使得图形的时间轴如同 Excel 一样的日期坐标轴? dateaxis 函数提供不同的时间轴显示功能。

函数语法:

dateaxis(Tickaxis, DateForm, StartDate)

输入参数:

- Tickaxis:标记的坐标轴 'x','y','z';
- DateForm:标记时间格式,最常用的时间格式为 6 "月/年"、10 "年",具体如表 23.1 所列。
- StartDate:起始时间。

表 23.1 dateaxis 函数的时间格式

DateForm	Format	Description
0	01-Mar-1999 15:45:17	day-month-year hour. minute:second
1	01-Mar-1999	day-month-year
2	03/01/99	month/day/year
3	Mar	month, three letters
4	M	month, single letter
5	3	month
6	03/01	month/day
7	1	day of month
8	Wed	day of week, three letters
9	W	day of week, single letter
10	1999	year, four digits
11	99	year, two digits
12	Mar99	month year
13	15:45:17	hour:minute:second
14	03:45:17 PM	hour:minute:second AM or PM
15	15:45	hour:minute
16	03:45 PM	hour:minute AM or PM
17	95/03/01	year/month/day

例 23.2 我们有沪深 300 指数 2005 年到 2011 年的数据存储在 Mat 文件中,将 2006—2007 年的数据从时间序列中提取出来进行画图。代码如下:

```
%读取沪深 300 数据
load Hs300
Date = Hs300.Date;
IndexPrice = Hs300.Price;
%进行数据选取
%AIndex 标记数据中年份大于 2005 的数据
%year(Date)返回数据的年份
AIndex = find(year(Date)>2005);
%AIndex 标记数据中年份小于 2008 的数据
```

```
BIndex = find(year(Date)<2008);
%交集 2006 - 2007
CIndex = intersect(AIndex,BIndex);
%根据标识筛选出 2006 - 2007 的数据
Date2006_2007 = Date(CIndex);
Price2006_2007 = IndexPrice(CIndex);
subplot(3,1,1)
plot(Date2006_2007,Price2006_2007)
subplot(3,1,2)
xlabel('date')
plot(Date2006_2007,Price2006_2007)
%将坐标轴时间化
dateaxis('x', 6)
xlabel('date')
subplot(3,1,3)
plot(Date2006_2007,Price2006_2007)
%将坐标轴时间化
dateaxis('x', 10)
xlabel('date')
```

结果如图 23.4 所示。

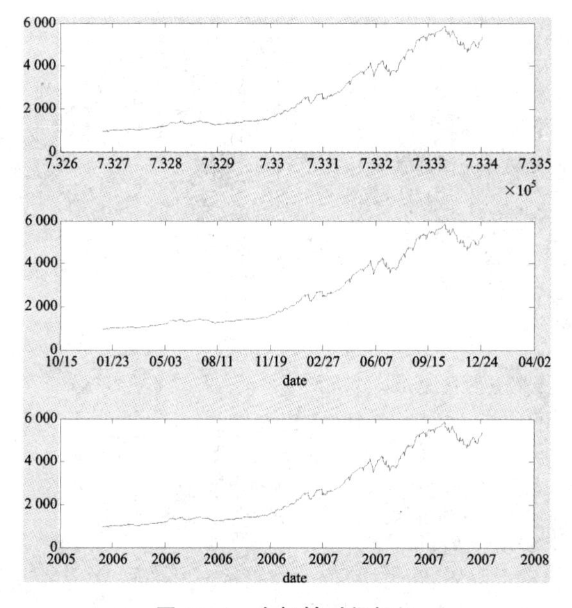

图 23.4　坐标轴时间标记

23.4　坐标轴过原点实现

MATLAB 的 plot 函数画出的图,默认的 x、y 轴在图形的下面与左边,但有时需要 x、y 轴过原点,更有助于图形意义的展示。例如,组合的最大回撤图(如图 23.5 所示)。

画图代码如下:

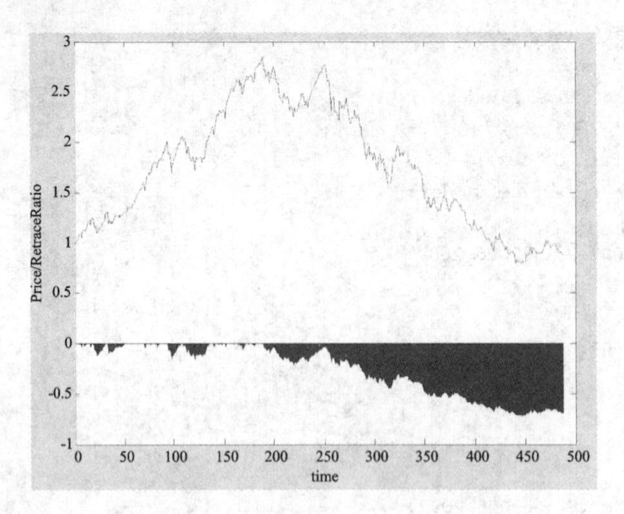

图 23.5　组合最大回撤(一)

```
%载入数据
load funddata
%funddata 的数据序列
%沪深 300 价格
HS300price = funddata(:,1);
%数据长度
N = length(HS300price);
RetraceRatio = zeros(N,1);
%计算 T,交 T 之前最大收益的回撤比例
for i = 2:N
    C = max(HS300price(1:i));
    if C == HS300price(i)
    %若现在是最大,则回撤比例为 0
        RetraceRatio(i) = 0;
    else
    %当前点与之前最高点回撤比例
        RetraceRatio(i) = (HS300price(i) - C)/C;
    end
end
%画图
TRate = HS300price/HS300price(1) - 1
f = figure;
fill([1:N,N],[RetraceRatio;0],'r')
hold on
plot(TRate + 1);
%坐标轴设置
xlabel('time')
Ylabel('Price/RetraceRatio')
```

如何使得图像的 X、Y 轴过原点,需要对图像进行重构,使用 MATLAB 的 fileexchange 网站(http://www.mathworks.cn/matlabcentral/fileexchange/)上提供的函数 oaxes 将图像转换为 X、Y 轴过原点的图形。

```
%将函数调用的文件添加到搜索路径
addpath('customplots')
%将坐标轴过指定点数组(必须三维),例如过[0,0]输入[0,0,0]
oaxes([0,0,0])
```

结果如图 23.6 所示。

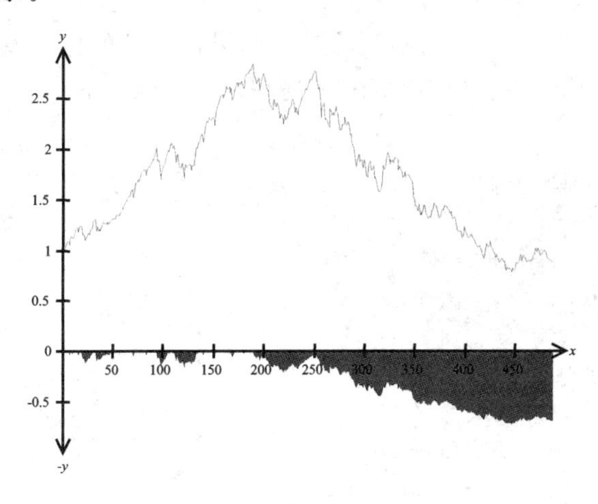

图 23.6　组合最大回撤(二)

23.5　定时触发程序运行

在实际中,很多程序需要在某个时间运行。例如在收盘后计算组合的资产、当日盈亏等。程序自动触发运行可以节省精力,不需要时刻提醒自己什么时候该运行哪个程序。

MATLAB 的时间触发运行主要是由循环进行控制,算法基本为:

步骤 1:　是否到时,若到时则运行程序,程序完成后停止循环,没到时转步骤 2;

步骤 2:　暂停 N 秒(具体可根据精度设定),转步骤 1。

```
%定制触发
%程序在开始计时,
%程序比如在 15 点后触发,生成一个随机矩阵
while true
    %获取系统时间 clock 函数
    %t 为一个数组分布存储【年 月 日 小时 分钟 秒】
    t = clock;
    if t(4) == 15
        %如果为 15 点,生成随机矩阵
        %可将需要出发的程序放在此处
        A = rand(100);
        %触发后停止循序
        break;
    else
        %暂停 30 秒,继续循环
        pause(30)
    end
end
```

23.6 发送邮件

在实际计算中,一个大规模的计算可能需要计算几个小时,若希望及时的获取计算结果,怎么办?

采用触发的方式,当程序运行完成后,将计算结果以邮件的方式发送,3G 的时代,可以在手机上第一时间获取计算结果。MATLAB 发送程序的代码如下:

```
function MySendMail
%生存的随机矩阵(示例作为邮件的附近)
a = rand(100);
%将附件数据 a 存储为 mydata.mat
DataPath = [MATLABroot,filesep,'mydata.mat'];
save(DataPath,'a');
MailAddress = '我的邮箱地址';
password = '我的密码';
setpref('Internet','E_mail',MailAddress);
setpref('Internet','SMTP_Server','smtp.gmail.com');
setpref('Internet','SMTP_Username',MailAddress);
setpref('Internet','SMTP_Password',password);
props = java.lang.System.getProperties;
props.setProperty('mail.smtp.auth','true');
props.setProperty('mail.smtp.socketFactory.class','javax.net.ssl.SSLSocketFactory');
props.setProperty('mail.smtp.socketFactory.port','465');
subject = 'MATLAB 发的测试邮件';
%我们可以将主要的计算结果转换为字符的形式,以内容的方式发送
content = '你好,这份邮件是我用 MATLAB 发的,数据见附件';
sendmail('收件人地址',subject,content,DataPath);
```

注: content 是邮件内容,如何将主要计算结果转换为邮件文字内容,需要对计算结果进行格式的转换,Num2str 函数的功能是将数值转换为字符格式。

```
%生成一组随机数
A = rand(100,1);
%分别计算均值与方差
A_mean = mean(A);
A_std = std(A);
%邮件的内容要显示计算的结果
content = ['The result Mean of A is ',num2str(A_mean),...
    ' Std of A is',num2str(A_std),' is End! ']
>>
content =
The result Mean of A is 0.46745 Std of A is0.28967 is End!
```

附录 A

使用 MATLAB 进行国内期货交易

A.1 国内期货柜台系统介绍

1. 综合交易平台 CTP

综合交易平台 CTP 是上海期货信息技术有限公司(上海期货交易所旗下子公司)开发的期货经纪业务管理系统。在 API 的设计、业务模式、开放性上都比国内其他系统走得更远,大部分期货公司都支持 CTP,目前已经是国内期货程序化交易接入的事实标准。同时上期技术在证券 API 上也做了一定的工作,证券接口也已经发布。

2. 金仕达

金仕达是市场占有率极高的柜台系统,最初仅有 B2B 网关,用户接入时必须同期货公司商谈,并在期货公司机房内网架设服务器。在 2012 年时发布了 B2C 版 KSFT_API,与 CTP 接口相似,仅在一些开发细节上有所区别,直接减少了用户的迁移成本。目前大部分公司同时支持金仕达和 CTP,不过存在的问题是出入金不便。CTP 没有提供次席的快速出入金的方案,而金仕达方也不提供,最终在主席系统的选项上,期货公司必须得做出选择,目前有部分期货公司正酝酿将主席切换成 CTP。

3. 易 胜

易胜由易胜信息技术有限公司(郑州商品交易所旗下子公司)开发,提供了行情与交易接口,目前仅有部分期货公司部署了对应的程序化交易模块。易胜 API 最大的优点是提供了部分历史数据,这当时是为了满足他们的程序化交易客户端所提供的功能,缺点是要开发时得申请授权认证码,这限制了不少开发者。

4. 飞创信息 X-Speed

大连飞创信息技术有限公司(大连商品交易所旗下子公司)也提供了交易与行情的 API,但目前成熟度不够,使用者少。

5. 恒 生

恒生是同时提供了证券、期货经纪业务解决方案的专业提供商,普及面也很广。基金公司等大型机构都有风险控制需求,而恒生在这方面做得不错,但目前没有推出面向普通客户的交易接口。

A.2 开发前准备

CTP_API 官方下载地址为:http://202.109.110.121/api/。实际上此地址少有人维护,如想要最新版,还需求助 CTP_API 的官方 QQ 群,群一般共享有最新版的 API 及相关的文档,作者强烈建议提前将文档细读几遍。最关键的两个文档是《综合交易平台 API 技术开发指南》和《综合交易平台API特别说明》。

CTP_API目前有三个版本:Linux x64、Windows x86、iOS。微软官方已经提到过,在64位进程中不能加载32位的dll,同理,一个32位进程也不能加载一个64位的dll。所以在Windows平台下采用一般的dll调用方式也就受限于主程序为32位程序。其实,分别使用32位和64位两个进程通讯的方式就能解决这个问题。

本书使用dll调用的方式。先确保自己安装的是32位MATLAB,如果是在64位Windows上直接安装,默认是安装的64位系统,请进入到MATLAB的安装目录,找到bin\win32下的setup.exe进行安装。

A.3 各种对接方式

1. MEX版接口

MEX版接口运行效率最高,但开发起来工作量大,要做大量的数据结构转换。目前已经有公司或个人推出了MEX版。

2. 进程间通讯

这种方式比较灵活,对接64位平台或者跨操作系统、跨主机都没有问题,但在运行效率上略为逊色。已经有网友提供了通用版本接口,既可以MATLAB调用,也可以R语言调用。

3. COM版接口

COM接口在Windows平台下还是有一定的使用范围的,MATLAB、Excel等都可以对接COM接口,目前网上可以下载上海汇朋提供的盈佳COM接口。网址:http://www.winnerfutures.com.cn/。

4. Java版接口

目前已经有少量网友开源了Java对接CTP的接口,但MATLAB对接Java接口的还没有推出。同时转换的技术也有多种,如JNA、BridJ。

JNA版网址:https://github.com/QuantBox/CTP/tree/master/Java-CTP。

BridJ版网址:http://download.csdn.net/detail/vcfriend/5054163。

5. NET版接口

NET版对接CTP的接口是百花齐放,版本比较多,网上目前比较知名的版本有:

- 海风版:最早开源出来的C#版接口之一,P/Invoke封装。
- 马不停蹄版:C++/CLI版封装,网址为http://ishare.iask.sina.com.cn/f/34438582.html。
- LumenXH版:https://github.com/LumenXH/,P/Invoke封装。
- QuantBox版:https://github.com/QuantBox/CTP,也是P/Invoke封装,但对API做了自己的细节处理。

A.4 C#版对接原理

使用.NET版的好处就是省事,多款.NET版中,可选一款能对接MATLAB,使用简单,自己能理解的代码库。

如何判断是否能对接 MATLAB 呢？一般异步通知有两种方式：一种是偏底层的函数回调，一种是偏高层的事件通知。

① 函数回调。C＃版接口不用修改，直接用 P/Invoke 的方式，将函数句柄直接通过赋值的方式传给最底层的 C 接口。可惜，实际测试行不通。表面上运行正常，能输出行情数据，但过不了十几秒 MATLAB 就闪退。推断原因是回调函数被 MATLAB 清理回收了，C 层记录的函数句柄在运行十几秒后就无效了。

② 事件通知。此方式也有必须注意的地方。MATLAB 支持 addlistener，但直接模仿上面的回调函数的参数接口进行调用会报错。http://www.mathworks.cn/cn/help/MATLAB/MATLAB_external/working-with-net-events-in-matlab.html。

事件所使用的委托的签名必须用指定的格式：两个参数，第一个参数是 object sender，而第二个参数必须继承于.NET 的 EventArgs 类。

检查这些 C＃版的接口，只要是指定格式的委托签名就可以了。

A.5　QuantBox 版项目介绍

QuantBox 版是作者开发并开源的，作者对它的了解最清楚。

该项目最初是为了对接国外一款非常有名的软件(OpenQuant)的程序化交易平台而做的前期工作，同时为对接其他语言做了预留。

由于 OpenQuant 插件开发用的是 C＃，为了满足项目要求，首先得有 C＃版接口，考虑到还要为其它语言做准备，一定得有 C 版接口。当时网络上没有 C 版接口开源，附属在一些C＃版接口中的 C 版在对接其它语言时又不够方便，故 C 层与 C＃层另行开发。

有部分网友希望能提供 MATLAB 版，因实际生产环境中并不使用它进行交易，没有编写 MEX 版的动力。通过研究，使用了更简化的方式满足了大家的要求，也就是 A.4 节提到的 C＃版与 MATLAB 版对接原理。

Java 版也是在网友的期盼中诞生的，当初是考虑到 C＃版对接 MATLAB 的方案只能在 Windows 下使用，推出 Java 版对接 MATLAB 的方案就能在 Linux 中使用。可惜 Java 版的测试能用，但 Java 对接 MATLAB 的方案目前还没解决。

A.6　C 版的特点

C 版的特点是没有直接将 C＋＋版本的接口进行转换，而是做了一些处理。这些处理的理由很充分，就是简化逻辑，让其他语言对接 CTP 时能更简单。

首先来看 CTP 接口开发要注意哪些关键地方，其他网友公布的直接接口转换的封装，都要自行处理这些繁琐细节，作者提供的 C 版都进行了屏蔽。

① 请求 ID，同一会话中严格单调递增。

② 报单引用，同一会话中严格单调递增。

③ 发送请求流控，如果有在途的查询，不允许发新的查询。1 秒钟最多允许发送 1 个查询。

④ 部分期货公司要求先验证客户端授权然后才能登录。

⑤ 登录成功后必须要结算单确认后才能下单。

⑥ 行情与交易的流文件同目录可能引起数据紊乱。

⑦ 接收到的响应需立即处理,不然会阻塞后面的数据接收。

主要添加的功能如下:

① 发送队列:报单、撤单直接发送,而其他的请求都先添加到发送队列,由发送线程去发送,发送失败后自动延时重发。解决了 CTP 有流控的问题。

② 接收队列:收到响应后,直接存到队列中,立即返回,然后其他线程从队列中取。解决用户代码用时过久产生未知错误的问题。

③ 维护请求 ID 与报单引用,自动加锁,不再纠结于细节,不会出现重复报单。

④ 自动进行连接、客户端授权、登录认证、结算单确认等工作。保证用户登录成功后就能直接下单。

⑤ 断线重连后,行情与交易能重新登录认证,其中行情接口还能自动订阅断线前已经订阅的行情。

⑥ 对行情与交易流文件自动分目录,解决数据紊乱问题。

A.7 监控软件的使用

在介绍 MATLAB 对接 .NET 前,一定得先介绍监控软件。

能实现监控的原理是:

① CTP_API 支持同一账号多次登录,目前期货公司大多设置的是同时最多 6 个会话登录。

② 委托回报与成交回报等流会发向所有会话。

所以在程序化交易时,使用一款比较好的手动交易软件来监控是不错的方式。可以查看委托状态、委托价、成交回报等信息,方便查找错误。目前推荐使用快期。

同时,我们对接 CTP 平台需要服务器的配置信息,在快期目录下有 brokers.xml,其中有三样东西最重要:经纪商编号(BrokerID)、行情服务器地址(MarketData)、交易服务器地址(Trading)。

注意:不管 brokers.xml 中地址如何写,地址开头没有“tcp://”,实际使用 CTP_API 时就得补上,如果以“udp://”开头,改成“tcp://”也能正常使用,在 A.8 节的代码中有模拟盘的地址示例。

A.8 MATLAB 对接期货接口

源程序文件见 https://github.com/QuantBox/CTP/tree/master/MATLAB-DotNet。请保证相关文件都是最新的。

thostmduserapi.dll、thosttraderapi.dll 来自于上期技术;QuantBox.C2CTP.dll 来自于 C 版接口;QuantBox.CSharp2CTP.dll 来自于 C#版接口。

test.m 是程序入口,做了以下工作:

① 导入 C#库;

② 创建行情对象、交易对象的实例；

③ 注册事件；

④ 登录；

⑤ 退出(已经注释,没有执行,需手工输入退出)。

其代码如下：

```
%% 导入C#库,请按自己目录进行调整
cd 'D:\wukan\Documents\GitHub\CTP\MATLAB-DotNet\test\'
NET.addAssembly(fullfile(cd,'QuantBox.CSharp2CTP.dll'));
import QuantBox.CSharp2CTP.*;

%% 行情
global md;
md =  MdApiWrapper();
addlistener(md,'OnConnect',@OnMdConnect);
addlistener(md,'OnDisconnect',@OnMdDisconnect);
addlistener(md,'OnRtnDepthMarketData',@OnRtnDepthMarketData);
md.Connect('D:\',... %行情流文件路径
    'tcp://27.115.78.35:41213',... %行情服务器地址
    '1009',... %经纪公司代码
    '123456',... %用户代码
    '888888'); %密码

%% 交易
global td;
td = TraderApiWrapper();
addlistener(td,'OnConnect',@OnTdConnect);
addlistener(td,'OnDisconnect',@OnTdDisconnect);
addlistener(td,'OnRtnOrder',@OnRtnOrder);

td.Connect('D:\',... %交易流文件路径
    'tcp://27.115.78.35:41205',... %交易服务器地址
    '1009',... %经纪公司代码
    '00000015',... %用户代码
    '123456',... %密码
    THOST_TE_RESUME_TYPE.THOST_TERT_QUICK,... %流重传方式
    '',... %用户端产品信息
    ''); %认证码

%% 退出
% md.Disconnect() %行情退出
% td.Disconnect() %交易退出
```

对以上的部分参数做下说明：

- 交易比行情多了 3 个参数。
- 第二个参数是服务器地址，目前，行情服务器输入错误的用户名和密码也能登录。
- 第三个参数经纪公司代码在区分各家公司时使用，当初 CTP 设计时考虑了一台服务器上同时多家期货公司同时工作。

➢ 交易的第六个参数是流重传方式。流重传方式有三种：

```
public enum THOST_TE_RESUME_TYPE
 {
    THOST_TERT_RESTART = 0,          //从本交易日重传
    THOST_TERT_RESUME,               //从上次收到的续传
    THOST_TERT_QUICK                 //只传送登录后的内容
 };
```

其实这些重传方式的进度维护需要生成一些临时文件，记录已经传到了第几条数据，具体如何实现，CTP 接口已经屏蔽，用户只要需要知道如何使用。第一个参数就是流文件路径，在此不用担心行情与交易的流相互影响。

➢ 第七个参数是用户端产品信息，用户可以用来标识软件产品。

➢ 第八个参数是认证码，只有在期货公司要求并分配认证码后才能填写，需要与用户端产品信息配合使用。

addlistener 是 MATLAB 提供的注册事件的方法，第一个参数是需要注册事件的对象，第二个参数是事件名，第三个参数是处理函数。

对于 TraderApiWrapper 到底支持哪些事件呢？请见"https://github.com/QuantBox/CTP/blob/master/CSharp-CTP/src/QuantBox.CSharp2CTP/TraderApiWrapper.cs。"

源码中有详细的事件列表。其实 CTP 还提供了很多功能，由于目前只是实现自己的简单程序化工具并用不到那些功能，所以并没有提供对应的事件支持。用户可以参与开源项目，一同完善。事件列表如下：

```
public event OnConnectHander OnConnect;
public event OnDisconnectHander OnDisconnect;
public event OnErrRtnOrderActionHander OnErrRtnOrderAction;
public event OnErrRtnOrderInsertHander OnErrRtnOrderInsert;
public event OnRspErrorHander OnRspError;
public event OnRspOrderActionHander OnRspOrderAction;
public event OnRspOrderInsertHander OnRspOrderInsert;
public event OnRspQryDepthMarketDataHander OnRspQryDepthMarketData;
public event OnRspQryInstrumentHander OnRspQryInstrument;
public event OnRspQryInstrument CommissionRateHander OnRspQryInstrument Com-
         missionRate;
public event OnRspQryInstrument MarginRateHander OnRspQryInstrument MarginRate;
public event OnRspQryInvestorPositionHander OnRspQryInvestorPosition;
public event OnRspQryInvestorPositionDetailHander OnRspQryInvestorPositionDetail;
public event OnRspQryOrderHander OnRspQryOrder;
public event OnRspQryTradeHander OnRspQryTrade;
public event OnRspQryTradingAccountHander OnRspQryTradingAccount;
public event OnRtnInstrumentStatusHander OnRtnInstrumentStatus;
```

public event OnRtnOrderHander OnRtnOrder;

public event OnRtnTradeHander OnRtnTrade;

OnConnect、OnDisconnect 是行情与交易都支持的事件。但在实际使用时还是有区别的。交易有可能要进行客户端认证，所以可能出现与客户端认证有关的状态 E_authing、E_authed，只有结算单确认后才能下单，所以交易的最后状态不是 E_logined，而是 E_confirmed。代码如下：

```
//自己定义的
public enum ConnectionStatus
{
    E_uninit,          //未初始化
    E_inited,          //已经初始化
    E_unconnected,     //连接已经断开
    E_connecting,      //连接中
    E_connected,       //连接成功
    E_authing,         //授权中
    E_authed,          //授权成功
    E_logining,        //登录中
    E_logined,         //登录成功
    E_confirming,      //确认中
    E_confirmed,       //已经确认
    E_conn_max         //最大值
};
OnMdConnect.m 文件
function OnMdConnect(sender,arg)
% 交易连接回报

% 行情状态到 E_logined 就表示登录成功
if arg.result = = QuantBox.CSharp2CTP.ConnectionStatus.E_logined
    global md;
  % 订阅行情,支持","和";"分隔
    md.Subscribe('IF1305;IF1306,IF1309;IF1312');
end

end
OnTdConnect.m 文件
function OnTdConnect(sender,arg)
% 交易连接回报

% 交易状态到 E_confirmed 就表示登录并确认成功
if arg.result = = QuantBox.CSharp2CTP.ConnectionStatus.E_confirmed
    global td;
    % 下单
    td.SendOrder('IF1309',... %合约
        QuantBox.CSharp2CTP.TThostFtdcDirectionType.Buy,... %买卖
        '0',... %开平标记
```

```
            '1',... %投机套保标记
            1,... %数量
            2250,... %价格
            QuantBox.CSharp2CTP.TThostFtdcOrderPriceTypeType.LimitPrice,... %价格类型
            QuantBox.CSharp2CTP.TThostFtdcTimeConditionType.GFD,... %时间类型
            QuantBox.CSharp2CTP.TThostFtdcContingentConditionType.Immediately,... %条件类型
            0);
    end
end
```

下单接口比较复杂,上述代码在登录后立即发送一单。状态为已确认后,可以下单。

- 第一个参数是合约名,区分大小写,如果不清楚合约名可以查看快期软件中的"合约列表"。
- 第二个参数是买卖标记,只有两种选择,买和卖。
- 第三个参数是组合开平标记。
- 第四个参数是组合投机套保标记。

  组合开平标记和组合投机套保标记的写法有些特别,CTP 支持组合单,组合单至少由两腿组成,如何区分每腿的开平与投保呢?那就是用的组合开平与组合投保了,第一个字符标记的第一腿,第二个字符标示的第二腿,以此类推。代码如下:

```
/////////////////////////////////////////////////////////////////////////
///TFtdcOffsetFlagType是一个开平标志类型
/////////////////////////////////////////////////////////////////////////
///开仓
#define THOST_FTDC_OF_Open '0'
///平仓
#define THOST_FTDC_OF_Close '1'
///强平
#define THOST_FTDC_OF_ForceClose '2'
///平今
#define THOST_FTDC_OF_CloseToday '3'
///平昨
#define THOST_FTDC_OF_CloseYesterday '4'
///强减
#define THOST_FTDC_OF_ForceOff '5'
///本地强平
#define THOST_FTDC_OF_LocalForceClose '6'
typedef char TThostFtdcOffsetFlagType;
/////////////////////////////////////////////////////////////////////////
///TFtdcHedgeFlagType是一个投机套保标志类型
/////////////////////////////////////////////////////////////////////////
///投机
#define THOST_FTDC_HF_Speculation '1'
///套利
#define THOST_FTDC_HF_Arbitrage '2'
///套保
#define THOST_FTDC_HF_Hedge '3'
typedef char TThostFtdcHedgeFlagType;
```

目前普通客户开通的账户只能下投机，所以第四个参数直接使用11最省事。而第三个参数使用起来比较麻烦，因为上交所专门区分了平今与平昨，使用错了会提示平仓数不足。

- 第六个参数是价格，价格必需是最小价格变动单位的整数倍，不能超过涨跌停价。
- 第七个参数是价格类型，接口预留了大量的类型，但交易所只部分支持，目前仅使用两种价格类型即可，限价与市价，上海不支持市价单，中金股指两个远月不支持市价。代码如下：

```
/////////////////////////////////////////////////////////////////////////
///TFtdcOrderPriceTypeType是一个报单价格条件类型
/////////////////////////////////////////////////////////////////////////
///任意价
#define THOST_FTDC_OPT_AnyPrice '1'
///限价
#define THOST_FTDC_OPT_LimitPrice '2'
///最优价
#define THOST_FTDC_OPT_BestPrice '3'
///最新价
#define THOST_FTDC_OPT_LastPrice '4'
///最新价浮动上浮1个ticks
#define THOST_FTDC_OPT_LastPricePlusOneTicks '5'
///最新价浮动上浮2个ticks
#define THOST_FTDC_OPT_LastPricePlusTwoTicks '6'
///最新价浮动上浮3个ticks
#define THOST_FTDC_OPT_LastPricePlusThreeTicks '7'
///卖一价
#define THOST_FTDC_OPT_AskPrice1 '8'
///卖一价浮动上浮1个ticks
#define THOST_FTDC_OPT_AskPrice1PlusOneTicks '9'
///卖一价浮动上浮2个ticks
#define THOST_FTDC_OPT_AskPrice1PlusTwoTicks 'A'
///卖一价浮动上浮3个ticks
#define THOST_FTDC_OPT_AskPrice1PlusThreeTicks 'B'
///买一价
#define THOST_FTDC_OPT_BidPrice1 'C'
///买一价浮动上浮1个ticks
#define THOST_FTDC_OPT_BidPrice1PlusOneTicks 'D'
///买一价浮动上浮2个ticks
#define THOST_FTDC_OPT_BidPrice1PlusTwoTicks 'E'
///买一价浮动上浮3个ticks
#define THOST_FTDC_OPT_BidPrice1PlusThreeTicks 'F'
typedef char TThostFtdcOrderPriceTypeType;
```

- 第八个参数是时间类型，根据国内交易所的情况，目前支持GFD、IOC。
- 第九、第十个参数是条件单使用，首先大商所支持止盈止损单，郑商所支持止损单。代

码如下:

```
//////////////////////////////////////////////////////////////////////
///TFtdcContingentConditionType是一个触发条件类型
///立即
#define THOST_FTDC_CC_Immediately '1'
///止损
#define THOST_FTDC_CC_Touch '2'
///止赢
#define THOST_FTDC_CC_TouchProfit '3'
///预埋单
#define THOST_FTDC_CC_ParkedOrder '4'
///最新价大于条件价
#define THOST_FTDC_CC_LastPriceGreaterThanStopPrice '5'
///最新价大于等于条件价
#define THOST_FTDC_CC_LastPriceGreaterEqualStopPrice '6'
///最新价小于条件价
#define THOST_FTDC_CC_LastPriceLesserThanStopPrice '7'
///最新价小于等于条件价
#define THOST_FTDC_CC_LastPriceLesserEqualStopPrice '8'
///卖一价大于条件价
#define THOST_FTDC_CC_AskPriceGreaterThanStopPrice '9'
///卖一价大于等于条件价
#define THOST_FTDC_CC_AskPriceGreaterEqualStopPrice 'A'
///卖一价小于条件价
#define THOST_FTDC_CC_AskPriceLesserThanStopPrice 'B'
///卖一价小于等于条件价
#define THOST_FTDC_CC_AskPriceLesserEqualStopPrice 'C'
///买一价大于条件价
#define THOST_FTDC_CC_BidPriceGreaterThanStopPrice 'D'
///买一价大于等于条件价
#define THOST_FTDC_CC_BidPriceGreaterEqualStopPrice 'E'
///买一价小于条件价
#define THOST_FTDC_CC_BidPriceLesserThanStopPrice 'F'
///买一价小于等于条件价
#define THOST_FTDC_CC_BidPriceLesserEqualStopPrice 'H'

typedef char TThostFtdcContingentConditionType;
```

使用 Immediately 时即普通报单,使用 LastPriceGreaterThanStopPrice 一类的将按第十个参数的止损价进行触发。

SendOrder 是有返回值的,就是当前会话的第几个委托。

此报单指令还是很复杂,实盘中使用肯定过于繁琐,建议用户在 MATLAB 层再封一次,可行的封装方式有:

① Buy/Sell,仅记录净持仓。

② OpenLong/CloseLong、OpenShort/CloseShort,区分了双向持仓。

③ SetPostion，不管操作，只在乎最后持仓。

每个交易指令在报出后都会有委托回报，在 OnRtnOrder 中将交易指令记录下来，就可以进行撤单了。代码如下：

```
function OnRtnOrder(sender,arg)
 % 委托回报

 % 打印内容
 disp(arg)

 % 在某种情况下撤单，自己考虑各条件
 % if arg.pOrder.VolumeTotal>2
     global td;
      % 撤单
     td.CancelOrder(arg.pOrder);
 % end

 end
```

实际上，实盘中还有更多的工作要做。

- OnRspOrderInsert：当报单在期货公司前置机参数检测出错时返回，如资金不足等。
- OnErrRspOrderInset：交易所报单出错时返回，如不支持的交易指令等。
- OnRspOrderAction：当撤单在期货公司前置机参数校验出错时返回，如找不到报单。
- OnErrRspOrderAction：交易所撤单出错时返回，如报单已经成交等。

A.9 MATLAB 对接证券

证券接口开放性就有些不够了，金证、金仕达、恒生、根网、顶点都有证券柜台，但接口都不向外公开。只有国信证券向公众提供了 FIX 接口。2012 年下半年，上期技术又打破平静，推出了 CTP 证券接口，特别是证券与期货接口仅仅是类型定义有所区别。直接可以将期货的代码略做修改移动到证券。请参考项目 https://github.com/QuantBox/CTPZQ/tree/master/CSharp-CTPZQ。

附录 B

基于 DataHouse 的数据获取

B.1 恒生聚源 DataHouse 介绍

B.1.1 恒生聚源 DataHouse 概述

恒生聚源 DataHouse(以下简称 DataHouse)是上海恒生聚源数据服务有限公司开发的一款量化投资工具。

DataHouse 以恒生聚源丰富和完整的数据库为依托，基于业界通用 MATLAB 为平台，为用户提供全面、准确、及时的金融资讯数据。结合 MATLAB 自带的金融工具箱，构建用户自己的专业量化研究平台。

恒生聚源 DataHouse 的数据包括交易所的行情数据，券商的研究报告和财务数据以及其他的机构的各种数据。DataHouse 中提供的数据经过专业人员的采集、加工、校对，具有很广泛的采集范围和报告深度，竭力为用户提供高质量的金融领域全息数据。

用户可以便捷地通过 DataHouse 客户端查阅所关心的各类金融数据，包括日行情、高频行情、财务报告、研究报告、盈利预测、宏观行业等数据。

恒生聚源 DataHouse 客户端提供数据指标查询、指标说明、参数说明，并能生成可直接在 MATLAB 中使用的表达式。可以直接将该语句在 MATLAB 命令窗口运行，也可以嵌入到 M 文件中，实现一站式开发。

整个过程只需要 MATLAB 语言，不需要了解底层数据库结构，不需要学习 SQL 语法，可以让用户专注于金融分析本身。

DataHouse 具有以下优点：

① 数据全面、便捷、灵活。研究人员直接使用 MATLAB 即可对聚源数据库中的各类数据进行提取使用，包括高频行情数据、公司财务数据、盈利预测数据等。研究人员无需学习数据库语言即可直接对数据进行提取和分析。DataHouse 数据种类见表 B.1 所列。

表 B.1 DataHouse 数据种类与内容

数据类型	种　类	详　情
行情数据	股票	日行情、区间行情、年行情、月行情、周行情
	基金	日行情、区间行情
	股票 高频	沪深 LV1 基础、分时数据
	期货	股指期货高频行情、分时数据
	债券	日行情、区间行情、利率互换行情

续表 B.1

数据类型	种　类	详　情
财务报表数据	股票	财务报表、旧会计准则、单季财务报表、旧版单季财务报、同比增长率
	债券	财务报表、旧会计准则、单季财务报表、旧版单季财务报
	基金	资产负债表、基金收益分配表、经营业绩表、定期报告披露日期、基金净值变动表
研究报告	股票	盈利预测、投资评级、上市公司业绩预告
	债券	信用评级、发债主体授信额度、担保数据
	基金	基金评级、风格分析

② 紧密结合MATLAB分析工具，命名规范，无缝连接MATLAB运算环境。DataHouse的指标以MATLAB的语法风格编写，可以看做MATLAB的系统函数来使用。以下代码中的函数DH_E_S_CSRC、DH_Q_DQ_Stock、S_SHARE_LIQA均为DataHouse提供的指标函数，可以直接编写入M文件中。代码如下：

```
function output = sac_index( IndustryCode,Date)
 stocks   = DH_E_S_CSRC(IndustryCode,'2013 - 1 - 20');
 Prev     = DH_Q_DQ_Stock(stocks,Date,'PreClose',1);
 Close    = DH_Q_DQ_Stock(stocks,Date,'Close',1);
 float    = fetch('S_SHARE_LIQA',stocks,Date);
 growth   =  (Close' * cell2mat(float) )/( Prev' * cell2mat(float)  )  - 1;
 output   = growth;
 end
```

③ 界面操作方便。操作界面更符合使用需求，DataHouse客户端特别设计了指标目录，通过指标目录可以快速查询指标函数，利用参数定义对话框生成MATLAB表达式，该表达式可以直接在MATLAB命令窗口运行，也可以嵌入到m文件中。该目录按金融信息的业务特点，展示了聚源的丰富的指标体系。

④ 应用案例丰富。在DataHouse平台中，聚源的金融工程团队提供大量应用案例及其原始代码，帮助使用人员更快熟悉产品。

⑤ 全面和实时的高频数据。聚源的高频数据接收自交易所，经过严格的清洗处理，数据格式整齐。DataHouse平台提供沪深、股指期货、商品期货的高频分笔数据及高频分时数据。

B.1.2　DataHouse 下载安装

通过联系上海恒生聚源数据服务有限公司的客服人员（客服电话400－820－7887）可以获取DataHouse的安装程序包。DataHouse分别提供32位和64位计算机的安装程序包。32位计算机请使用后缀为x86的安装程序，64位计算机请使用后缀为x64的安装程序，安装程序图标如图B.1所示。

双击运行程序图标（对于windows7系统和XP系统，需要使用管理员权限运行安装程序),出现安装程序对话框(如图B.2所示),选择目标文件夹,单击"安装"按钮,需要一些安装时间,请耐心等待。

下一步到安装界面,选择MATLAB的运行路径。DataHouse客户端允许用户切换MATLAB版本,如图B.3所示。

继续单击登录,直到安装完成。

图B.1 DataHouse安装程序图标

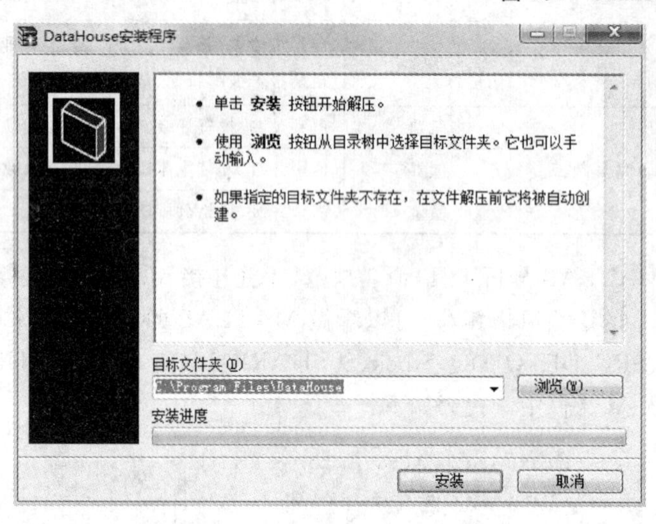

图B.2 DataHouse安装程序安装路径设置

图B.3 DataHouse开始安装界面

B.1.3 注册登录

通过联系上海恒生聚源数据服务有限公司的客服人员,取得授权的账户和密码,以便登录DataHouse客户端。

现在请启动MATLAB,在MATLAB的命令窗口输入DH或者DataHouse,按"回车"键出现图B.4登录对话框,分别输入正确的DataHouse用户名和密码,单击"登录"按钮,若显示"登录成功",表明已经成功登录。

注: 每个DataHouse账号默认绑定一台计算机,即只有与账号绑定的这台计算机,才可以用这个账号登录。用户第一次登录后系统会绑定当前计算机,该账号将无法在其他计算机上

图 B.4 DataHouse 登录对话框

再登录 DataHouse。

登录成功后，可以输入 DHhelp，弹出恒生聚源 DataHouse 客户端。客户端将展示丰富的指标目录

```
>> DHhelp
```

弹出的客户端界面（如图 B.5 所示），可以单击展开多级目录。

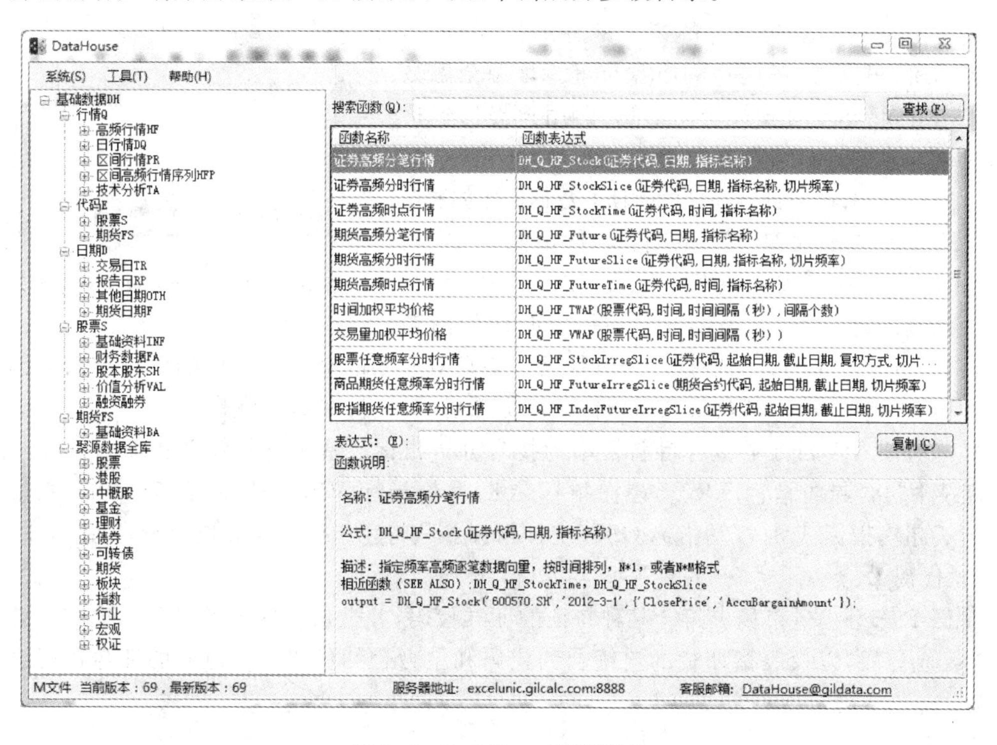

图 B.5 DataHouse 帮助页面

B.1.4 DataHouse 指标概况

为了使用户方便地找到需要的指标函数，DataHouse 客户端特别设计了指标目录。该目

录以金融信息的业务特点,分门别类地展示聚源丰富的指标函数。目录按照信息种类、证券品种等标准呈现多级展开的结构。

基础数据 DH,按照使用业务需求分为若干分支:行情 Q、代码 E、日期 D、股票 S 和聚源数据全库,全面覆盖金融数据,如图 B.6 所示。

1. 行情 Q

行情 Q 提供金融工程研究所需的最基本的数据,下辖高频行情 HF、日行情 DQ、区间行情 PR、区间高频行情序列 HFP 和技术分析 TA。行情中的指标对数据做了清洗处理。根据业务需求,部分指标支持向量化的证券代码输入,以及向量化的日期输入和向量化的参数输入。

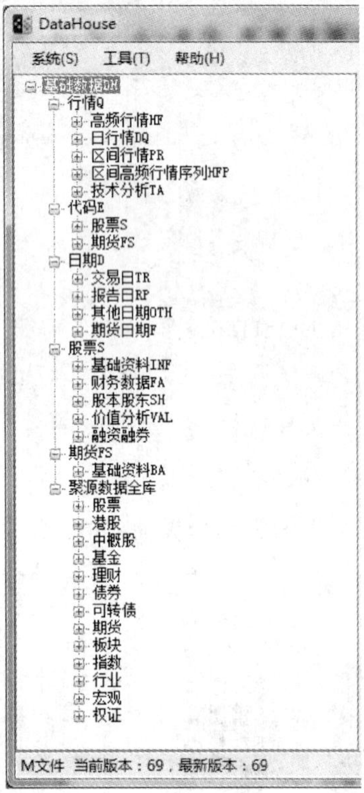

高频行情是指证券交易所和期货交易所发布的,频率高于每日一笔的数据,常见高频数据有逐笔交易数据,以及 1 min、5 min、10 min、15 min、30 min 和 60 min的分时数据,以及提供任意频率分时行情。聚源的高频数据接收自交易所,经过严格的清洗处理,具有较高的质量。

日行情是指每个交易日的某种证券的概要数据,包括开盘价、最高价、最低价和收盘价等。聚源金融数据库结合上市公司的股权变动信息,向用户提供包括复权价格在内的日行情数据。

区间行情 PR 提供证券在一段时期的数据。比如股票的区间的整体数据,比如区间最高价、区间最低价等。还有区间的数据序列,比如收益率序列、股权因子序列。

图 B.6　DataHouse 数据指标列表

区间高频行情 HFP 提供证券在一段时期的高频数据,包括 level-1 的分笔数据和分时数据。并且对股票的高频行情中的价格类指标提供复权选项,比如前收盘价、开盘价、收盘价、最高最低价、买一价和卖一价等。

技术分析 TA 目录中包含目前常用的技术分析指标。基于日行情数据制作。技术分析 TA 目录中包含趋向指标 TR、反趋向指标 AT、量价指标 VP、压力支撑指标 PR、能量指标 EN、超买超卖指标 TM、摆动指标 OSC、统计指标 ST、特色指标 CH 和成交量指标 VOL。

2. 代码 E

代码 E 部分提供市场上符合某种特征的证券代码,并批量提取证券代码。比如行业成分股,指数成分股,以及股指期货的连续合约代码和主力合约代码等。返回的证券代码含有扩展,为了避免不同市场的代码冲突。

3. 日期 D

日期 D 部分获取证券的交易日、上市日和财务报表披露的日期。这对获取证券的研究分析将会非常有利。

4. 股票 S

股票 S 部分提供股票投资分析所需要的财务数据 FA。财务数据目录下包含财务指标 I、单季财务指标 Q、财务报表 R。财务指标 I 下又包含每股指标 PS、盈利能力 EA、偿债能力 DB、成长能力 GR、营运能力 OP、资本结构 CS、收益质量 EQ、现金流量 CF 等。

5. 聚源数据全库

聚源数据全库部分提供更加丰富的指标函数，业务范围包括：股票、港股、中概股、基金、理财、债券、可转债、期货、板块、指数、行业、宏观和权证的数据。

B.1.5　指标搜索方法

恒生聚源 DataHouse 客户端提供方便快捷的指标搜索功能，方便地实现聚源丰富的指标函数的查找和金融数据的提取。客户端提供结构目录指引和搜索框查找。搜索框同时提供中文字符查找和英文字符查找。

1. 中文搜索

登录恒生聚源 DataHouse 客户端之后，界面的左侧将会展示指标的目录。这些目录都是中文字符，因此用户可以根据中文字符逐渐展开目录，直到找到需要的指标函数。另外界面的右上角，有搜索栏。在“搜索函数(Q)”之后输入指标的中文字符，单击“查找”按钮，即可查询包含中文字符的所有指标。按照模糊查询的方式，只要指标的名字、描述、参数中有这个字符，即可实现匹配。

例 B.1　在搜索函数后的搜索框中输入“期货高频”，如图 B.7 所示。

图 B.7　DataHouse 函数搜索(一)

单击“查找”按钮，客户端将展示所有的带“期货高频”关键字的函数，并且把这些指标函数所在的目录都展开，如图 B.8 所示。

搜索函数(Q): 查找(F)

函数名称	函数表达式
期货高频分笔行情	DH_Q_HF_Future(证券代码,日期,指标名称)
期货高频分时行情	DH_Q_HF_FutureSlice(证券代码,日期,指标名称,切片频率)
期货高频时点行情	DH_Q_HF_FutureTime(证券代码,时间,指标名称)

图 B.8　DataHouse 函数搜索(二)

2. 英文搜索

在“搜索函数(Q)”之后输入指标的英文字符，单击“查找”按钮即可查询包含英文字符的所有指标。查询按照模糊查询的方式，只要指标的名字、描述、参数中有这个字符，即可实现匹配。

例 B.2　在搜索函数后的搜索框中输入 HF，搜索高频行情相关的指标(HF，即 High Frequency 的简写)。

单击“查找”按钮，客户端将展开所以带 HF 字符的指标。由于是模糊查找，客户端会搜索不区分大小写字母的 HF，如图 B.9 所示。

搜索函数(Q): 查找(F)

函数名称	函数表达式
证券高频分笔行情	DH_Q_HF_Stock(证券代码,日期,指标名称)
证券高频分时行情	DH_Q_HF_StockSlice(证券代码,日期,指标名称,切片频率)
证券高频时点行情	DH_Q_HF_StockTime(证券代码,时间,指标名称)
期货高频分笔行情	DH_Q_HF_Future(证券代码,日期,指标名称)
期货高频分时行情	DH_Q_HF_FutureSlice(证券代码,日期,指标名称,切片频率)
期货高频时点行情	DH_Q_HF_FutureTime(证券代码,时间,指标名称)
时间加权平均价格	DH_Q_HF_TWAP(股票代码,时间,时间间隔(秒),间隔个数)
交易量加权平均价格	DH_Q_HF_VWAP(股票代码,时间,时间间隔(秒))
现金流量表(单季度)	DH_S_FA_R_QuarCashFlowStatement(证券代码,科目号,报告日期,报告类型)
股票任意频率分时行情	DH_Q_HF_StockIrregSlice(证券代码,起始日期,截止日期,复权方式,切片...
证券区间高频分笔行情序列	DH_Q_HFP_Stock(证券代码,起始日期,截止日期,指标名称,复权选项)

图 B.9　DataHouse 函数搜索(三)

3. 用 lookfor 函数查找

在 MATLAB 中运行 lookfor 函数,输入关键词,即可搜索到有 M 文件支持的相关函数。

例 B.3　查找"高频"相关的 M 文件,如图 B.10 所示。

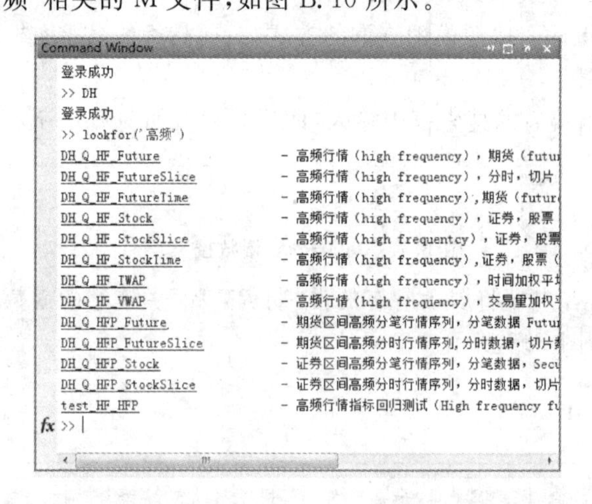

图 B.10　DataHouse 函数搜索(四)

4. 表达式生成

单击指标函数,界面将弹出对话框,对话框中,将展示函数的原型、输入参数的说明以及输出参数的说明。对话框中还有函数的细节描述。

例 B.4　提取恒生电 600570.SH 在 2012-3-1 的 1 分钟高频数据。

单击一个高频数据的指标 DH_Q_HF_StockSice。单击"打开参数定义"对话框,在证券代码后的输入框填入 600570.SH,日期框中填入 2012-3-1,指标名称的下拉框中选择 ClosePrice 最新价(即分笔交易记录中的收盘价),切片频率选择 1 min,再单击右下角的"确定"按钮,如图 B.11 所示。

参数填写完成后,界面自动生成表达式,如图 B.12 所示。

单击"复制"按钮,这条表达式将会复制到剪贴板中。这条语句可以粘贴在其他文档中,当然可以在 MATLAB 中运行。代码如下:

```
>> DH_Q_HF_StockSlice('600570.SH','2013-03-01','ClosePrice',1);
```

参数定义
公式: DH_Q_HF_StockSlice('600570.SH','2012-03-01','ClosePrice',1)
证券代码 600570.SH
日期 2012-03-01
指标名称 ClosePrice 收盘价
切片频率 1 1分钟
函数名称: 证券高频分时行情
函数格式: DH_Q_HF_StockSlice(证券代码,日期,指标名称,切片频率)
参数描述:
SecuCode:char/cell,不支持向量输入。股票代码一般带相应后缀，股票为.SH/.SZ
Date:numeric/char/cell,不支持向量输入。日期为matlab可识别日期格式。
ColumnName:numeric/char/cell,支持向量输入，1*M。
Slice:numeric。可供选项有1,5,10,15,30,60分别代表1min, 5min, 10min, 15min, 30min和60min。
确定(K)
取消(E)

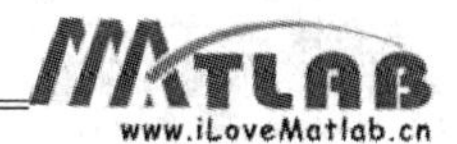

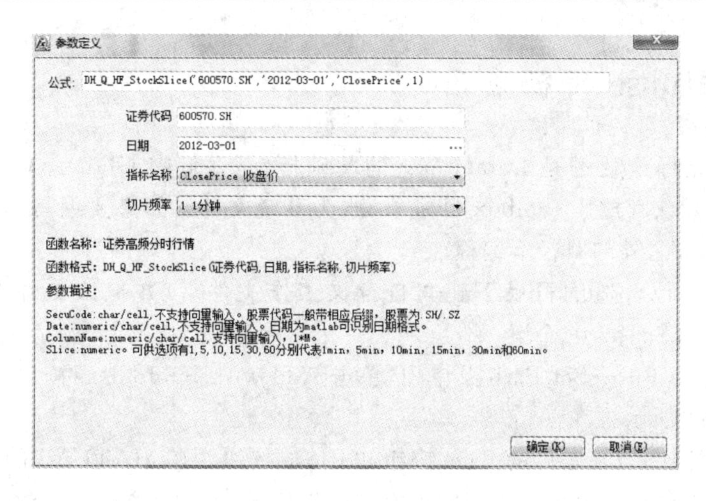

图 B.11　DataHouse 函数表达式生成(一)

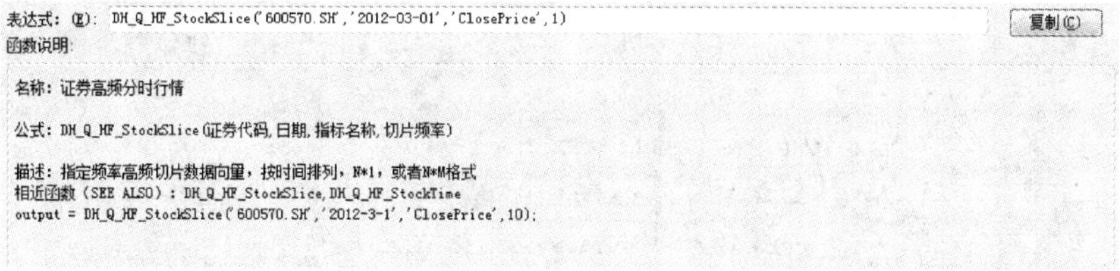

表达式: (E): DH_Q_HF_StockSlice('600570.SH','2012-03-01','ClosePrice',1)
复制(C)
函数说明:
名称: 证券高频分时行情
公式: DH_Q_HF_StockSlice(证券代码,日期,指标名称,切片频率)
描述: 指定频率高频切片数据向量，按时间排列，N*1，或者N*M格式
相近函数 (SEE ALSO): DH_Q_HF_StockSlice, DH_Q_HF_StockTime
output = DH_Q_HF_StockSlice('600570.SH','2012-3-1','ClosePrice',10);

图 B.12　DataHouse 函数表达式生成(二)

运行结果如图 B.13 所示。

Command Window
>> DH_Q_HF_StockSlice('600570.SH','2013-03-01','ClosePrice',1)
ans =
12.3700
12.3500
12.3200
12.3200
12.3400
12.3500
12.3500
12.3700
12.3500
12.3900
12.3900
12.3900
12.4000
12.3900
12.3800
12.3800
12.3700
12.3900
12.4300
12.5000
12.4800
12.4500
12.4500
12.4700
12.4800
12.5200
12.5800

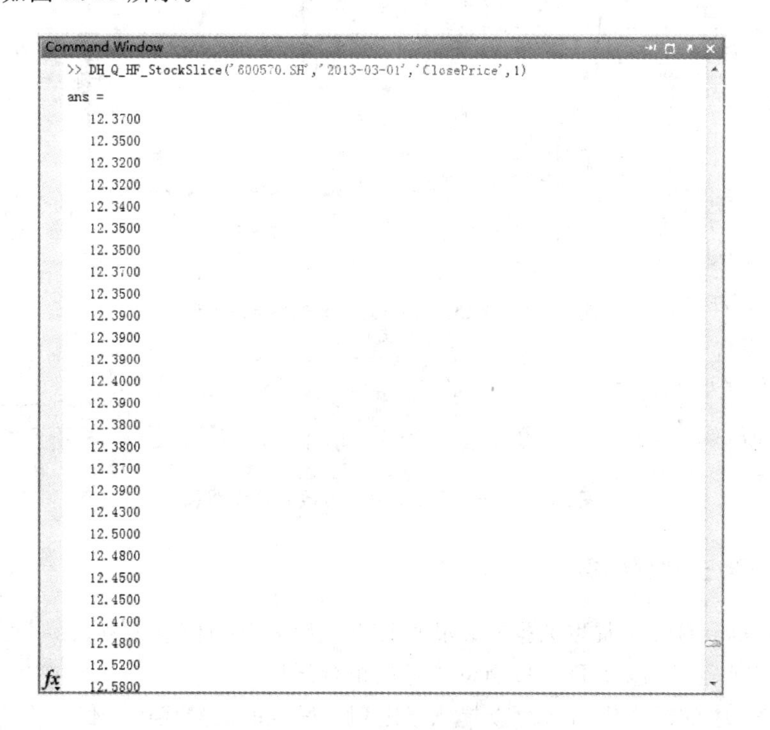

图 B.13　DataHouse 函数执行结果

B.2 DataHouse指标应用

本节提供的指标函数都是DataHouse的基础指标，存储在Gildata_Custom程序包中。Gildata_Custom默认存放于toolbox目录下，成为系统文件。如果要编写新的m文件，建议在Gildata_Custom之外的路径下编程。

用户可以在其他合适的目录下建立自定义工作文件夹，并把该文件夹的路径加载到MATLAB的WorkSpace中。

方法如下：选择File→Set Path菜单项，单击Add with Subfolders按钮，选择自定义工作文件夹，如图B.14所示。

单击“确定”按钮，以及随后的Save按钮和Close按钮。在MATLAB的文件夹浏览框中选择刚才添加的文件夹。如果看不到则需要进一步打开Browse for folder找到指定文件夹的路径，如图B.15所示。

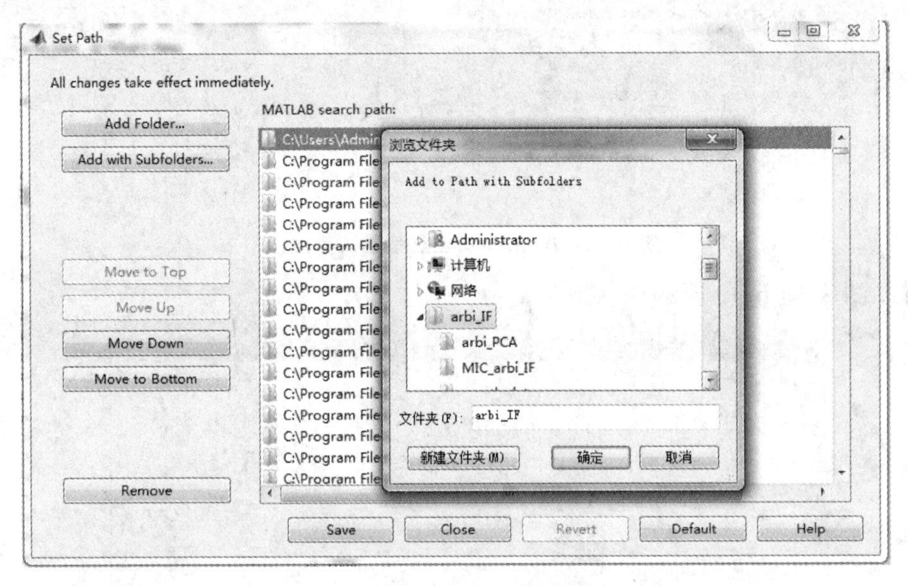

图B.14 DataHouse相关函数路径设置(一)

图B.15 DataHouse相关函数路径设置(二)

B.2.1 获取证券代码

如何利用DataHouse提取数据？以获取证券代码和日期信息为例，介绍利用DataHouse配置参数，生成表达式，以及DataHouse指标的组合运用

DataHouse中的模块代码E可以提取指定划分标准的证券代码。代码E包含两大分支：股票S和期货FS。

1. 股票 S

股票 S 用于提取特定证券市场或者分类的股票代码，如表 B.2 所列。

表 B.2　DataHouse 证券分类表

目　录	指　标
股票 S	中证一级行业成分股　DH_E_S_CSI
	申万一级行业成分股　DH_E_S_SW
	证监会一级行业成分股　DH_E_S_CSRC
	指数成分股　DH_E_S_IndexComps
	股票市场成分股　DH_E_S_Market
	中信行业成分股　DH_E_S_CITI
	GICS 行业成分股　DH_E_S_GICS
	融资标的证券　DH_E_S_BUYTARGET
	融券标的证券　DH_E_S_SELLTARGET

例 B.5　获取 2012－11－27 的沪深 300 指数成分股，如图 B.16 所示。

图 B.16　获取 2012－11－27 的沪深 300 指数成分股函数表达式生成

代码如下：

```
>> DH_E_S_IndexComps('000300.SH','2012-11-27',1)
```

获得结果如图 B.17 所示。

这条语句共获得 300 只股票的代码。

下面展示申万一级行业股票代码的获取，单击“申万一级行业成分股”指标，弹出对话框，提示有三个参数需要配置。申万行业代码、日期和市场。其中市场的默认参数是 0，即全部股票。在其他的行业代码类指标中，市场参数默认都是全面股票。

例 B.6　获取申万一级行业“农林牧渔”的 A 股成分股，日期 2013－04－25。如图 B.18 所示。

在“市场”参数的下拉列表中选择 1(A 股股票)。DataHouse 客户端将生产表达式，将该表达式复制并粘贴到 MATLAB 的命令窗口中运行：

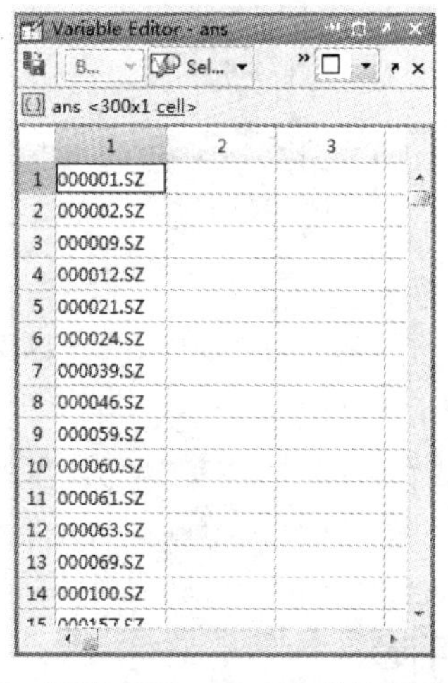

图 B.17　获取 2012－11－27 的沪深 300 指数成分股函数表达式的执行结果

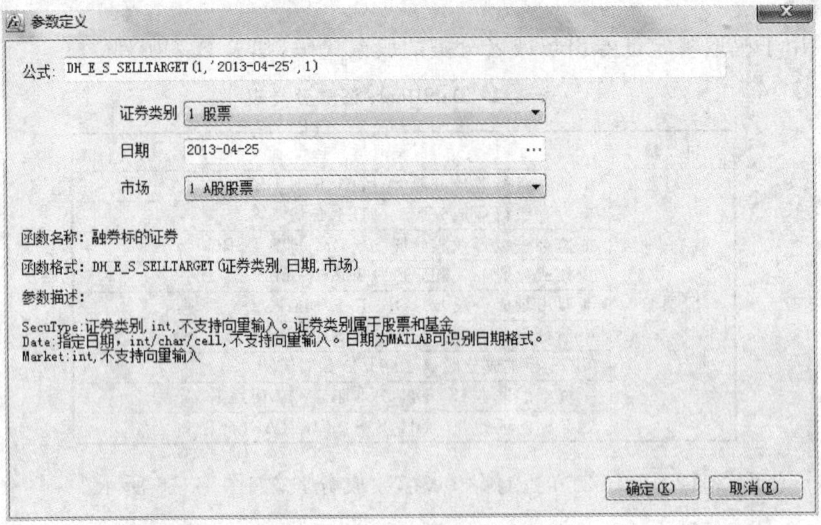

图 B.18　获取申万一级行业"农林牧渔"的 A 股成分股函数表达式生成

```
>> DH_E_S_SW('110000','2013 - 04 - 25',1);
```

该命令获得 83 只证券,提取的结果 ans 如图 B.19 所示。

图 B.19　获取申万一级行业"农林牧渔"的 A 股成分股函数表达式的执行结果

例 B.7　提取融券标的券。

查找"融券标的证券"指标,弹出"参数定义"对话框。选择参数,这里我们选择证券类别为"股票",日期"2013 - 04 - 25",A 股股票,如图 B.20 所示。

单击"确定"按钮,DataHouse 客户端将生成表达式。复制该表达式,粘贴到 MATLAB 命令窗口运行:

```
>> DH_E_S_SELLTARGET(1,'2013 - 04 - 25',1)
```

MATLAB 将提取获得的结果,如图 B.21 所示。

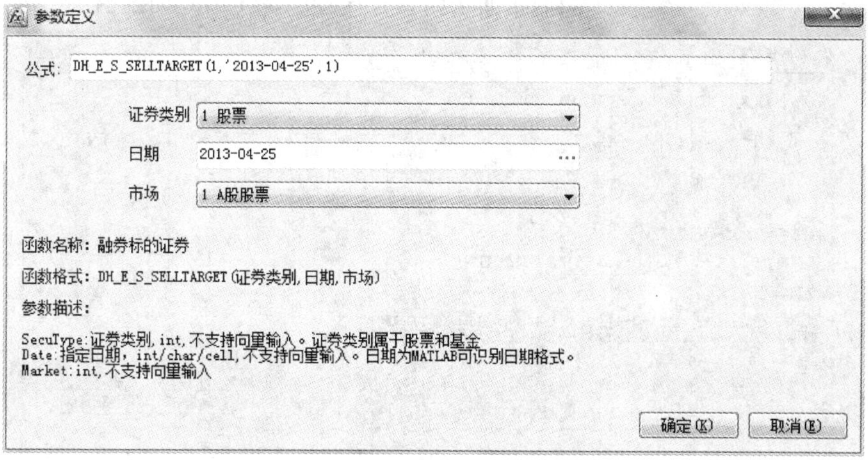

参数定义

公式：DH_E_S_SELLTARGET(1,'2013-04-25',1)

证券类别　1 股票

日期　2013-04-25

市场　1 A股股票

函数名称：融券标的证券

函数格式：DH_E_S_SELLTARGET(证券类别,日期,市场)

参数描述：

SecuType:证券类别,int,不支持向量输入。证券类别属于股票和基金
Date:指定日期，int/char/cell,不支持向量输入。日期为MATLAB可识别日期格式。
Market:int,不支持向量输入

确定(K)　取消(E)

图 B.20　获取融券标的证券函数表达式生成

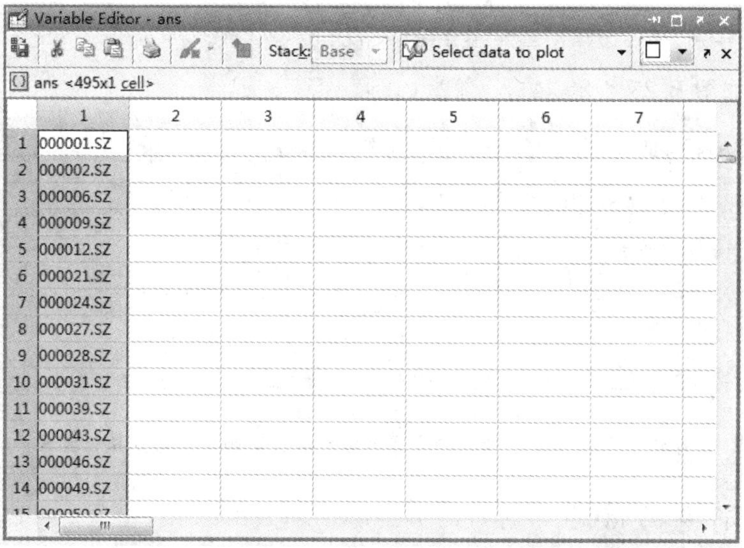

Variable Editor - ans

Stack: Base　Select data to plot

ans <495x1 cell>

	1
1	000001.SZ
2	000002.SZ
3	000006.SZ
4	000009.SZ
5	000012.SZ
6	000021.SZ
7	000024.SZ
8	000027.SZ
9	000028.SZ
10	000031.SZ
11	000039.SZ
12	000043.SZ
13	000046.SZ
14	000049.SZ

图 B.21　获取融券标的证券函数表达式执行结果

2. 期货 FS

代码 E 的第二大分支是期货 FS,包括股指期货和商品期货,用于获取期货合约代码。可以获得:股指期货合约、股指期货主力合约、股指期货连续合约。见表 B.3。

表 B.3　DataHouse 期货分类表

目　录	指　标
股指期货 IF	股指期货合约　DH_E_FS_IF_Contr
	股指期货主力合约　DH_E_FS_IF_MainContr
	股指期货连续合约　DH_E_FS_IF_ContiContr
商品期货 CF	商品期货连续合约 DH_E_FS_CF_Continuous

例 B.8 获得 2012-01-31 的股指期货的当月连续合约代码。如图 B.22 所示。

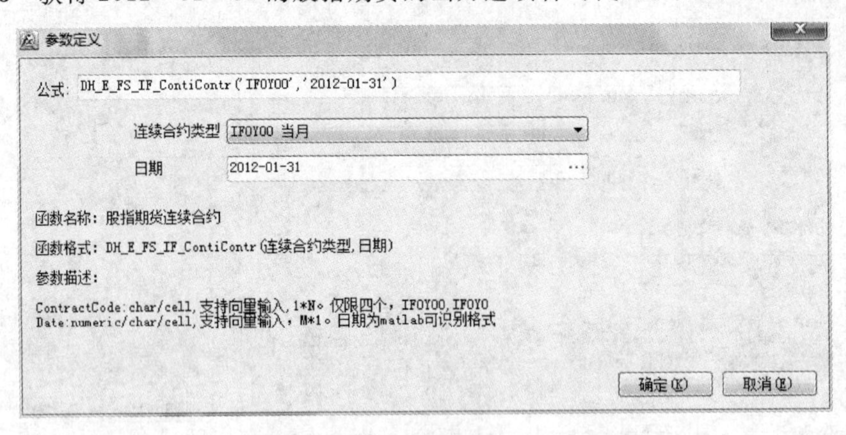

图 B.22 获得股指期货的当月连续合约代码函数表达式生成

代码如下:

```
>> ContractCode = DH_E_FS_IF_ContiContr('IF0Y00','2012-01-31');
```

运行结果如图 B.23 所示。

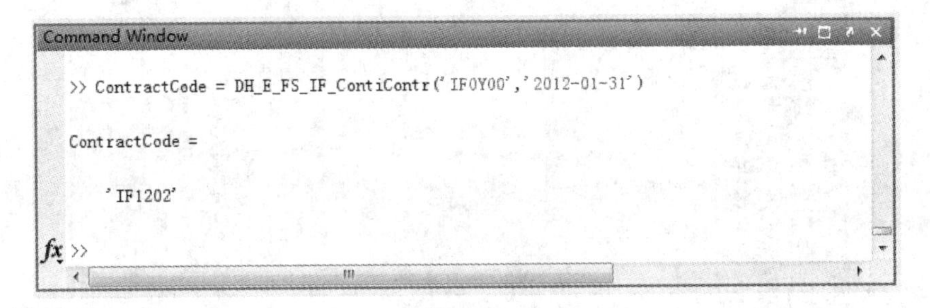

图 B.23 获得股指期货的当月连续合约代码函数表达式执行结果

B.2.2 获取日期信息

DataHouse 提供了丰富的获取日期类的指标,包括交易日、报告日和合约上市日等。DataHouse的二级目录下"日期 D"中可以查找各类日期指标,见表 B.4。

表 B.4 DataHouse 证券指标分类表

目 录	指 标
交易日 TR	是否交易日 DH_D_TR_IsTradingDay
	市场交易日 DH_D_TR_MarketTradingday
	证券交易日 DH_D_TR_SecurityTradingday
	日期切片 DH_D_TR_IntervalDay
	交易日推算 DH_D_TR_TradingDayCalc
	区间日期序列 DH_D_TR_DateSerial

续表 B.4

目 录	指 标
报告日 RP	公司报告期 DH_D_RP_ReportDay
	公司报告披露日 DH_D_RP_IssuingDay
	最新报告期 DH_D_RP_LastReportDay
期货日期 F	股指期货合约上市日 DH_D_F_FListedDay
	商品期货合约上市日 DH_D_F_CListedDay
	股指期货合约最后交易日 DH_D_F_FLastDay
	商品期货合约最后交易日 DH_D_F_CLastDay
其他日期 OTH	上市日 DH_D_OTH_ListedDay
	指数基准日期 DH_D_OTH_BaseDay

下面介绍日期信息类指标的用法。首先介绍市场交易日的获取。市场交易日是最常见的交易日信息，它是金融数据序列的基础之一。搜索指标"市场交易日"，或者英文名称"DH_D_TR_MarketTradingday"。该指标可以分别提取上海证券交易所交易日、深圳证券交易所交易日和中国金融期货交易所的标准交易日期。

例 B.9 获取 2013-01-01 至 2013-04-25 的上海证券交易所的交易日。

单击市场交易日 DH_D_TR_MarketTradingday 这个指标，DataHouse 将弹出"参数定义"对话框，如图 B.24 所示。

参数定义

公式: DH_D_TR_MarketTradingday(1,'2013-1-1','2013-4-25')

市场 1 上海证券交易所

起始日期 2013-1-1

截止日期 2013-4-25

函数名称: 市场交易日

函数格式: DH_D_TR_MarketTradingday(市场,起始日期,截止日期)

参数描述:

Market:numeric,不支持向量输入。可供选项: 1 上海证券交易所, 2 深圳证券交易所, 3 中国金融期货交易所
StartDate:numeric/char/cell,不支持向量输入。日期为MATLAB可识别日期格式
EndDate:numeric/char/cell,不支持向量输入。日期为MATLAB可识别日期格式

确定(K) 取消(E)

图B.24 获取 2013-01-01 至 2013-04-25 的上海证券交易所的交易日函数表达式生成

选择"市场"、"起始日期"和"截止日期"的信息。单击"确定"按钮，复制表达式，粘贴到 MATLAB 的命令窗口运行：

```
>> DH_D_TR_MarketTradingday(1,'2013-01-01','2013-04-25');
```

DataHouse 将向 MATLAB 返回获得起始日期到截止日期之间的交易日序列，如图 B.25 所示。这个返回的日期序列可以输入到其他的 DataHouse 指标中使用。比如把以上命令获得

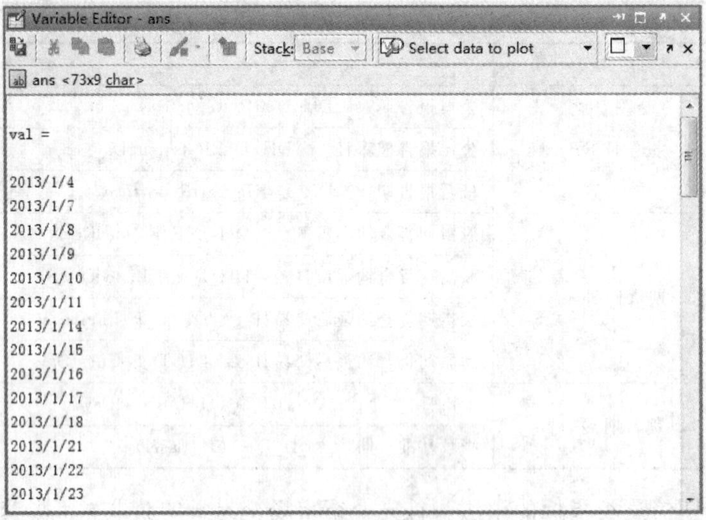
Variable Editor - ans
Stack: Base
Select data to plot
ans <73x9 char>
val =
2013/1/4
2013/1/7
2013/1/8
2013/1/9
2013/1/10
2013/1/11
2013/1/14
2013/1/15
2013/1/16
2013/1/17
2013/1/18
2013/1/21
2013/1/22
2013/1/23

图 B.25　获取 2013－01－01 至 2013－04－25 的上海证券交易所的交易日函数表达式执行结果

的结果命名为 DateSerial，传递给指数日行情指标 DH_Q_DQ_Index 的第二个参数，即日期参数。可以获得指数在这些日期序列上的市场数据，比如收盘价 Close。

例 B.10　获取上证指数 000001.SH 在 2013－01－01 到 2013－04－25 的收盘价。

直接利用例 B.9 获得交易日信息。在 MATLAB 命令窗口运行：

```
>> DateSerial = ans;
>> output = DH_Q_DQ_Index('000001.SH',DateSerial,'Close')
```

DateSerial 包含 73 个交易日，传递给 DH_Q_DQ_Index，获得上证指数的 73 个收盘价，返回的结果以数值型的矩阵存储，结果如图 B.26 所示。

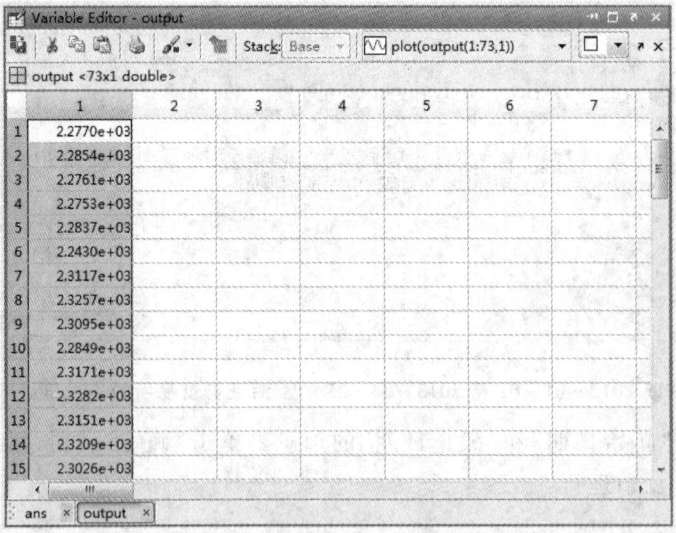
Variable Editor - output
Stack: Base
plot(output(1:73,1))
output <73x1 double>
1 2 3 4 5 6 7
1 2.2770e+03
2 2.2854e+03
3 2.2761e+03
4 2.2753e+03
5 2.2837e+03
6 2.2430e+03
7 2.3117e+03
8 2.3257e+03
9 2.3095e+03
10 2.2849e+03
11 2.3171e+03
12 2.3282e+03
13 2.3151e+03
14 2.3209e+03
15 2.3026e+03
ans
output

图 B.26　获取上证指数 000001.SH 在 2013－01－01 到 2013－04－25 的收盘价函数表达式执行结果

DataHosue 除了取顺序的交易日序列外，也可以取切片的交易日序列。区间日期序列

DH_D_TR_DateSerial，可以按照周、月、季度、半年和年为时间跨度的日期序列。

例 B.11 要获得恒生电子(600570.SH)在 2013-01-01 至 2013-03-01 之间按照周进行切片的个股交易日序列，配置参数如图 B.27 所示。

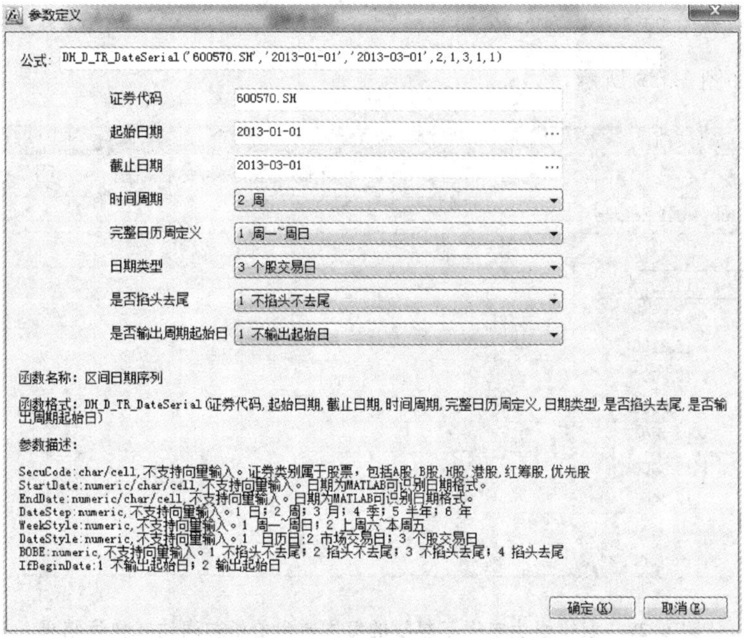

图 B.27 获得恒生电子(600570.SH)在 2013-01-01 至 2013-03-01 之间的按照周进行切片的个股交易日序列函数表达式生成

单击"确定"按钮，产生表达式，复制表达式，在 MATLAB 命令窗口运行：

```
>> DH_D_TR_DateSerial('600570.SH','2013-01-01','2013-03-01',2,1,3,1,1);
```

获得的结果 ans，包含 8 个交易日，分别为 2013-01-04、2013-01-11、2013-01-18、2013-01-25、2013-02-01、2013-02-08、2013-02-22 和 2013-03-01。这些日期正好是每个日历星期的星期五。如图 B.28 所示。

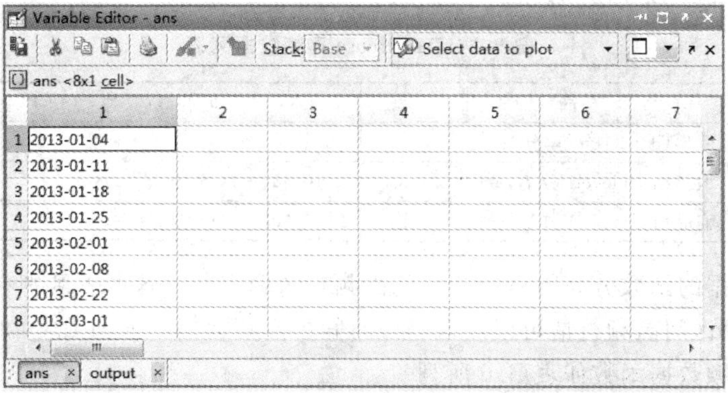

图 B.28 获得恒生电子在 2013-01-01 至 2013-03-01 之间的按照周进行切片的个股交易日序列函数表达式执行结果

输出结果 ans 可以进一步输入到其他的 DataHouse 指标中获取数据。比如，输入到日行情指标 DH_Q_DQ_Stock 的日期参数的位置,可以获得每周的收盘价。

例 B.12 仍以恒生电子(600570.SH)为例,获取不复权的每周收盘价。

代码如下:

```
>> output = DH_Q_DQ_Stock('600570.SH',ans,'Close',1)
```

运行结果如图 B.29 所示。

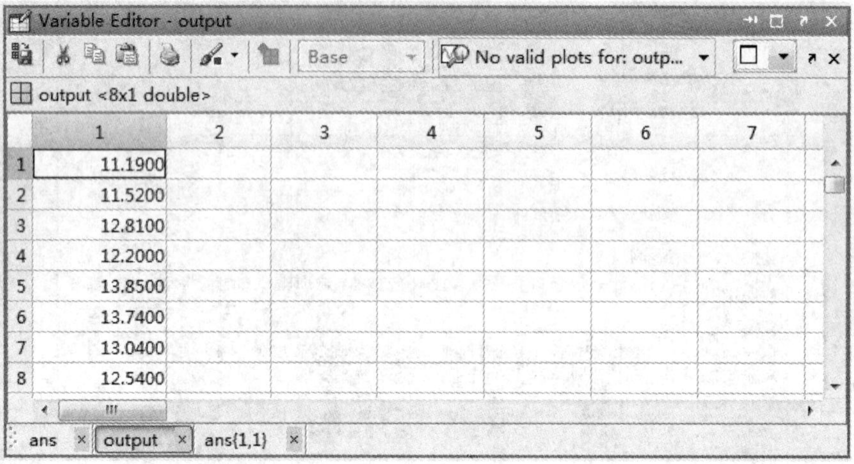

图 B.29 获得恒生电子不复权的每周收盘价函数表达式执行结果

B.3 DH 取行情数据

B.3.1 DataHouse 取高频行情(包括实时)

DataHouse 中高频行情来源于上海证券交易所、深圳证券交易所、上海期货交易所、郑州商品交易所、大连商品交易所、中国金融期货交易所。涵盖 5 大交易所所有证券品种。各个品种数据时间区间如表 B.5 所列。

表 B.5 DataHouse 高频数据列表

品　种	时间区间
股票(level 1 分笔,分时)	2002 年至今
股指期货(level1 分笔,分时)	2010-04-16 至今
商品期货(level1 分笔,分时)	2011-02-01 至今

提取高频数据的函数分高频行情和区间高频行情两部分。这两者区别在于高频行情取单日的高频数据,而区间高频行情可以提取一段时间内高频数据。如图 B.30 所示。

主要提取高频数据函数如表 B.6 所列。

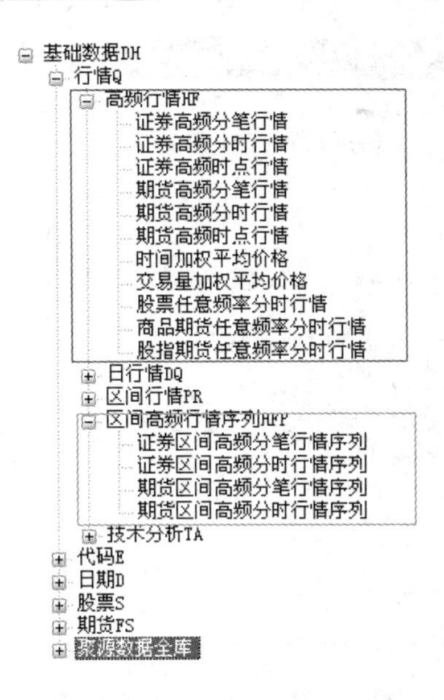

图 B.30　DataHouse 高频数据分类

表 B.6　DataHouse 高频数据指标

股票分笔*	DH_Q_HF_Stock
股票分时	DH_Q_HF_StockSlice
股票时点	DH_Q_HF_StockTime
股票任意频率分时	DH_Q_HF_StockIrregSlice
期货分笔	DH_Q_HF_Future
期货分时	DH_Q_HF_FutureSlice
期货时点	DH_Q_HF_FutureTime
股指期货任意频率分时	DH_Q_HF_IndexFutureIrregSlice
商品期货任意频率分时	DH_Q_HF_FutureIrregSlice
区间股票分笔	DH_Q_HFP_Stock
区间股票分时	DH_Q_HFP_StockSlice
区间期货分笔	DH_Q_HFP_Future
区间期货分时	DH_Q_HFP_FutureSlice

注:这里的股票是广义股票,指上交所和深交所交易的所有证券。适用高频行情,后同。

1. 股票分笔

代码如下:

```
Data = DH_Q_HF_Stock(SecuCode,Date,ColumnName);
```

参数输入如图 B.31 所示。

例 B.13　取恒生电子(600570.SH)2013-04-24 日所有分笔交易时间和最新价(收盘价)。

MATLAB 实现代码如下:

```
Data = DH_Q_HF_Stock('600570.SH','2013-04-24',{'BargainTime';'ClosePrice'});
Data = [cellstr(datestr(Data(:,1),31)),num2cell(Data(:,2))];
```

参数定义

公式: DH_Q_HF_Stock('','','BargainTime')

证券代码

日期

指标名称 BargainTime 交易时间

BargainTime 交易时间
PrevClosePrice 昨收盘
OpenPrice 今开盘
HighPrice 最高价
LowPrice 最低价
ClosePrice 最新价
AccuBargainAmount 累计成交量
AccuBargainSum 累计成交金额

函数名称：证券高频分笔

函数格式：DH_Q_HF_Stock

参数描述：

SecuCode:char/cell,不支持向量输入。股票代码一般带相应后缀，股票为.SH/.SZ
Date:numeric/char/cell,不支持向量输入。日期为matlab可识别日期格式。
ColumnName:numeric/char/cell,支持向量输入，1*M。

确定(K) 取消(E)

图 B.31　获取股票分笔数据函数表达式生成

运行结果如图 B.32 所示。

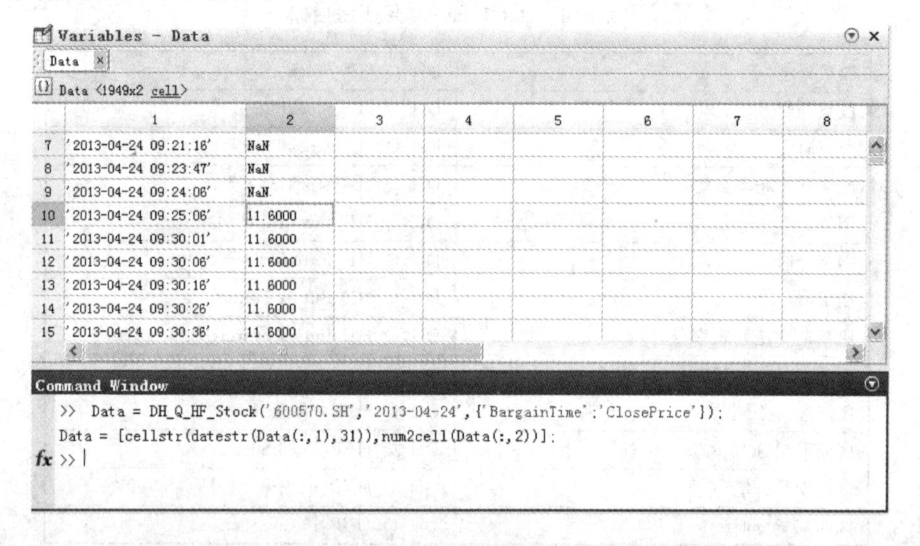

	1	2	3	4	5	6	7	8
7	'2013-04-24 09:21:16'	NaN						
8	'2013-04-24 09:23:47'	NaN						
9	'2013-04-24 09:24:06'	NaN						
10	'2013-04-24 09:25:06'	11.6000						
11	'2013-04-24 09:30:01'	11.6000						
12	'2013-04-24 09:30:06'	11.6000						
13	'2013-04-24 09:30:16'	11.6000						
14	'2013-04-24 09:30:26'	11.6000						
15	'2013-04-24 09:30:36'	11.6000						

图 B.32　获取恒生电子(6000570.SH)分笔数据函数表达式执行结果

2. 股票分时

代码如下：

```
Data = DH_Q_HF_StockSlice(SecuCode,Date,ColumnName,Slice);
```

输入参数同股票分笔。

例 B.14　取平安银行(000001.SZ)2013-04-22 日所有 5 分钟分时交易时间和最新价(收盘价)。

MATLAB 实现代码如下：

```
Data = DH_Q_HF_StockSlice('000001.SZ','2013-04-22',{'BargainTime';'ClosePrice'},5);
```

运行结果如图 B.33 所示。

Variables - Data

Data

Data <48x2 double>

	1	2	3	4	5	6	7	8	9	10
1	7.3535e+05	20.0200								
2	7.3535e+05	20.3500								
3	7.3535e+05	20.2100								
4	7.3535e+05	20.2000								
5	7.3535e+05	20.1600								
6	7.3535e+05	20.0700								
7	7.3535e+05	20.0900								
8	7.3535e+05	20.2200								

Command Window

```
>> Data = DH_Q_HF_StockSlice('000001.SZ','2013-04-22',{'BargainTime';'ClosePrice'},5);
fx >>
```

图 B.33 获取恒生电子(6000570.SH)分时数据函数表达式执行结果

3. 股票时点

代码如下：

```
Data = DH_Q_HF_StockTime(SecuCode,DateTime,ColumnName);
```

参数输入同股票分笔。

例 B.15 取上证指数(000001.SH)和深圳成指(399001.SZ)2013-04-22 11:12:00 的最新的交易时间和最新价(收盘价)。

MATLAB 实现代码如下：

```
Data = DH_Q_HF_StockTime({'000001.SH';'399001.SZ'},'2013 - 04 - 22 11:12:00',{'BargainTime';
        'ClosePrice'});
```

运行结果如图 B.34 所示。

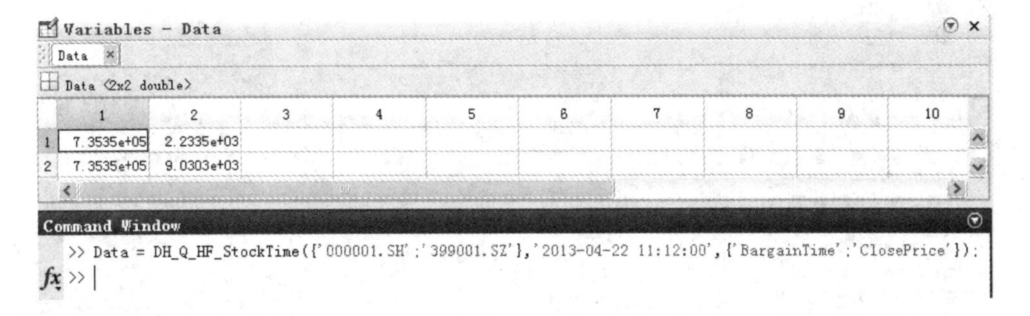

图 B.34 获取上证指数(000001.SH)和深圳成指(399001.SZ)最新的交易时间和最新价函数表达式执行结果

4. 期货分笔

代码如下：

```
Data = DH_Q_HF_Future(SecuCode,DateTime,ColumnName);
```

参数输入同股票分笔。

例 B.16 取 IF0Y00(当月连续合约)2013-04-24 所有分笔交易时间和最高价。

MATLAB 实现代码如下：

```
Data = DH_Q_HF_Future('IF0Y00,'2013 - 04 - 24',{'BargainTime';'HighPrice'});
Data = [cellstr(datestr(Data(:,1),31)),num2cell(Data(:,2))];
```

运行结果如图 B.35 所示。

Variables - Data

Data <32104x2 cell>

	1	2	3	4	5	6	7	8
16	'2013-04-24 09:15:04'	2.4596e+03						
17	'2013-04-24 09:15:05'	2.4596e+03						
18	'2013-04-24 09:15:05'	2.4596e+03						
19	'2013-04-24 09:15:06'	2.4596e+03						
20	'2013-04-24 09:15:06'	2.4596e+03						
21	'2013-04-24 09:15:07'	2.4596e+03						
22	'2013-04-24 09:15:08'	2.4596e+03						
23	'2013-04-24 09:15:08'	2.4596e+03						

Command Window

```
>> Data = DH_Q_HF_Future('IF0Y00','2013-04-24',{'BargainTime';'HighPrice'});
Data = [cellstr(datestr(Data(:,1),31)),num2cell(Data(:,2))];
fx >>
```

图 B.35　获取 IF0Y00 2013 - 04 - 24 所有分笔交易时间和最高价函数表达式执行结果

5. 期货分时

代码如下：

```
Data = DH_Q_HF_FutureSlice(SecuCode,Date,ColumnName,Slice);
```

参数输入同股票分笔。

例 B.17　取股指期货 IF1306 合约 2013 - 04 - 23 所有 10 分钟分时交易时间和最高价。

MATLAB 实现代码如下：

```
Data = DH_Q_HF_FutureSlice('IF1306','2013 - 04 - 23',{'BargainTime';'HighPrice'},10);
```

运行结果如图 B.36 所示。

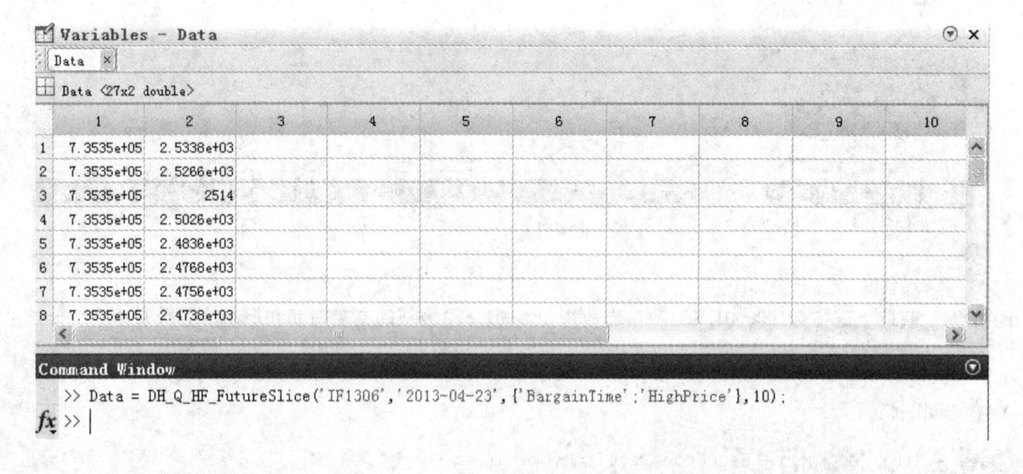

Variables - Data

Data <27x2 double>

	1	2	3	4	5	6	7	8	9	10
1	7.3535e+05	2.5338e+03								
2	7.3535e+05	2.5266e+03								
3	7.3535e+05	2514								
4	7.3535e+05	2.5026e+03								
5	7.3535e+05	2.4836e+03								
6	7.3535e+05	2.4768e+03								
7	7.3535e+05	2.4756e+03								
8	7.3535e+05	2.4738e+03								

Command Window

```
>> Data = DH_Q_HF_FutureSlice('IF1306','2013-04-23',{'BargainTime';'HighPrice'},10);
fx >>
```

图 B.36　获取股指期货 IF1306 合约 2013 - 04 - 23 所有 10 分钟分时交易时间和最高价函数表达式执行结果

6. 期货时点

代码如下：

```
Data = DH_Q_HF_FutureTime(SecuCode,DateTime,ColumnName);
```

参数输入同股票分笔。

例 B.18 取商品期货CU1401合约2013-04-23 10:00:00的最新的交易时间和最低价。

MATLAB实现代码如下：

```
Data = DH_Q_HF_FutureTime('CU1401','2013-04-23 10:00:00',{'BargainTime';'LowPrice'});
```

运行结果如图B.37所示。

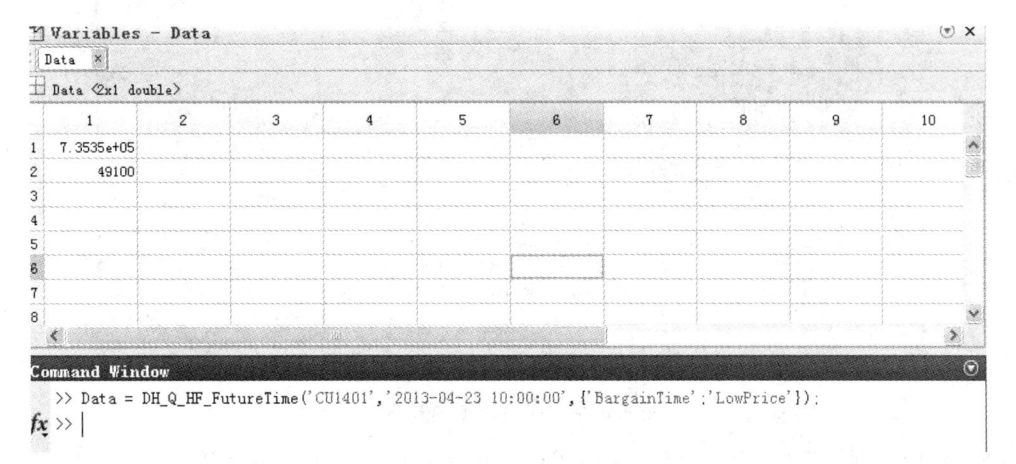

图B.37 获取商品期货CU1401合约2013-04-23 10:00:00的最新的交易时间和最低价函数表达式执行结果

区间行情函数DH_Q_HFP_Stock、DH_Q_HFP_StockSlice、DH_Q_HFP_Future、DH_Q_HFP_FutureSlice的输入输出与DH_Q_HF_Stock、DH_Q_HF_StockSlice、DH_Q_HF_Future、DH_Q_HF_FutureSlice的输入输出类同，读者自行查看函数说明，这里就不一一列举了。

B.3.2 DH取日行情

DataHouse中可以提到日行情数据包括股票、指数、债券、可转债、基金、期货和港股。日行情中主要函数如表B.7所列。

表B.7 DataHouse证券行情分类表

股票日行情	DH_Q_DQ_Stock
指数日行情	DH_Q_DQ_Index
债券日行情	DH_Q_DQ_Bond
可转债日行情	DH_Q_DQ_ConBond
基金日行情	DH_Q_DQ_Fund
期货日行情	DH_Q_DQ_Future
港股日行情	DH_Q_DQ_HKStock

1. 股票日行情

代码如下：

```
Data = DH_Q_DQ_Stock(SecuCode,Date,ColumnName,IR);
```

参数输入如图 B.38 所示。

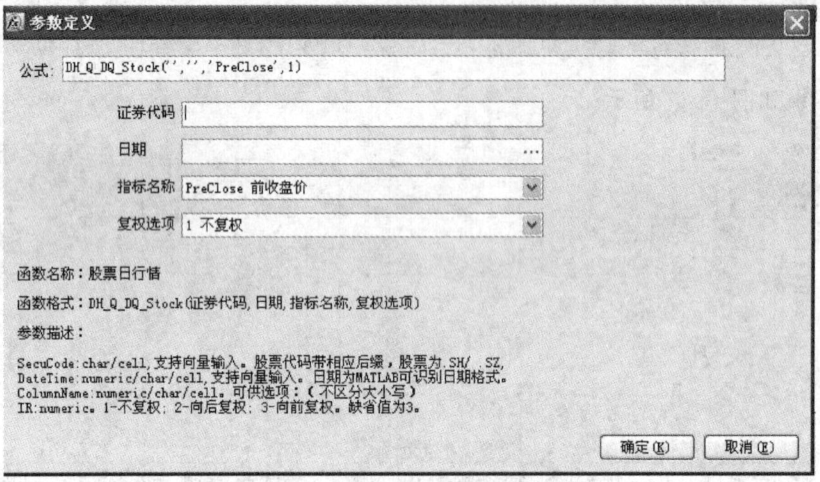

参数定义

公式: DH_Q_DQ_Stock('','','PreClose',1)

证券代码

日期

指标名称 PreClose 前收盘价

复权选项 1 不复权

函数名称：股票日行情

函数格式：DH_Q_DQ_Stock(证券代码, 日期, 指标名称, 复权选项)

参数描述：

SecuCode:char/cell,支持向量输入。股票代码带相应后缀，股票为.SH/ .SZ,
DateTime:numeric/char/cell,支持向量输入。日期为MATLAB可识别日期格式。
ColumnName:numeric/char/cell。可供选项：（不区分大小写）
IR:numeric。1-不复权; 2-向后复权; 3-向前复权。缺省值为3。

确定(K)　取消(E)

图 B.38　获取股票日行情函数表达式生成

例 B.19　取浦发银行(600000.SH)2013－04－23 的向前复权收盘价。

MATLAB 实现代码如下：

```
Data = DH_Q_DQ_Stock ('600000.SH','2013－04－23','Close');
```

运行结果如图 B.39 所示。

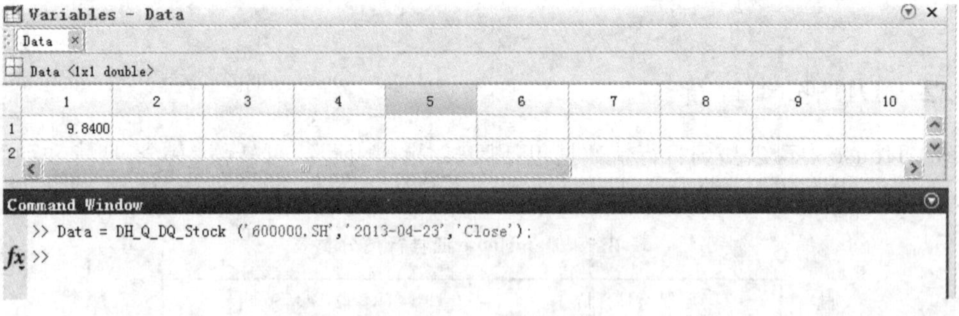

Variables - Data

Data

Data <1x1 double>

	1	2	3	4	5	6	7	8	9	10
1	9.8400									
2										

Command Window

```
>> Data = DH_Q_DQ_Stock ('600000.SH','2013-04-23','Close');
>>
```

图 B.39　获取浦发银行(600000.SH)2013－04－23 的向前复权收盘价函数表达式执行结果

2. 指数日行情

代码如下：

```
Data = DH_Q_DQ_Index(SecuCode,Date,ColumnName);
```

参数输入同股票日行情。

例 B.20　取申万农林牧渔指数(801010.SI)2013－04－23 的收盘价。

MATLAB 实现代码如下：

```
Data = DH_Q_DQ_Index(' 801010.SI','2013-04-23','Close');
```

运行结果如图 B.40 所示。

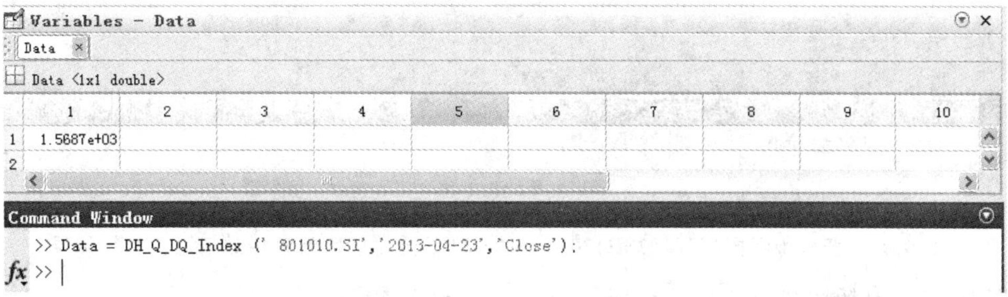

图 B.40　获取申万农林牧渔指数(801010.SI)2013-04-23 的收盘价函数表达式执行结果

3. 普通债券日行情

代码如下：

```
Data = DH_Q_DQ_Bond(SecuCode,Date,ColumnName,PriceType);
```

参数输入如图 B.41 所示。

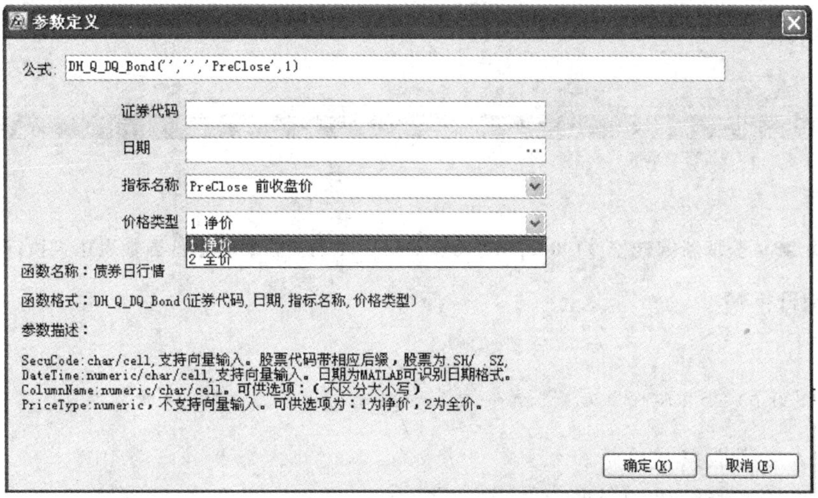

图 B.41　获取普通债券日行情函数表达式生成

例 B.21　取上证国债(0102SH)2013-04-23 的全价的收盘价。

MATLAB 实现代码如下：

```
Data = DH_Q_DQ_Bond(' 0102SH','2012-03-01','Close',1);
```

运行结果如图 B.42 所示。

4. 可转债日行情

代码如下：

```
Data = DH_Q_DQ_Conbond(SecuCode,Date,ColumnName,PriceType);
```

参数输入同债券日行情。

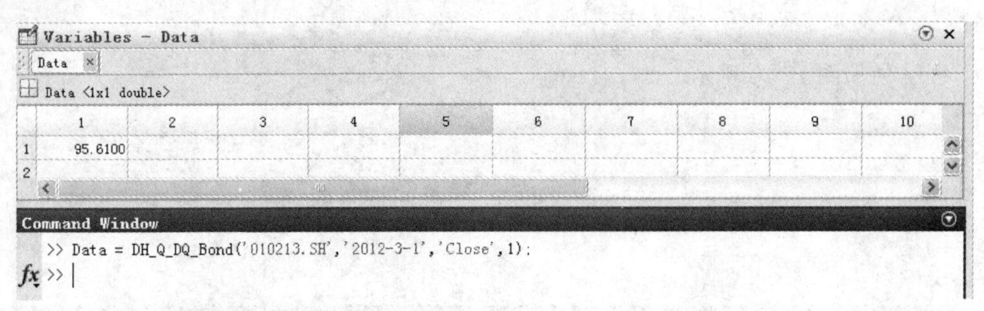

图 B.42　获取上证国债(0102SH)2013－04－23 的全价的收盘价函数表达式执行结果

例 B.22　取新钢转债(110003.SH)2012－03－01 的全价收盘价。

MATLAB 实现代码如下：

```
Data = DH_Q_DQ_Conbond('110003.SH','2012 - 3 - 1','Close',1);
```

运行结果如图 B.43 所示。

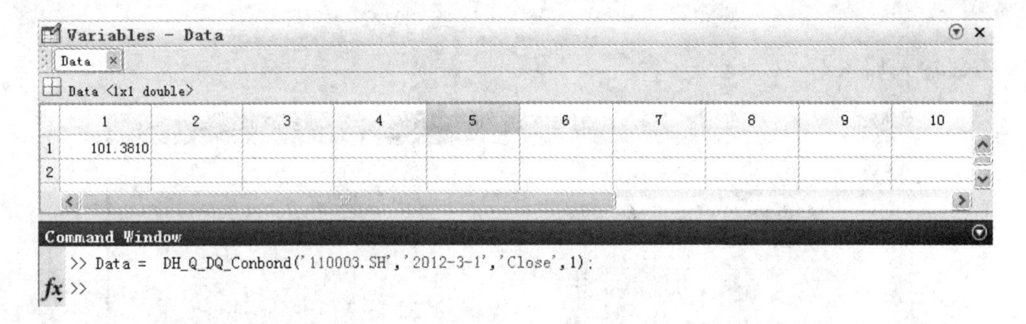

图 B.43　获取新钢转债(110003.SH)2012－03－01 的全价的收盘价函数表达式执行结果

5. 基金日行情

代码如下：

```
Data = DH_Q_DQ_Fund(SecuCode,DateTime,ColumnName,IR);
```

参数输入参考股票日行情。

选择开放式基金字段均返回 nan。

例 B.23　取华夏成长(000001.OF) 2013－04－23 的单位净值。

MATLAB 实现代码如下：

```
Data = DH_Q_DQ_Fund('000001.OF','2013 - 04 - 23','Unit');
```

运行结果如图 B.44 所示。

6. 期货日行情

代码如下：

```
Data = DH_Q_DQ_Future(SecuCode,Date,ColumnName);
```

参数输入参照指数日行情。

例 B.24　取商品期货 CU1308 合约 2013－04－23 的收盘价和结算价。

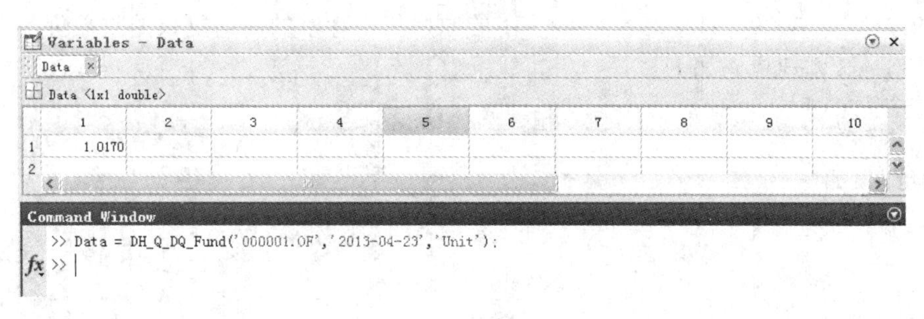

图 B.44　获取华夏成长(000001.OF) 2013-04-23 的单位净值函数表达式执行结果

MATLAB 实现代码如下：

```
Data = DH_Q_DQ_Future('Cu1308','2013-04-23',{'Close';'Settle'});
```

运行结果如图 B.45 所示。

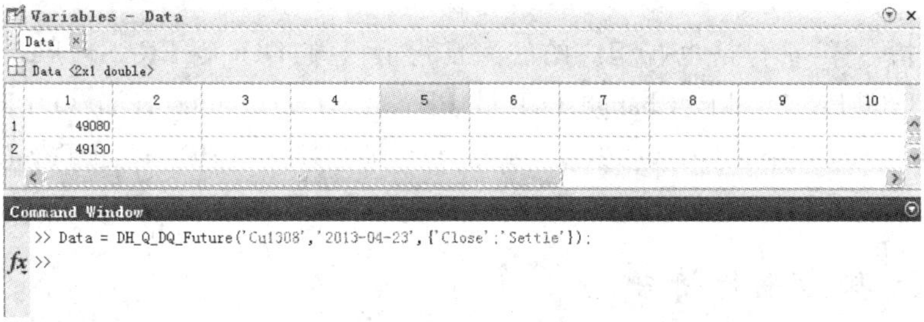

Variables - Data
Data <2x1 double>
49080
49130
Command Window
>> Data = DH_Q_DQ_Future('Cu1308','2013-04-23',{'Close';'Settle'});

图 B.45　获取商品期货 CU1308 合约 2013-04-23 的收盘价和结算价函数表达式执行结果

7. 港股日行情

代码如下：

```
Data = DH_Q_DQ_HKStock(SecuCode,DateTime,ColumnName,IR,PriceType);
```

参数输入如图 B.46 所示。

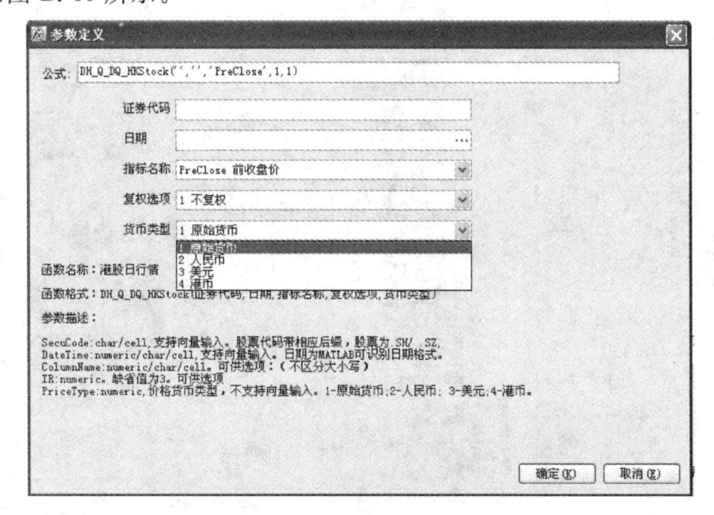

图 B.46　获取港股日行情函数表达式生成

例 B.25 取 00001.HK 2012-03-01 的原始货币计量的向前复权的收盘价。

MATLAB 实现代码如下：

```
Data = DH_Q_DQ_HKStock('00001.HK','2012-3-1','Close',3,1);
```

运行结果如图 B.47 所示。

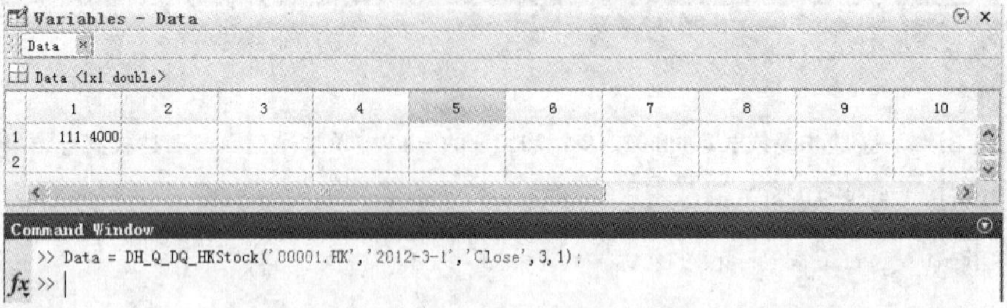

图 B.47 获取 00001.HK 2012-03-01 的原始货币计量的向前复权的收盘价函数表达式执行结果

同高频行情一样，日行情也有相应的区间日行情函数：DH_Q_PR_StockLow、DH_Q_PR_StockHigh、DH_Q_PR_StockPctChange、DH_Q_PR_StockAvgVolume、DH_Q_PR_StockReturnSerial、DH_Q_PR_StockSerial、DH_Q_PR_StockFactorSerial、DH_Q_PR_StockTotal、DH_Q_PR_GlobalStock、DH_Q_PR_FutureSerial、DH_Q_PR_FutureTotal 等。这里不一一详述。

B.3.3 DH 取其他行情数据

DataHouse 行情还包括各种技术指标，比如趋势指标、反趋势指标、量价指标、压力支撑指标、能量指标、超买超卖指标、摆动指标、统计指标、成交量指标和特色指标等，如图 B.48 所示。DataHouse 中技术指标函数主要用于批量提取各种类型的技术指标。

图 B.48 DataHouse 技术指标列表

B.3.4　基于行情类的其他案例

1. 实时刷新行情案例

本案例通过MATLAB自带Variables Editor，基于DataHouse的作为实时数据源。实时监控股价。实现代码如下：

```
% 创建 timer
T   = timer;
% 设置周期为5s;若同时出现多个任务,采用队列处理;执行周期模式为:固定间隔
set(T,'period',5,'BusyMode','queue','executionmode','fixedDelay');
% 设置 callback 函数为 testHF;
set(T,'TimerFcn','testHF');
% 设置最大执行次数为 2000 次
set(T,'taskstoexecute',2000);
% 启动 timer
start(T);
% 停止 timer
% stop(T);
% 删除 timer
% delete(T);
function  Data = testHF()
Stocks = {'000001.SH','600570.SH','600605.SH','600079.SH','002672.SZ'};
Time = clock;
ColumnName = {'BargainTime';'PrevClosePrice';'ClosePrice';'AccuBargainAmount'};
Data = DH_Q_HF_StockTime(Stocks,Time,ColumnName);
% 延迟时间定义为最新刷新的交易时间与刷新时间之间差值
delay = abs(max(Data(:,1)) - datenum(Time));
disp([' 当前延时:',num2str(round(delay * 3600 * 24)),'s']);
Data = [{' 证券代码 ',' 交易时间 ',' 最新价 ',' 涨跌幅(%)',' 成交量(万元)'};Stocks',cellstr(dat-
        estr(Data(:,1),'HH:MM:SS.FFF')),num2cell([Data(:,3),(Data(:,3)./Data(:,2) - 1) * 100,
        Data(:,4)])];
end
```

运行结果如图B.49所示。

2. 选股案例1

选股方案为：

① 日期:2013年4月25日;

② 股票连续三个交易日上涨。

MATLAB实现代码如下：

```
% 4月25日A股市场所有股票代码
Stocks = DH_E_S_Market('43','2013 - 04 - 25');
% 取所有A股2013 - 04 - 23,2013 - 04 - 24,2013 - 04 - 25这三日的前收盘和收盘价
PreClose = DH_Q_DQ_Stock(Stocks,{'2013 - 04 - 23';'2013 - 04 - 24';'2013 - 04 - 25'},'PreClose',1);
Close = DH_Q_DQ_Stock(Stocks,{'2013 - 04 - 23';'2013 - 04 - 24';'2013 - 04 - 25'},'Close',1);
% 连续3日上涨股票集合
Stock = Stocks(all(PreClose<Close,2));
```

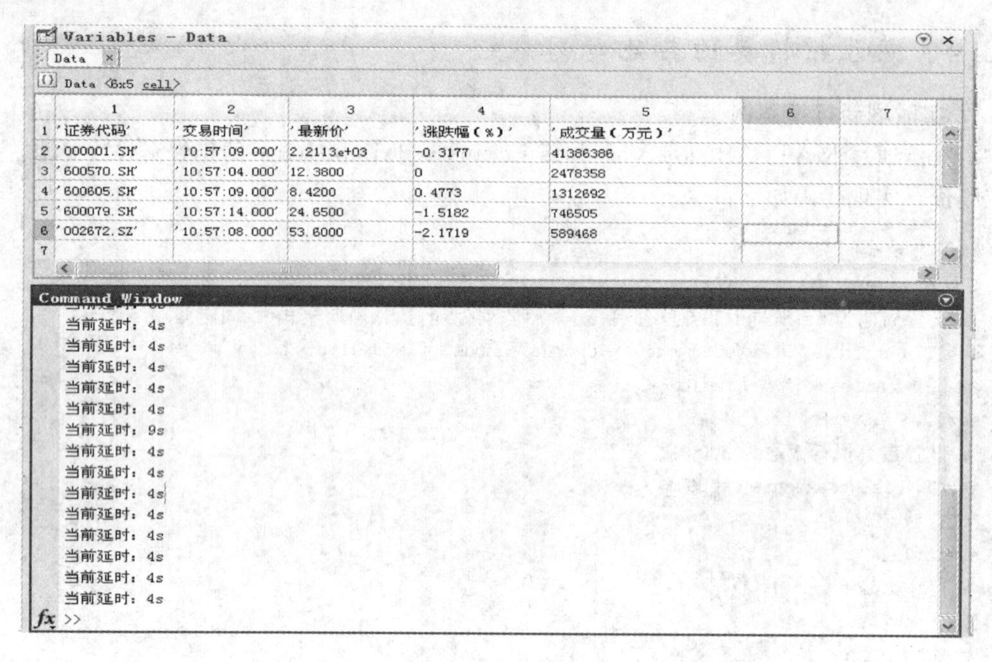

图 B.49 实时刷新行情案例程序执行结果

运行结果如图 B.50 所示。

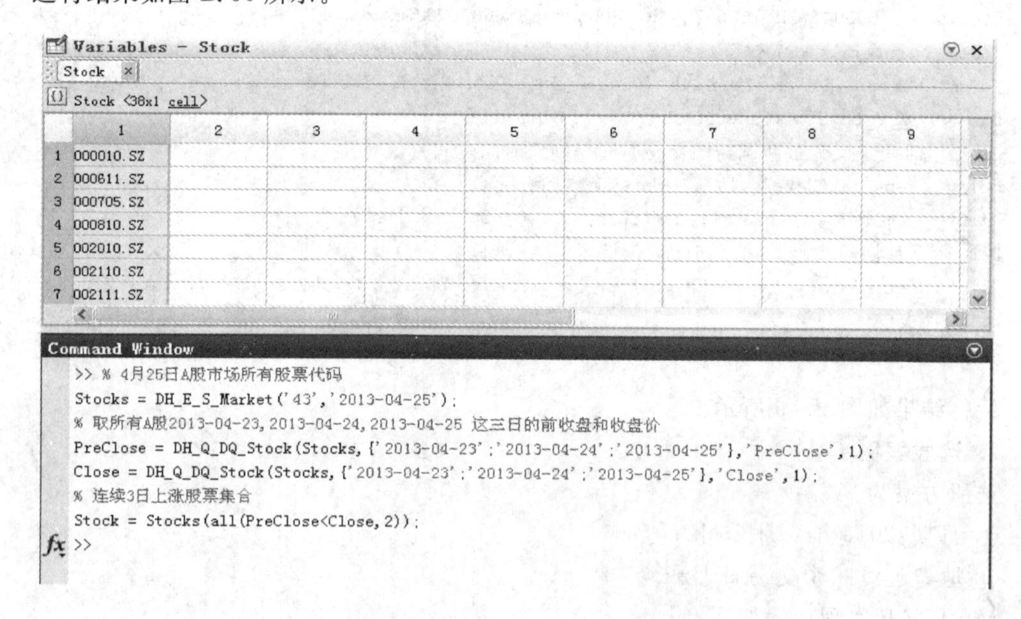

图 B.50 获取连续 3 个交易日上涨股票代码程序执行结果

3. 选股案例 2

选股方案为：

① 日期：2013 年 4 月 25 日；

② 当日股票创今年新高。

```
% 4月25日A股市场所有股票代码
Stocks = DH_E_S_Market('43','2013-04-25');
% 取所有A股2013-01-01到2013-04-24今年以来的历史最高价
High_old = DH_Q_PR_StockHigh(Stocks,'2013-01-01','2013-04-24',3);
% 所有A股当日最高价
High_new = DH_Q_DQ_Stock(Stocks,'2013-04-25','High',3);
% 创新高股票的集合
Stock = Stocks(High_old<High_new);
```

运行结果如图 B.51 所示。

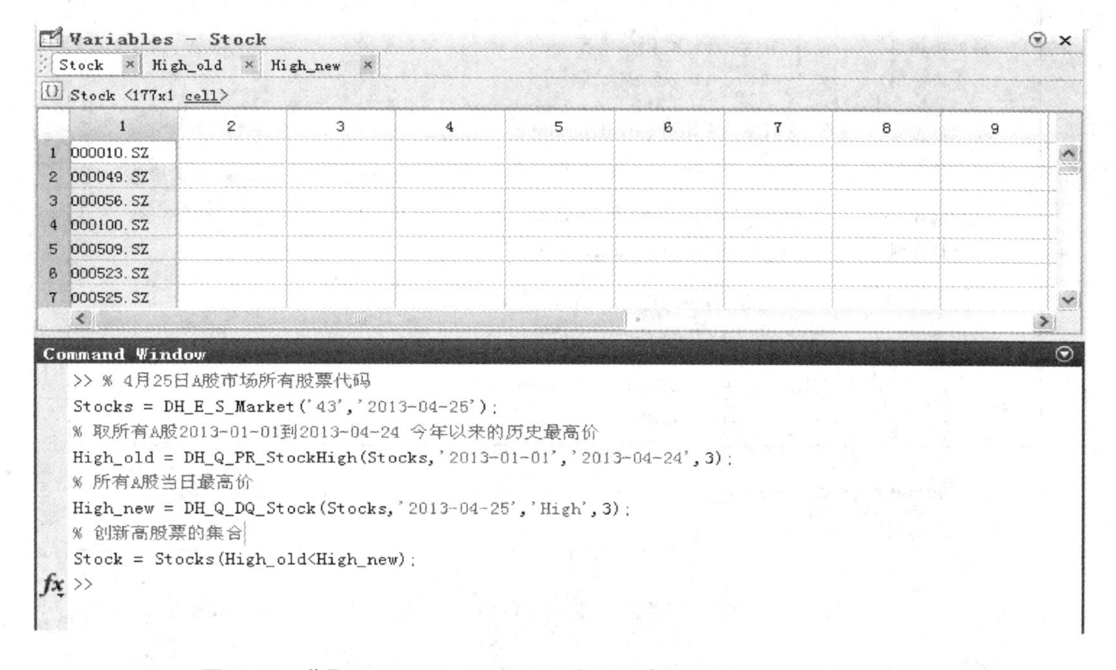

图 B.51 获取 2013-04-25 股票创今年新高的股票代码程序执行结果

B.4 基本面数据

B.4.1 财务数据的提取

财务数据分为财务报表原始数据和基于财务报表加工后的财务分析指标数据。

1. 取财务报表数据项

财务报表数据是上市公司直接发布的原始数据，聚源 DataHouse 中提供了以下函数提取财务报表数据，通过表 B.8 所列的 8 个函数可以取到上市公司公告的财报数据。

例 B.26 批量取出沪深 300 成分股在 2004 年 12 月 31 日到 2013 年 4 月 19 日之间所有年度报告的合并报表营业收入数据。

在 DataHouse 中查询会计科目号方式如图 B.52 所示。查到“营业收入”的 ItemsCode 为 9。

表 B.8　DataHouse 基本面数据列表

函数名称	函数表达式	参数说明
资产负债表	DH_S_FA_R_BalanceSheet (SecuCode,ItemsCode,Date,Type)	Type:类型,不支持向量 1　合并报表 2　母公司报表 3　合并报表(调整) 4　母公司报表(调整) ItemsCode:会计科目项编码,编码值与科目对应表见该函数 M 文件注释
现金流量表	DH_S_FA_R_FlowStatement (SecuCode,ItemsCode,Date,Type)	
利润表	DH_S_FA_R_IncomeStatement (SecuCode,ItemsCode,Date,Type)	
资产负债表(旧会计准则)	DH_S_FA_R_BalanceSheetOld (SecuCode,ItemsCode,Date,Type)	
现金流量表(旧会计准则)	DH_S_FA_R_FlowStatementOld (SecuCode,ItemsCode,Date,Type)	
利润表(旧会计准则)	DH_S_FA_R_IncomeStatementOld (SecuCode,ItemsCode,Date,Type)	
现金流量表(单季度)	DH_S_FA_R_QuarCashFlowStatement (SecuCode,ItemsCode,Date,Type)	
利润表(单季度)	DH_S_FA_R_QuarIncomeStatement (SecuCode,ItemsCode,Date,Type)	

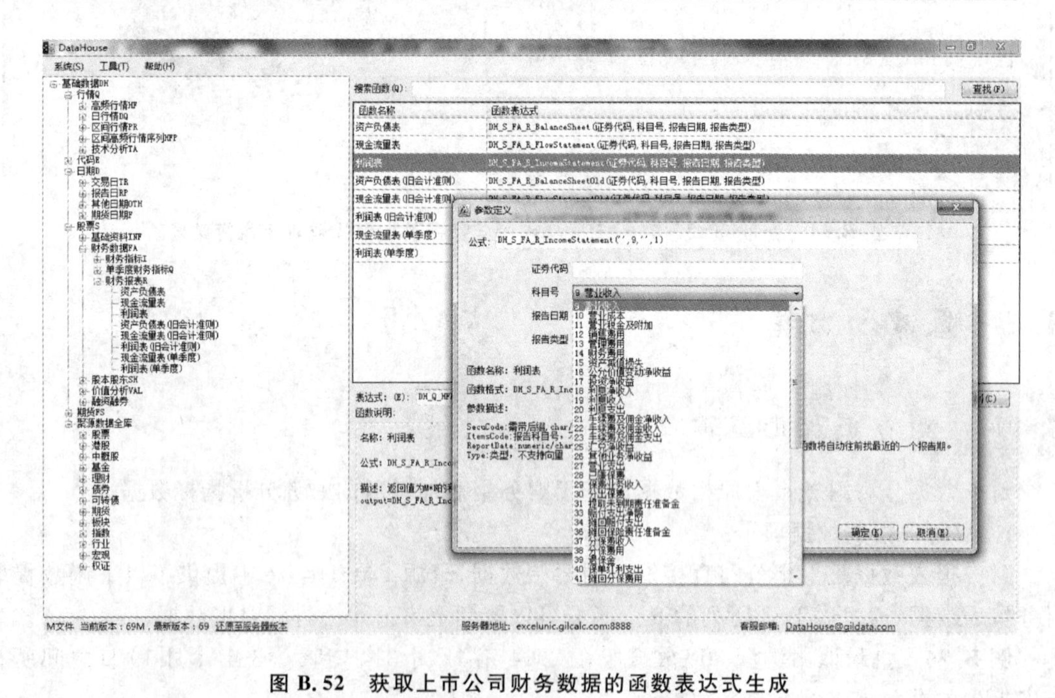

图 B.52　获取上市公司财务数据的函数表达式生成

MATLAB 实现代码如下：

```
% 批量取出沪深 300 最新的 300 只成分股代码并存入 SecuCode 变量中
SecuCode = DH_E_S_IndexComps('000300.SH','2013 - 04 - 19',1);

% 批量取出 2004 - 12 - 31 日至 2013 - 4 - 19 之间的年度报告日期并存入 ReportDate 变量
ReportDate = DH_D_RP_ReportDay('2004 - 12 - 31','2013 - 04 - 19',4);

% 沪深 300 最新成分股在 2004 年到 2013 年年度每个报告期的合并报表营业收入
Incomes = DH_S_FA_R_IncomeStatement (SecuCode,9,ReportDate,1);
```

运行以上命令结果如图 B. 53 所示。

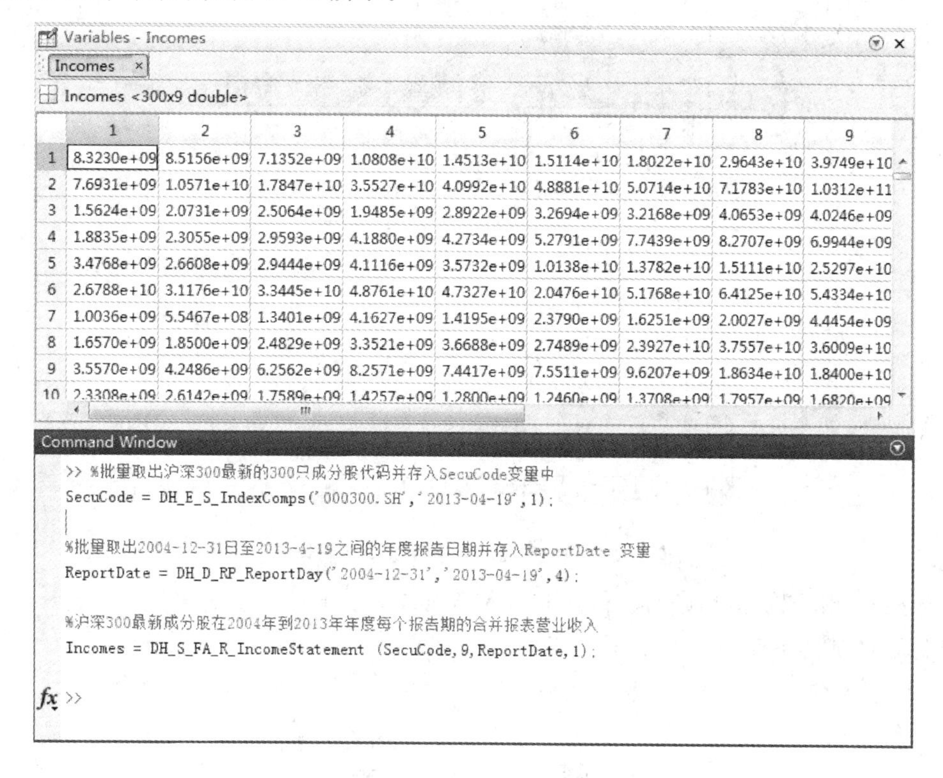

	1	2	3	4	5	6	7	8	9
1	8.3230e+09	8.5156e+09	7.1352e+09	1.0808e+10	1.4513e+10	1.5114e+10	1.8022e+10	2.9643e+10	3.9749e+10
2	7.6931e+09	1.0571e+10	1.7847e+10	3.5527e+10	4.0992e+10	4.8881e+10	5.0714e+10	7.1783e+10	1.0312e+11
3	1.5624e+09	2.0731e+09	2.5064e+09	1.9485e+09	2.8922e+09	3.2694e+09	3.2168e+09	4.0653e+09	4.0246e+09
4	1.8835e+09	2.3055e+09	2.9593e+09	4.1880e+09	4.2734e+09	5.2791e+09	7.7439e+09	8.2707e+09	6.9944e+09
5	3.4768e+09	2.6608e+09	2.9444e+09	4.1116e+09	3.5732e+09	1.0138e+10	1.3782e+10	1.5111e+10	2.5297e+10
6	2.6788e+10	3.1176e+10	3.3445e+10	4.8761e+10	4.7327e+10	2.0476e+10	5.1768e+10	6.4125e+10	5.4334e+10
7	1.0036e+09	5.5467e+08	1.3401e+09	4.1627e+09	1.4195e+09	2.3790e+09	1.6251e+09	2.0027e+09	4.4454e+09
8	1.6570e+09	1.8500e+09	2.4829e+09	3.3521e+09	3.6688e+09	2.7489e+09	2.3927e+10	3.7557e+10	3.6009e+10
9	3.5570e+09	4.2486e+09	6.2562e+09	8.2571e+09	7.4417e+09	7.5511e+09	9.6207e+09	1.8634e+10	1.8400e+10
10	2.3308e+09	2.6142e+09	1.7589e+09	1.4257e+09	1.2800e+09	1.2460e+09	1.3708e+09	1.7957e+09	1.6820e+09

图 B. 53 获取合并报表营业收入数据程序执行结果

例 B. 27 取沪深 300 成分股 2005 年以来所有成分股上市公司净利润增速。

代码如下：

```
% 批量取出沪深 300 的 300 只成分股代码并存入 SecuCode 变量中
SecuCode = DH_E_S_IndexComps('000300.SH','2005 - 04 - 19',1);

% 批量取出 2005 - 04 - 19 日至 2013 - 4 - 19 之间的年度报告日期并存入 ReportDate 变量
ReportDate = DH_D_RP_ReportDay('2005 - 04 - 19','2013 - 04 - 19',4);

% 沪深 300 最新成分股在 2005 年到 2013 年年度每个报告期的合并报表净利润
Profit = DH_S_FA_R_IncomeStatement(SecuCode,60,ReportDate,1)

% 剔除最近 8 个年度报告年报数据不全的上市公
nanindex = sum(isnan(Profit ),2)~ = 0;

% 计算最近 8 个年度的沪深 300 成分股剔除数据不全的年度总利润司
```

```
Totalprofit = sum(Profit (nanindex = = 0,:),1);

% 计算最近 8 个年度的沪深 300 成分股剔除数据不全的年度总利润增速
YOYTotalprofit = Totalprofit(2:end)./Totalprofit(1:end - 1) - 1;
```

对利润增速结果作图展示的代码如下：

```
% 作图
plot(datenum(ReportDate(1:end - 1,:)),100 * YOYTotalprofit')
datetick('x','yyyy')
title('沪深 300 成分股总净利润增速/%')
```

运行以上语句,结果如图 B.54 所示。

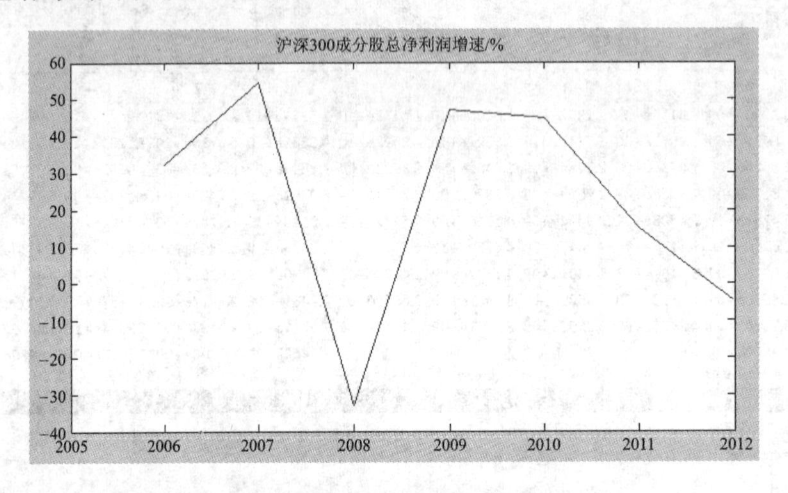

图 B.54　沪深 300 成分股总净利润增速

例 B.28　取沪深 300 成分股 2005 年以来所有成分股上市公司整体资产负债率。整体资产负债率反映整个经济的杠杆情况,公式为

整体资产负债率＝所有上市公司负债合计/所有上市公司资产合计

代码如下：

```
% 批量取出沪深 300 的 300 只成分股代码并存入 SecuCode 变量中
SecuCode = DH_E_S_IndexComps('000300.SH','2005 - 04 - 19',1);

% 批量取出 2005 - 04 - 19 日至 2013 - 4 - 19 之间的年度报告日期并存入 ReportDate 变量
ReportDate = DH_D_RP_ReportDay('2005 - 04 - 19','2013 - 04 - 19',4);

% 沪深 300 最新成分股在 2005 年到 2013 年年度每个报告期的资产合计和负债合计
TotalAsset = DH_S_FA_R_BalanceSheet(SecuCode,74,ReportDate,1)
TotalDebt = DH_S_FA_R_BalanceSheet(SecuCode,128,ReportDate,1)

% 剔除最近 8 个年度报告年报数据不全的上市公司
nanindex = sum(isnan(TotalAsset ),2) ~ = 0;
% 计算最近 8 个年度的沪深 300 成分股剔除数据不全的年度总资产和总负债
TotalAsset = sum(TotalAsset (nanindex = = 0,:),1);
TotalDebt = sum(TotalDebt(nanindex = = 0,:),1);

% 计算最近 8 个年度的沪深 300 成分股剔除数据不全的年度总利润增速
DA = 100 * (TotalAsset ./TotalDebt - 1);
```

对结果作图,代码如下:

```
%作图
plot(datenum(ReportDate),DA')
datetick('x','yyyy')
title('沪深300成分股总资产负债率/%');
```

运行以上语句,结果如图B.55所示。

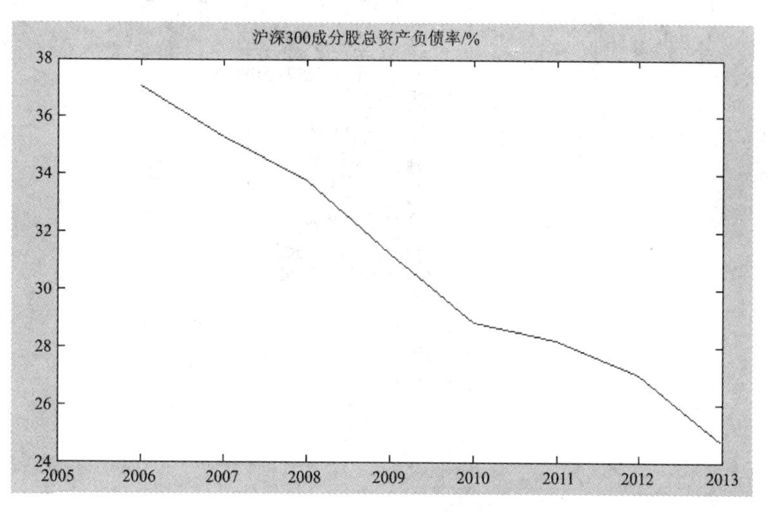

图B.55 沪深300成分股总资产负债率

2. 取财务分析指标

DataHouse提供了全面的常用财务分析指标,目前已封装财务分析指标近200个,包含每股收益指标、盈利能力、偿债能力、运营能力、成长能力、资本结构等分析指标,指标目录树如图B.56所示。

例B.29 取沪深300成分股最近8个年度所有的每股收益。

MATLAB实现代码如下:

```
%批量取出沪深300最新的300只成分股代码并存入SecuCode变量中
SecuCode = DH_E_S_IndexComps('000300.SH','2013-04-19',1);

%批量取出2004-12-31日至2013-4-19之间的年度报告日期并存入ReportDate变量
ReportDate = DH_D_RP_ReportDay('2004-12-31','2013-04-19',4);

%沪深300最新成分股在2004年到2013年年度的每股收益
EPS = DH_S_FA_I_PS_FaEPSBasic(SecuCode,ReportDate);
```

运行以上命令,运行结果如图B.57所示。

例B.30 取从2005到2013年申万房地产和黑色金属行业ROE中位数数据。

```
%批量取出沪深300最新的300只成分股代码并存入SecuCode变量中
SecuCode_metal = DH_E_S_SW('230000','2005-03-31',1);
SecuCode_estate = DH_E_S_SW('430000','2005-03-31',1);

%批量取出2004-12-31日至2013-4-19之间的年度报告日期并存入ReportDate变量
ReportDate = DH_D_RP_ReportDay('2004-12-31','2013-04-19',4);

%沪深300最新成分股在2004年到2013年年度的每股收益
```

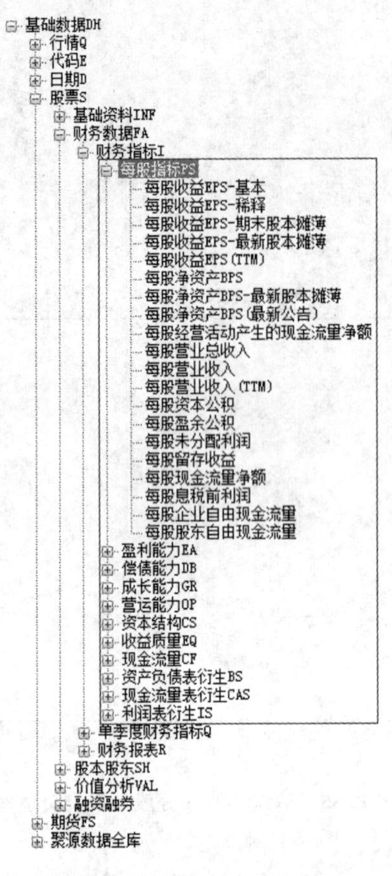

图 B.56　DataHouse 财务数据列表

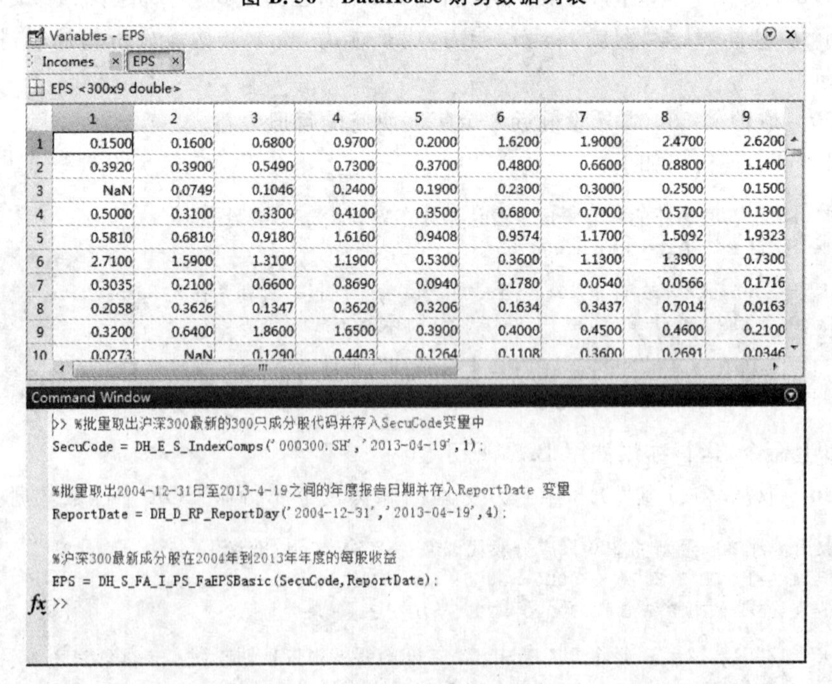
Variables - EPS

Incomes　EPS

EPS <300x9 double>

	1	2	3	4	5	6	7	8	9
1	0.1500	0.1600	0.6800	0.9700	0.2000	1.6200	1.9000	2.4700	2.6200
2	0.3920	0.3900	0.5490	0.7300	0.3700	0.4800	0.6600	0.8800	1.1400
3	NaN	0.0749	0.1046	0.2400	0.1900	0.2300	0.3000	0.2500	0.1500
4	0.5000	0.3100	0.3300	0.4100	0.3500	0.6800	0.7000	0.5700	0.1300
5	0.5810	0.6810	0.9180	1.6160	0.9408	0.9574	1.1700	1.5092	1.9323
6	2.7100	1.5900	1.3100	1.1900	0.5300	0.3600	1.1300	1.3900	0.7300
7	0.3035	0.2100	0.6600	0.8690	0.0940	0.1780	0.0540	0.0566	0.1716
8	0.2058	0.3626	0.1347	0.3620	0.3206	0.1634	0.3437	0.7014	0.0163
9	0.3200	0.6400	1.8600	1.6500	0.3900	0.4000	0.4500	0.4600	0.2100
10	0.0273	NaN	0.1290	0.4403	0.1264	0.1108	0.3600	0.2691	0.0346

Command Window

```
>> %批量取出沪深300最新的300只成分股代码并存入SecuCode变量中
SecuCode = DH_E_S_IndexComps('000300.SH','2013-04-19',1);

%批量取出2004-12-31日至2013-4-19之间的年度报告日期并存入ReportDate 变量
ReportDate = DH_D_RP_ReportDay('2004-12-31','2013-04-19',4);

%沪深300最新成分股在2004年到2013年年度的每股收益
EPS = DH_S_FA_I_PS_FaEPSBasic(SecuCode,ReportDate);
fx >>
```

图 B.57　获取沪深 300 成分股最近 8 个年度所有的每股收益函数表达式执行结果

```
ROE_estate = DH_S_FA_I_EA_FaRoe(SecuCode_estate,ReportDate );
ROE_metal = DH_S_FA_I_EA_FaRoe(SecuCode_metal,ReportDate );
%求 2 个行业 ROE 中值
M_metal  = 100 * nanmedian(ROE_metal);
M_estate =  100 * nanmedian(ROE_estate);
```

对以上结果作图，代码如下：

```
% 作图
plot(datenum(ReportDate),M_metal ,'- - ',datenum(ReportDate),M_estate,'- ')
datetick('x','yyyy')
title(' 沪深 300 成分股 ROE 中位数/ % ')
legend(' 有色金属中位数 ',' 房地产中位数 ');
```

运行以上语句，结果如图 B.58 所示。

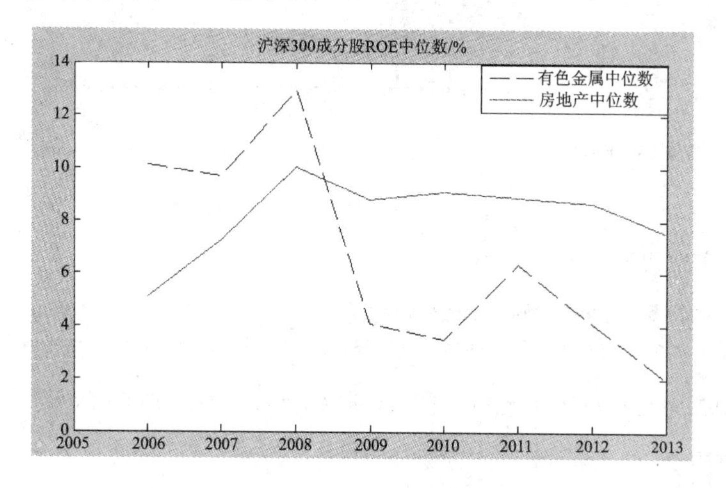

图 B.58　沪深 300 成分股 ROE 中位数

B.4.2　宏观数据的提取

DataHouse 中提供了大量的宏观数据，包括重点宏观数据、宏观综合数据、海关贸易数据、行业财务数据、区域经济数据，在 DataHouse 中按照图 B.59 操作，可以一览 DataHouse 中提供的宏观数据。

第一步：选择“聚源数据全库→宏观”选项，双击“指标数据”。

第二步：在弹出的参数输入框中，单击“指标代码”，弹出“插入宏观行业代码”对话框。

例 B.31　提取从 2005 年到 2013 年 4 月的汇丰 PMI 初值。

MATLAB 提取宏观数据的指标为 HG_COMMON_DATAVALUE。

调取方式如下：

```
fetch('HG_COMMON_DATAVALUE',HGCode,StartDate,EndDate)
```

参数说明：

- HGCode，宏观指标代码，每一项宏观指标数据都对应一个代码。
- StartDate：起始日期。
- EndDate：截止日期。

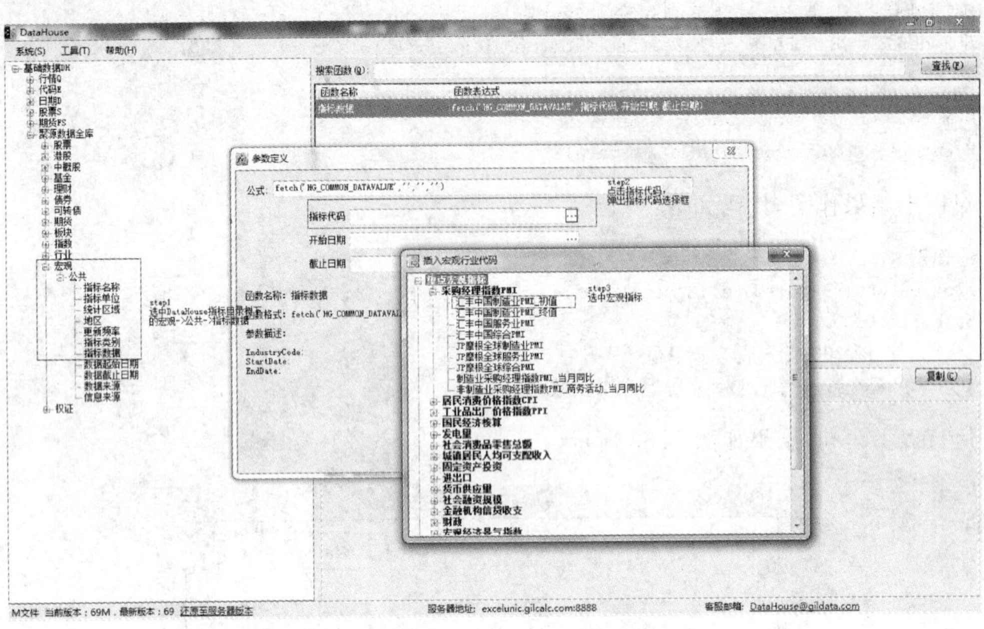

图 B.59　获取宏观数据函数表达式生成

MATLAB 实现代码如下。

```
% 提取 2005 - 12 - 29 至 2013 - 04 - 19 之间的汇丰 PMI 初值宏观数据
PMI = fetch('HG_COMMON_DATAVALUE',150000082,'2005 - 12 - 29','2013 - 04 - 19');
```

在 MATLAB 中运行以上语句后,可以看到以下结果,如图 B.60 所示。

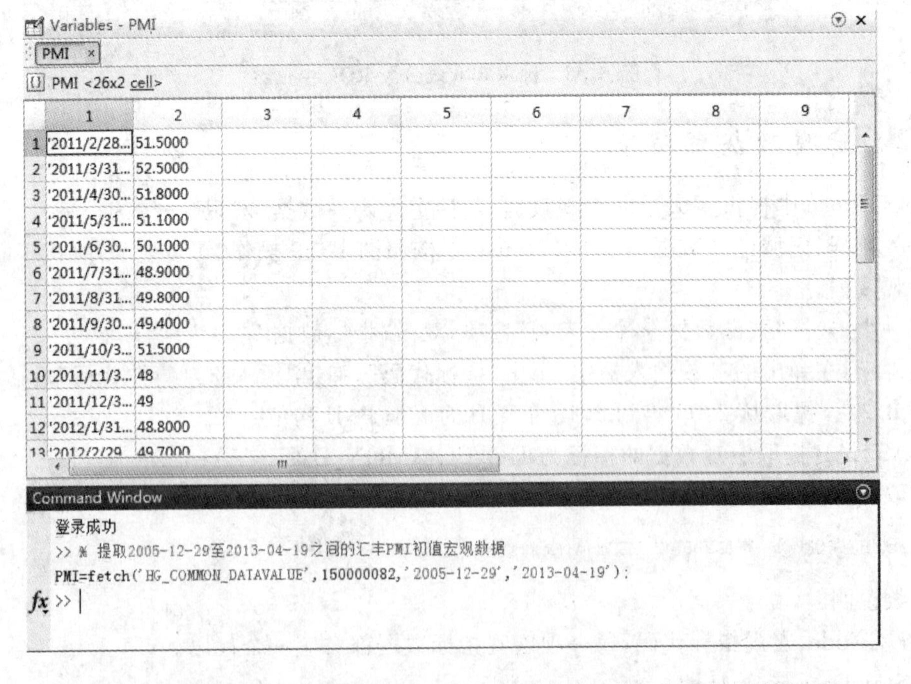

图 B.60　获取从 2005 年到 2013 年 4 月的汇丰 PMI 初值函数表达式执行结果

例 B.32 提取 2005-1-1 至 2013-04-19 之间的进出口额同比增速宏观数据并作图。

MATLAB 实现代码如下：

```
% 提取 2005-1-1 至 2013-04-19 之间的进出口额同比增速宏观数据
Temp = fetch('HG_COMMON_DATAVALUE',210032351,'2005-01-01','2013-04-25');
plot(datenum(Temp (:,1)),cell2mat(Temp (:,2)));
datetick('x',12);
```

作图结果如图 B.61 所示。

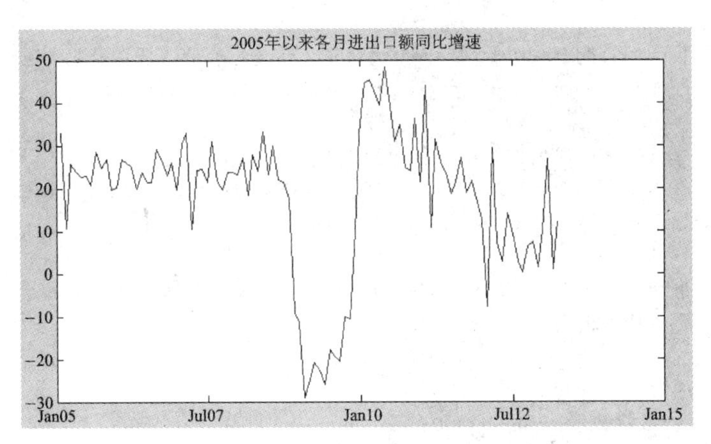

图 B.61 2005 年以来各月进出口额同比增速

B.4.3 基于财务数据的简单选股模型

例 B.33 基于 PE 选股的策略模型。

策略说明：在策略起始日期和截止日期的每个季度的第一个交易日选取所有 A 股中 PE 值最小且为正 Num 只股票等权重构建组合，并持有至季度最后一个交易日，然后对下个季度重复操作，直至策略截止日期。

输入参数：

- Startdate：策略起始日期。
- Enddate：策略截止日期。
- Num：组合的股票数量。

输出参数：

- Tradingdays ：所有交易日期。
- DailyRetofPortfolio：所有交易日的收益率

代码如下：

```
function [Tradingdays,DailyRetofPortfolio] = FA_example(Startdate,Enddate,Num)
% 默认选取 PE 最小的 50 只股票作为投资组合
if nargin<3
    Num = 50;
end
% 回测起始日期 StartDate 和截止日期 EndDate 之间的所有季度的区间(PortfolioChagedStartDate,
% PortfolioChagedEndDate)
```

```
% DH_D_TR_IntervalDay 函数参数 4 代表频率为季度,2 代表日期为交易日
PortfolioChagedDate = DH_D_TR_IntervalDay(Startdate,Enddate,4,2);
PortfolioChagedStartDate = PortfolioChagedDate(:,1);
PortfolioChagedEndDate = PortfolioChagedDate(:,2);

% 获取季度个数,对每个季度循环选股并计算季度期内每日组合算术平均收益
len = size(PortfolioChagedStartDate,1);
DailyRetofPortfolio = [];      % 存储输出变量
Tradingdays = [];        % 存储输出变量

for  iquater = 1: len
    % 取得季度起始日期 PortfolioChagedStartDate 市场上所有 A 股 ,函数参数 43 代表全部 A 股
    AllCode = DH_E_S_Market('43',PortfolioChagedStartDate(iquater));

    % 选出当日有成交的股票作为组合备选股票池
    Volum = DH_Q_DQ_Stock(AllCode,PortfolioChagedStartDate(iquater),'Volume',1);
    AllCodeOfTraded = AllCode(Volum>0);

    % 在备选股票池中选取 PE 最小的且 PE 为正的 Num 只构成组合 PortFolio
% 以下函数参数 1 代表根据最新年报计算 PE
    PEOfAllCode = fetch('S_VAL_PE',AllCodeOfTraded,PortfolioChagedStartDate(iquater),1);
    PEOfAllCode(cellfun(@isempty,PEOfAllCode)) = {'0'};
    Info = [AllCodeOfTraded,PEOfAllCode];
    Info = sortrows(Info,2);
    Info = Info(cell2mat(Info(:,2))>0,:);

    PortFolio = Info(1:Num,1);
    % 计算每个季度的组合每日的算术平均收益
    Tradingday = DH_D_TR_MarketTradingday(1,PortfolioChagedStartDate(iquater),PortfolioChage-
             dEndDate(iquater));
    PercentofChange = fetch('S_DQ_PCTCHANGE',PortFolio,Tradingday);
    PercentofChange = cell2mat(PercentofChange);
    AvgReturn = mean(PercentofChange);

    Tradingdays = [Tradingdays;datenum(Tradingday)];
    DailyRetofPortfolio = [DailyRetofPortfolio,AvgReturn];
end

end
```

计算在 2009 年到 2013 年用 PE 季度选股累计收益率并作图,代码如下:

```
[Tradingdays,DailyRetofPortfolio] = FA_example('2009 - 1 - 1','2013 - 1 - 1');
% 对组合策略区间内每日累计收益作图
CumDailyRetofPortfolio = cumprod(1 + DailyRetofPortfolio) - 1;
h = plot(Tradingdays,CumDailyRetofPortfolio);
datetick('x',29,'keepticks','keeplimits');
ylabel('CumReturn');
set(h,'LineWidth',2,'Color','m','LineStyle','- - ');
legend('CumDailyRetofPortfolio');
title('PE 选股策略 ');
```

运行以上代码,结果如图 B.62、B.63 所示。

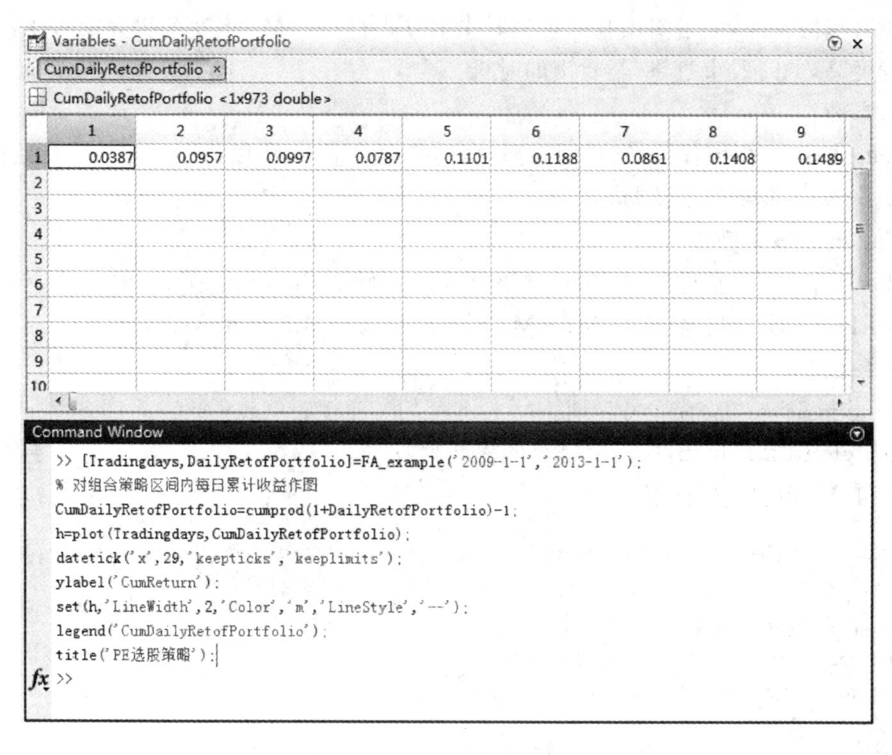

图B.62 基于PE选股的策略模型函数表达式执行结果

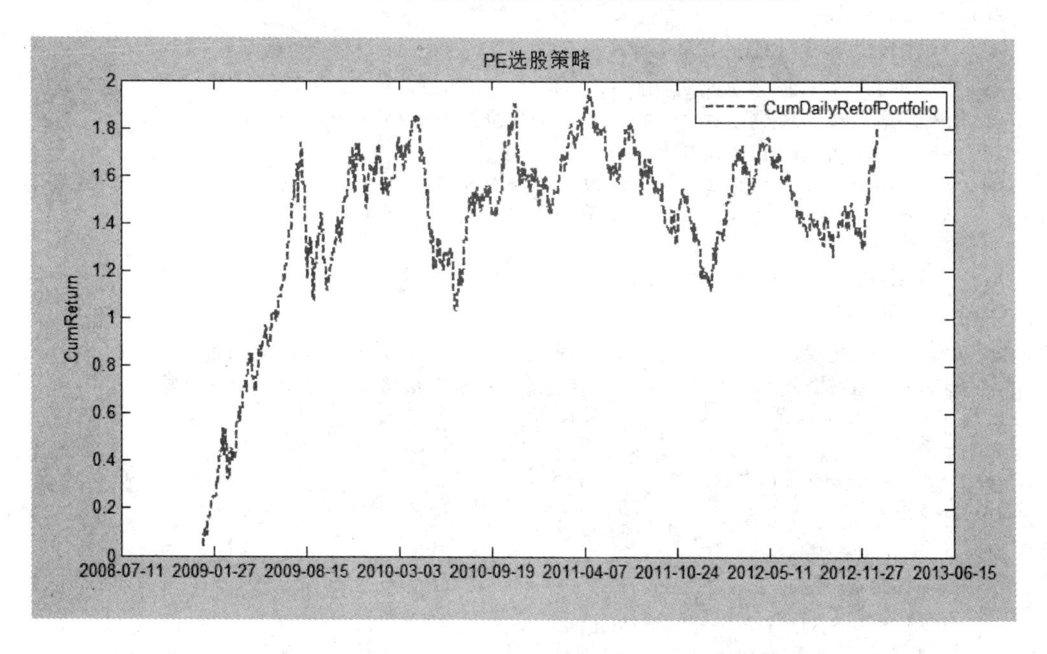

图B.63 基于PE选股的策略模型的累积收益率

B.4.4 基于宏观数据的简单择时模型

例B.34 基于M1和M2增速差择时的策略模型。

策略说明：在策略起始日期和截止日期之间当M1同比增速与M2同比增速差值小于买

入临界点时择时买入,大于卖出临界点择时卖出,因为 M1－M2 增速差很大的时候,代表货币活期化程度高,此时股市过热,是卖出的时机。

输入参数:

- IndexCode:指数代码,宏观用来择时,选股意义不大,所以这里回测只输指数代码。
- Startdate:策略起始日期。
- Enddate:策略截止日期。
- BuyPoint:买入临界点,当 M1 - M2 同比增速低于 BuyPoint 买入,单位%。
- SellPoint:卖出临界点,当 M1 - M2 同比增速高于 SellPoint 买入,单位%。

输出参数:

- Tradingdays :所有交易日期。
- DailyRetofPortfolio:所有交易日的累计收益率。

MATLAB 实现代码如下:

```
function [Tradingdays,DailyRetofPortfolio] = Macro_example(IndexCode,StartDate,EndDate,BuyPoint,SellPoint)
% 时间选择的边界条件
if datenum(StartDate)>datenum(EndDate)
    error('Date Period Error! ');
end
DailyRetofPortfolio = [];
Tradingdays = [];
% 取 M1,M2 同比增速数据并计算 M1,M2 同比增速差
M1Gr = fetch('HG_COMMON_DATAVALUE',110111409,StartDate,EndDate);
M2Gr = fetch('HG_COMMON_DATAVALUE',110111411,StartDate,EndDate);
if isempty(M1Gr)
    warning('No macro data infopublish between StartDate and EndDate');
    return;
end
Diff = cell2mat(M1Gr(:,2)) - cell2mat(M2Gr(:,2));
Date = M1Gr(:,1);
% 从第一个 Diff 判断,不允许卖空,第一次出现 Diff>BuyPoint 买入,之后出现卖出信号
% 立即卖出,继续寻找下一个买入点...,若连续出现多次相同买卖点,只在第一次操作
Mark = 1;
Index = [];
TempIndex = find(Diff<BuyPoint);
TempIndexs = 0;
while ~isempty(TempIndex)
    TempIndexs = TempIndexs + TempIndex(1);
    Index = [Index,TempIndex(1)];
    Mark = -1 * Mark;
    if Mark == 1
        TempIndex = find(Diff(TempIndexs + 1:end)<BuyPoint);
    else
        TempIndex = find(Diff(TempIndexs + 1:end)>SellPoint);
    end
end
```

```
Index = cumsum(Index);
 % 若策略最后一次进场后没有卖出信息,则在回测截止日期 EndDate 卖出
lens = size(Index,1);
if floor(lens/2)~ = lens/2 && datenum(Date(Index(end),1)) = = datenum(EndDate)
    Index =  Index(1:end - 1,:);
elseif floor(lens/2)~ = lens/2 && datenum(Date(Index(end),1))~ = datenum(EndDate)
    Index = [Index,length(Diff)];
end
Date = Date(Index,:);
 % 计算策略择时收益
for inum = 1:length(Index)/2
    Tradingday = DH_D_TR_MarketTradingday(1,Date(2 * inum - 1,:),Date(2 * inum,:));
    PercentofChange = fetch('I_DQ_PCTCHANGE',IndexCode,Tradingday);
    Tradingdays = [Tradingdays;datenum(Tradingday)];
    DailyRetofPortfolio = [DailyRetofPortfolio;PercentofChange];
end

end
```

测试沪深 300 基于 M1 - M2 增速差择时,代码如下:

```
[Tradingdays,DailyRetofPortfolio] = Macro_example('000300.SH','2005 - 01 - 01','2012 - 08 - 01', -
                                                   6,4);
CumDailyRetofPortfolio = cumprod(1 + cell2mat(DailyRetofPortfolio)) - 1;
h = plot(Tradingdays,CumDailyRetofPortfolio);
datetick('x',29,'keepticks','keeplimits');
ylabel('CumReturn');
set(h,'LineWidth',2,'Color','m','LineStyle','- - ');
legend('CumDailyRetofPortfolio');
title('M1 - M2 同比增速择时策略累计收益率 ')
```

运行结果如图 B.64 所示。

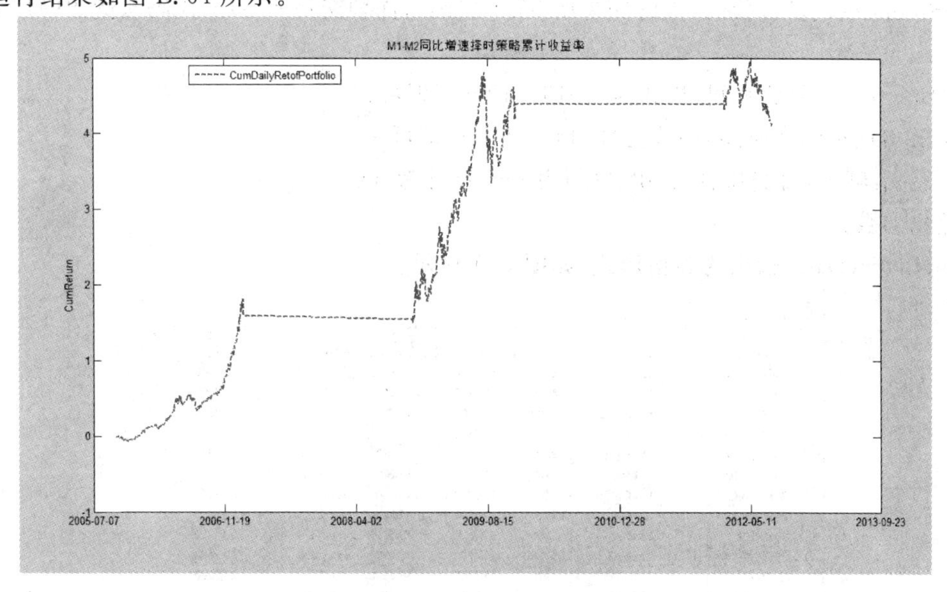

图 B.64　M1 - M2 同比增速择时策略累计收益率

附录 C

FDataInterface 接口介绍

C.1 FDataInterface 接口介绍

① 金融数据接口(Finance Data Interface):基于 Yahoo 与 Sina 的金融数据接口,可为 MATLAB 提供金融数据,主要包括股票、指数、交易型基金的历史行情与实时行情数据。

② 由于程序中应用了 MATLAB 新型数据类型 Table,因此该程序适用于 MATLAB 2014A 以上版本。

③ 程序下载:FDataInterface 接口地址: http://www.xfunddata.com/FDInterface.zip,调用函数前请运行 InterfaceSetup,说明文档下载地址为 http://www.xfunddata.com/FDInterface.html。

④ 该接口的源代码由郑志勇(Ariszheng)和李洋(Faruto)合作完成。

C.2 获取历史数据(HistoryData)函数语法

函数语法:

HDataTable=HistoryData(StockCode,StartDate, EndDate, Freq)

输入参数:

- StockCode:证券代码,上海交易所 'sh+代码',深圳交易所 'sz+代码',例如中信证券为 'sh600030';
- StartDate:起始时间,格式为'2013-10-1'即可;
- EndDate:结束时间,格式为'2014-10-1'即可;
- Freq:频率,每交易日为 'd'、每周为 'w'、每月为 'm'。

输出参数:

- HistoryData:输出为表格形式,如图 C.1 所示。

HDataTable

261x7 table

	1 Date_datestr	2 OpenPrice	3 HighPrice	4 LowPrice	5 ClosePrice	6 Volume	7 AdjClosePrice	8
1	'2013-10-01'	11.8800	11.8800	11.8800	11.8800	0	9.7500	
2	'2013-10-02'	11.8800	11.8800	11.8800	11.8800	0	9.7500	
3	'2013-10-03'	11.8800	11.8800	11.8800	11.8800	0	9.7500	
4	'2013-10-04'	11.8800	11.8800	11.8800	11.8800	0	9.7500	
5	'2013-10-07'	11.8800	11.8800	11.8800	11.8800	0	9.7500	
6	'2013-10-08'	11.8800	12.3400	11.5100	12.2100	88508900	10.0300	
7	'2013-10-09'	12.1200	12.7500	12.0200	12.5500	101290100	10.3000	
8	'2013-10-10'	12.6000	12.7500	12.2000	12.2800	93152100	10.0800	
9	'2013-10-11'	12.4100	12.7800	12.3600	12.6900	110758400	10.4200	
10	'2013-10-14'	12.6000	12.6900	12.4700	12.4900	66352600	10.2600	
11	'2013-10-15'	12.4900	12.5000	12.1300	12.2100	58135600	10.0300	
12	'2013-10-16'	12.1500	12.1600	11.9300	12.0100	54287500	9.8600	

图 C.1 HistoryData 的表结构

其中,Date_datestr 为日期,OpenPrice 为开盘价格,HighPrice 为最高价格;LowPrice 为最低价格,ClosePrice 为收盘价格,djClosePrice 为向前复权价格。

调用 OpenPrice 的方式为 A=HDataTable.OpenPrice。

HistoryData 函数调用示例(调取中信证券 2013—1—1—2014—9—30 的价格数据)如下:

```
StockCode = 'sh600030'; % 代码
StartDate = '2013-1-1'; % 开始日期
EndDate = '2014-9-30';   % 结束日期
Freq = 'd'; % 每日价格
% 调用 HistoryData 函数
HDataTable = HistoryData(StockCode,StartDate, EndDate, Freq);
% 展示 HDataTable 的数据格式,显示前 10 组数据
HDataTable(1:10,:)

% K线展示
scrsz = get(0,'ScreenSize');
figure('Position',[scrsz(3)*1/4 scrsz(4)*1/6 scrsz(3)*4/5 scrsz(4)]*3/4);

OpenPrice  = HDataTable.OpenPrice;
HighPrice  = HDataTable.HighPrice;
LowPrice   = HDataTable.LowPrice;
ClosePrice = HDataTable.ClosePrice;
Date_datenum = datenum(HDataTable.Date_datestr);
MT_candle(OpenPrice,HighPrice,LowPrice ,ClosePrice,[],Date_datenum);
xlim( [0 length(OpenPrice)+1] );
title(StockCode);
```

结果输出:

```
ans =

    Date_datestr    OpenPrice    HighPrice    LowPrice    ClosePrice
    ____________    _________    _________    ________    __________

    '2013-01-01'     13.36        13.36        13.36        13.36
    '2013-01-02'     13.36        13.36        13.36        13.36
    '2013-01-03'     13.36        13.36        13.36        13.36
    '2013-01-04'      13.6        13.72        13.09        13.26
    '2013-01-07'     13.19        13.57        13.04        13.26
    '2013-01-08'     13.27        13.33        12.85        13.05
    '2013-01-09'     12.95        13.24        12.82        13.03
    '2013-01-10'     13.05        13.54        13.01        13.22
    '2013-01-11'      13.2        13.29        12.58        12.71
    '2013-01-14'     12.63        13.66         12.6        13.59


      Volume    AdjClosePrice
    ________    _____________

           0    12.9
```

```
              0        12.9
              0        12.9
     1.2657e+08       12.81
      8.979e+07       12.81
     1.1139e+08        12.6
     8.5897e+07       12.58
     1.0582e+08       12.77
     1.1767e+08       12.27
     1.6431e+08       13.12
```

生成如图 C.2 所示图形。

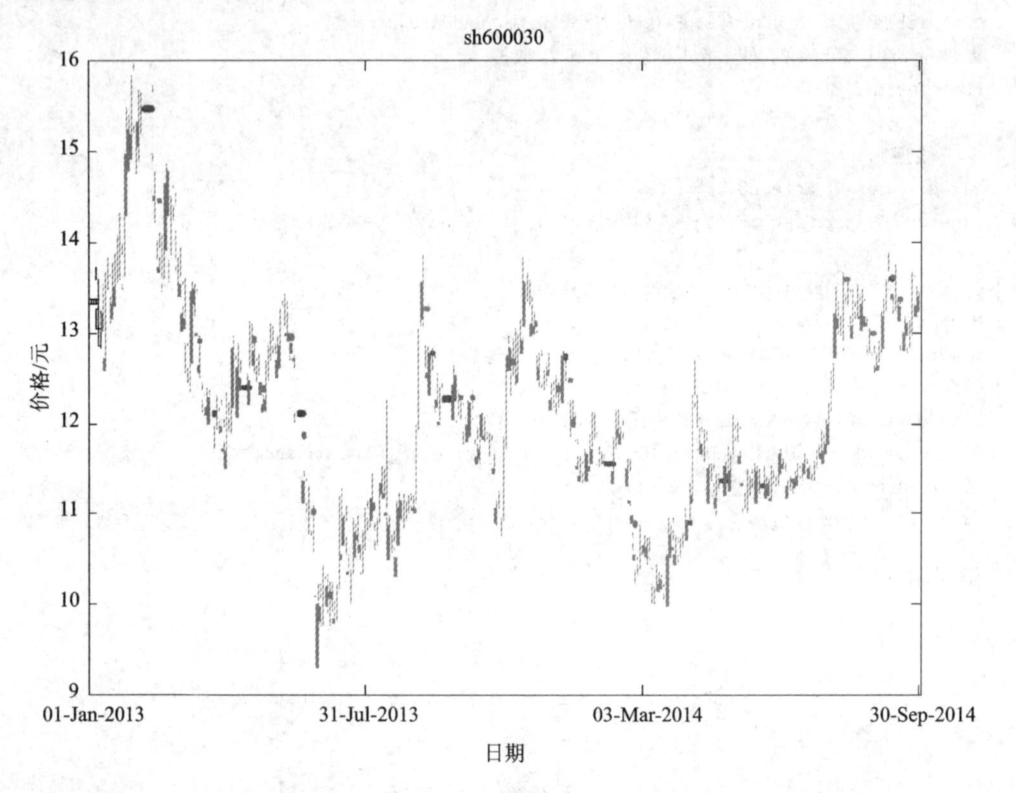

图 C.2 证券价格时间序列图

C.3 获取实时数据(RealTimeData)函数语法

函数语法：

RDataTable=RealTimeData(StockCode)

输入参数：

➢ StockCode：证券代码，上海交易所 'sh+代码 '，深圳交易所 'sz+代码 '，例如中信证券为 'sh600030'。

输出参数：

➢ RDataTable：输出为表格形式，如图 C.3 所示。

HDataTable | RDataTable

1x32 table

	1 StockName	2 StockDate	3 StockTime	4 OpenPrice	5 YClosePrice	6 RtimePrice	7 HighPrice	8 LowPrice
1	'中信证券'	'2014-10-10'	'15:03:03'	13.3100	13.3900	13.2400	13.4400	13.2000
2								
3								
4								

图C.3 RDataTable的表结构

RDataTable包含的字段为：

StockName，StockDate，StockTime，OpenPrice，YClosePrice，RtimePrice，HighPrice，LowPrice，BuyPrice，SellPrice，Volume，Money，Buy1Volume，Buy1Price，Buy2Volume，Buy2Price，…，Buy5Volume，Buy5Price，Sell1Volume，Sell1Price，Sell2Volume，Sell2Price，Sell5Volume，Sell5Price。对应中文依次为：股票名称、日期、时间、开盘价、昨日收盘价、实时价格、最高价、最低价、买入价格、卖出价格、成交量、成交金额、买一量、买一价格、买二量、买二价格……买五量、买五价格、卖一量、卖一价格、卖二量、卖二价格……卖五量、卖五价格。

RealTimeData函数示例（调取中信证券实时数据）如下：

```
StockCode = 'sh600030'; % 代码
% 调用 RDataTable
RDataTable = RealTimeData(StockCode)
RDataTable =
```

计算结果：

```
StockName     StockDate      StockTime     OpenPrice     YClosePrice
_________     ____________   __________    _________     ___________

'中信证券'     '2014-10-10'   '15:03:03'    13.31         13.39

RtimePrice    HighPrice    LowPrice    BuyPrice    SellPrice    Volume
__________    _________    ________    ________    _________    __________

13.24         13.44        13.2        13.24       13.25        1.2775e+08

Money         Buy1Volume    Buy1Price    Buy2Volume    Buy2Price
__________    __________    _________    __________    _________
1.6975e+09    7700          13.24        90400         13.23

Buy3Volume    Buy3Price    Buy4Volume    Buy4Price    Buy5Volume
__________    _________    __________    _________    __________
7.666e+05     13.22        9.934e+05     13.21        9.1776e+05

Buy5Price    Sell1Volume    Sell1Price    Sell2Volume    Sell2Price
_________    ___________    __________    ___________    __________

13.2         2.5331e+05     3.3186e+053.3186e+05         13.26
```

若您对此书内容有任何疑问，可以凭在线交流卡登录MATLAB中文论坛与作者交流。

```
Sell3Volume    Sell3Price    Sell4Volume    Sell4Price    Sell5Volume
___________    __________    ___________    __________    ___________

3.6545e+05     13.27         1.511e+05      13.28         2.0335e+05

Sell5Price
__________
13.29
```

C.4 综合示例

提取 2013—1—1—2014—9—30 中信证券、平安银行的数据进行对比,结果如图 C.3 所示。

```
%代码
StockCode = ['sh600030'; 'sz000001'];
StartDate = '2013-1-1'; %开始日期
EndDate = '2014-9-30';  %结束日期
Freq = 'd'; %每日价格
    for i = 1:size(StockCode,1)
      HDataTable = HistoryData(StockCode(i,:),StartDate, EndDate, Freq);
      PriceMatrix(:,i) = HDataTable.ClosePrice;
    end
Date_datenum = datenum(HDataTable.Date_datestr);
    for i = 1:size(PriceMatrix,2)
      PriceMatrix(:,i) = PriceMatrix(:,i)/PriceMatrix(1,i);
    end
figure;hold on;
colorv = ['r','b'];
    for i = 1:size(StockCode,1)
      plot(Date_datenum, PriceMatrix(:,i),colorv(i));
    end
xlim([Date_datenum(1),Date_datenum(end)]);
dateaxis('x',2);
legend('中信证券','平安银行');
xlabel('日期');ylabel('价格');
```

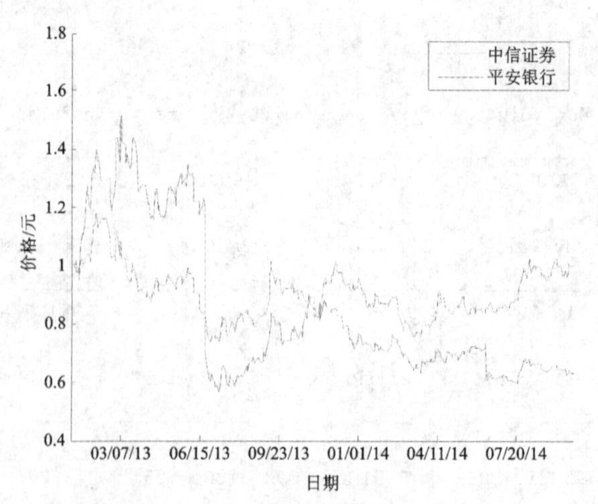

图 C.4 证券价格时间序列图

参考文献

[1] 解可新，韩立彤，林友联．最优化方法[M]．天津：天津大学出版社，1999.

[2] 袁亚湘，孙文瑜．最优化理论与方法[M]．北京：科学出版社，2003.

[3] 徐成贤，陈志平，李乃成．近代优化方法[M]．北京：科学出版社，2002.

[4] 玄光男，程润伟．遗传算法与工程优化[M]．北京：清华大学出版社，2003.

[5] Ortega J M. Iterative solution of nonlinear equations in Several variables[M]. USA：ACADEMIC PRESS，1970.

[6] 徐世良．计算机常用算法[M]．北京：清华大学出版社，1995.

[7] 顾小丰，孙世新，卢光辉．计算复杂性[M]．北京：机械工业出版社，2004.

[8] 吴祈宗．运筹学与最优化算法[M]．北京：机械工业出版社，2005.

[9] 黄文奇，许如初．近世计算理论引导——NP 难度问题的背景、前景及其求解算法研究[M]．北京：科学出版社，2003.

[10] Horst P M，Pardalos N V Thoai．全局优化引论[M]．北京：清华大学出版社，2003.

[11] 耿志民．中国机构投资者研究[M]．北京：中国人民大学出版社，2002.

[12] Charls W Smithson. Managing Financial Risk[M]．北京：中国人民大学出版社，2000.

[13] CFA institute. CFA Program curriculum. Custom publishing，2008.

[14] 约翰·赫尔．期权、期货和其他衍生品[M]．北京：清华大学出版社，2003.

[15] 谢中华．MATLAB 统计分析与应用：40 个案例分析[M]．北京：北京航空航天大学出版社，2010.